万工研究院　组编

网络安全工程师实战进阶指南

主　编　罗　川　王　刚

副主编　周　峰　马小琴

编　委　孙伟旗　龙　飞　陈　委

　　　　方　鹏　周　杰　时光明

　　　　胡琛辉　赵　雷

中国科学技术大学出版社

内 容 简 介

本书分为四个部分:基础知识、安全防护、安全管理、攻防技术,循序渐进地指导学生学习需要掌握的知识和技能。以国内主流信息安全厂商及其生态系统中其他集成商和服务商的相关岗位需求为蓝本,以实践应用为目标,以工作岗位角色定位为导向,强化对学生职业素质和动手能力的培养。书中包含的面向就业的体系化专业课程以及高度仿真实操案例使学生能够获得更多的实习和实践机会,在校园中就能学习企业工作的流程和行业背景知识,成为具有高素质和高就业力的信息安全职场精英。

图书在版编目(CIP)数据

网络安全工程师实战进阶指南/罗川,王刚主编.—合肥:中国科学技术大学出版社,2020.10
ISBN 978-7-312-05055-8

Ⅰ.网… Ⅱ.①罗… ②王… Ⅲ.计算机网络-网络安全 Ⅳ.TP393.08

中国版本图书馆CIP数据核字(2020)第171184号

网络安全工程师实战进阶指南
WANGLUO ANQUAN GONGCHENGSHI SHIZHAN JINJIE ZHINAN

出版 中国科学技术大学出版社
安徽省合肥市金寨路96号,230026
http://press.ustc.edu.cn
https://zgkxjsdxcbs.tmall.com
印刷 安徽国文彩印有限公司
发行 中国科学技术大学出版社
经销 全国新华书店
开本 787 mm×1092 mm 1/16
印张 21
字数 538千
版次 2020年10月第1版
印次 2020年10月第1次印刷
定价 70.00元

前　言

记得在十几年前，刚刚踏入网络安全这个行业的时候，笔者购买了很多入门的图书，在网络上也下载了很多电子图书，但是一直找不到适合初学者阅读的书，当时就暗暗下定决心，将来要整理一本能够指导初学者甚至零基础的网络安全爱好者的快速入门图书。

近几年，网络安全行业在国家政策、互联网新技术和网络空间严峻形势的多方面驱动下，获得了快速发展，但同时也产生了一些新的问题。一方面，信息安全基础设施落后与安全意识淡薄，使当前网络整体安全水平远远落后于发达国家。针对这方面的问题，国家也在不断加大网络安全投入，从产业布局到新技术研究，一大批自主可控的安全产品和技术不断应用到实际环境中，逐渐提升了整体网络安全能力。另一方面，网络安全各方面人才远远不能满足当前的社会需求，目前网络安全行业从业者中科班出身较少，经过系统、专业培训者更少，大部分都是从其他专业或行业转过来的，水平参差不齐，严重地制约了整体网络安全水平提升。可喜的是，当前有很多的优秀的在校大学生开始关注网络安全，并产生浓厚的兴趣并有志于投身其中。但是网络安全作为一个新兴的学科，所学范围广阔、内容繁杂，目前市场上大部分是高难度主题的图书，往往聚焦于某一方面，阅读这些图书需要有充分的基础知识，这给初学者造成很大困扰。一些高校入门教材又偏向于理论，与实际结合不紧密，让初学者找不到方向很容易失去耐心。

在教过几期网络安全工程师课程后，发现很多同学求知若渴，于是决定编写一本系统介绍网络安全工程师入门的书。

本书是根据作者和同事近十几年的一线从业经验和教学经验编写的，融入了最实用的技术和技巧。本书起点不高，读者只要能熟练操作电脑，学过计算机基础，就能使用它；不需要具备专业网络知识或Linux知识，也不需要懂得编程（当然如果有这方面基础更好）。

本书把网络安全工程师的培养分为如下四个阶段：

第一阶段初学乍练，对应本书的第一部分基础知识，从网络安全基础知识开始，循序渐进地介绍网络技术、Windows和Linux技术知识，在这些方面不需要读者多么精通，只介绍作为网络安全工程师必知、必会的基础知识，为后续学习打下基础。

第二阶段小试牛刀，对应本书的第二部分安全防护，主要介绍市场常见的七种网络安全设备的技术原理、安装配置和应用场景，让学员能快速了解并具备一定动手能力，完成网络安全环境从简单逐步复杂的构建过程。完成此阶段的学习，同学们可以胜任售后工程师等岗位。

第三阶段登堂入室，对应本书的第三部分安全管理，介绍网络安全法规和标准，以及安全保障体系的构建，让学员从整体对网络安全有一个认识和把握。完成此阶段课程，同学们即可胜任网络安全售前工程师或安全运维工程师等岗位。

第四阶段驾轻就熟，对应本书的第四部分攻防技术，主要介绍渗透测试技术和网络分析技术，通过对渗透测试各个阶段介绍了解常见漏洞利用原理，常见的渗透测试工具使用。网络分析取证技术通过使用常见网络分析技术和工具，能够排查常见的网络安全问题。完成此阶段课程，学员可以胜任渗透测试或安全服务工程师等岗位。

当然本书由于篇幅原因不可能涉及网络安全的所有方面，书中介绍的技术和案例也十分有限，更多在课堂上讲的很多使用技术和案例暂时只能停留在PPT上，日后还需要更多的时间来收集整理。简单来说，我们将本书定位为一本网络安全工程师入门进阶手册，如能在大家刚刚踏入网络安全行业提供实际帮助，将是我们荣幸。希望各位同学在阅读本书有所收获以后，能继续深入学习历练，早日成为这个日新月异的行业中的一份子。

借此机会向参与编写和教学的各位同事和讲师表示感谢同事，也向万工信息技术公司表示敬意，感谢你们的辛勤付出。

罗 川

2020年5月

目　录

第二部分　安全防护

第三部分 安全管理

第四部分 攻防技术

第一部分　基 础 知 识

第1章 网络技术

掌握网络技术原理,能设计搭建中小型企业网络,解决常见网络故障。会搭建小型企业级网络,并编写技术方案。

1.1 网络概述

网络与网络应用无处不在,以至于我们已经将其视为我们社会生活中一个不可缺少的部分。那么到底什么是计算机网络呢?网络通信以及网络上的应用是如何被实现的呢?

1.1.1 网络的定义

计算机网络是指将地理位置不同且功能相对独立的多个计算机系统通过通信线路相互联在一起、由专门的网络操作系统进行管理,以实现资源共享的系统。这里的资源既包括计算机网络中的硬件资源,如磁盘空间、打印机、绘图仪等,也包括软件资源,如程序、数据等。

1.1.2 网络的发展过程

计算机网络从问世至今已经有半个世纪的时间,其间历经了四个发展阶段,即初级阶段、计算机-计算机网络阶段、标准或开放的计算机网络阶段和高速、智能化的计算机网络阶段。

1.1.2.1 计算机网络的初级阶段

在20世纪50年代,由于计算机的造价昂贵,所以计算机资源匮乏且放置集中。需要使用计算机的用户必须自备程序,到放置计算机的机房进行手工操作,这为用户使用计算机带来了极大的不便。而具有收发功能的终端机(terminal)的出现解决了这一问题,人们通过通信线路将计算机与终端相连,通过终端进行数据的发送和接收,这种“终端—通信线路—计算机”的模式被称为远程联机系统,由此开始了计算机和通信技术相结合的年代,远程联机系统就被称为第一代计算机网络。

1.1.2.2 计算机-计算机网络阶段

远程联机系统发展到一定阶段,计算机用户希望使用其他计算机系统的资源,同时,拥有多台计算机的大企业也希望各计算机之间可以进行信息的传输与交换。于是在20世纪60年代出现了以实现"资源共享"为目的的多计算机互联的状态。这一阶段结构上的主要特点是:以通信子网为中心,多主机多终端。1969年在美国建成的ARPAnet就是这一阶段的代表。

1.1.2.3 标准、开放的计算机网络阶段

自20世纪70年代中期开始,各大公司在宣布各自网络产品的同时,也公布了各自采用的网络体系结构标准,提出成套设计网络产品的概念。不断出现的各种网络产品虽然极大地推动了计算机网络的应用,但是众多不同的专用网络体系标准给不同网络间的互联带来了很大的不便。鉴于这种情况,国际标准化组织(ISO)于1977年成立了专门的机构从事"开放系统互联"问题的研究,目的是设计一个标准的网络体系模型。1984年ISO颁布了"开放系统互联基本参考模型",这个模型通常被称作OSI参考模型。

1.1.2.4 高速、智能化的计算机网络阶段

近年来,随着通信技术,尤其是光纤通信技术的发展,计算机网络技术得到了迅猛的发展。网络带宽的不断提高,更加刺激了网络应用的多样化和复杂化,多媒体应用在计算机网络中所占的份额越来越高。用户不仅对网络的传输带宽提出越来越高的要求,对网络的可靠性、安全性和可用性等也提出了新的要求。为了向用户提供更高的网络服务质量,网络管理也逐渐进入了智能化阶段,包括网络的配置管理、故障管理、计费管理、性能管理和安全管理等网络管理任务都可以通过智能化程度很高的网络管理软件来实现。

1.1.3 网络的分类

在计算机网络的研究中,常见的分类方法有以下5种:

(1) 按通信所使用的介质,可将网络分为有线网络和无线网络。有线网络是指采用有形的传输介质如铜缆、光纤等组建的网络;而使用微波、红外线等无线传输介质作为通信线路的网络就属于无线网络。

(2) 按使用网络的对象,可将网络分为公众网络和专用网络。公众网络是指开放用于为公众提供网络服务的网络;而专用网络是指专门为特定的部门或应用而设计的网络,如银行系统的网络。

(3) 按网络传输技术,可将网络分为广播式网络和点到点式网络。所谓广播式网络是指网络中所有的计算机共享一条通信信道。广播式网络在通信时具备两个特点:① 任何一台计算机发出的消息都能够被其他联结到这条总线上的计算机收到;② 任何时间内只允许一个节点使用信道。而在点到点式网络中,由一条通信线路联结两台设备,为了能从源端到达目的端,这种网络上的数据可能需要经过一台或多台中间设备。

(4) 按照网络传输速度,可将网络分为低速网络和高速网络等。

(5) 按地理覆盖范围,可将网络分为广域网、城域网和局域网。

1.1.4 局域网、城域网和广域网

地理覆盖范围的不同直接影响网络技术的实现与选择,局域网、城域网和广域网由于地

理覆盖范围不同而具有明显不同的网络特性,并在技术实现和选择上存在明显差异。

1. 局域网

局域网(Local Area Network,LAN)的覆盖范围大约是几公里以内,如一幢大楼内或一个校园内。局域网通常为使用单位所有,如学校的实验室或中、小型公司的网络通常都属于局域网。

2. 城域网

城域网(Metropolitan Area Network,MAN)的覆盖范围大约是几公里到几十公里,它主要是为了满足城市、郊区的联网需求。例如,将某个城市中所有中小学互联起来所构成的网络就可以称为教育城域网。

3. 广域网

广域网(Wide Area Network,WAN)的覆盖范围一般是几十公里到几千公里以上,它能够在很大范围内实现资源共享和信息传递。大家所熟悉的Internet,就是广域网中最典型的例子。

1.1.5 网络的拓扑结构

在计算机网络中常见的拓扑结构有总线型、星型、环型、树型和网状型(图1.1)。

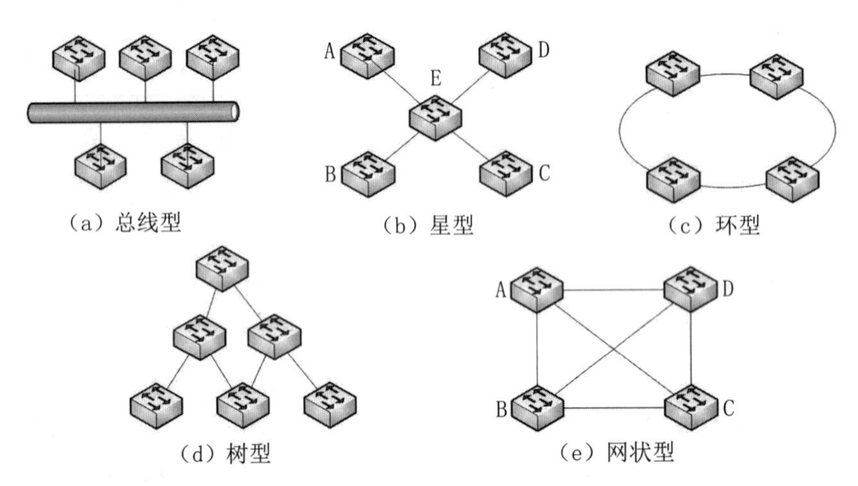

图1.1

1. 总线型拓扑结构

如图1.1(a)所示,总线型拓扑中采用单根传输线路作为传输介质,所有站点通过专门的连接器连到这个公共信道上,这个公共的信道称为总线。任何一个站点发送的数据都能通过总线传播,同时能被总线上的所有其他站点接收到。可见,总线型结构的网络是一种广播式网络。

总线型拓扑结构形式简单,节点易于扩充,是局域网拓扑的基本形式之一。

2. 星型拓扑结构

如图1.1(b)所示,星型拓扑中有一个中心节点,其他各节点通过各自的线路与中心节点相连,形成辐射型结构。各节点间的通信必须通过中心节点,如图1.1(b)所示,节点A到节点B或节点A到节点C都要经过中心节点E。

星型拓扑的网络具有结构简单、易于建网和易于管理等特点。但这种结构要耗费大量的电缆,同时中心节点的故障会直接造成整个网络的瘫痪。星型拓扑结构也经常应用于局域网中。树型拓扑结构可以看做星型拓扑的一种扩展,也称扩展星型拓扑。

3. 环型拓扑结构

如图1.1(c)所示,在环型拓扑中,各节点和通信线路连接形成了一个闭合的环。在环路中,数据按照一个方向传输。发送端发出的数据,延环绕行一周后,回到发送端,由发送端将其从环上删除。任何一个节点发出的数据都可以被环上的其他节点接收到。

环型拓扑具有结构简单、容易实现、传输时延确定以及路径选择简单等优点,但是,网络中的每一个节点或连接节点的通信线路都有可能成为网络可靠性的瓶颈。

4. 网状拓扑结构

在网状拓扑结构中,节点之间的连接是任意的,每个节点都有多条线路与其他节点相连,这样使得节点之间存在多条路径可选,如图1.1(e)中从节点A到节点C可以是A—B—C也可以是A—D—C,在传输数据时可以灵活地选用空闲路径或者避开故障线路。可见,网状拓扑可以充分、合理地使用网络资源,并且具有可靠性高的优点。

1.2 网络体系结构

1.2.1 为什么要建立计算机网络体系结构

为了能够使不同地理分布且功能相对独立的计算机之间实现资源共享,计算机网络系统需要涉及和解决许多复杂的问题,包括信号传输、差错控制、寻址、数据交换和提供用户接口等一系列问题。计算机网络体系结构是我们为简化这些问题的研究、设计与实现而抽象出来的一种结构模型。

1.2.2 计算机网络的分层模型

对于复杂的计算机网络系统,一般采用层次模型。在层次模型中,往往将系统所要实现的复杂功能分化为若干个相对简单的细小功能,每一项分功能以相对独立的方式去实现。这样就有助于我们将复杂的问题简化为若干个相对简单的问题,从而达到分而治之、各个击破的目的。

将上述分层的思想或方法运用于计算机网络中,就产生了计算机网络的分层模型。在实施网络分层时要依据以下原则:

(1) 根据功能进行抽象分层,每个层次所要实现的功能或服务均有明确的规定。

(2) 每层功能的选择应有利于标准化。

(3) 不同的系统分成相同的层次,对等层次具有相同功能。

(4) 高层使用下层提供的服务时,下层服务的实现是不可见的。

(5) 层的数目要适当。层次太少,则功能不明确;而层次太多会使体系结构过于庞大。

1.2.3 ISO/OSI 网络参考模型

ISO/OSI参考模型是一种将异构系统互联的分层结构，它定义了一种抽象结构，而并非是对具体现实的描述。OSI参考模型如图1.2所示。

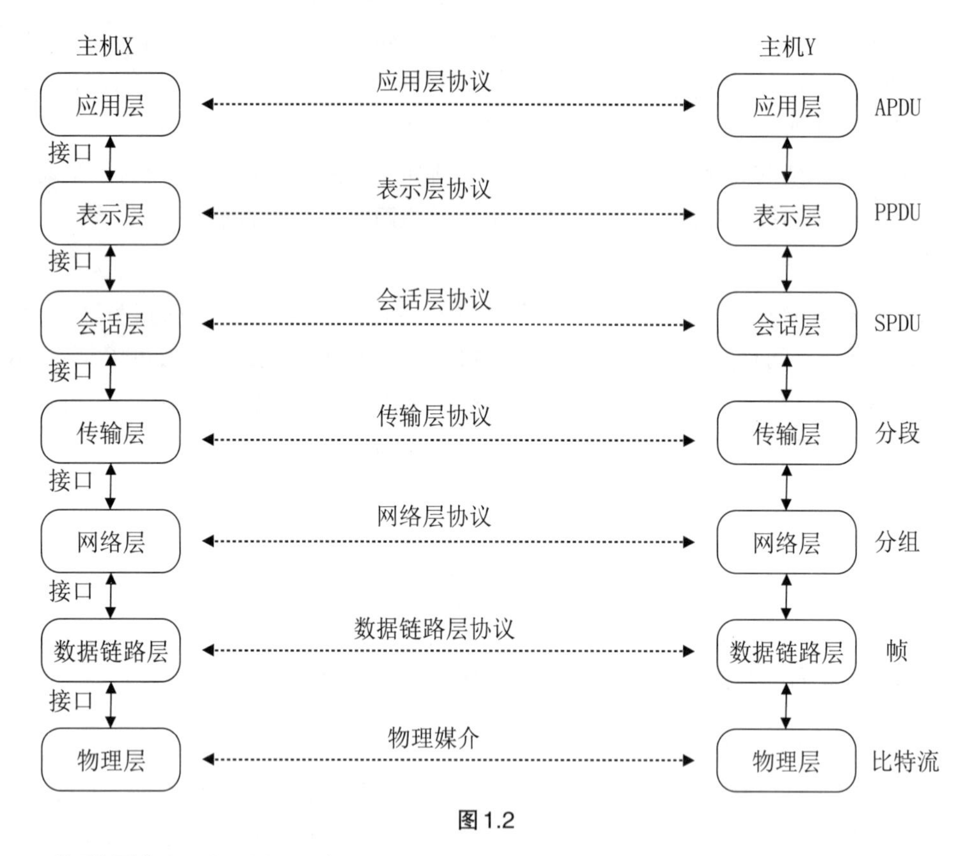

图1.2

1. **物理层(physical layer)**

物理层位于OSI参考模型的最底层，它直接面向原始比特流的传输。物理层必须解决好包括传输介质、信道类型、数据与信号之间的转换、信号传输中的衰减和噪声等一系列问题。另外，要给出关于物理接口的机械、电气、功能和规程特性使各个厂家的产品能够相互兼容。

2. **数据链路层(data link layer)**

数据链路层涉及相邻节点之间的可靠数据传输，数据链路层通过加强物理层传输原始比特的功能，使之对网络层表现为一条无错线路。为了能够实现相邻节点之间无差错的数据传送，数据链路层在数据传输过程中提供了确认、差错控制和流量控制等机制。

3. **网络层(network layer)**

网络中的两台计算机进行通信时，中间可能要经过许多中间节点甚至不同的通信子网。网络层的任务就是在通信子网中选择一条合适的路径，使发送端传输层所传下来的数据能够通过所选择的路径到达目的端。

4. **传输层(transport layer)**

传输层是OSI七层模型中唯一负责端到端节点间数据传输和控制功能的层。传输层是

OSI七层模型中承上启下的层，它下面的三层主要面向网络通信，以确保信息被准确有效地传输；它上面的三个层次则面向用户主机，为用户提供各种服务。传输层通过弥补网络层服务质量的不足，为会话层提供端到端的可靠数据传输服务。

5. 会话层(session layer)

会话层的功能是在两个节点间建立、维护和释放面向用户的连接。它是在传输连接的基础上建立会话连接，并进行数据交换管理，允许数据进行单工、半双工和全双工的传送。会话层提供了令牌管理和同步两种服务功能。

6. 表示层(presentation layer)

表示层以下的各层只负责可靠的数据传输，而表示层负责的是所传输数据的语法和语义。它主要涉及处理在两个通信系统之间所交换信息的表示方式，包括数据格式变换、数据加密与解密、数据压缩与恢复等功能。

7. 应用层(application layer)

应用层是OSI参考模型的最高层，负责为用户的应用程序提供网络服务。应用层还包含大量的应用协议，如分布式数据库的访问、文件的交换、电子邮件、虚拟终端等。

1.2.4 TCP/IP 模型

TCP/IP模型是由美国国防部创建的，所以有时又称DoD(Department of Defense)模型。如图1.3所示，TCP/IP模型分为四层，由下而上分别为网络访问层、网际层、传输层、应用层。TCP/IP是OSI模型之前的产物，所以两者间不存在严格的层对应关系。在TCP/IP模型中并不存在与OSI中的物理层与数据链路层相对应的部分，相反，由于TCP/IP的主要目标是致力于异构网络的互联，所以在OSI中的物理层与数据链路层相对应的部分没有作任何限定。

图1.3

在TCP/IP模型中，网络访问层是TCP/IP模型的最底层，负责接收从网际层交来的IP数据包并将IP数据包通过底层物理网络发送出去，或者从底层物理网络上接收物理帧，抽出IP数据包，交给互联网层。网络访问层使采用不同技术和网络硬件的网络之间能够互联，它包括属于操作系统的设备驱动器和计算机网络接口卡，以处理具体的硬件物理接口。

网际层负责独立地将分组从源主机送往目标主机，涉及为分组提供最佳路径的选择和交换功能，并使这一过程与它们所经过的路径和网络无关。这好比寄信时，你并不需要知道它是如何到达目的地的，而只关心它是否到达了。目的地TCP/IP模型的互联网层在功能上非常类似于OSI参考模型中的网络层。

TCP/IP模型的传输层的作用与OSI参考模型中传输层的作用是类似的，即在源节点和目的节点的两个对等实体间提供可靠的端到端的数据通信。为保证数据传输的可靠性，传输层协议也提供了确认、差错控制和流量控制等机制。另外，由于在一般的计算机中，常常是多个应用程序同时访问网络，所以传输层还要提供不同应用程序的标志。

应用层涉及为用户提供网络应用，并为这些应用提供网络支撑服务。由于TCP/IP将所有与应用相关的内容都归为一层，所以在应用层要处理高层协议、数据表达和对话控制等任务。

TCP/IP事实上是一个协议系列或协议簇,目前包含了100多个协议,用来将各种计算机和数据通信设备组成实际的TCP/IP计算机网络。TCP/IP模型各层的一些重要协议如图1.4所示。

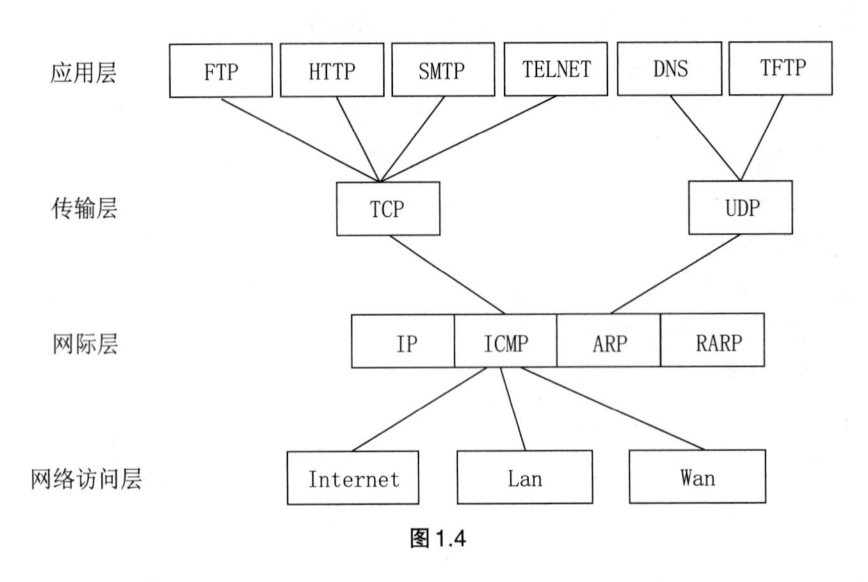

图1.4

1.2.4.1 ARP与RARP

以太网中的主机是以网卡的方式连接到以太网链路中的,网卡只能识别48位的MAC地址而不可能识别32位的IP地址。也就是说,为了在物理上实现IP分组的传输,需要在网络互联层提供从主机IP地址到主机物理地址或MAC地址的映射功能。ARP(Address Resolution Protocol,ARP)正是实现这种功能的协议,其全称为地址解释协议。

ARP解决了IP地址到MAC地址的映射问题,但在计算机网络中有时也需要反过来解决从MAC地址到IP地址的映射,RARP就用于解决此类问题。

1.2.4.2 IP协议

IP协议则能够将不同的网络技术在TCP/IP的网际层统一在IP协议之下,以统一的IP分组传输提供了对异构网络互联的支持。

1. IP地址

IP数据包中的源IP地址和目标IP地址是TCP/IP的网络层用以标志网络中主机的逻辑地址。

2. IP地址规划与子网划分

IP地址的分配可以采用静态分配和动态分配两种方式,所谓静态分配是指由网络管理员为用户指定一个固定不变的IP地址并手工配置到主机上;而动态分配则通常以客户机-服务器模式通过动态主机控制协议(Dynamic Host Control Protocol,DHCP)来实现。

子网划分是指由网络管理员将一个给定的网络分为若干个更小的部分,这些更小的部分被称为子网(subnet)。当网络中的主机总数未超出所给定的某类网络可容纳的最大主机数,但内部又要划分成若干个分段(segment)进行管理时,就可以采用子网划分的方法。

子网掩码(subnet mask)通常与IP地址配对出现,其功能是告知主机或路由设备,IP地址的哪一部分代表网络号部分,哪一部分代表主机号部分。

1.2.4.3 ICMP

IP协议提供的是面向无连接的服务,不存在关于网络连接的建立和维护过程,也不包括流量控制与差错控制功能。但我们还是需要对网络的状态有一些了解,因此在网际层提供了因特网控制消息协议(Internet Control Message Protocol,ICMP)来检测网络,包括路由、拥塞、服务质量等问题。

1.2.4.4 路由与路由协议

所谓路由是指对到达目标网络所进行的最佳路径选择,通俗地讲就是解决“何去何从”的问题,路由是网络层最重要的功能。在网络层完成路由功能的设备被称为路由器,路由器是专门设计用于实现网络层功能的网络互联设备。除了路由器外,某些交换机里面也可集成带网络层功能的模块即路由模块,带路由模块的交换机又称三层交换机。

路由器将所有有关如何到达目标网络的最佳路径信息以数据库表的形式存储起来,这种专门用于存放路由信息的表被称为路由表(图1.5)。路由表的不同表项可给出到达不同目标网络所需要历经的路由器接口信息,正是有路由表才使基于第三层地址的路径选择最终得以实现。

IPv4 路由表
===
活动路由:

网络目标	网络掩码	网关	接口	跃点数
0.0.0.0	0.0.0.0	192.168.20.1	192.168.20.66	35
10.0.0.0	255.255.0.0	在链路上	10.0.238.251	281
10.0.238.251	255.255.255.255	在链路上	10.0.238.251	281
10.0.255.255	255.255.255.255	在链路上	10.0.238.251	281
127.0.0.0	255.0.0.0	在链路上	127.0.0.1	331
127.0.0.1	255.255.255.255	在链路上	127.0.0.1	331
127.255.255.255	255.255.255.255	在链路上	127.0.0.1	331
169.254.0.0	255.255.0.0	在链路上	169.254.157.224	291
169.254.0.0	255.255.0.0	在链路上	169.254.35.116	291
169.254.0.0	255.255.0.0	在链路上	169.254.222.236	281
169.254.35.116	255.255.255.255	在链路上	169.254.35.116	291
169.254.157.224	255.255.255.255	在链路上	169.254.157.224	291
169.254.222.236	255.255.255.255	在链路上	169.254.222.236	281
169.254.255.255	255.255.255.255	在链路上	169.254.157.224	291
169.254.255.255	255.255.255.255	在链路上	169.254.35.116	291
169.254.255.255	255.255.255.255	在链路上	169.254.222.236	281

图1.5

路由器的某一个接口在收到帧后,首先进行帧的拆封以便从中分离出相应的IP分组,然后利用子网掩码求“与”方法从IP分组中提取出目标网络号,并将目标网络号与路由表进行比对看能否找到一种匹配,即确定是否存在一条到达目标网络的最佳路径信息。若存在匹配,则将IP分组重新进行封装成传输端口所期望的帧格式并将其从路由器相应端口转发出去;若不存在匹配,则将相应的IP分组丢弃。上述查找路由表以获得最佳路径信息的过程被称为路由器的“路由”功能,而将从接收端口进来的数据在输出端口重新转发出去的功能称为路由器的“交换”功能。“路由”与“交换”是路由器的两大基本功能。

静态路由是指网络管理员根据其所掌握的网络连通信息以手工配置方式创建的路由表表项。动态路由是指路由协议通过自主学习而获得的路由信息,通过在路由器上运行路由协议并进行相应的路由协议配置即可保证路由器自动生成并维护正确的路由信息。

在网络层用于动态生成路由表信息的协议被称为路由协议，路由协议使得网络中的路由设备能够相互交换网络状态信息，从而在内部生成关于网络联通性的映象，并由此计算出到达不同目标网络的最佳路径或确定相应的转发端口。

1.2.5 OSI模型和TCP/IP模型的区别

如图1.6所示，OSI模型包括7层，而TCP/IP模型只有四层。虽然它们具有功能相当的网络层、传输层和应用层，但其他层并不相同。TCP/IP模型中没有专门的表示层和会话层，它将与这两层相关的表达、编码和会话控制等功能包含到了应用层中去完成。另外，TCP/IP模型还将OSI的数据链路层和物理层包括到了一个网络访问层中。

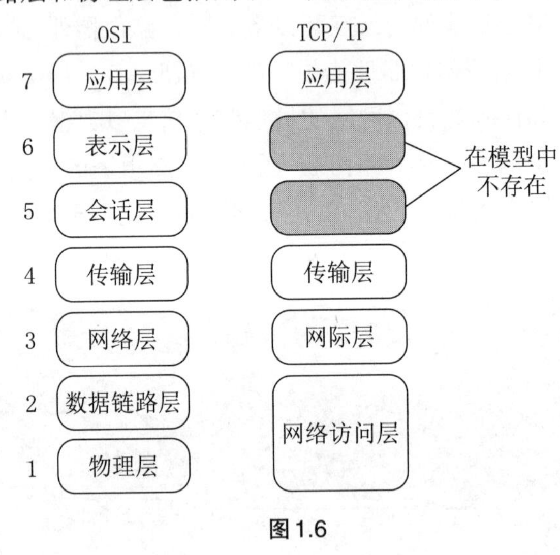

图1.6

1.3 局域网技术

1.3.1 局域网概述

局域网(LAN)是当今计算机网络技术应用与发展非常活跃的一个领域。公司、企业、政府部门及住宅小区内的计算机都在通过LAN连接起来，以达到资源共享、信息传递和数据通信的目的。而信息化进程的加快，更是促使通过LAN进行网络互联的需求剧增。因此，对同学们来说，理解和掌握局域网技术也就显得更加实用。

1985年于IEEE公布了IEEE 802标准的五项标准文本，同年被美国国家标准局(ANSI)采纳作为美国国家标准。后来，国际标准化组织(ISO)经过讨论，建议将IEEE 802标准定为局域网国际标准。

IEEE 802标准实际上是一个由一系列协议组成的标准体系。随着局域网技术的发展，该体系在不断地增加新的标准和协议，如802.3家族就随着以太网技术的发展出现了许多新的成员。

1.3.2 局域网体系架构

IEEE 802的LAN参考模型与OSI参考模型的对应关系,如图1.7所示。

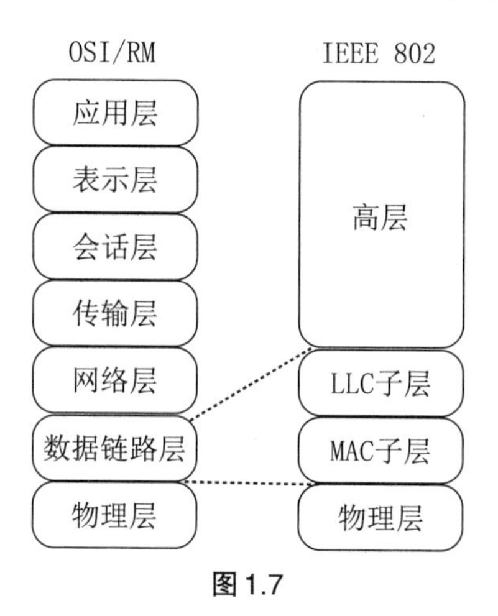

图1.7

局域网的物理层和OSI七层模型的物理层功能相当,主要涉及局域网物理链路上原始比特流的传送,定义局域网物理层的机械、电气、规程和功能特性。如信号的传输与接收、同步序列的产生和删除等,物理连接的建立、维护、撤销等。

局域网的数据链路层分为逻辑链路控制(Logical Link Control,LLC)和介质访问控制(Medium Access Control,MAC)两个功能子层,局域网基本上采用的是共享介质环境,共享介质环境中的多个节点同时发送数据时就会产生冲突,从而需要提供控制冲突的介质访问控制机制。

MAC子层负责介质访问控制机制的实现,即处理局域网中各站点对共享通信介质的争用问题,不同类型的局域网通常使用不同的介质访问控制协议,另外MAC子层还涉及局域网中的物理寻址;而LLC子层负责屏蔽掉MAC子层的同时,将其变成统一的LLC界面,从而向网络层提供一致的服务。

CSMA/CD是指带冲突检测的载波侦听多址访问(Carrier Sense Multiple Access/Collision Detection)。CSMA/CD的工作原理可概括成四句话,即先听后发,边发边听,冲突停止,随机延时后重发。具体过程如下:

① 当一个站点想要发送数据的时候,它检测网络察看是否有其他站点正在传输,即侦听信道是否空闲。

② 如果信道忙,则等待,直到信道空闲。

③ 如果信道闲,站点就传输数据。

④ 在发送数据的同时,站点继续侦听网络确信没有其他站点在同时传输数据。因为有可能两个或多个站点都同时检测到网络空闲然后几乎在同一时刻开始传输数据。如果两个或多个站点同时发送数据,就会产生冲突。

⑤ 当一个传输节点识别出一个冲突,它就发送一个拥塞信号,这个信号使得冲突的时间足够长,让其他的节点都有可能发现。

⑥ 其他节点收到拥塞信号后,都停止传输,等待一个随机产生的时间间隙(回退时间,Back off Time)后重发。

从上述工作原理中可以看出,对信道中的载波进行侦听对于CSMA/CD的实现是非常重要的,其既可判断信道的忙与空闲,也可识别是否有冲突存在。

1.3.3 局域网组网设备

不论采用哪种局域网技术来组建局域网,都要涉及局域网组件的选择,包括硬件和软件。其中,软件组件主要是指以网络操作系统为核心的软件系统,硬件组件则主要指计算机及各种组网设备,包括服务器和工作站、网卡、网络传输介质、网络连接部件与设备等。

1.3.3.1 服务器和工作站

组建局域网的主要目的是为了在不同的计算机之间实现资源共享。局域网中的计算机可根据其功能和作用的不同被分为两大类。一类计算机主要为其他计算机提供服务,称之为服务器(server);而另一类计算机则使用服务器所提供的服务,称之为工作站(workstation)或客户机(client)。

当在局域网环境中提供TCP/IP应用时,还可能会有E-mail服务器、DNS服务器、Web服务器等。

1.3.3.2 网卡

网卡的全名是网络接口卡(Network Interface Card,NIC),也叫网络适配器(图1.8)。这是一种工作在数据链路层的网络组件,是局域网中连接计算机和传输介质的接口,不仅能实现计算机与局域网传输介质之间的物理连接和电信号匹配,还涉及帧的发送与接收、帧的封装与拆封、介质访问控制、数据的编码与解码以及数据缓存的功能。

图1.8

网卡以前是作为扩展卡插到计算机总线上的,但是由于其价格低廉而且以太网标准普遍存在,现在大部分新的计算机都在主板上集成了网络接口。这些主板或是在主板芯片中集成了以太网的功能,或是使用一块通过PCI(或者更新的PCI-Express总线)连接到主板上的廉价网卡。除非需要多接口或者使用其他种类的网络,否则不再需要一块独立的网卡。更新的主板甚至可能含有内置的双网络(以太网)接口。

1.3.3.3 交换机

交换机工作于OSI参考模型的第二层,即数据链路层。交换机内部的CPU会在每个端口成功连接时,通过将MAC地址和端口对应,形成一张MAC表。在今后的通信中,发往该MAC地址的数据包将仅送往其对应的端口,而不是所有的端口。

交换机拥有一条很高带宽的背部总线和内部交换矩阵。交换机所有的端口都挂接在这条背部总线上,控制电路收到数据包后,处理端口会查找内存中的地址对照表以确定目的MAC(网卡的硬件地址)的NIC(网卡)挂接在哪个端口上,通过内部交换矩阵迅速将数据包传送到目的端口,目的MAC若不存在,广播到所有的端口,接收端口回应后交换机会“学习”新的MAC地址,并把它添加入到内部MAC地址表中。

在选择交换机时要考虑如下因素:

(1) 背板带宽。也叫背板吞吐量,是交换机接口处理器或接口卡和数据总线间所能吞吐的最大数据量。一台交换机的背板带宽越高,所能处理数据的能力就越强,但同时价格也就越高。

(2) 端口速率和端口数。交换机的端口速率一般有10 Mbps、100 Mbps、1000 Mbps,甚至10 Gbps。一般来讲,在考虑端口速率的同时还要考虑所选择的交换机的可用端口数目是否满足要求。

(3) 是否带网管功能。网管是指网络管理员通过网络管理程序对网络上的资源进行集中化管理的操作,包括配置管理、性能和记账管理、问题管理、操作管理和变化管理等。一台设备所支持的管理程序反映了该设备的可管理性及可操作性。不带网管功能的交换机价格较便宜,而带网管功能的交换机相应的则价格要更高。除此之外,在选购交换机时,还会考虑到是否支持模块化、是否支持VLAN、是否带第三层路由功能等。

1.3.4 以太网系列

在以太网技术中,快速以太网是一个里程碑,确立了以太网技术在桌面的统治地位。随后出现的千兆以太网更是加快了以太网的发展。然而以太网主要是在局域网中占绝对优势,在很长的一段时间中,由于带宽以及传输距离等原因,人们普遍认为以太网不能用于城域网,特别是在汇聚层以及骨干层。1999年底成立了IEEE 802.3ae工作组进行万兆(10 Gbps)以太网技术的研究,并于2002年正式发布802.3ae 10GE标准。万兆以太网不仅再度扩展了以太网的带宽和传输距离,更重要的是其得以将以太网从局域网领域向城域网领域渗透。

1.3.5 无线局域网

顾名思义,无线局域网(Wireless Local Area Network,WLAN)就是指采用无线传输介质的局域网。尽管无线局域网早就已经提出来了,但其真正进入实用阶段还是近两年的事。

目前支持无线局域网的技术标准主要有蓝牙技术、HomeRF技术以及IEEE 802.11系列。其中,HomeRF主要用于家庭无线网络,其通信速度比较慢;蓝牙技术是在1994年爱立信为寻找蜂窝电话和PDA那样的辅助设备进行通信的廉价无线接口时创立的,是按IEEE 802.11标准的补充技术来设计的;IEEE 802.11是由IEEE 802委员会制订的无线局域网系列标准。

要组建无线局域网,必须要有相应的无线网设备,这些设备主要包括无线网卡、无线访问接入点、无线网桥和天线,几乎所有的无线网络产品中都自含无线发射/接收功能。

无线网卡在无线局域网中的作用相当于有线网卡在有线局域网中的作用。按无线网卡的总线类型可将其分为:① 适用于台式机的PCI接口的无线网卡;② 适用笔记本的PC-MCIA接口的无线网卡;③ 笔记本和台式机均适用的USB接口的无线网卡。无线访问接入点(AP)则是在无线局域网环境中,进行数据发送和接收的集中设备,相当于有线网络中的集线器。通常,一个AP能够在几十至上百米的范围内连接多个无线用户。AP可以通过标准的Ethernet电缆与传统的有线网络相连,从而可作为无线网络和有线网络的连接点。由于无线电波在传播过程中会不断衰减,导致AP的通讯范围被限定在一定的范围之内,这个范围被称为微单元。但若采用多个AP,并使它们的微单元互相有一定范围的重合时,用户就可以在整个无线局域网覆盖区内移动,无线网卡能够自动发现附近信号强度最大的AP,并通过这个AP收发数据,保持不间断的网络连接,这种方式称为无线漫游。

无线网桥主要用于无线或有线局域网之间的互联。当两个局域网无法实现有线连接或使用有线连接存在困难时,就可使用无线网桥实现点对点的连接,在这里无线网桥起到了协议转换的作用。

无线路由器则集成了无线AP的接入功能和路由器的第三层路径选择功能。

将以上几种无线局域网设备结合在一起使用,就可以组建出多层次、无线与有线并存的计算机网络。一般来说,无线局域网有两种组网模式,即对等(Ad-Hoc)模式和基础结构(infrastucture)模式。

对于对等网络,其配置简单,可以实现点对点与点对多点连接。不过这种方式不能连接外部网络。因此适用于用户数相对较少的网络规模。

在基础结构网络中,要求有一个无线中继站充当中心站,所有站点对网络的访问均由其控制。由于每个站点只需在中心站覆盖范围之内就可与其他站点通信,故网络中地点布局受环境限制较小。

1.3.6 虚拟局域网

虚拟局域网(Virtual Local Area Network,VLAN)是以局域网交换机为基础,通过交换机软件实现根据功能、部门、应用等因素将设备或用户组成虚拟工作组或逻辑网段的技术,其最大的特点是在组成逻辑网时无须考虑用户或设备在网络中的物理位置。VLAN可以在一个交换机或者跨交换机实现。

VLAN是交换式网络的灵魂,其不仅从逻辑上对网络用户和资源进行有效、灵活、简便管理提供了手段,同时提供了极高的网络扩展和移动性。

从实现的方式上看,所有VLAN均是通过交换机软件实现的。按实现的机制或策略进行分类,VLAN可分为静态VLAN和动态VLAN。

1.4 广域网技术

广域网是一个地理覆盖范围超过局域网的数据通信网络。如果说局域网技术主要是为了实现共享资源这个目标而服务,那么广域网则主要是为了实现广大范围内的远距离数据通信,因此广域网在网络特性和技术实现上与局域网存在明显的差异。

1.4.1 广域网设备

常见的广域网设备包括路由器、广域网交换机、调制解调器和通信服务器等。路由器是属于网络层的互联设备,其可以实现不同网络之间的互联。广域网交换机与局域网中所用的以太网交换机一样,都属于数据链路层的多端口存储转发设备,只不过广域网交换机实现的是广域网数据链路层协议帧的转发。作为广域网DCE设备的调制解调器是一种实现数字和模拟信号转换的设备,当数据通过电话网络进行传输时,发送与接收双方就需要安装相应的调制解调器,如ISDN网络中用到的TA/NT1设备等。

1.4.2 ISDN

综合业务数字网(Integrated Service Digital Network,ISDN)是基于现有的电话网络来实现数字传输服务的标准。与后来提出的宽带ISDN相对应,传统ISDN又被称为窄带(Narrowed)ISDN即N-ISDN,简称ISDN。

1.4.3 ATM

异步转移模式(Asynchronous Transfer Mode,ATM),ATM是一种应用极为广泛的技术,以固定长度的分组方式,并以异步时分复用方式,传送任意速率的宽带信号和数字等级系列信息的交换设备。异步转移模式是用于实现宽带综合业务数字网(B-ISDN)的基础技术。它可综合任意速率的话音、数据、图像和视频业务。在实际的应用中能够适应从低速到高速的各种传输业务,可应用于视频点播(VOD)、宽带信息查询、远程教育、远程医疗、远程协同办公、家庭购物、高速骨干网等。

1.4.4 帧中继

帧中继(Frame Relay,FR)是以X.25分组交换技术为基础,摒弃其中繁琐的检错、纠错过程,改造了原有的帧结构,从而获得了良好的性能。帧中继的用户接入速率一般为64 Kbps～2 Mbps,局间中继传输速率一般为2 Mbps、34 Mbps,现已可达155 Mbps。

1.4.5 SDH技术

SDH是一种基于光纤的传输网络,它具有传输速率高、传输带宽大等特点,SDH不仅适用于光纤,也适用于微波和卫星传输,并且其网络管理功能大大增强,是目前广域网中普遍采用的技术。

由于SDH是一种基于光纤的传输网络,因此它具有光纤本身所具有的许多优点:① 不怕潮湿;② 不受电磁干扰,抗腐蚀能力强;③ 有抗核辐射的能力,同时重量轻等。

习 题

1. 根据ARP工作原理，包括本地ARP和代理ARP工作过程，画出关于ARP工作原理的流程图。

2. 查找资料，撰写一个关于利用DHCP实现动态IP地址分配的简单报告。

3. 现有两台服务器A和B的网络配置如图1.9所示，服务器B的掩码应为255.255.255.0，但被误配成了255.255.255.224，则服务器A、B是否还能正常通信？要求写出分析过程并在模拟器中验证。

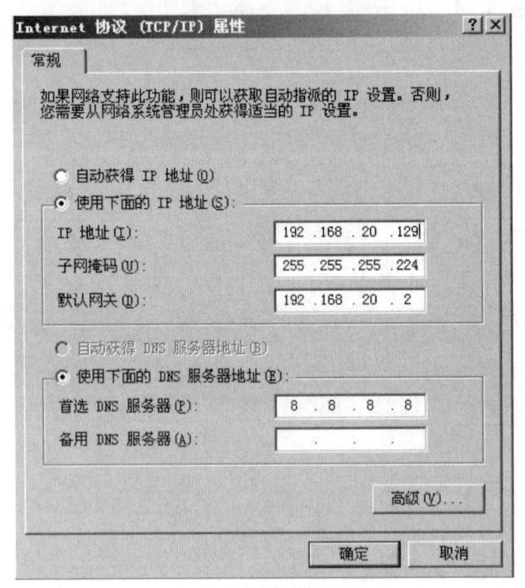

(a) 服务器A

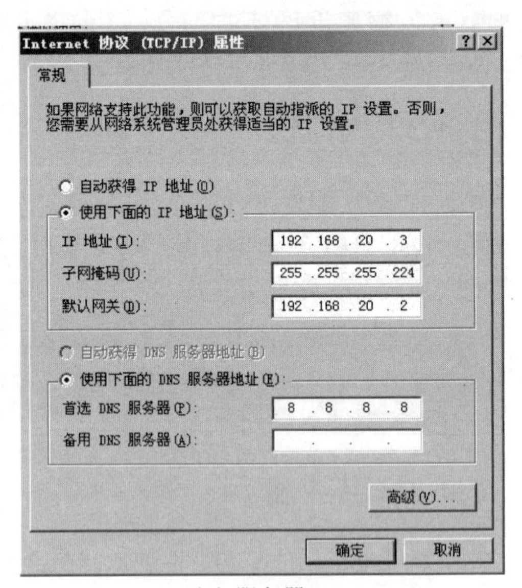

(b) 服务器B

图1.9

第2章　Windows管理

学会安装和规划Windows Server 2003/2008，搭建Web/FTP/DNS/DHCP等常见企业级服务。熟悉Windows server操作系统加固流程和方法。

2.1　Windows操作系统简介

Windows Server是微软在2003年4月24日推出的Windows 的服务器操作系统（表2.1），其核心是Microsoft Windows Server System（WSS）。Windows Server的最新版本是Windows Server 2019。

表2.1

版本	内核版本号	发行日
Windows Server 2003	NT 5.2	2003-4-24
Windows Server 2008	NT 6.0	2008-2-27
Windows Server 2008 R2	NT 6.1	2009-10-22
Windows Server 2012	NT 6.2	2012-9-4
Windows Server 2012 R2	NT 6.3	2013-10-17
Windows Server 2016	NT 10.0	2016-10-13

本次实训课程在虚拟机中安装，考虑学员对电脑性能的了解普遍不高，建议部署Windows Server 2003版本。

2.2　Windows Server 2003规划与安装

Windows Server 2003是微软基于Windows XP/NT 5.1开发的服务器操作系统，于2003年3月28日发布，并在同年4月底上市。相对于Windows Server 2000做了很多改进。

虽然Windows Server 2003的官方支持已在2015年7月14日结束，Windows Server 2003

的安全性不再获得保障，但是本次实验课程仍然选择WM中安装Windows Server 2003企业版，主要基于如下考虑：

(1) 很多学员的电脑配置性能不足，在虚拟机中运行Windows Server 2003更流畅，配置更简单，上手更快。

(2) 后续的渗透实验课程很多系统漏洞更容易验证。

2.2.1　Windows Server 基础知识

2.2.1.1　工作组和域

工作组(work group)是网络中计算机的逻辑组合，工作组的计算机共享文件和打印机资源。工作组中的所有计算机以同等的方式共享资源而没有专用的服务器，所以工作组有时也叫对等网络。在工作组中的每个计算机维护一个本地安全数据库，数据库中包含这个计算机的用户账户的资源安全信息列表。

域(domain)是网络计算机的逻辑组合，它们共享集中的目录数据库。目录数据库包括用户账户和域的安全性信息。目录数据库即目录，是Active Directory服务的数据库部分，该目录驻留在配置为域控制器的计算机上，由DC(域控制器)集中管理。

工作组模式适用于比较小型的网络环境，工作组模式中的资源和安全性的管理是基于每台计算机自身维护的。用户在每台需要访问的计算机上都拥有一个账号。

域模式适用于任何规模的网络环境，并且可以根据需要随时扩展。域模式中的账号和安全性都由域中的DC集中式地管理和维护，用户在域中只需要一个唯一的用户账号即可访问整个域中的资源。

2.2.1.2　注册表

1. 注册表的由来

在Windows 95及其后继版本中，采用了一种叫“注册表”的数据库来统一进行管理，将各种信息资源集中起来并存储各种配置信息。按照这一原则，Windows各版本中都采用了将应用程序和计算机系统全部配置信息容纳在一起的注册表，用来管理应用程序和文件的关联、硬件设备说明、状态属性以及各种状态信息和数据等。注册表的特点有：

(1) 注册表允许对硬件、系统参数、应用程序和设备驱动程序进行跟踪配置，这使得修改某些设置后不用重新启动成为可能。

(2) 注册表中登录的硬件部分数据可以支持高版本Windows的即插即用特性。当Windows检测到机器上的新设备时，就会把有关数据保存到注册表中，另外，还可以避免新设备与原有设备之间的资源冲突。

(3) 管理人员和用户通过注册表可以在网络上检查系统的配置和设置，使得远程管理得以实现。

2. 使用注册表的使用方法

可以在开始菜单中的运行里输入regedit，也可以在dos下输入regedit。注册表编辑器(regedit)是操作系统自带的一款注册表工具，通过它就能对注册表进行各种修改。

备份的方法如下:点击注册表编辑器的“注册表”菜单,再点击“导出注册表文件”选项,在弹出的对话框中输入文件名“regedit”,将“保存类型”选为“注册表文件”,再将“导出范围”设置为“全部”,接下来选择文件存储位置,最后点击“保存”按钮,就可将系统的注册表保存到硬盘上。

3. 注册表根键说明

(1) hkey_classes_root包含注册的所有对象连接与嵌入(Object Linkingand Embedding,OLE)信息和文档类型。

(2) hkey_current_user包含登录的用户配置信息。

(3) hkey_local_machine包含本机的配置信息。其中config子树是显示器打印机信息;enum子树是即插即用设备信息;system子树是设备驱动程序和服务参数的控制集合;software子树是应用程序专用设置。

(4) hkey_users包含所有登录用户信息。

(5) hkey_current_config包含常被用户改变的部分硬件软件配置信息,如字体设置、显示器类型、打印机设置等。

(6) hkey_dyn_data包含现在计算机内存中保存的系统信息。

4. 实际应用

安全问题一直为大家所关注,为了自己的系统安全能够有保证,某些不必要的共享还是应该关闭的。用记事本编辑如下内容的注册表文件,保存为任意名字的.reg文件,使用时双击即可关闭那些不必要的共享:

```
windowsregistryeditorversion5.00
hkey_local_machine\system\currentcontrolset\services\lanmanserver\parameters]
"autoshareserver"=dword:00000000
"autosharewks"=dword:00000000
[hkey_local_machine\system\currentcontrolset\control\lsa]
"restrictanonymous"=dword:00000001
```

2.2.2 初始化安装

2.2.2.1 确定硬件需求

Windows Server 2003是一个面向企业级用户(商业组织、大型企业)的操作系统,在硬件安装上有更为严格的要求,因此需要使用者在安装之前确定系统的硬件能满足Windows Server 2003的要求,这样可以保证系统运行的稳定性、可靠性,并且最大限度地发挥Windows Server 2003的优秀性能。本次课程Windows Server 2003在虚拟机VM中安装,建议内存1 G以上,硬盘20 G。

2.2.2.2 配置虚拟机

Vmware Work Station是一款桌面计算机虚拟软件,能够让用户在单一主机上同时运行多个不同的操作系统。每个虚拟操作系统的硬盘分区、数据配置都是独立的,同时又可以将多台虚拟机构建为一个局域网。更何况Windows 2003系统要求的系统资源很低,所以没有必要再买一台电脑,课程实验完全可以用虚拟机操作,同时VM还支持实时快照、虚拟网络、拖拽文件以及PXE等方便实用的功能。

2.2.3 基本网络配置

TCP/IP协议是网络中使用的基于软件的标准通信协议,包括传输控制协议(Transmission Control Protocol,TCP)和网际协议(Internet Protocol,IP),可使不同环境下不同节点之间进行彼此通信,是连入Internet的所有计算机在网络上进行各种信息交换和传输所必须采用的协议。TCP/IP协议实际上是一种层次型协议,是一组协议的代名词,它的内部包含了许多其他的协议,从而组成了TCP/IP协议。

用户在Windows Server 2003计算机上配置TCP/IP之前,需要知道以下信息:

(1) 本地IP路由器的IP地址。

(2) 是否有DHCP服务器连接到网络上。如果没有DHCP服务器连接到网络上,就必须为计算机上安装的每个网卡分配IP地址和子网掩码。

(3) 本计算机是否是WINS代理执行者。

(4) 本计算机是否使用域名服务(DNS)。如果使用的话,必须知道网络上可用的DNS服务器的IP地址,用户可以选择一个或多个DNS服务器。

2.3 用户管理与组策略

2.3.1 用户账号简介

用户账号可为用户提供登录到域以访问网络资源或登录到计算机以访问该机资源的能力。定期使用网络的每个人都应有一个唯一的用户账号。Windows Server 2003提供两种主要类型的用户账号:本地用户账号和域用户账号。除此之外,Windows Server 2003系统中还有内置的用户账号。

2.3.1.1 本地用户账号(local user account)

本地用户账号只能登录到账号所在计算机并获得对该资源的访问权限。当创建本地用户账号后,Windows Server 2003将在该机的本地安全性数据库中创建该账号,本地账号信息仍为本地,不会被复制到其他计算机或域控制器。当创建一个本地用户账号后,计算机使用本地安全性数据库验证本地用户账号,以便用户登录到该计算机。注意不要在需要访问域资源的计算机上创建本地用户账号,因为域不能识别本地用户账号,也不允许本地用户访问域资源。而且,域管理员也不能管理本地用户账号,除非他们用计算机管理控制台中的操作菜单连接到本地计算机。

2.3.1.2 域用户账号(domain user account)

域用户账号可让用户登录到域并获得对网络上其他地方资源的访问权限。域用户账号是在域控制器上建立的，作为AD的一个对象保存在域的AD数据库中。用户在从域中的任何一台计算机登录到域中的时候必须提供一个合法的域用户账号，该账号将被域的域控制器所验证。

当在一个域控制器上新建一个用户账号后，该用户账号被复制到域中所有其他计算机上，复制过程完成后，域树中的所有域控制器就都可以在登录过程中对用户进行身份验证。

2.3.1.3 内置用户账号(built-in user account)

Windows Server 2003自动创建若干个用户账号，并且赋予了相应的权限，称为内置账号。内置用户账号不允许被删除。最常用的两个内置账号是Administrator(管理员)和Guest(来客)。可使用内置Administrator账号管理计算机和域配置，通过执行诸如创建和修改用户账号和组、管理安全性策略、创建打印机、给用户分配权限和权利等任务来获得对资源的访问。但作为网络管理员，应当为自己创建一个用来执行一般性任务的用户账号，只在需要执行管理性任务时才使用Administrator账号登录。Guest账号一般被用于在域中或计算机中没有固定账号的用户临时访问域或计算机时使用的。该账号默认情况下不允许对域或计算机中的设置和资源做永久性的更改。该账号在系统安装好之后是被屏蔽的，如果需要，可以手动启用。

2.3.2 创建本地用户账号

创建本地用户账号可以在任何一台除了域的域控制器以外的基于Windows Server 2003的计算机上进行。出于安全性考虑，通常建议只在不是域的组成部分的计算机上创建和使用本地用户账号，即在属于域的计算机上不要设置本地账号。工作组模式是使用本地用户账号的最佳场所。

实际案例：创建一个本地用户账号，用户名为wangnan。

具体操作如下：

(1) 打开“控制面板”，双击“管理工具”，在管理工具窗口中双击“计算机管理”图标，打开“计算机管理”对话框，如图2.1所示。

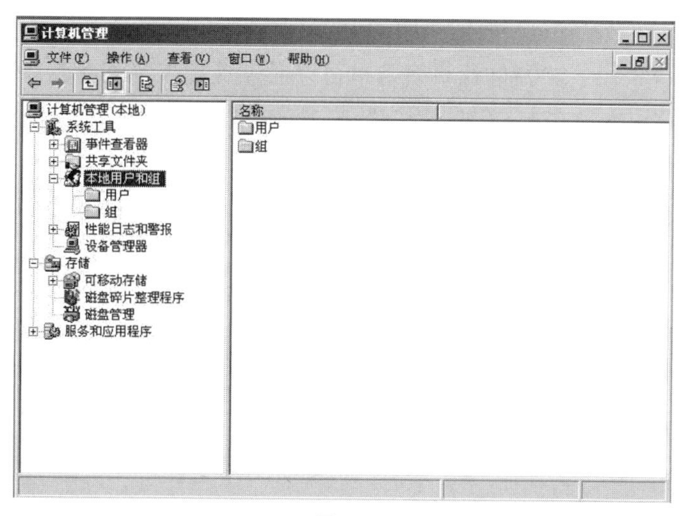

图2.1

(2) 单击"本地用户和组"前面的加号,展开出现"用户"图标,右击"用户",在弹出的快捷菜单中单击"新用户",打开"新用户"对话框,在"用户名"编辑框中输入账号的登录名称;在"全名"编辑框中输入用户的全名;在"描述"编辑框中输入账号的简单描述,以方便日后的管理工作;在"密码"和"确认密码"编辑框中输入密码,如图2.2所示。

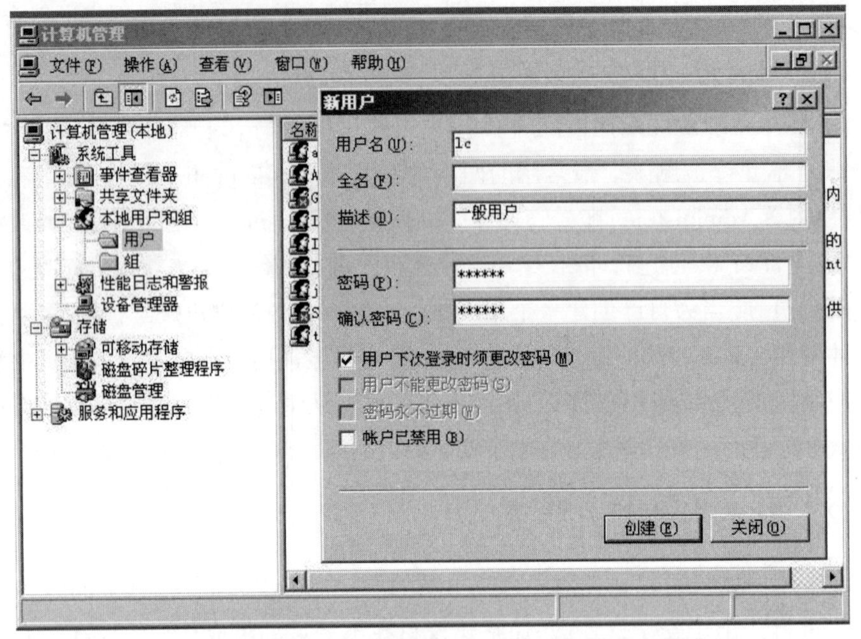

图2.2

(3) 单击"创建",在计算机管理窗口中就可以看到新创建的用户账号。

2.3.3 创建域用户账号

若要创建和管理域用户账号,可使用Active Directory用户和计算机控制台,在Active Directory目录树中创建用户对象。也可用该工具创建、删除或禁用用户对象,并管理用户对象的属性。

域用户账号是在域的DC上被创建的,并会被自动复制到域中的其他DC上。尽管在非DC的基于Windows Server 2003的计算机上也可以通过管理工具创建用户账号,但实际上这样的操作仅仅是操作本身在非DC上,而实际账号的添加是在DC上完成的,因为只有在DC上才维护着AD的账号数据库。

实际案例:在poet.fjnu.edu域上创建一个域用户账号,用户名为zhangwei。

具体操作如下:

(1) 在"管理工具"中选择"Active Directory用户和计算机",打开"Active Directory用户和计算机"对话框,如图2.3所示。

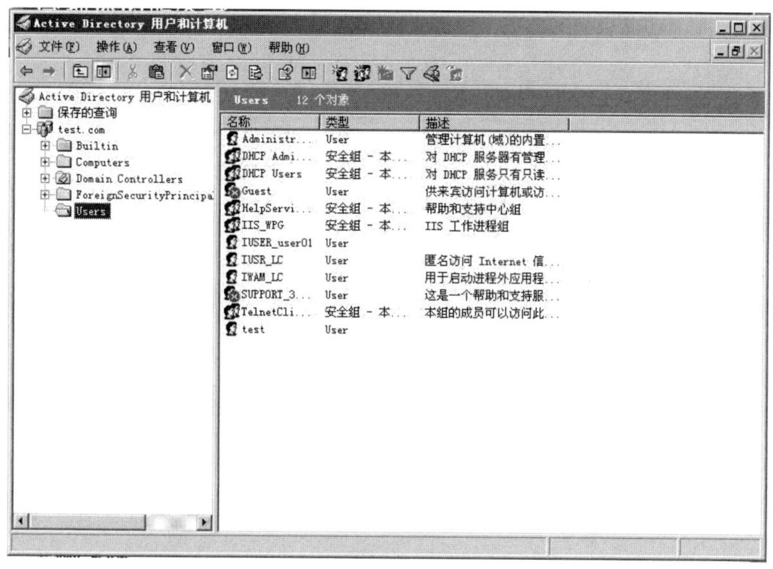

图2.3

（2）在对话框的左侧子窗口中单击要建立账号的域，右击该域中的“Users”，在快捷菜单中选择“新建”→“用户”，打开“新建对象-用户”对话框，在该对话框中输入要创建的用户的登录名，登录名是用来在域中活动并访问资源的唯一凭证，也即账号名，登录名在域中必须唯一。如图2.4所示。

新建对象 - User
创建在： test.com/Users
姓(L)：
名(F)： 英文缩写(I)：
姓名(A)：
用户登录名(U)：
@test.com
用户登录名(Windows 2000 以前版本)(W)：
TEST\
< 上一步(B) 下一步(N) > 取消

图2.4

（3）单击“下一步”在对话框中输入密码，如图2.5所示（注意输入的密码是区分大小写的）。若选择“用户下次登录时需更改密码”复选框，则用户在下次用这个密码登录之后就需要更改这个密码。

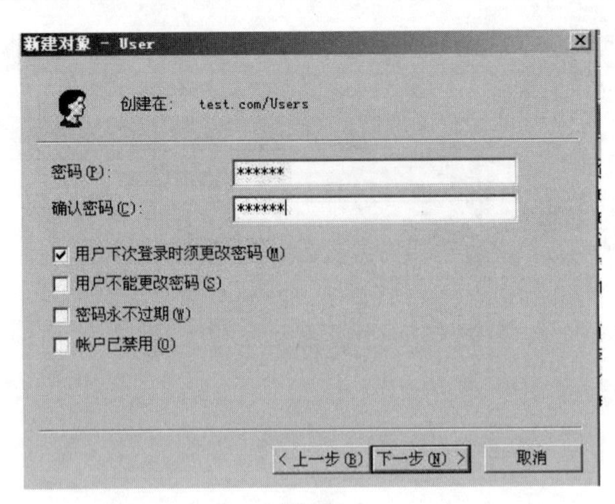

图2.5

(4) 单击“下一步”按钮，在接着的对话框中单击“完成”结束添加域用户账号的操作。

2.3.4 设置用户账号属性

创建的每一个用户对象都有一套默认属性。创建了用户账号后，可以设置个人属性、账号属性、登录选项和拨号设置。可使用为域用户账号定义的属性在目录中搜索用户，或用于其他应用程序。因此，创建每一个域用户账号时都应当提供详细的定义信息，如表2.2所示。

表2.2

选项卡	作用
常规(general)	记录用户的姓、名、显示名、说明、办公地点、电话号码、电子邮件地址、主页及附加Web页面
地址(address)	记录用户的街道地址、邮政信箱、城市、州或省、邮政编码、国家或地区
账号 (account)	记录用户的账号属性，包括：用户登录名、登录时间、允许登录的计算机、账号选项和账号有效期
单位(organization)	记录用户的头衔、部门、公司、管理人和直接报告
电话(telephones)	记录用户的家庭电话、传呼、手机、传真、IP电话号码，并包含填写备注空间
配置文件(profile)	设置配置文件路径、登录脚本路径、主文件夹和共享文档文件夹
成员属于(member of)	记录用户所属的组
拨入(dial-in)	纪录用户的拨号属性
环境(environment)	记录用户登录系统时运行的应用程序和启用的设备
会话(sessions)	设定“终端服务”超时和重新连接设置

续表

选项卡	作用
远程控制(remote control)	配置“终端服务”遥控设置
终端用户配置文件(terminal service profile)	配置“终端服务”用户配置文件

2.3.4.1 设置账号属性

属性对话框中的账号选项卡包含几个创建用户对象时所配置的属性,如图2.6所示。在该选项卡中可以为用户更改登录名。在“账户过期”选项组中可以为该账号设置一个过期时间。默认情况下账户是永久有效的,除非被删除。如果某个临时用户账号希望在某个时间后自动失效,则可以选中“在这之后”单选按钮,然后打开下拉菜单,在日历中选择一个账号的失效日期,当该账号使用期超过设定的日期,使用该账号将不能再登录到域中,不需要管理员手动删除该账号。

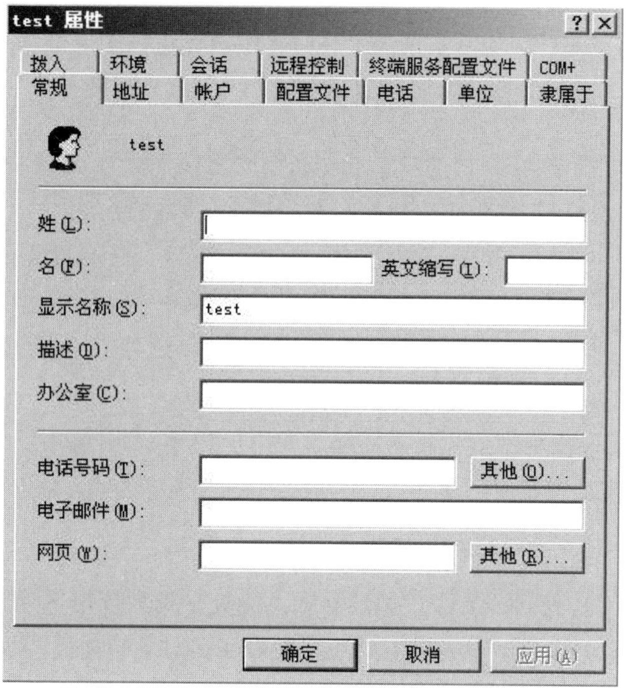

图2.6

2.3.4.2 设置登录时间

单击“登录时间”按钮,打开用户登录时间对话框,在该对话框中可以设置允许或拒绝用户登录到域的时间。蓝色的格子代表允许登录的时间段,白色的格子代表拒绝登录的时间段,默认情况下账号可以在任意的时间内登录到域中。单击要设置的时间格(一个格代表一小时),也可以单击拖动鼠标一次选中多个时间格,然后单击“拒绝登录”前的单选按钮,使这段时间成为拒绝登录的时间段,如图2.7所示。

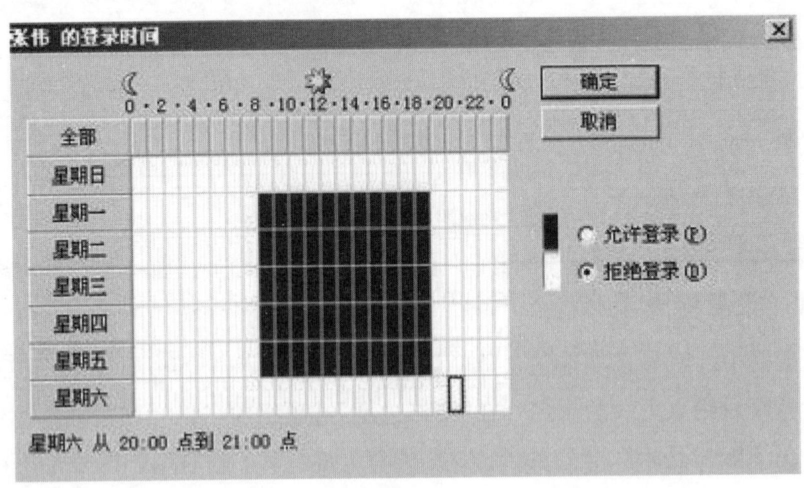

图2.7

2.3.5 维护用户账号

除修改用户对象的属性外，还可以根据需要以其他方式修改用户账号。这些修改包括禁用、启用或删除用户账号。有时也可能需要解除用户账号锁定或重设密码。

2.3.5.1 禁用、启用、重命名和删除用户账号

禁用和启用用户账号：在一位用户长期不需要使用用户账号，但之后还会再次使用的情况下，可以禁用该用户账户，等他再次使用时再启用该用户账户。

重命名用户账号：当需要保留一位用户账号的所有权利、权限和组的成员身份并修改其名称或将其分配给另一位用户时，可以重命名该用户账号。

删除用户账号：当某个用户账号不打算再用时，可以删除该用户账号，以消除因Active Directory服务中存在的不使用账号而造成的潜在安全危险。

在Active Directory控制台上找到需要修改的用户账号，右击该用户账号，从弹出的菜单中选择与要做的修改类型相应的命令。

2.3.5.2 重设密码和解除用户账号锁定

如果一位用户因密码问题或账户锁定问题不能登录到域或本地计算机，就需要重设用户密码或解除用户账号锁定。只有拥有对用户账号所在对象管理权限的人才能执行这样的任务。

1. 重设密码

管理员或用户设置了用户账号密码后，密码对任何人都不可见，包括管理员。这样就防止了包括管理员在内的用户得知其他用户的密码，从而提高安全性。不过，有些情况下管理员需要重设密码。例如，如果用户需要更改他们的密码，但却在特定时间内无法完成更改，密码就可能会被配置为过期，该用户将不能再登录。用户也容易忘记密码，特别是在密码由管理员设定或用户被迫经常更改密码的情况下。出现这种情况时，拥有管理员权限的用户就可以重设密码，无需知道当前密码或过期密码。

2. 解除用户账号锁定

许多网络使用Windows Server 2003组策略强制实施密码限制，如限制所许可的用户账号失败登录尝试次数。当用户(授权或非授权)输入用户账户错误次数过多，Windows Server 2003将锁定账号，防止再次进行尝试。可以将策略配置为在规定时间内锁定账号或永久锁定，直到管理员解除锁定。

解除锁定账号时要在"Active Directory用户和计算机"控制台找到要修改的用户账号。如图2.8所示，当前被锁定的用户对象上有个红色的×。右击该用户账号，单击"属性"，再单击"账户"选项卡。清空复选框，再单击"确定"即可。请注意，账号是因为复选框被选中而锁定的。

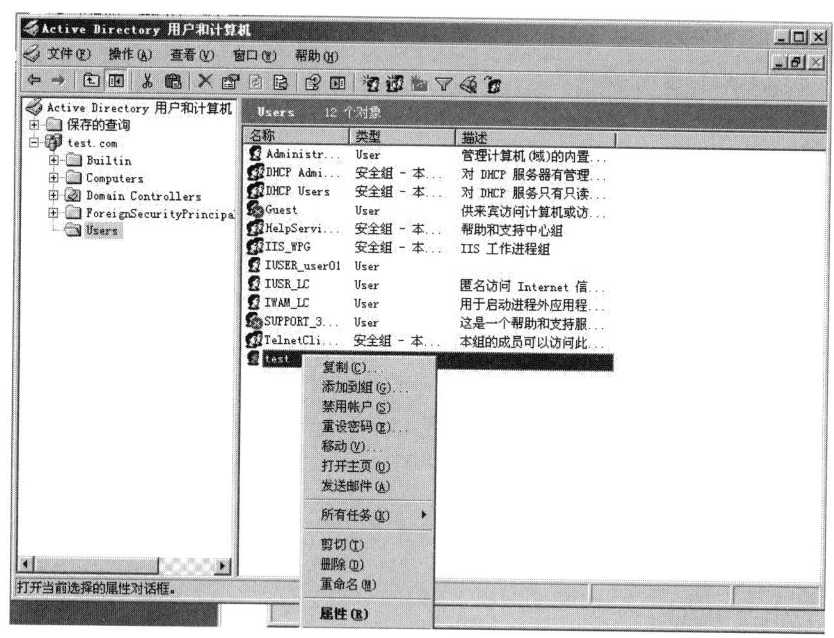

图2.8

2.4 远程终端管理

RDP是微软开发的一套专业远程桌面协议，它提供了一个图形用户界面，通过网络连接到另外一个计算机上。用户使用RDP客户端软件就可达远程连接的目的，但是运行其他操作系统计算机必须运行RDP服务器软件。

2.4.1 开启服务器远程桌面

在"远程桌面"区域选中"允许用户远程连接到您的计算机"复选框即可，如图2.9所示。在Windows Server 2003默认安装下，该选项是启用的。

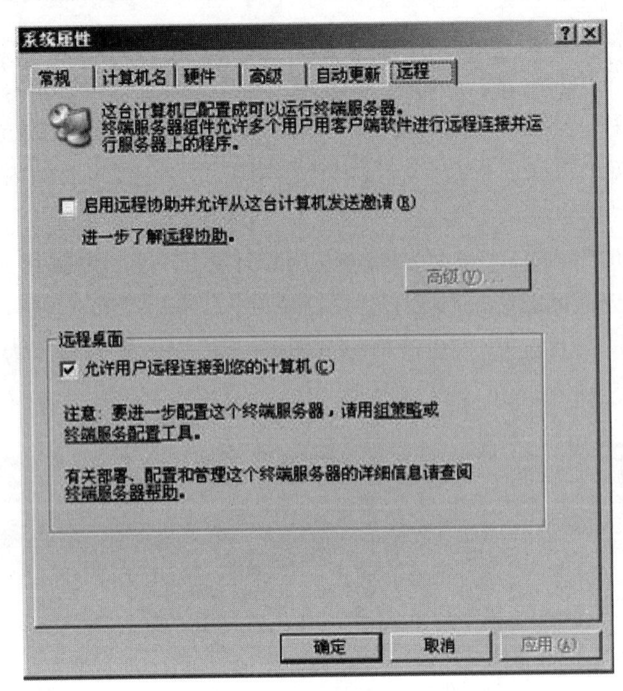

图2.9

2.4.2 远程桌面连接

在客户机上执行“开始”→“程序”→“远程桌面连接”，出现“远程桌面连接”对话框，如图2.10所示。

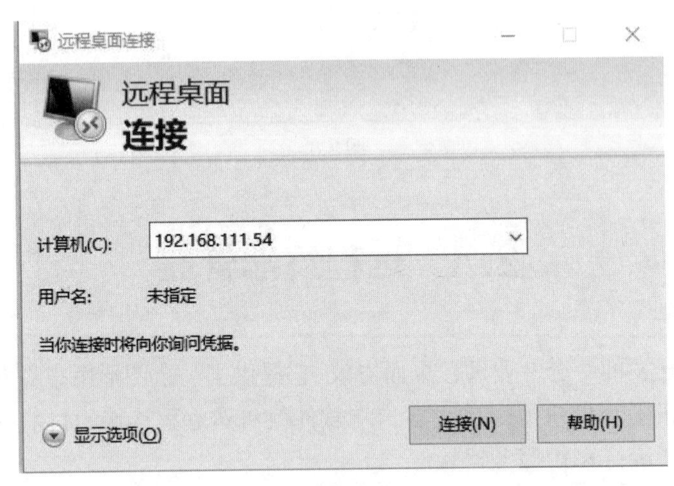

图2.10

在“计算机”下拉列表框中可以选择或输入终端服务器的IP地址或域名，然后单击“连接”按钮。

(1) 出现终端服务器的登录界面，这和真正的Windows Server 2003的登录界面是完全一致的，如图2.11所示。单击“确定”按钮后出现和远程的服务器上完全一致的界面，然后就可以执行远程管理了，如图2.12所示。

图2.11

图2.12

(2) 登录以后,在客户机的桌面顶端上将出现一个浮动工具栏,单击工具栏右侧的关闭按钮将出现提示界面,提示此操作将断开同Windows会话的连接,单击"确定"按钮将关闭远程桌面连接。

2.4.3 修改远程桌面3389默认端口

很多黑客用扫描软件扫描开放了3389端口的服务器,为了让自己的服务器减少受黑客攻击的机会,很多运维高手都会选择修改掉这个默认的3389端口。方法如下:

(1) "开始"→"运行"→"regedit"打开注册表编辑器(图2.13)。

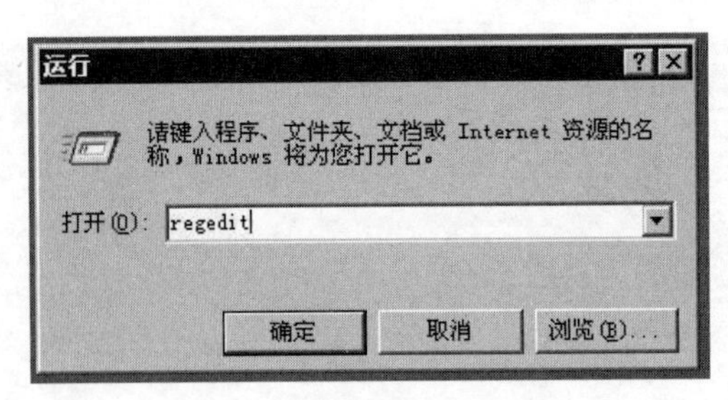

图2.13

（2）“文件”→“导出”→备份注册表，防止改错了系统无法恢复（图2.14）。

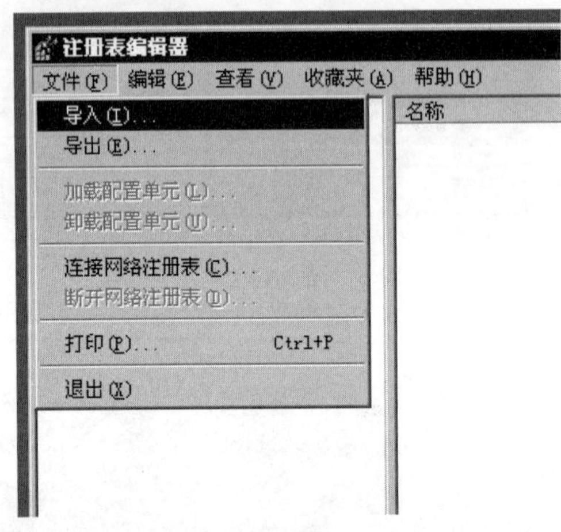

图2.14

（3）修改注册表的2个地方。

[HKEY_LOCAL_MACHINE\SYSTEM\CurrentControlSet\Control\TerminalServer\Wds\rdpwd\Tds\tcp]右边的PortNumber键值（图2.15）。

图2.15

[HKEY_LOCAL_MACHINE\SYSTEM\CurrentControlSet\Control\TerminalServer\WinStations\RDP-Tcp]右边的PortNumber键值（图2.16）。

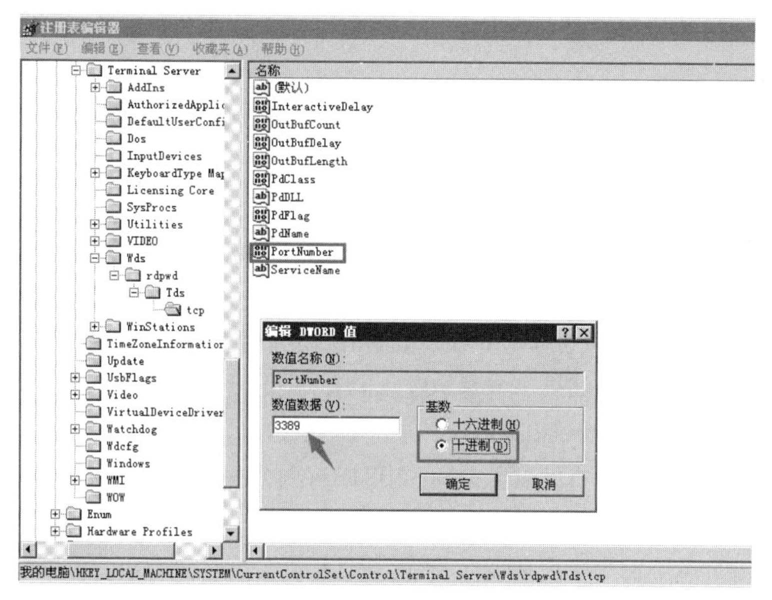

图2.16

(4) 重启计算机,连接服务器的时候,输入IP地址:端口号。

注意事项:

(1) 上述两个键值,要修改为相同的数值,如果不一致,可能造成服务器无法连接。

(2) 修改了新端口后,在远程桌面连接采用IP地址:端口号方式连接,如图2.17所示。

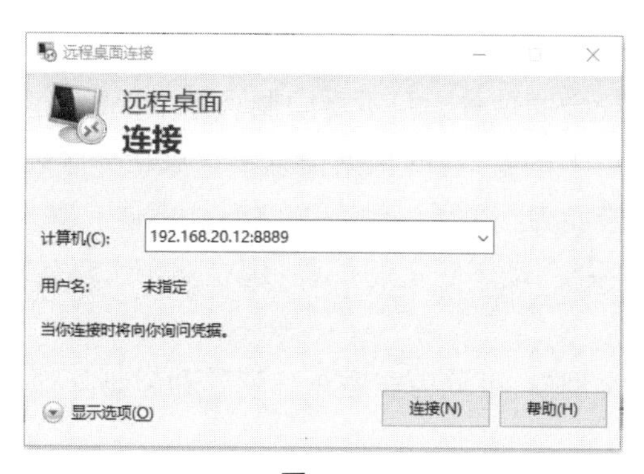

图2.17

(3) 一定要备份注册表,然后再修改。

2.5 磁盘管理与灾难保护、故障恢复

2.5.1 基本磁盘和动态磁盘

Windows Server 2003的磁盘管理器支持基本磁盘和动态磁盘。

2.5.1.1 基本磁盘

基本磁盘即是长期以来一直使用的磁盘类型,是DOS、Windows 9x/NT和Windows 2000

等操作系统都支持和使用的磁盘类型。基本磁盘包括主分区和扩展分区,而在扩展分区中又可以划分出一个或多个逻辑分区。

分区(partition)是物理磁盘的一部分,它的作用如同一个物理分隔单元。分区通常包括主分区和扩展分区。

1. 主分区(primary partition)

主分区是用来启动操作系统的分区,即系统的引导文件存放的分区。当计算机自检之后会自动在物理硬盘上按设定找到一个被激活的主分区,并在这个主分区中寻找启动操作系统的引导文件。每个基本磁盘最多可以被划分出4个主分区,通过这样的方法可以互不干扰地安装多套操作系统。如果一个基本磁盘上有一个扩展分区,则最多有3个主分区。

2. 扩展分区(extended partition)

如果主分区没有占用所有的磁盘空间,则可以将剩余的空间划分为扩展分区空间使用,每一块硬盘上只能有一个扩展分区。通常情况下将除了主分区以外的所有磁盘空间划分为扩展分区。扩展分区不能用来启动操作系统,并且扩展分区在划分好之后不能直接使用,不能被赋予盘符,必须要在扩展分区中划分逻辑分区才可以使用。可以将扩展分区划分为一个逻辑分区也可以划分为多个逻辑分区。

2.5.1.2 动态磁盘

动态磁盘是含有使用磁盘管理创建动态卷的物理磁盘,利用动态磁盘可以实现很多基本磁盘不能或不容易实现的功能。在动态磁盘上微软不使用分区,而是使用卷(volume)来描述动态磁盘上的每一个空间划分。

动态磁盘的优点有:① 空间划分数目不受限制。基本磁盘最多只能建立4个磁盘分区,而动态磁盘可以容纳4个以上的卷,卷的相关信息不存放在分区表中,而是卷之间互相复制划分信息,因此提高了容错能力;② 可以动态调整卷。不像在基本分区中,添加、删除分区之后都必须重新启动操作系统,动态磁盘的扩展、建立、删除、调整均不需要重新启动计算机即可生效。

动态磁盘有5种主要类型卷,可分为非磁盘阵列卷和磁盘阵列卷两大类。

1. 非磁盘阵列卷

简单卷:要求必须是建立在同一硬盘上的连续空间中,但在建立好之后可以扩展到同一磁盘中的其他非连续空间中。

跨区卷:可以将来自多个硬盘(最少2个,最多32个)中的空间置于一个跨区卷中,用户在使用的时候感觉不到是在使用多个硬盘。但向跨区卷中写入数据必须先将同一个跨区卷中的第一个磁盘中的空间写满,才能再向同一个跨区卷中的下一个磁盘空间中写入数据。每块硬盘用来组成跨区卷的空间不必相同。

2. 磁盘阵列卷

带区卷:可以将来自多个硬盘(最少2个,最多32个)中的相同空间置于一个带区卷中。向带区卷中写入数据时,数据按照64 kB分成一块,这些大小为64 kB的数据块被分散存放于组成带区卷的各个硬盘空间中。该卷具有很高的文件访问效率,但不支持容错功能。带区卷使用RAID-0,从而可以在多个磁盘上分布数据。

镜像卷:就是简单卷的两个相同的复制卷,并且这两个卷被分别存储于一个独立的硬盘中。当向一个卷作出修改(写入或删除)时,另一个卷也完成相同的操作。镜像卷有很好的容错能力,并且可读性能好,但是磁盘利用率很低(50%)。

RAID-5卷:是具有容错能力的带区卷。在向RAID-5卷中写入数据时,系统会通过数学算法计算出写入信息的校验码并一起存放于RAID-5卷中,并且校验信息会被置于不同的硬盘中。当一块硬盘中出现故障时,可以利用其他硬盘中的数据和校验信息恢复丢失的数据。RAID-5卷需要至少3块硬盘,最多32块。

2.5.2 磁盘管理

利用磁盘管理工具可以实现对磁盘的管理。在"计算机管理"窗口,点击"存储"项目下的"磁盘管理",在右侧子窗口中会显示当前的磁盘状况。

分区可以简单地看做是操作系统的文件系统所使用的存储数据的区域。将磁盘进行分区后,格式化磁盘就是把文件系统放置在分区上,并在磁盘上划分磁道和扇区,创建文件表。

实际案例:为尚未分区的基本磁盘2创建磁盘分区,分区的大小约为2 GB。

利用磁盘管理在基本磁盘上创建磁盘分区的具体步骤如下:

(1) 如图2.18所示,在窗口右面的磁盘列表中,右击基本磁盘2中的"未指派"空间,在弹出的快捷菜单中选择"新建磁盘分区"。

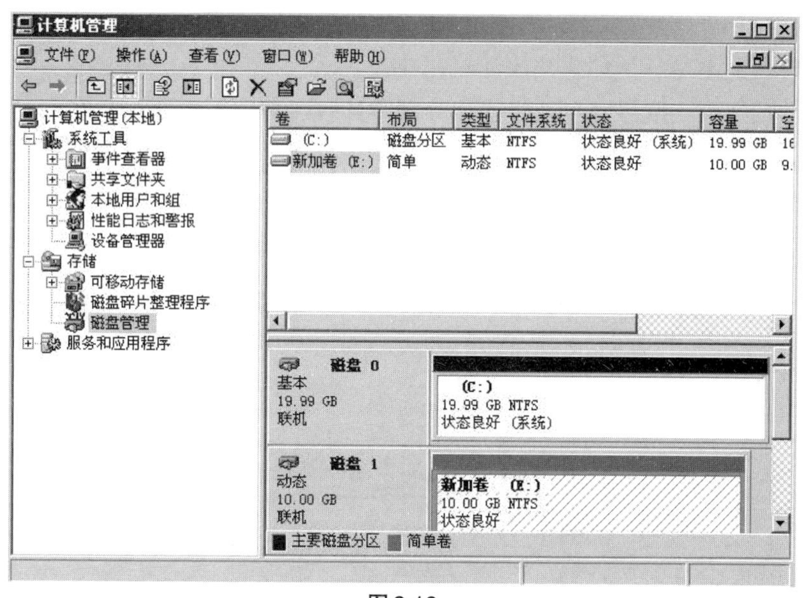

图2.18

(2) 打开"新建磁盘分区向导"的欢迎界面,单击"下一步"按钮。

(3) 出现"选择分区类型"对话框,在该对话框中选定磁盘分区类型,如图2.19所示。

对基本磁盘进行分区,有3种分区类型可供选择:"主磁盘分区""扩展磁盘分区""逻辑驱动器"。如果磁盘没有分区,则可选择"主磁盘分区"单选钮;如果所选取的区域是扩展分区,则只有"逻辑驱动器"单选钮可选。

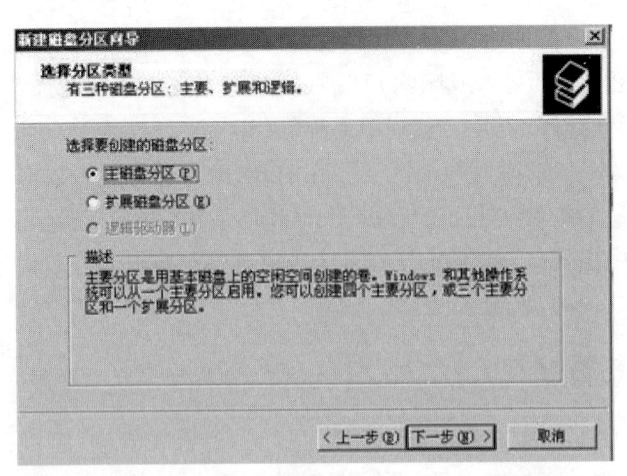

图2.19

如果是动态磁盘，则还有2个单选钮："镜像卷"和"RAID-5卷"。

在此例中我们选择"主磁盘分区"单选钮，点击"下一步"。

（4）出现"指定分区大小"对话框，在"分区大小"文本框中为这个新建的分区输入空间大小，在此例中输入2000 MB。在该对话框中系统会自动计算得到可用空间的最大值和最小值。设置完后单击"下一步"按钮。

（5）出现"指派驱动器号和路径"对话框，在该对话框中为新建的分区指定一个字母作为其驱动器号。如果选中"装入以下空白NTFS文件夹中"，则将新建立的磁盘分区作为硬盘上的一个文件夹而不是一个独立的驱动器存在。

（6）单击"下一步"按钮，出现"格式化分区"对话框，如图2.20所示。在该对话框中设定是否格式化这个新建的分区，以及该分区所使用的文件系统和卷标。选中"执行快速格式化"复选框，则系统会使用快速格式化的方式来格式化分区，这会大大提高创建新分区的速度。选中"启用文件和文件夹压缩"复选框，则自动在整个分区上启用NTFS压缩功能。

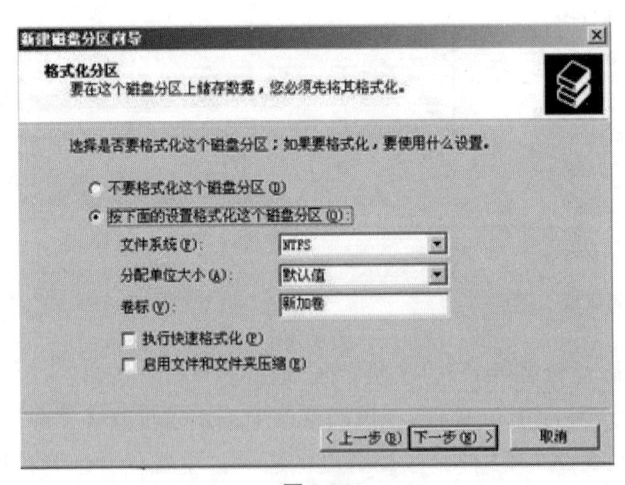

图2.20

（7）单击"下一步"按钮，出现"正在完成新建磁盘分区向导"对话框，单击"完成"按钮。

（8）返回"计算机管理"窗口，在该窗口中可以看到新建的磁盘分区正在完成格式化的过程。

2.5.3 整理磁盘

由于用户的数据都是存储在磁盘上的,所以对磁盘的保护和整理是非常重要的。在Windows Server 2003中有一些内置的文件系统维护工具和磁盘整理工具,可以使用这些工具对磁盘进行维护和整理。

2.5.3.1 磁盘碎片整理

当计算机硬盘中安装了大量的应用软件或其他文件后,可能要不断删除一些不需要的应用程序并安装一些新的应用程序,那么,应用程序文件就可能不储存在连续的空间(簇),而可能一个文件插空存储在不同的硬盘位置中,那么在系统存取这个文件时,读取的时间会比读取同一个连续存放的文件要更多。随着不断地使用和操作,这种文件碎片可能会越来越多,因此系统的性能就会显著下降。

磁盘上的文件和文件夹通常占用磁盘的多个簇,并且每个簇大都分散在磁盘上,这些分散的簇称为文件碎片。磁盘上的文件碎片越多,Windows读取文件的速度越慢,新建文件的速度也会越慢,文件也越零散。磁盘碎片整理程序可以把分散在磁盘驱动器中的文件碎片整合起来,同时把分散的空闲用簇整合起来。通过碎片整理,用户的文件系统将会得到巩固,磁盘上的空闲空间也会得到利用。

整理磁盘碎片需要花费系统较长的一段时间,决定时间长短主要有4个因素:磁盘空间的大小,磁盘中包含的文件数量,磁盘上碎片的数量和可用的本地系统资源。在进行磁盘碎片整理之前,应该先使用磁盘碎片整理程序中的分析功能得到磁盘空间使用情况的信息,信息中显示了磁盘上有多少碎片文件和文件夹。用户可根据信息来决定是否需要对磁盘进行整理。磁盘碎片整理的操作步骤如下:

(1) 在"计算机管理"窗口中,点击"存储"目录下的"磁盘碎片整理程序",在右侧窗口中显示出所有的本地驱动器,如图2.21所示。

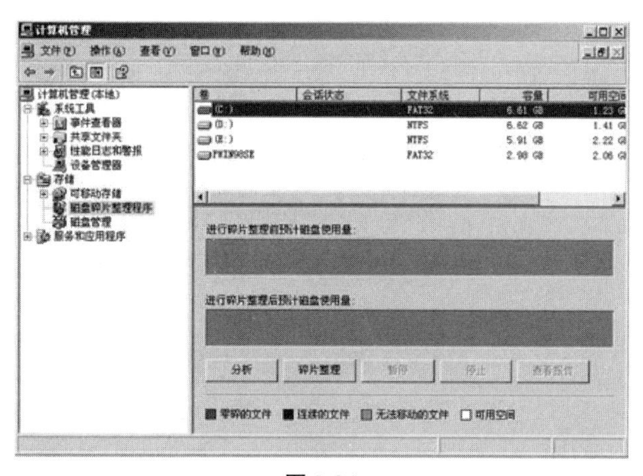

图2.21

(2) 在对磁盘进行碎片整理之前,可以单击"分析"按钮,启用系统的磁盘碎片分析功能,以便查看分析报告确定该磁盘是否需要碎片整理。选定对驱动器C进行碎片分析,系统自动激活"查看报告"按钮,单击该按钮打开如图2.22所示的"分析报告"对话框。

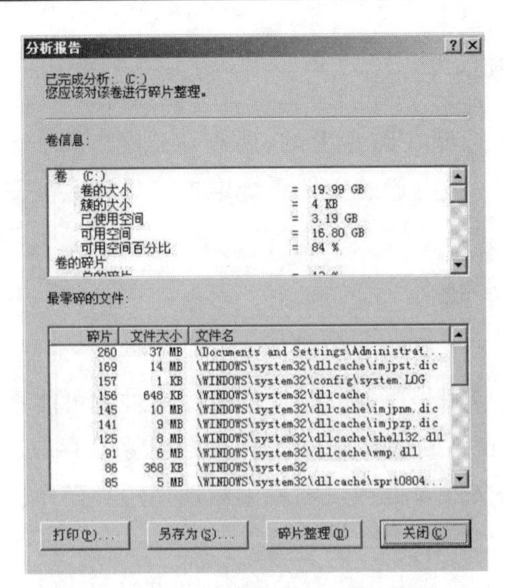

图2.22

该对话框中显示了被扫描碎片文件和文件夹的卷的详细信息。该信息包含卷大小和可用的空间大小、碎片文件数和文件夹以及每个文件的平均破碎情况。对话框中还显示卷上最零碎的文件路径和名称及其所在的碎块或碎片的数量。单位文件的碎片平均数反映有关卷中文件碎片情况的非常理想的指标。可获得的最佳值为1.00，它表示所有文件或几乎所有文件都是连续的。如果平均数为1.10，则平均10%的文件被分成两部分。1.20代表20%，以此类推。平均数如果为2.00，则是指每个文件平均有两个碎片。对磁盘碎片进行分析之后，系统会给出是否需要对该磁盘进行碎片整理的建议，如果需要，则点击“碎片整理”按钮，系统则自动开始进行碎片整理工作，并且在“分析显示”信息框和“碎片整理显示显示”信息框中显示碎片整理的进度和各种文件信息，如图2.23所示。

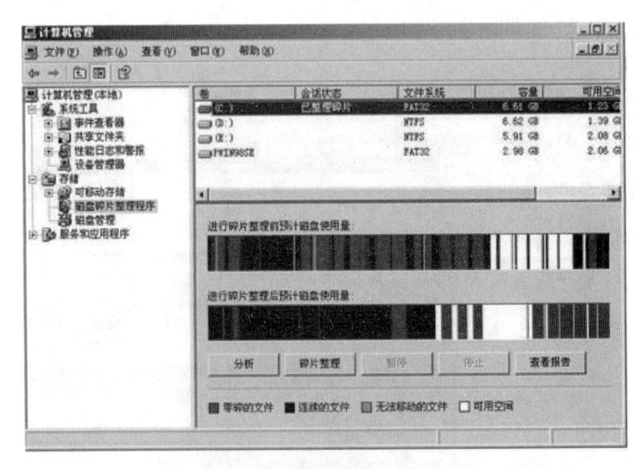

图2.23

在磁盘碎片整理的过程中，可以单击“暂停”按钮来暂时终止整理工作，也可以单击“终止”按钮来结束整理工作。在系统完成对卷的碎片整理工作后，可以单击“查看报告”按钮查看磁盘碎片整理结果报告。在“进行碎片整理前预计磁盘使用量”中显示出整理前的磁盘使用情况，在“进行碎片整理后预计磁盘使用量”中显示出经过整理后的磁盘使用情况。可以发现经过整理后，磁盘的碎片大大减少了。

2.5.3.2 磁盘检错

利用磁盘检错功能可以对磁盘进行查错，并且自动修复文件系统错误和恢复坏扇区。磁盘检错的操作步骤如下：

（1）在“我的电脑”窗口中选定要进行磁盘检查的驱动器，右击该驱动器，在弹出的快捷菜单中选择“属性”，打开磁盘属性对话框，点击“工具”选项卡，如图2.24所示。

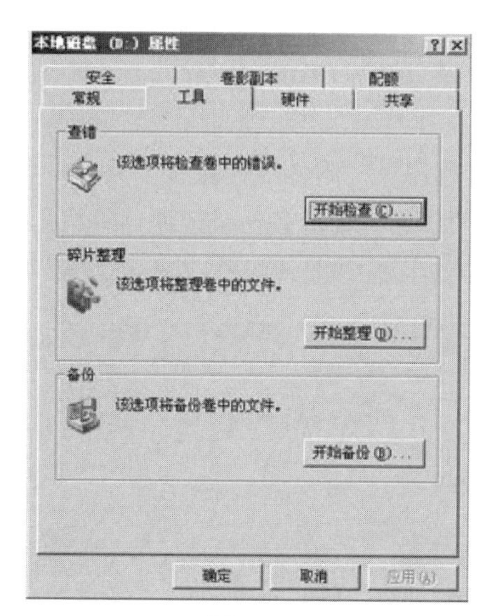

图2.24

（2）在“查错”选项区中单击“开始检查”按钮，打开“检查磁盘”对话框，如图2.25所示。

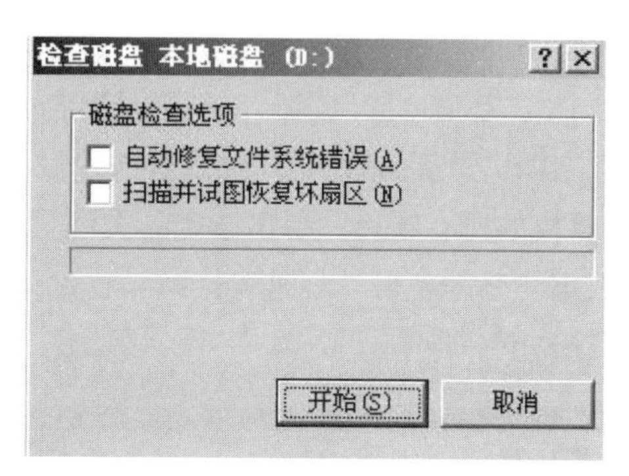

图2.25

“自动修复文件系统错误”复选框：如果希望修复选定磁盘中的文件系统错误，可选择该复选框。

“扫描并试图恢复坏扇区”复选框：如果希望扫描磁盘并修复磁盘上的坏扇区，可选择该复选框。

（3）单击“开始”按钮，系统将自动进行磁盘检查，但要注意的是，在开始检查磁盘之前，应该关闭选定磁盘上的所有已打开的文件或程序。

（4）系统检查完毕后会出现完成磁盘检查的提示信息，单击“确定”按钮，完成磁盘检查操作。

2.5.4 备份与还原

数据的备份是相当重要的，一旦发生重大的灾难，只能依靠以前的备份来恢复数据，如果没有备份，个人的长期工作成果或者一个公司多年的数据、资料很可能就会毁于一旦，所以数据的备份是相当重要的。

2.5.4.1 磁盘的备份

利用Windows Server 2003的“备份工具”，可以将磁盘上的数据备份到其他存储媒体上，如磁带机、外接硬盘、Zip盘以及可擦写CD-ROM等。

磁盘备份的操作如下：

(1) 执行“开始”→“所有程序”→“附件”→“系统工具”→“备份”命令，打开“备份或还原向导”对话框。通过该向导，可以帮助完成备份或还原计算机上的文件和设置。

(2) 点击“备份与还原向导”对话框中的“高级模式”按钮，打开“备份工具”对话框，如图2.26示。

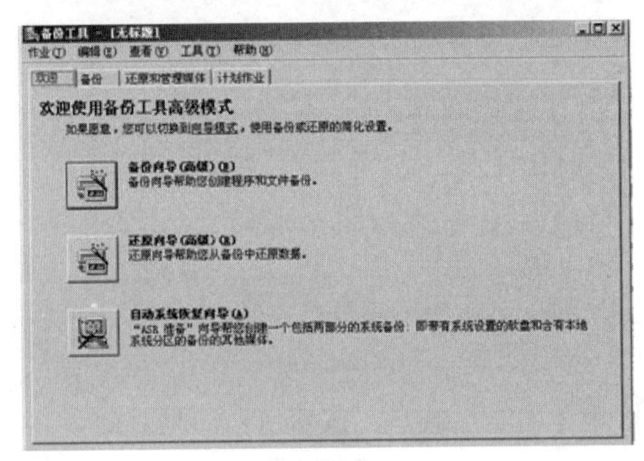

图2.26

(3) 在“欢迎”选项卡中单击“备份向导”按钮，出现“备份向导”的欢迎界面。

(4) 单击“下一步”按钮，出现“要备份的内容”对话框，如图2.27所示。

可以选择“备份这台计算机的所有项目”“备份选定的文件、驱动器或网络数据”或“只备份系统状态数据”，用户可根据自己的备份计划进行选择。在这里选择“备份选定的文件、驱动器或网络数据”单选钮，点击“下一步”。

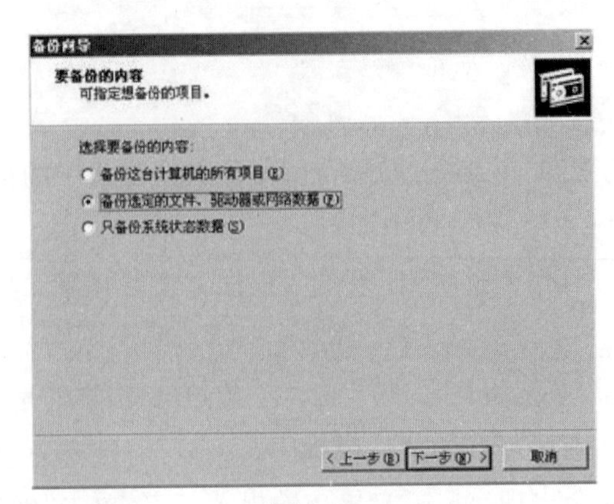

图2.27

(5) 出现“要备份的项目”对话框,如图2.28所示。单击相应的复选框,选择要备份的驱动器、文件或文件夹,单击“下一步”按钮。

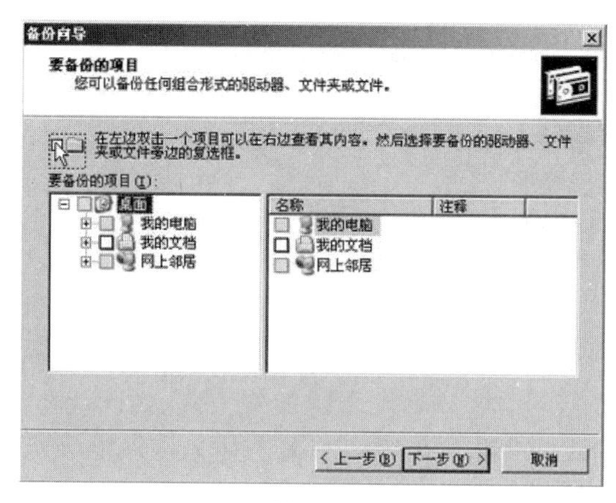

图2.28

(6) 出现“备份类型、目标和名称”对话框,如图2.29所示。

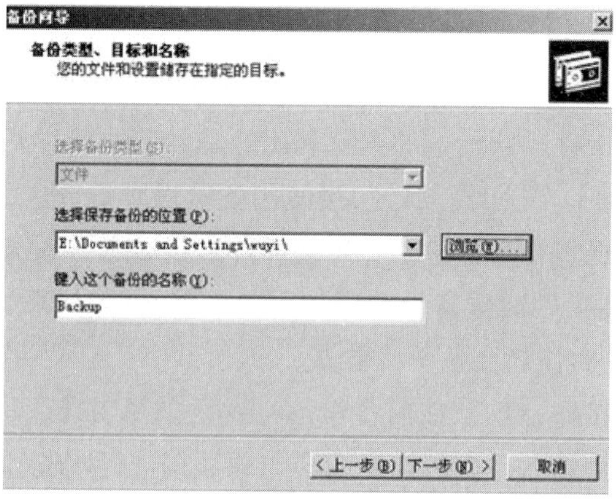

图2.29

在“选择保存备份的位置”文本框中,需要输入希望存储备份资料的媒体标志号及完整的路径,或者通过单击“浏览”按钮选择备份媒体和文件名。选定好以后,单击“下一步”按钮。

(7) 出现“完成备份向导”对话框,点击“高级”按钮可以进行一些备份的高级设置,首先出现的是选择备份类型对话框,如图2.30所示。在下拉菜单中可以选择要进行备份的备份类型。

有5种备份类型可供选择:

正常备份(normal backup):又叫普通备份,该备份类型提供完整的备份,将所选定的文件和文件夹进行备份,而且将所有文件标记为已备份。该备份花费时间是最长的,但在恢复时是最快和最容易的。

副本备份(copy backup):备份所选的文件和文件夹,但并不将所有文件标记为已备份的。

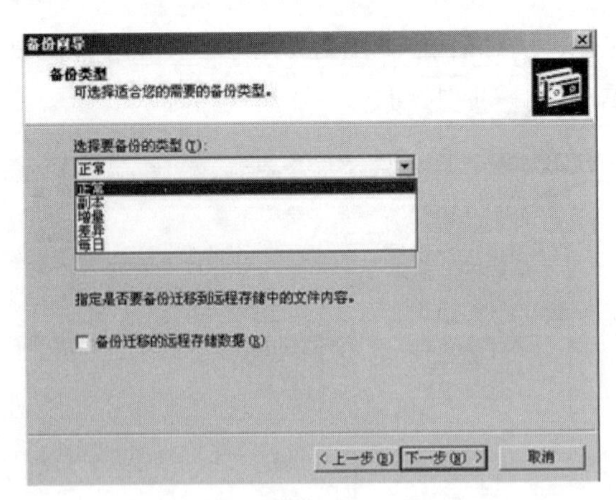

图2.30

增量备份(incremental backup):在选定的文件和文件夹中只备份从上次备份之后发生改动过的数据,而且把备份的文件标记为已备份。

差异备份(differential backup):在选定的文件和文件夹中只备份从上次备份之后发生改动过的数据,但并不将备份的文件标记为已备份。

日备份(daily backup):只备份当天有过改动的文件,即使是几天前更改过的文件也不备份,备份完后并不将备份的文件标记为已备份。

系统是如何对备份文件进行标记的呢?利用的是文件的"归档"属性。如果新建一个文件,系统会自动为其添加一个"归档"属性,当使用备份程序备份这个文件之后,系统会清除"归档"属性表示该文件已经被备份过了。当该文件被改动之后系统又会自动为文件添加上"归档"属性,在下一次备份的时候备份程序就会备份该文件,如果某种备份类型不清除"归档"属性则在下次备份的时候还要备份该数据。

(8) 单击"下一步"按钮,打开"如何备份"对话框,如图2.31所示。若选择"备份后验证数据"复选框,则备份程序在备份完数据之后会与原数据进行比较,以检验备份的正确性;若选择"如果可能,请使用硬件压缩"复选框,则会启用磁带机的数据压缩功能,只在保存到磁带机上并且磁带机支持数据压缩功能时才可用;若选择"禁用卷影复制"则不允许使用卷影复制功能。

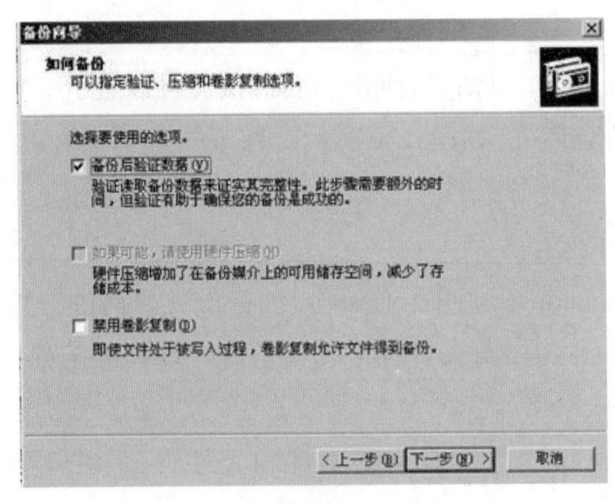

图2.31

（9）单击“下一步”按钮，打开“备份选项”对话框，如图2.32所示。若选择“将这个备份附加到现有备份”，则备份程序会将本次备份的数据添加在上一次备份的数据之后；若选择“替换现有备份”，则系统会用本次备份的数据覆盖原有的备份数据。

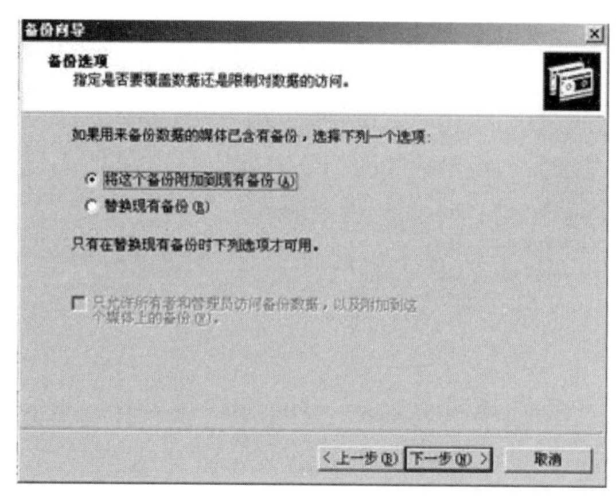

图2.32

（10）单击“下一步”，打开“备份时间”对话框。在该对话框中可以选择进行备份操作的时间，若选择“现在”，则系统会在完成备份向导之后立即开始备份操作；若选择“以后”，则需要继续设定备份计划，然后系统会自动在达到某一时间之后开始备份。在这里选择“现在”，并单击“下一步”按钮。

（11）出现“完成备份向导”对话框，单击“完成”按钮后，系统将自动对所选定的项目进行备份，在屏幕上显示出“备份进度”对话框。

（12）备份完成后打开“完成备份”对话框，单击“报表”按钮可以查看备份操作的有关信息，最后单击“关闭”按钮完成所有的备份操作。

2.5.4.2 磁盘的还原

当计算机出现硬件故障、意外删除或者其他的数据丢失或损害时，可以使用Windows Server 2003的故障恢复工具还原以前备份的数据。还原文件的操作如下：

执行“开始”→“所有程序”→“附件”→“系统工具”→“备份”命令，打开“备份或还原向导”对话框。按照向导操作即可。

2.6 DNS服务器配置

2.6.1 DNS服务简介

Internet上的任何一台计算机都必须有一个IP地址。服务器的IP地址必须是固定的，而绝大多数客户机的IP地址是动态分配的。如果要访问服务器，使用服务器提供的服务，就需要知道这些服务器的IP地址，然而四位一组的IP地址却不十分友好，用户很难通过如http://192.168.111.55方式的IP地址与某个服务器及服务器提供的服务联系起来，也无法通过IP

地址来记住众多的Web站点和Internet上的服务。解决的办法就是将IP地址映像为“友好”的主机名，如访问新浪网站可以使用http://www.sina.com.cn，即用一个个容易记忆的域名来代替枯燥的数字所代表的网络服务器的IP地址，并且通过DNS服务器保存和管理这些映像关系。

域名系统（Domain Name System，DNS）是一种组织成域层次结构的计算机和网络服务命名系统。DNS命名用于TCP/IP网络，如Internet，用来通过用户友好的名称定位计算机和服务。当用户在应用程序中输入DNS名称时，DNS服务可以将些名称解析成与此名称相关的其他信息，如IP地址。DNS中有下列几个基本概念：

（1）域名空间：指Internet上所有主机的唯一的和比较友好的主机名所组成的空间，是DNS命名系统在一个层次上的逻辑树结构。各机构可以用它自己的域名空间创建Internet上不可见的专用网络。

（2）DNS服务器：运行DNS服务器程序的计算机，其上有关于DNS域树结构的DNS数据库信息。DNS服务器也试图解答客户机的查询。在解答查询时，DNS服务器能提供所请求的信息，提供到能帮助解析查询的另一服务器的指针，或者回答说它没有所请求的信息或请求的信息不存在。

（3）DNS客户端：也称为解析程序，是使用DNS查询从服务器查询信息的程序。解析器可以同远程DNS服务器通信，也可以同运行DNS服务器程序的本地计算机通信。解析器通常内置在实用程序中，或通过库函数访问。解析器能在任何计算机上运行，包括DNS服务器。

（4）资源记录：DNS数据库中的信息集，可用于处理客户机的查询。每台DNS服务器都有所需的资源记录，用来回答DNS名字空间的查询，因为它是那部分名字空间的授权（如果一台DNS服务器有某部分名字空间的信息，它就是DNS名字空间中这一连续部分的授权）。

（5）区域：服务器是其授权的DNS名字空间的连续部分。一台服务器可以是一个或多个区域的授权。

（6）区域文件：包含区域资源记录的文件，服务器是这个区域的授权。在大部分DNS实现中，用文本文件实现区域。

2.6.1.1 Internet域名空间

Internet上的DNS域名系统采用树状的层次结构，如图2.33所示。

最顶层称为根域，由InterNIC机构负责划分全世界的IP地址范围，且负责分配Internet上的域名结构。根域DNS服务器只负责处理一些顶级域名DNS服务器的解析请求。

第2层称为顶级域，由两三个字母组成的名称，用于指示国家（地区）或使用名称的单位的类型。常见的有“com”“org”“gov”“net”等。

第3层是顶级域下面的二级域，二级域是为在Internet上使用而注册到个人或单位的长度可变的名称。这些名称始终基于相应的顶级域，这取决于单位的类型或使用的名称所在的地理位置。如“edu.cn”，表示的就是中国的教育机构网站。

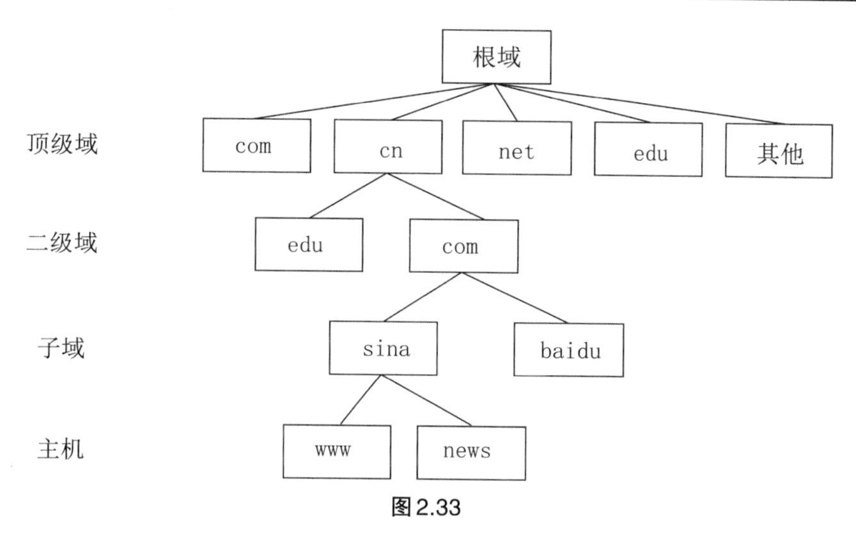

图2.33

第4层是二级域下的子域，子域是单位可创建的其他名称，这些名称从已注册的二级域名中派生。包括为扩大单位中名称的DNS树而添加的名称，并将其分为部门或地理位置。如“fjnu.edu.cn”，fjnu表示是福建师范大学，是属于中国教育机构下的。一个子域下面可以继续划分子域，或者接挂主机。

第5层是主机或资源名称，常见的“www”代表的是一个Web服务器，“ftp”代表的是FTP服务器，“news”代表的是新闻组服务器等。通过这样的层次式的结构的划分，Internet上的服务器的含义就非常清楚了。

2.6.1.2 DNS域名解析的方法

当DNS客户机需要查询程序中使用的名称时，它会查询DNS服务器来解析该名称。DNS查询以各种不同的方式进行解析。客户机有时也可通过使用以前查询获得的缓存信息就地应答查询。DNS服务器可使用其自身的资源记录信息缓存来应答查询。DNS域名解析的方法主要有递归查询法、叠代查询法和反向查询法。

1. 递归查询法

DNS服务器无法解析出DNS客户机所要求查询的域名所对应的IP地址时，DNS服务器会代表DNS客户机来查询或联系其他DNS服务器，以完全解析该名称，并将应答返回给客户机，这个过程称为递归查询法。

采用递归查询法进行解析，无论是否解析到服务器的IP地址，都要求DNS服务器给予DNS客户机一个明确的答复，要么成功，要么失败。DNS服务器向其他DNS服务器转发请求域名的过程与DNS客户机无关，是DNS服务器自己完成域名的转发过程。

递归查询的DNS服务器的工作量大，担负的解析任务重，因此域名缓存的作用就十分明显，只要域名缓存中已经存在解析的结果，DNS服务器就不必要向其他DNS服务器发出解析请求。

2. 叠代查询法

为了克服递归查询中所有的域名解析任务都落在DNS服务器上的缺点，可以想办法让DNS客户机也承担一定的DNS域名解析工作，这就是叠代查询法。

采用叠代查询法解析时,DNS服务器如果没有解析出DNS客户机的域名,就将可以查询的其他DNS服务器的IP地址告诉DNS客户机,DNS客户机再向其他DNS服务器发出域名解析请求,直到有明确的解析结果。如果最后一台DNS服务器也无法解析,则返回失败信息。

叠代查询中DNS客户机也承担域名解析的部分任务,DNS服务器只负责本地解析和转发其他DNS服务器的IP地址,因此又称为转寄查询。域名解析的过程是由DNS服务器和DNS客户机配合自动完成的。

3. 反向查询

递归查询和叠代查询都是正向域名解析,即从域名查找IP地址。DNS服务器还提供反向查询功能,即通过IP地址查询域名。

2.6.1.3 DNS域名解析的过程

DNS域名采用客户机/服务器模式进行解析。客户机由网络应用软件和DNS客户机软件构成。DNS服务器上有两部分资料,一部分是自己建立和维护的域名数据库,存储的是由本机解析的域名;另一部分是为了节省转发域名的开销而设立的域名缓存,存储的是从其他DNS服务器解析的历史记录。下面以客户机的Web访问为例介绍DNS域名解析的过程,本例所采用的解析方法是递归查询法。解析过程如图2.34所示。

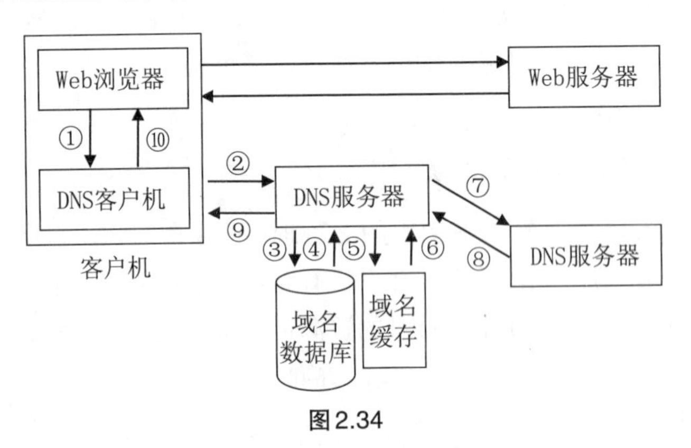

图2.34

(1) 当在客户机的Web浏览器中输入某Web站点的域名,如"http://www.yourweb.com"(此域名为虚构)时,Web浏览器将域名解析请求提交给自己计算机上集成的DNS客户机软件。

(2) DNS客户机软件向指定IP地址的DNS服务器发出域名解析请求,询问"www.yourweb.com"代表的Web服务器的IP地址。

(3) DNS服务器在自己建立的域名数据库中查找是否有与"www.yourweb.com"相匹配的记录。域名数据库存储的是DNS服务器自身能够解析的资料。

(4) 域名数据库将查询结果反馈给DNS服务器。如果在域名数据库中存在匹配的记录,如www.yourweb.com对应的是IP地址为192.168.111.33的Web服务器,则DNS服务器将查询结果反馈给DNS客户机。

(5) 如果在域名数据库中不存在匹配的记录,DNS服务器将访问域名缓存。域名缓存存储的是从其他DNS服务器转发的域名解析结果。

(6) 域名缓存将查询结果反馈给DNS服务器,若域名缓存中查询到指定的记录,则DNS服务器将查询结果反馈回DNS客户机。

(7) 若在域名缓存中也没有查询到指定的记录,则按照DNS服务器的设置转发域名解析请求到其他DNS服务器上进行查找。

(8) 其他DNS服务器将查询结果反馈给DNS服务器,DNS服务器再将查询结果反馈回DNS客户机。

(9) DNS服务器将查询结果反馈给DNS客户机。

(10) 最后,DNS客户机将域名解析结果反馈给浏览器。若反馈成功,Web浏览器就按指定的IP地址访问Web服务器,否则将提示网站无法解析或不可访问的信息。

2.6.2 安装DNS服务器

DNS服务器的安装步骤如下:

(1) 在计算机上执行"开始"→"管理您的服务器",出现管理您的服务器界面,如图2.35所示。

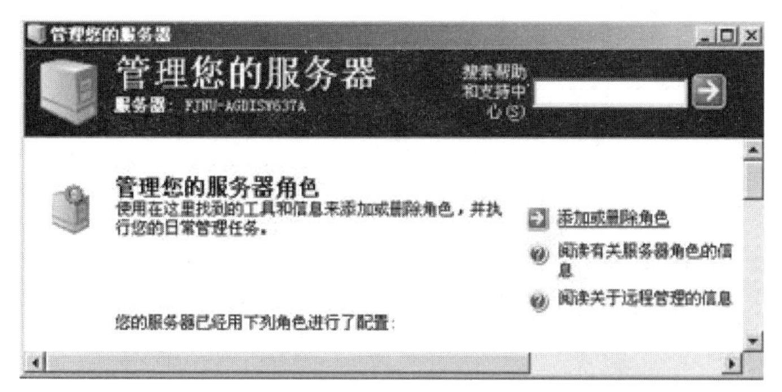

图2.35

(2) 单击"添加或删除角色",出现配置您的服务器向导的"服务器角色"界面,选中"DNS服务器",单击"下一步"按钮,如图2.36所示。

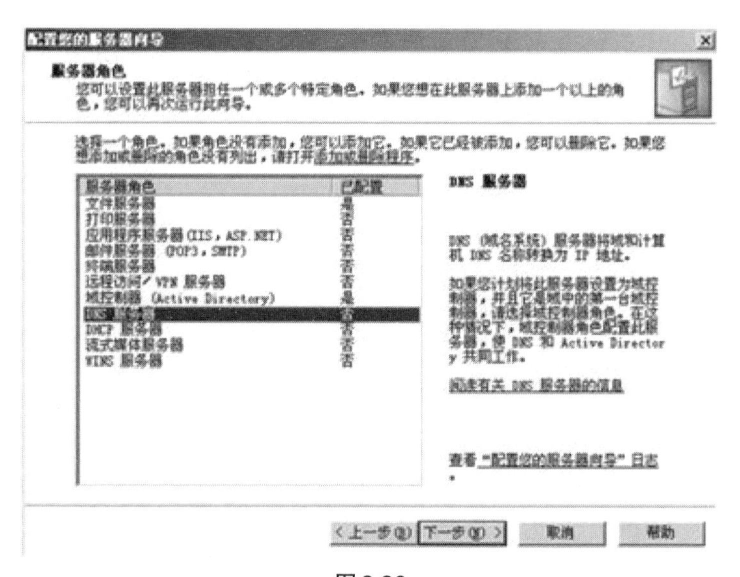

图2.36

(3) 出现“选择总结”界面,单击“下一步”按钮,出现配置DNS服务器的“欢迎”界面,单击“下一步”。

(4) 出现“选择配置操作”界面,如图2.37所示。用户可以根据网络实际情况配置DNS服务器使用区域情况。DNS服务器是以区域为单位管理DNS服务,区域实际上就是一个数据库,存储了DNS域名和相应的IP地址。在Internet环境中,区域一般以二级域名表示,如sina.com。有3种选择:

① 创建正向查找区域。适合小型网络使用,创建一个默认的正向解析域名的区域,完成从域名到IP地址的解析。

② 创建正向和反向查找区域。适合大型网络使用,同时创建正向与反向查找区域,完成域名与IP地址的双向解析。

③只配置根提示。创建仅用于转发的DNS服务器或向当前配置有区域和转发器的DNS服务添加根提示。根提示是存储在DNS服务器上的DNS数据,用来标志本机是域名系统中的DNS服务器。

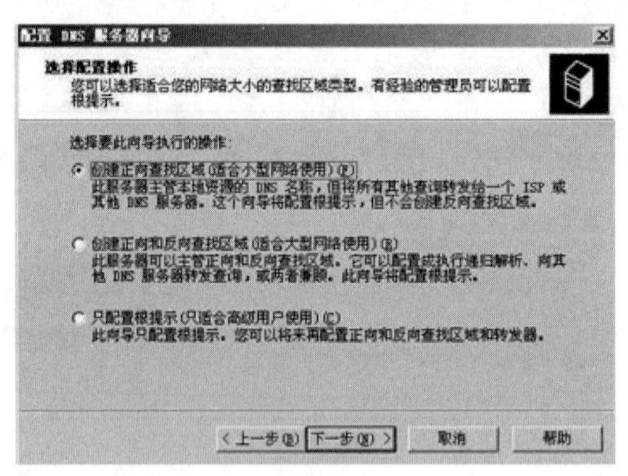

图2.37

在这里选择“创建正向查找区域”,单击“下一步”。

(5) 出现“主服务器位置”界面,如图2.38所示,用于设置对DNS服务器的区域数据进行维护的方法。若DNS服务器负责维护网络中的DNS资源的主机区域,则选择“这台服务器维护该区域”;若DNS负责维护网络中DNS资源的辅助区域,则选择“ISP维护区域,一份只读的次要副本常驻在这台服务器上”。

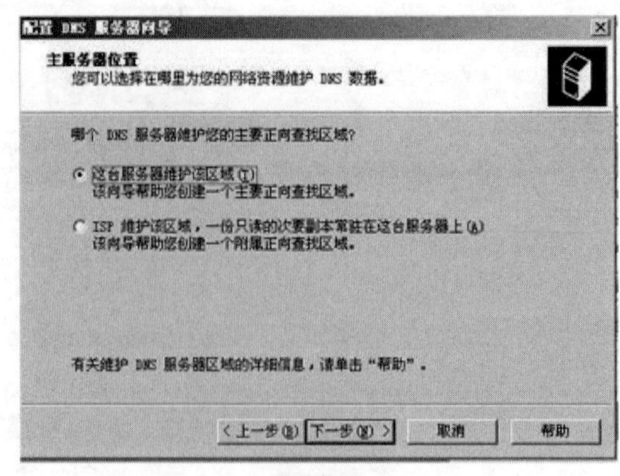

图2.38

主要区域是区域数据库信息的副本;辅助区域是主要区域的只读副本,它是从维护主要区域的DNS服务器中接收到的副本,用于提供对区域数据的冗余备份。

在这里选择“这台服务器维护该区域”,单击“下一步”。

(6) 在区域名称框中输入“poet.fjnu.edu”后,单击“下一步”。

(7) 如果创建的是未与Active Directory集成的区域,则会出现“区域文件”界面,用于设置DNS服务器区域对应的物理文件名称。DNS数据库实际上就是由区域文件和反向查找文件等构成的。区域文件是最重要的文件,存储了DNS服务器管辖的区域内主机的域名记录,默认的区域文件名为“区域名.dns”,存放在%systemboot\system32\dns文件夹中。

如果创建的区域是与Active Directory集成的区域,则不会出现此提示画面,区域文件是存放在活动目录树中该对象的容器下的。

按照默认设置,点击“下一步”。

(8) 出现“动态更新”界面,用于设置DNS客户机是否能够动态更新DNS服务器中的区域数据,如图2.39所示。当网络中启用DNS服务器后,网络中每台计算机都可以被DNS服务器默认解析,“计算机名.DNS域名”就是默认的该计算机可以被DNS服务器解析的名称。由于计算机名称和IP地址可能会发生变化,当发生变化后,DNS服务器上有关该计算机资源记录信息就应该及时更新,这就是动态解析。

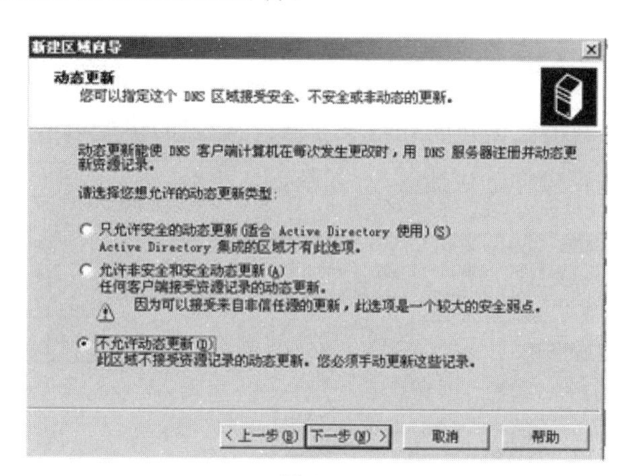

图2.39

只允许安全的动态更新:DNS客户机将动态更新请求发给DNS服务器,DNS服务器在客户机通过身份认证后才执行更新。该选项只有在Active Directory中管理区域才能激活。

允许非安全和安全动态更新:DNS客户机可以动态更新DNS服务器的区域数据,该选项的安全性较低。

不允许动态更新:不允许客户机执行对DNS服务器的动态更新操作,只能由管理员手工进行更新。

在这里选择“不允许动态更新”,单击“下一步”。

(9) 出现如图2.40所示界面。设置DNS转发器,DNS转发器也是一种DNS服务器,用于帮助解析当前DNS服务器不能解析的域名请求,将这些请求发送给其他DNS服务器。Intranet内的客户机对Internet上的域名解析就是由DNS转发器来完成的。

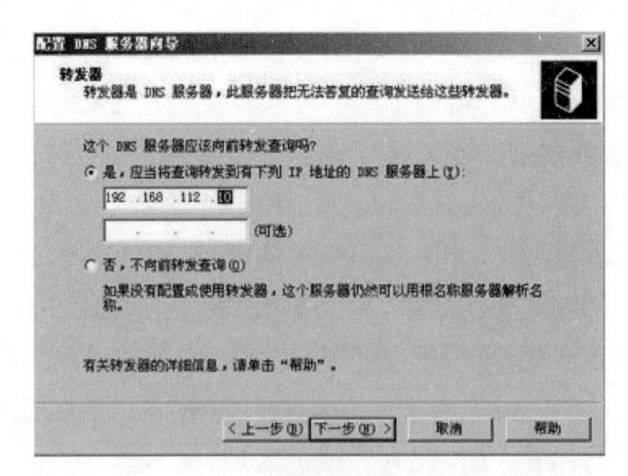

图2.40

由于只建立Intranet,所以选中“否,不向前转发查询”,单击“下一步”。

(10) 出现“配置完成”界面。在“设置”列表框中显示了本次配置的情况,单击“完成”按钮,会出现提示画面,表明已经将计算机成功配置成DNS服务器。

2.6.3 管理DNS服务器

当成功地安装完DNS服务器以后,DNS服务器启用并工作,此时,网络中的每台计算机都可以被DNS服务器默认解析,“计算机名.DNS域名”就是默认的该计算机可以被DNS服务器解析的名称。

在“DNS控制台”中右击已创建的DNS服务器,在弹出的快捷菜单中选择“所有任务”,出现对DNS服务器可以进行操作的快捷菜单,如图2.41所示。

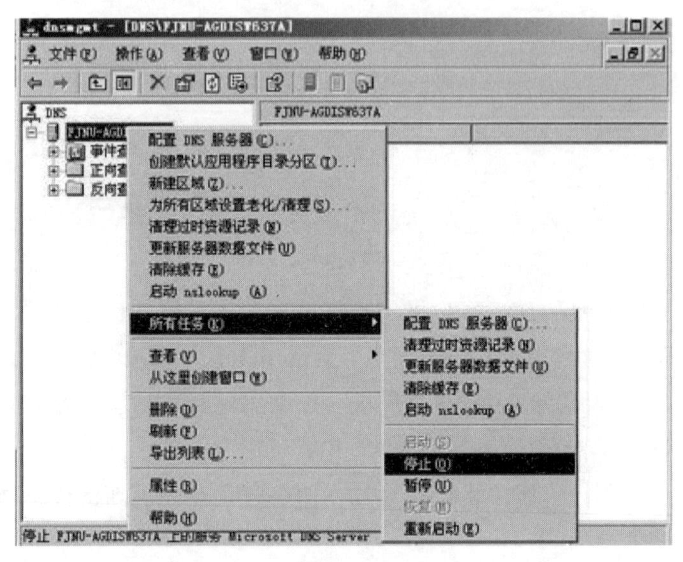

图2.41

在该快捷菜单中可以对DNS服务器执行的操作有:停止DNS服务器、暂停DNS服务器、启动DNS服务器和重启DNS服务器。

此外,还可以进行以下操作:

1. 为所有区域设置老化/清理

Internet上大型的DNS服务器的数据库包括一个或多个区域文件。每个区域文件都拥有一组结构化的资源记录，每条资源记录就是一条域名解析结果。如果DNS服务器允许客户机启用动态更新技术，则每当客户机的信息发生变化时，在DNS服务器的区域中就会增加一条该客户机的资源记录，随着时间的推移这些资源记录会不断地在区域中累积，从而产生一些没有意义的资源记录数据，称为老化数据。

比如，在Intranet内部使用DHCP服务器动态地为客户机分配IP地址。对同一台客户机，DHCP服务器每次分配的IP地址可能都不一样。

对区域中老化的数据进行清理，操作步骤如下：

(1) 在菜单中选择"为所有区域设置老化/清理"，出现如图2.42所示的"服务器老化/清理属性"界面，用来设置对DNS服务器上的超过一定生命周期的DNS资源的处理方法。选中"清理过时资源记录"复选框，在"无刷新间隔"文本框中设置为"7天"，表示系统将认为超过7天没有进行再次刷新的资源记录是老化的数据。在"刷新间隔"文本框中设置为"7天"，表示系统要刷新的资源记录与刷新日期之间至少要有7天的时间间隔。

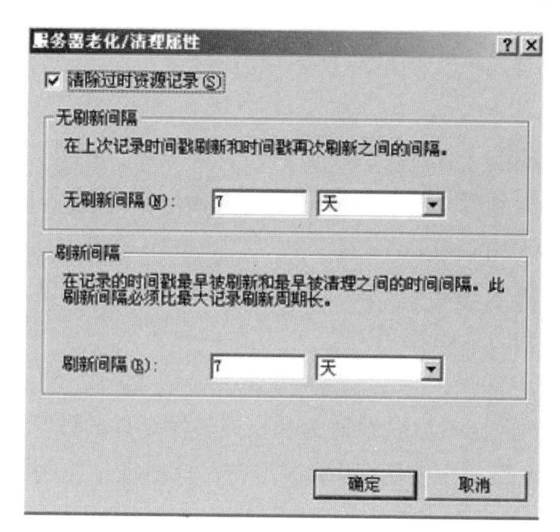

图2.42

(2) 单击"确定"按钮，出现"服务器老化/清理确认"界面，单击"确定"按钮，设置开始自动生效。

如果想手工清除老化的资源记录，在菜单中选择"清理过时资源记录"，出现提示界面，提示"要在服务器上清理过时资源记录吗?"，单击"是"即可完成清理操作。

2. 更新服务器数据文件

该选项使DNS服务器立即将其内存的改动内容写到磁盘上，以便在区域文件中存储。通常情况下，只在预定义的更新间隔和DNS服务器关机时，才向区域文件中写入这些改动的内容。

3. 清除缓存

DNS服务器上的缓存加速了DNS域名解析的性能，同时大大减少了网络上与DNS相关的查询通信量。缓存的数据也有一个生命周期(TTL)的问题，超过生命周期的缓存信息是没有意义的。默认情况下,最小的缓存的TTL为3600 s,也可以根据需要设置每个资源记录的缓存。

2.6.4 新建资源记录

区域是由各种资源记录(resource records)构成的。新建区域以后便可以在该区域中建立资源记录,资源记录的种类很多,资源记录的种类决定了该资源记录对应的计算机的功能。如果建立了主机记录,则表明计算机是主机(用于提供Web服务、FTP服务等);如果建立的是邮件交换器记录,就表明计算机是邮件服务器。

2.6.4.1 资源记录的类型

常见的资源记录类型有如下5种:

1. 主机(A)

主机记录是将DNS域名映射到一个单一的32位的IP地址。并非网络上的所有计算机都需要主机资源记录,但是在网络上提供共享资源的计算机,如服务器、其他DNS服务器、邮件服务器等,需要为其创建主机记录。当网络中的其他计算机使用域名访问网络上的服务器时,可使用主机资源记录提供IP地址与DNS域名解析。

2. 别名(CNAME)

利用新建别名可以为同一个主机创建不同的DNS域名。例如,在同一台计算机上同时运行FTP服务器和Web服务器,用户访问FTP服务器时输入域名ftp.poet.fjnu.edu,而访问Web服务器时输入域名www.poet.fjnu.edu。

在以下两种情况下需使用新建别名:① 物理上的同一台计算机提供多种网络服务;② 因为种种需要使用不同的DNS域名。

3. 邮件交换器(MX)

邮件交换器记录用于将DNS域名映射为交换或转发邮件的计算机的名称。邮件交换器资源记录由电子邮件服务器程序使用,用来根据在目标地址中使用的DNS域名为电子邮件客户机定位邮件服务器。

4. 指针(PTR)

指针是用来指向域名称空间的另一个部分。如在一个反向查找区域中,指针记录包含IP地址到DNS域名的映射。

5. 服务位置(SRV)

服务位置用来标志哪个服务器容纳有一个特定的服务。例如,如果客户端需要找到一个Active Directory域控制器来验证登录请求,客户端可以向DNS服务器发送一个查询来获取域控制器及它们所关联的IP地址的列表。

除了上述资源记录类型外,Windows Server 2003的DNS服务器还提供了其他很多类型的资源记录,用于适应目前网络上的各种服务的域名解析需要。

2.6.4.2 新建主机

实际案例:在已经创建的DNS服务器上的正向区域“poet.fjnu.edu”中,IP地址为

192.168.111.54的计算机同时还提供Web服务，为其创建一个主机资源记录，名为“www.poet.fjnu.edu”，这样客户机就可以通过域名访问该Web站点。

操作如下：

(1) 在“DNS控制台”窗口创建的“poet.fjnu.edu”区域名称上右击，选择“新建主机”，出现新建主机对话框，如图2.43所示。如果在文本框中输入主机名称“www”，在“完全合格的域名”文本框中自动出现“www.poet.fjnu.edu”，系统自动将区域附加在主机名后形成域名，该选项是不可编辑的。

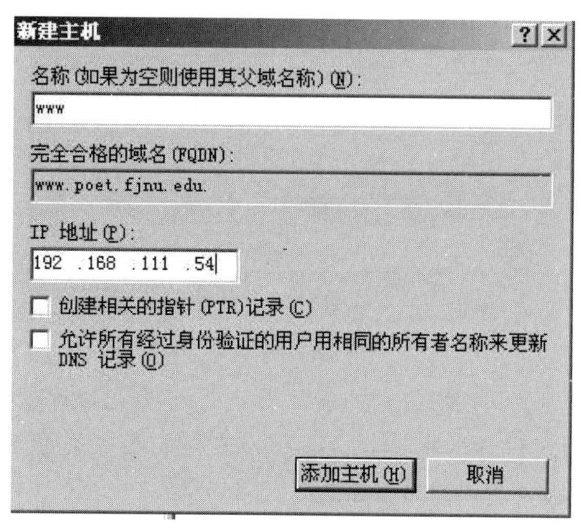

图2.43

(2) 在“IP地址”文本框中输入该主机对应的IP地址“192.168.111.54”。如果IP地址与DNS服务器在同一子网内，且建立了反向查找区域，可以选中“创建相关的指针(PTR)记录”复选框，这样域名和IP地址之间可以双向查找。

(3) 完成设置后单击“添加主机”按钮，成功创建主机后会给出提示信息。单击“确定”按钮。

2.6.5 配置客户端

客户机如果要使用DNS服务，必须对本机上的DNS客户机软件进行设置。客户端只有正确地指向DNS服务器才能查询到所要的IP地址。

Windows Server 2003的DNS客户机配置步骤如下：

(1) 点击“开始”→“控制面板”→“网络连接”→“本地连接”，右击在快捷菜单中选择“属性”。

(2) 出现本地连接属性的“常规”选项卡，如图2.44所示。在“此连接使用下列项目”列表框中选中“TCP/IP协议”，单击“属性”。

(3) 出现Internet协议(TCP/IP)属性的“常规”选项卡。选中“使用下面的DNS服务器地址”单选按钮，在“首选DNS服务器”文本框中输入主DNS服务器的IP地址，在“备用DNS服务器”文本框中输入辅助DNS服务器的IP地址。

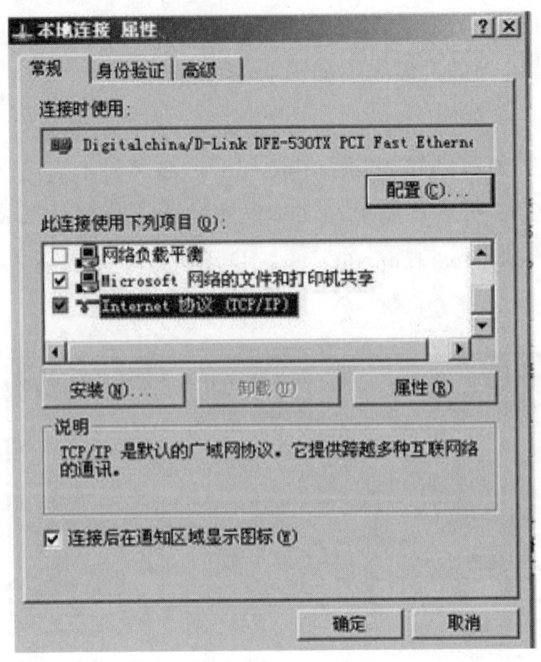

图2.44

Nslookup是用来进行手动DNS查询的最常用工具，它既可以模拟标准的客户解析器，也可以模拟服务器。作为客户解析器，Nslookup可以直接向服务器查询信息；而作为服务器，Nslookup可以实现从主服务器到辅助服务器的区域传送。

Nslooup命令的用法为：nslookup[option][host-to-find|server]

Nslooup可用于两种模式：

① 非交互模式：在命令行中输入完整的命令，如nslookupwww.cvn.com.cn。

② 交互模式：只要输入nslookup和回车，不输入参数。在交互模式下，可以在提示符“>”下键入“help”或“?”来获得帮助信息。

2.7 DHCP服务器配置

DHCP协议是一种简化主机IP配置管理的TCP/IP标准，用于减少网络客户机IP地址配置的复杂度和管理开销。DHCP服务允许网络中的一台计算机作为DHCP服务器并配置用户网络中启用DHCP的客户计算机。DHCP在服务器上运行，能够自动集中管理网络上的IP地址和用户网络中客户计算机所配置的其他TCP/IP设置。

对于基于TCP/IP的网络，DHCP减少了重新配置计算机所涉及的管理员的工作量和复杂性，大大降低了用于配置和重新配置网上计算机的时间。DHCP的客户机无需手动输入任何数据，避免了手动键入值而引起的配置错误，同时DHCP可以防止出现新计算机重用以前指派IP地址引起的冲突问题。

DHCP使用客户机/服务器模式。在网络中，管理员可建立一个或多个维护TCP/IP配置信息并将其提供给客户机的DHCP服务器。服务器数据库包含以下信息：

① 网络上所有客户机的有效配置参数。

② 在指派到客户机的地址池中维护的有效IP地址，以及用于手工指派的保留地址。

③ 服务器提供的租约持续时间。

通过在网络上安装和配置DHCP服务器，启用DHCP的客户机可在每次启动并加入网络时动态地获得其IP地址和相关配置参数。DHCP服务器以地址租约的形式将该配置提供给发出请求的客户机。

2.7.1 DHCP相关术语

下面介绍一些与DHCP相关的主要的专业术语，以帮助大家了解DHCP并利用DHCP管理工具来创建和管理DHCP服务器。

(1) DHCP客户机：任何启用DHCP设置的计算机。

(2) 作用域：一个网络完整连续的可能IP地址范围。DHCP服务可以提供给作用域，典型地定义网络上的一个单一物理子网。作用域还为服务器提供管理网络分布、IP地址分配和指派以及其他相关配置参数的主要方法。

(3) 超级作用域：是可用于管理的分组，用于支持同一物理网络上的多个逻辑IP子网。超级作用域包含成员域(子作用域)的列表，这些成员域可作为一个集合被激活。超级作用域用于配置有关作用域使用的其他详细信息，如果要配置超级作用域内使用的多数属性，管理员需要单独配置成员作用域。

我们可以通过下面这个例子了解一下作用域和超级作用域。

假设有两个作用域，配置如下：

作用域1：192.168.100.1～192.168.100.100。

作用域2：192.168.200.1～192.168.200.100。

如果作用域1中的主机数量已经超过100个，这样作用域1的IP地址就不够用了。如果还有客户机要申请IP地址，将被拒绝。而作用域2的主机只有20个，作用域2的IP地址还有大量空余。使用超级作用域就可以将若干个作用域绑定在一起，可以统一调配使用IP资源。本例中通过使用超级作用域就可以将作用域2的IP地址分配给作用域1使用。

(4) 排除范围：作用域内从DHCP服务中排除的有限IP的序列。排除范围保证范围中列出的任何IP地址都不是由DHCP服务器提供给DHCP客户机的。

(5) 地址池：作用域中应用排除范围之后，剩下的可用IP就可以组成地址池。池中地址可以由DHCP服务器动态分配给DHCP客户机。

(6) 租约：由DHCP服务器指定的、客户计算机可以使用动态分配的IP地址的时间。当向一台客户机发出租约后，该租约就被看做是活动的。在租约终止前，客户机可以向DHCP服务器更新其租约。当租约到期或被服务器删除后，它就变成不活动的了。租约期限决定了租约何时终止及客户机隔多久向DHCP服务器更新其租约。

(7) 保留：创建从DHCP服务器到客户机的永久地址租约指定。保留可以保证子网上的特定硬件设备总是使用相同的IP地址。

(8) 选项类型：DHCP服务器向客户机提供IP地址租约时可以指定的其他客户机配置

参数。

例如,某些公用选项包含用于默认网关(路由器)、WINS服务器和DNS服务器的IP地址。通常这些选项类型由各个作用域启用和配置。大部分选项在RFC2132中预先定义了,但用户也可用DHCP管理器定义和添加用户所需的选项类型。

(9)选项类别:DHCP服务用于进一步管理提供给客户机的选项类型的方法。选项类别可以在用户的DHCP服务器上配置以提供特定的客户机支持。当一个选项类别添加到服务器后,就可以为该类别的客户机配置提供特定类别的选项类型。对于Windows Server 2003,客户机可以指定与服务器通信时的类别ID。选项类别有两种类型:供应商类别和用户类别。

2.7.2 DHCP网络组成

DHCP网络主要由DHCP客户机、DHCP服务器和DHCP数据库组成。结构如图2.45所示。

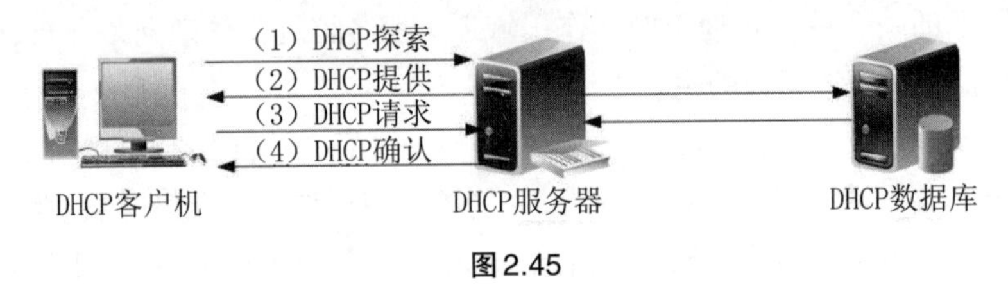

图2.45

1. DHCP客户机

DHCP客户机是安装并启用DHCP客户机软件的计算机。在Windows系统中都内置了DHCP客户机软件。

2. DHCP服务器

DHCP服务器是安装了DHCP服务器软件的计算机,可以向DHCP客户机分配IP地址。

IP地址的分配有两种方式:自动分配和动态分配。自动分配是指DHCP客户机从服务器租借到IP地址后,该地址就永久地归该客户机使用,即永久租用,适合IP地址资源丰富的网络;动态分配是指DHCP客户机从服务器租借到IP地址后,在租约有效期内归该客户机使用,一旦租约到期,IP地址将回收。

3. DHCP数据库

DHCP服务器上的数据存储了DHCP服务配置的各种信息,主要包括:① 网络上所有DHCP客户机的配置参数;② 为DHCP客户机定义的IP地址和保留的IP地址;③ 租约设置信息。

4. DHCP服务的运行原理

当DHCP客户机第一次登录网络时,它主要通过4个阶段与DHCP服务器建立联系。

(1) DHCP客户机发送IP租用请求

客户机第一次初始化时,由于客户机此时没有IP地址,也不知道DHCP服务器的IP地址,因此客户机会以0.0.0.0作为源地址,以255.255.255.255作为目的地址向所有的DHCP服务器广播请求来租用IP地址。租用请求通过DHCP DISCOVER消息发送。消息中还包括客户的硬件地址和主机名。

(2) DHCP服务器提供IP地址

子网络上所有的DHCP服务器都将收到这个DHCP DISCOVER消息。服务器确定自己是否有权为客户机分配一个IP地址。此时客户机仍没有IP地址,因而服务器也只能使用广播,DHCP服务器以255.255.255.255作为目的地址发送DHCP OFFER消息,消息包括:客户机的硬件地址、提供的IP地址、子网掩码、IP地址的有效时间、服务器的标志符。

(3) DHCP客户机进行IP租用选择

客户机从不止一台DHCP服务器接受到IP地址后,DHCP客户机从它接收到的第一个服务器响应中选择IP地址,并向所有DHCP服务器广播它接收的IP地址。广播通过DHCP REQUEST消息发送,消息中还包括接受提供IP地址的DHCP服务器的IP地址。其他所有DHCP服务器收到DHCP REQUEST消息后,撤销提供IP地址。

(4) DHCP服务器IP租用认可

当DHCP服务器收到DHCP工作站的DHCP REQUEST请求信息之后,它便向DHCP客户机发送一个包含它所提供的IP地址和其他设置的DHCP PACK确认信息。告诉DHCP客户机可以使用它所提供的IP地址。然后DHCP客户机便将其TCP/IP协议与网卡绑定,另外,除DHCP工作站选中的服务器外,其他的DHCP服务器都将收回曾提供的IP地址。

2.7.3 DHCP中继代理

在大型的网络中,可能会存在多个子网。DHCP客户机通过网络广播消息获得DHCP服务器的响应后得到IP地址,但广播消息是不能跨越子网的。因此,如果DHCP客户机和服务器在不同的子网内,客户机如何向服务器申请IP地址呢?这就要用到DHCP中继代理。

DHCP中继代理实际上是一种软件技术,安装了DHCP中继代理的计算机称为DHCP中继代理服务器,它承担不同的子网间的DHCP客户机和服务器的通信,其原理如图2.46所示。

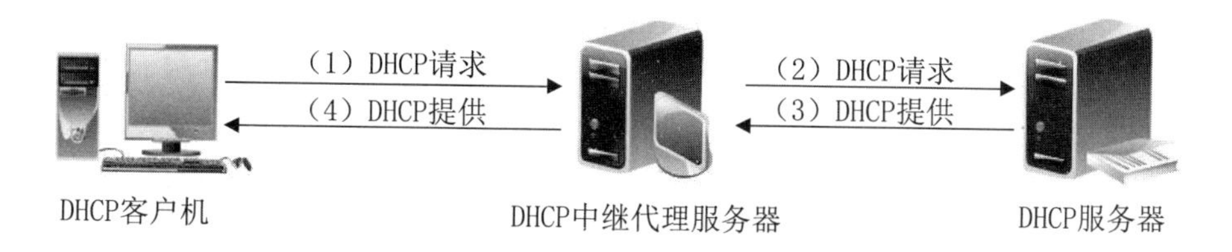

图2.46

2.7.4 安装DHCP服务器

DHCP服务器的安装步骤如下:

(1) 在计算机上执行"开始"→"管理您的服务器",出现"管理您的服务器"界面,单击"添加或删除服务器角色",出现如图2.47所示的配置您的服务器向导的"服务器角色"界面,选中"DHCP服务器"角色,单击"下一步"按钮。

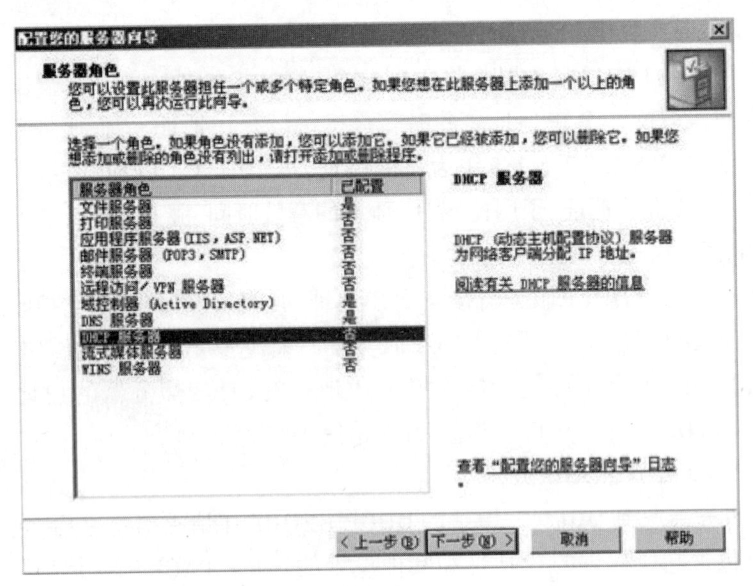

图2.47

(2) 出现“选择总结”界面,单击“下一步”按钮。

(3) 出现“新建作用域向导”的欢迎界面,开始设置作用域,单击“下一步”。

(4) 打开“作用域名”对话框,在“名称”文本框中输入作用域的名称,在“说明”文本框中输入一些对作用域的说明性文字,如图2.48所示。

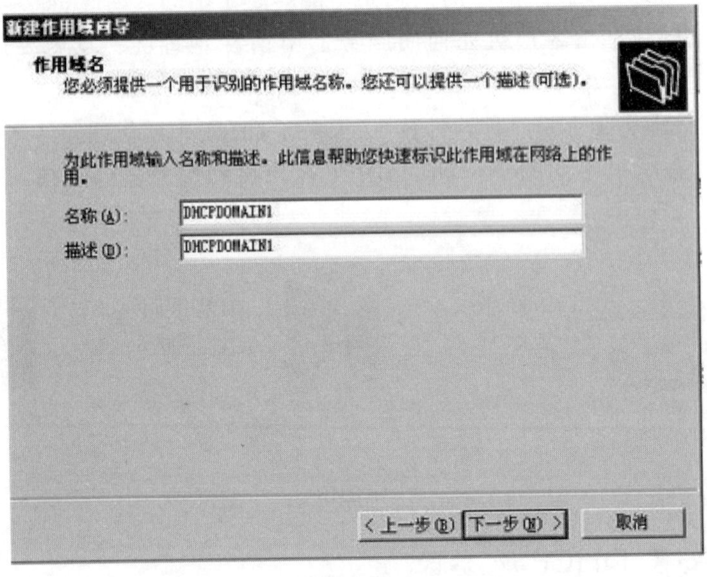

图2.48

(5) 单击“下一步”按钮,打开“IP地址范围”对话框,如图2.49所示。在对话框中,用户可以指定作用域的地址范围。在“输入此作用域分配的地址范围”选项的“起始IP地址”和“结束IP地址”中分别输入作用域的起始IP地址和结束IP地址。用户还需要为这些IP设置子网掩码。“子网掩码”选项的设置也可以通过设置“长度”来调整,一个255相当于8位的长度,255.255.255.0相当于24位的长度。

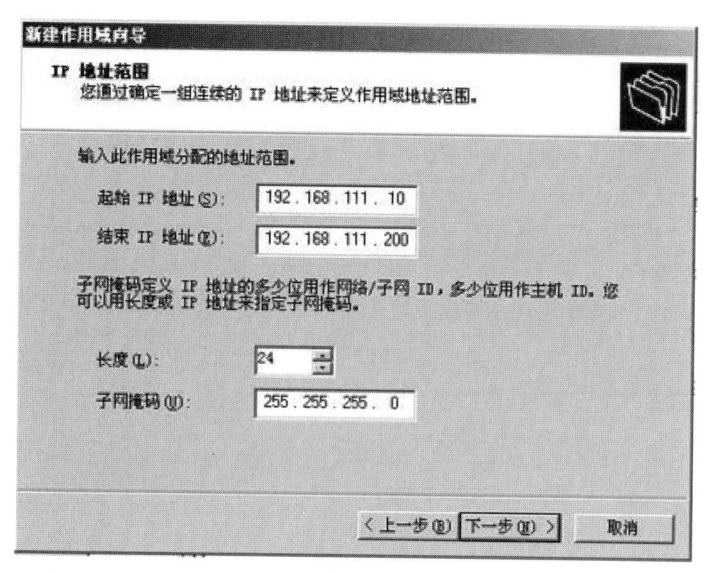

图2.49

(6) 设置完毕后，单击“下一步”按钮进入“添加排除”对话框，如图2.50所示。在该对话框中，用户可以指定服务器不分配的IP地址。排除地址范围应该包括所有手工分配给其他DHCP服务器、DNS服务器、WINS服务器等需要固定IP的计算机。

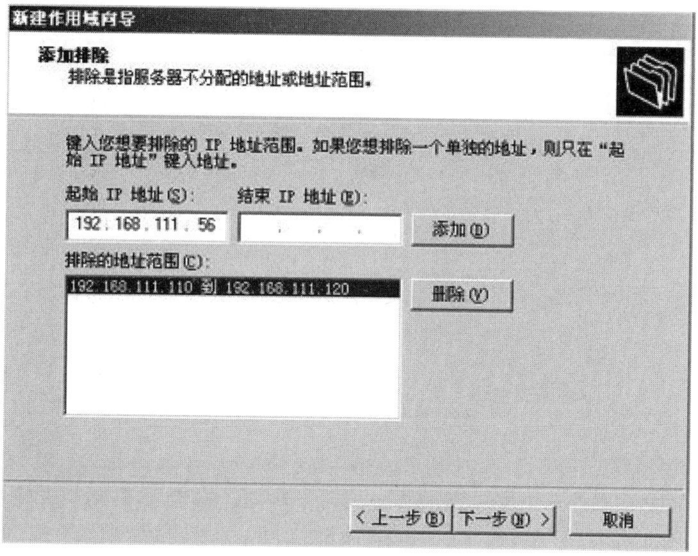

图2.50

在“起始IP地址”文本框中输入排除范围的起始IP地址，在“结束地址”文本框中输入排除范围的结束IP地址，然后单击“添加”按钮。按照同样的步骤可以排除多个地址范围。如果要排除单个的IP地址，则只要在“起始IP地址”文本框中输入要排除的地址，“结束IP地址”为空，点击“添加”按钮即可。

(7) 单击“下一步”按钮进入“租约期限”对话框。租约期限是指客户机使用DHCP服务器所分配的IP地址的时间。对于经常变动的网络，租约期限可以设置短一些。如图2.51所示。

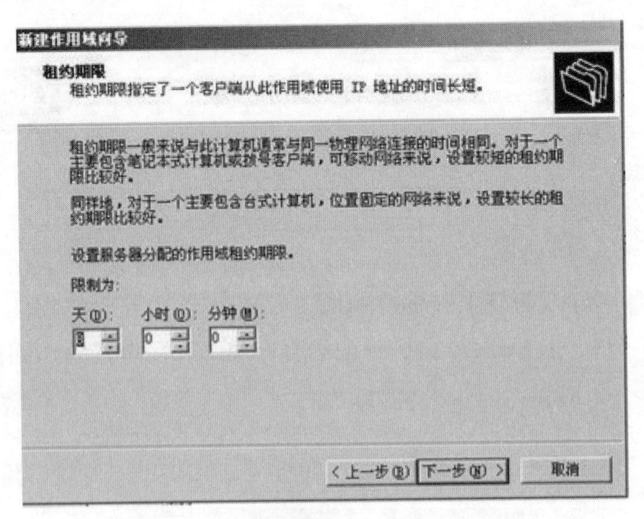

图2.51

(8) 单击“下一步”按钮进入“配置DHCP选项”对话框。如果想要客户机使用作用域，则必须配置最常用的DHCP选项，如网关、DNS服务器和WINS服务器等。选中“是，我想现在配置这些选项”，如图2.52所示。

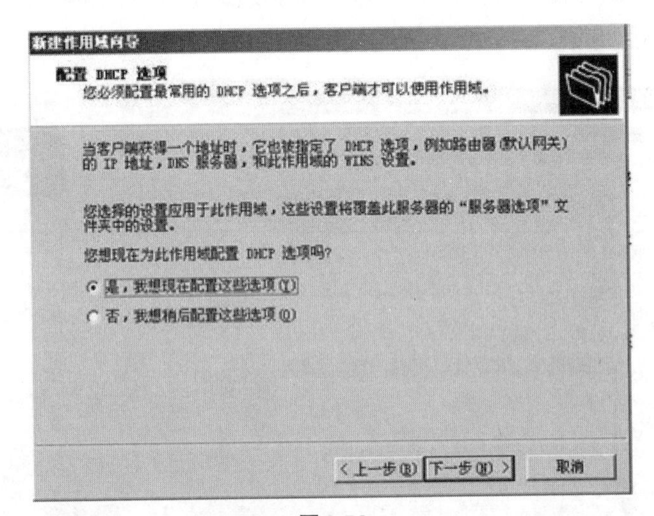

图2.52

(9) 出现“路由器(默认网关)”对话框。在“IP地址”文本框中设置DHCP服务器发送给DHCP客户机使用的路由器(默认网关)的IP地址，可以根据自己网络的规划进行设置。

2.8 IIS服务器配置

Windows Server 2003中自带IIS(Internet Information Service，IIS)6.0，利用IIS 6.0可以方便地架设和管理自己的Web站点及FTP服务。本章介绍IIS 6.0，以及如何利用IIS 6.0创建和管理Web站点及FTP服务。作为网络管理员，通过本章的学习，将学会如何如何在Windows Server 2003网络上快速构建Web站点和FTP服务。

2.8.1 IIS 6.0简介

Microsoft Windows Server 2003家族中的Internet信息服务(IIS)提供了可用于Intranet / Internet上的集成Web服务器能力,这种服务器具有可靠性、可伸缩性、安全性以及可管理性的特点。可以使用IIS 6.0为动态网络应用程序创建功能强大的通信平台。任何规模的组织都可以使用IIS主持和管理Internet或Intranet上的网页及文件传输协议(FTP)站点,并使用网络新闻传输协议(NNTP)和简单邮件传输协议(SMTP)路由新闻或邮件。IIS 6.0充分利用了最新的Web标准(如ASP.NET、可扩展标记语言(XML)和简单对象访问协议(SOAP))来开发、实施和管理Web应用程序。

2.8.2 IIS的安装

IIS 6.0是集成在应用程序服务器中的,因此安装应用程序服务器时可以默认安装IIS 6.0。应用程序服务器的安装过程如下:

(1) 打开"配置您的服务器向导"对话框,在"服务器角色"列表框中选中"应用程序服务器",单击"下一步"按钮。如图2.53所示。

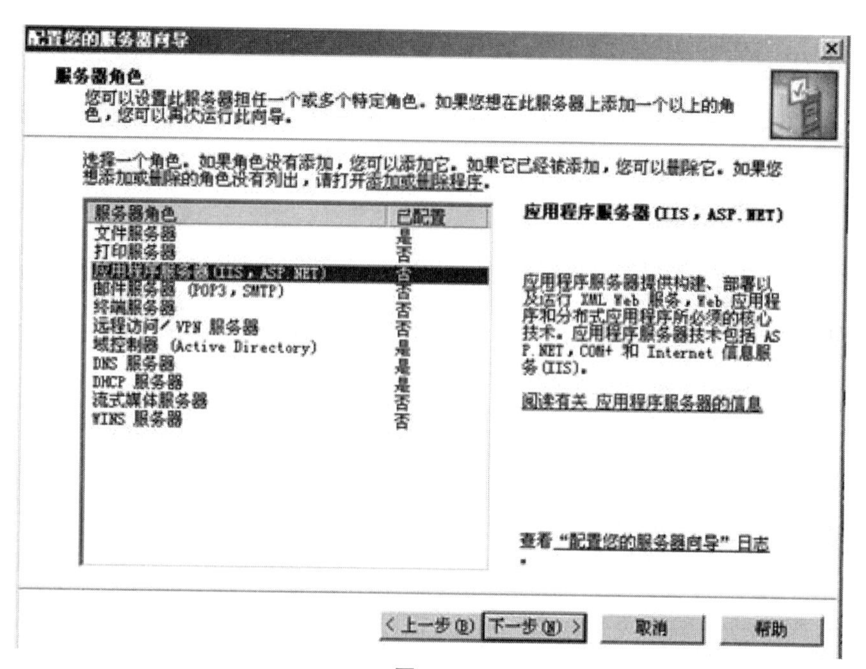

图2.53

(2) 出现"应用程序服务器选项"对话框,在该对话框中可以选择和应用程序服务器一起安装两个组件:"FrontPage Server Extension"和"启用ASP.NET"。如图2.54所示。

"FrontPage Server Extension"选项:允许多个用户从客户端计算机远程管理和发布网站。如果希望多个用户同时创建网站,或使用户可从客户端计算机上通过Internet远程创建Web应用程序,可选择该选项。

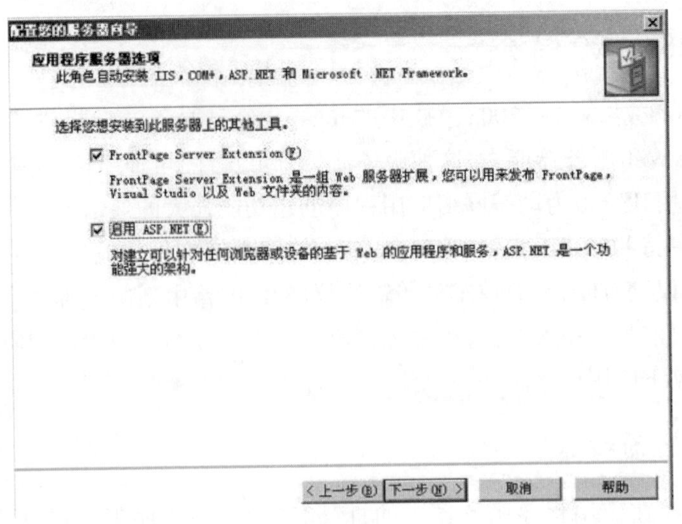

图2.54

“启用ASP.NET”选项：ASP.NET是统一的Web开发平台，提供了生成和部署企业级的Web应用程序所必需的服务。ASP.NET提供了一种新的编程模型和基础结构以获得更安全、灵活和稳定的应用程序，这些应用程序可用于任何浏览器或设备。如果网站中包含已通过使用ASP.NET开发的应用程序，可选择该选项。

(3) 单击“下一步”出现“选择总结”画面，提示本次安装中的选项。单击“下一步”配置程序将自动按照选择总结中的选项进行安装和配置。

2.8.3 创建新的 Web 站点

IIS安装成功后，系统会自动建立两个名为“默认站点”和“Microsoft Share Point管理”的两个网站，并且自动开始运行。此时如果在IE浏览器中输入IIS服务器的IP地址，则会显示如图2.55所示界面。该界面就是默认站点的主目录下的“.htm”文件。

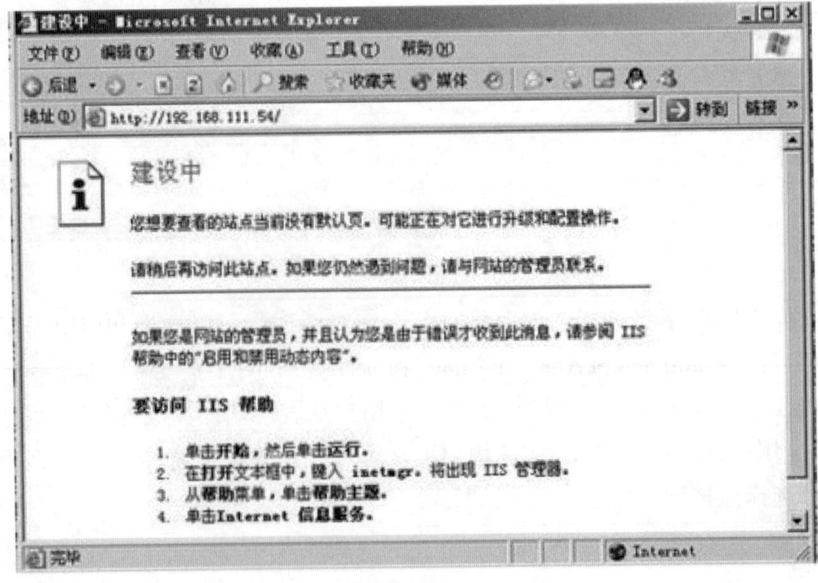

图2.55

我们可以对默认站点进行配置,使之提供Web服务。也可以创建一个新的站点。

实际案例:在计算机IP地址为192.168.111.54上创建Web站点。

创建新站点的操作如下:

(1) 执行"开始"→"管理工具"→"Internet信息服务(IIS)管理器",打开"Internet信息服务(IIS)管理器"窗口,右击目录树中的"网站",从弹出的快捷菜单中选择"新建"→"网站",打开"新建网站向导"的欢迎界面。

(2) 单击"下一步",打开"网站描述"对话框,如图2.56所示。在"描述"文本框中输入有关网站的信息。

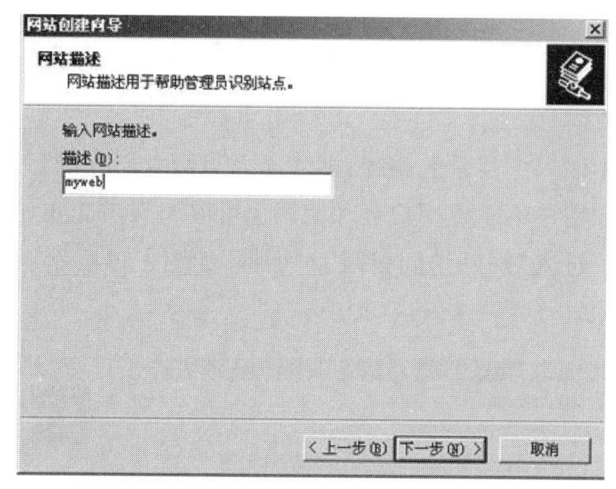

图2.56

(3) 单击"下一步"打开"IP地址和端口设置"对话框,如图2.57所示。在该对话框中填入有关服务器地址和端口的信息。

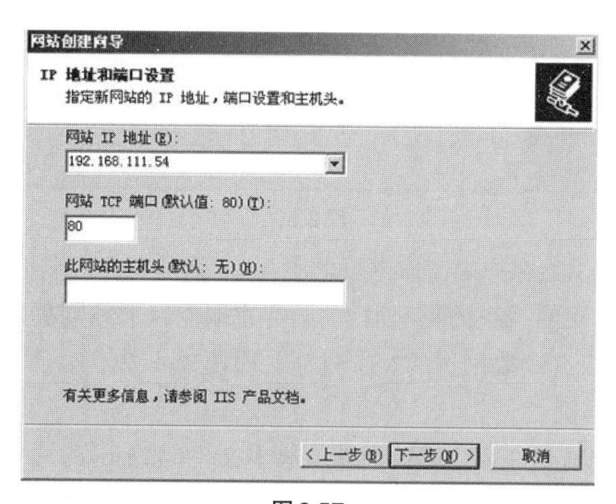

图2.57

(4) 单击"下一步"进入网站主目录的设置,如图2.58所示。网站主目录就是网站的根目录,是用户访问的起点,任何网站的设置都需要网站主目录。主目录用来存放Web站点的数据,主目录的内容即Web站点的主页。

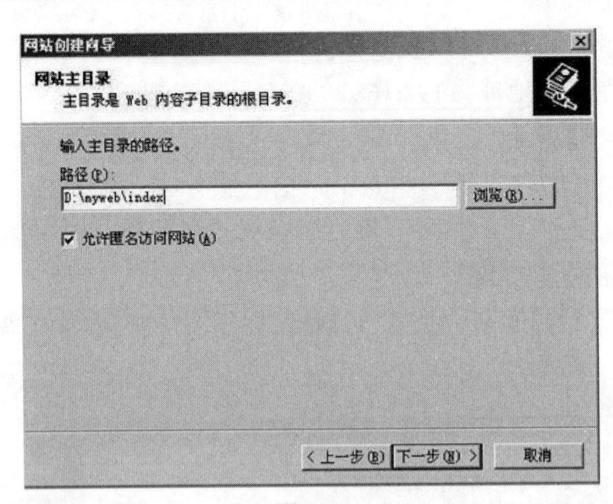

图2.58

在“路径”文本框中输入主目录的路径,即Web站点数据所在的目录路径。选中“允许匿名访问网站”选项,这样用户不需要用户名和密码也可以访问该Web站点、浏览网页。

(5) 单击“下一步”进入“网站访问权限”对话框,如图2.59所示。在此对话框中可以设置Web站点的一些权限。

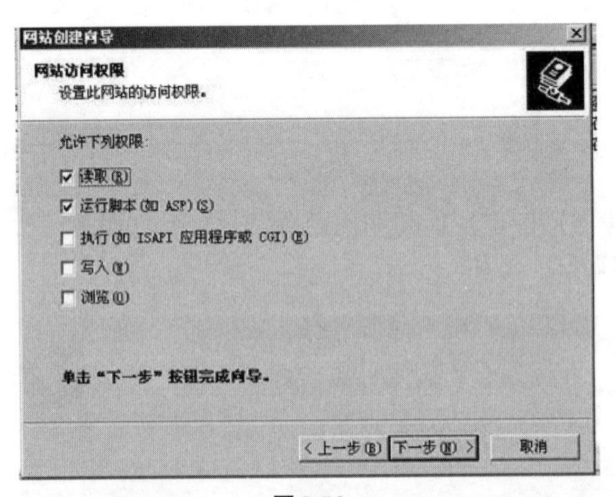

图2.59

“读取”:该权限提供给客户端读取网页的服务,也就是说客户端可以下载网页。但如果Web服务器位于NTFS文件系统的驱动器上,则客户端能否下载网页还要取决于NTFS权限的设置。如果客户端没有读取网页的NTFS权限,即使Web站点给了客户端读取的权限,客户端也还是不能下载网页。

“运行脚本”:该权限允许客户端访问站点脚本文件(如asp)的源代码。配合读取权限,客户端可以访问脚本源代码;配合写入权限,客户端可以修改脚本的源代码。

“执行(VKISAPI应用程序或CGI)”:该权限允许客户端执行ISAP应用程序或者是CGI的应用程序。

“写入”:允许客户端上载文件或者编辑改变网页内容。和读取的权限相同一样,客户端是否拥有上载或者改变内容的权限还要取决于NTFS权限。

“浏览”:允许客户端浏览Web站点的目录。如果给客户端此权限,则当Web站点上没有启用默认文档,客户端输入的URL又没有指定文件名或者目录的时候,页面将显示为此站点的目录列表,进而客户端便知悉了此站点的树。建议不要开放此权限,以免给恶意的客户提供有利攻击的信息。

默认的选项是"读取"和"运行脚本(如ASP)",此时可先选择默认配置。

(6) 单击"下一步"按钮,进入"成功完成Web站点创建向导"对话框,单击"完成"按钮完成新建过程。

创建完新的Web站点后,在"Internet信息服务(IIS)管理器"中就可以看到刚刚创建的Web站点。启动新建的Web站点,停止默认站点,此时在IE地址栏中输入该Web服务器的URL就可以自动打开该Web站点用户主目录中的index.htm或者default.htm。

2.8.4 网站的配置

网站创建好以后,可以在"Internet信息服务(IIS)管理器"中右击该网站,在弹出的快捷菜单中选择"属性"选项,对网站的各选项卡进行详细的配置。

2.8.4.1 配置"网站"选项卡

网站属性的"网站"选项卡如图2.60所示。

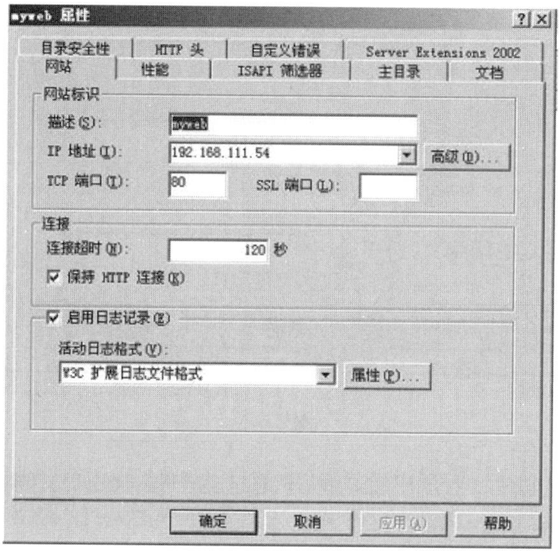

图2.60

(1) "网站标志"。在"描述"文本框中输入网站的名称,即在IIS控制台中看到的Web站点名称。

在"IP地址"下拉列表中指定一个IP地址或输入用于访问该站点的新的IP地址。如果没有分配指定的IP地址,则此站点将响应分配给该计算机但没有分配给其他站点的所有IP地址,使它成为默认网站。点击"高级"按钮,打开"高级网络标志"对话框,如图2.61所示。当需要输入不同的域名,或者不同的IP地址、或者同一个IP地址的不同TCP端口所打开的Web服务器站点的内容相同时,可以在此对话框中将其他网站标志加到此计算机上。

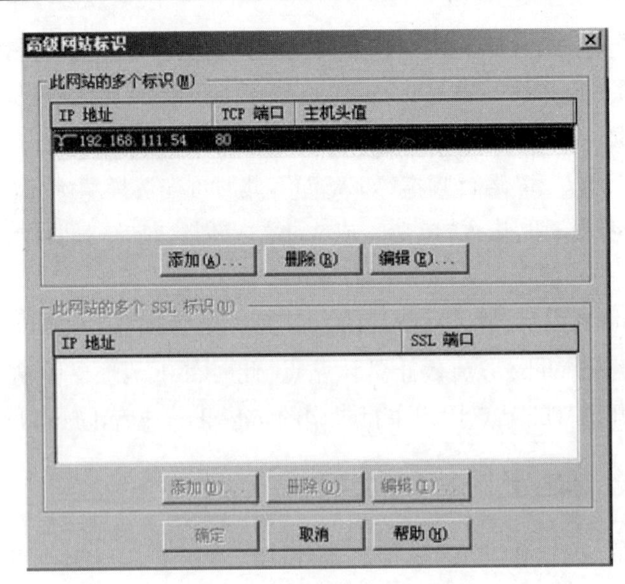

图2.61

点击“添加”按钮,出现如图2.62所示的“添加／编辑网站标志”对话框,在“IP地址”下拉列表框中选择或设置IP地址,在“TCP端口”文本框中设置使用的端口,在“主机头值”文本框中输入网站的域名,但该域名只有和DNS服务器配合才能使用。

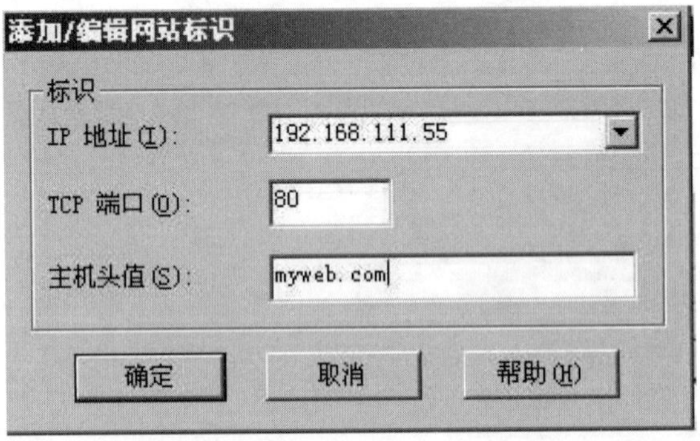

图2.62

采用如上方法设置以后,当客户端访问IP地址为“192.168.111.54”和“192.168.111.55”的Web站点时,看到的内容是相同的。

(2) 在“TCP端口”文本框中输入运行Web服务器的TCP端口,默认值是80。也可以将端口更改成唯一的TCP端口号,但如果更改端口号,则必须预先通知客户端,让客户端请求该端口号,否则客户端的请求将无法连接到Web服务器上。TCP端口号是必需的,不能为空。

在“SSL端口”文本框中输入与该网站标志相关的SSL(安全套接层)端口,默认端口号为443。同样也可更改成任何唯一端口号,但也要预先通知客户端,以便让客户端请求更改的端口号。只有使用SSL加密时才需要此端口号。如果站点没有启用SSL加密,则该文本框不可用。

(3) “连接”对话框用来设置连接参数,可以以秒为单位设置服务器断开不活动用户连接之前的时间长短,这确保在HTTP协议无法关闭某个连接时,关闭所有的连接。

“保持HTTP连接”是指服务器在Web浏览器的多个请求中保持连接状态,它可以极大地增强服务器性能的HTTP规范。采用此性能,Web浏览器不必再为包含多个元素的页面进行大量的连接请求。如果为每个元素都进行单独连接,这些额外的请求和连接要求额外的服务器活动的资源,这将降低服务器的效率。在安装时,默认选择此复选框。

(4) 选中“启用日志记录”复选框启用网站的日志记录功能,它可以记录关于用户活动的细节并按所选格式创建日志。活动日志格式有4种:

① “MicrosoftIIS日志文件格式”:一种固定的ASCII格式。

② “NCSA共用日志文件格式”:一种固定的ASCII格式。

③ “ODBC日志记录”:一种记录到数据库的固定格式,与该数据库兼容。

④ “W3C扩展日志文件格式”:一种可自定义的ASCII格式,默认时选择此格式。要记录进程信息时,则必须选择W3SVC扩展日志文件格式。

点击“属性”按钮,打开“日志记录属性”对话框,在“常规”选项卡中可以指定创建和保存日志文件的方法,如图2.63所示。在“日志文件目录”文本框下会显示日志文件名,此名称由日志文件的格式和用于启动新日志文件的条件决定。

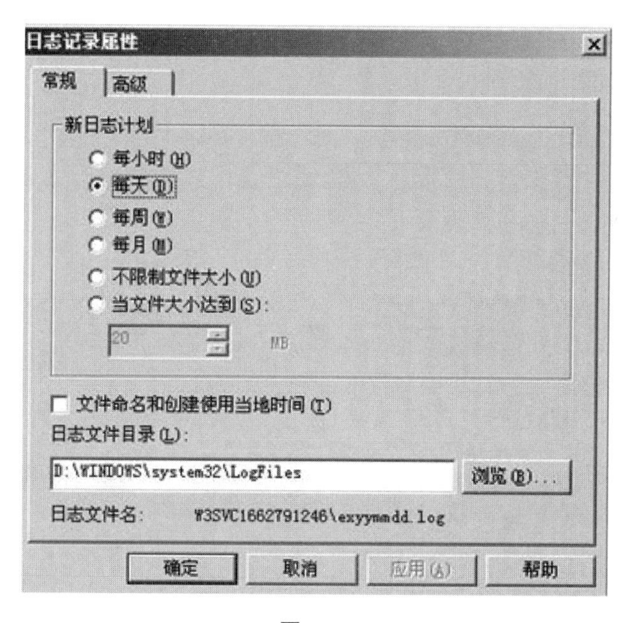

图2.63

在“日志记录属性”的“高级”选项卡中选择要在日志文件中记录的字段,来自定义W3C扩展日志记录,如图2.64所示。

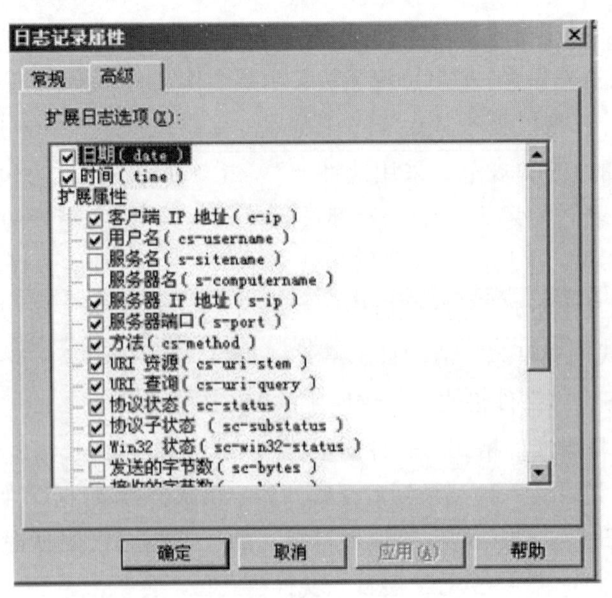

图2.64

2.8.4.2 配置"性能"选项卡

网站属性的"性能"选项卡如图2.65所示,在该选项卡中可以设置给定站点的网络带宽,以控制该站点允许的流量。可以通过限制低优先级的网站上的带宽和连接数,允许其他高优先级站点处理更多的流量限制。

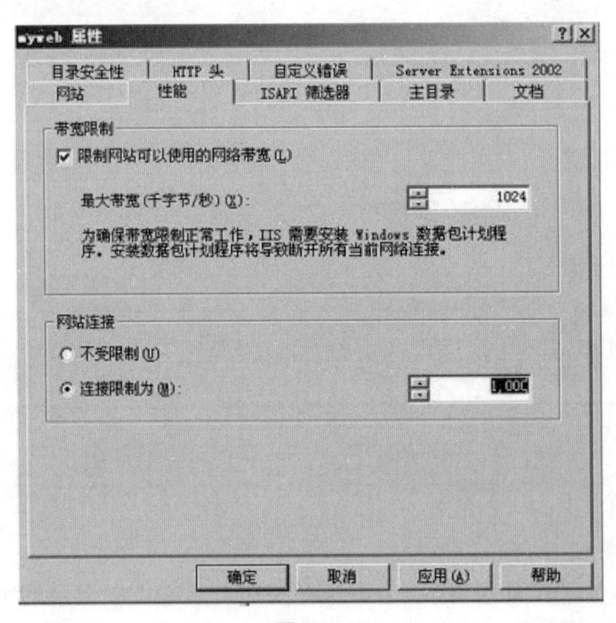

图2.65

(1)"带宽限制":限制该网站可用的带宽。当发送数据包时,带宽限制使用数据包计划程序进行管理。当使用IIS管理器将站点配置成使用带宽限制时,系统将自动安装数据包计划程序,并且IIS自动将带宽限制设置成最小值1024 Byte/s。选中"限制网站可以使用的网络带宽"复选框,在"最大带宽"文本框中设置希望该网站可用的最大带宽(KByte/s)。

（2）“网站连接”：可将IIS配置成允许数目不受限制的并发连接，或限制该网站接收的连接个数。如果在“连接限制为”单选按钮后设置最大的连接数量，在该连接数内站点可以保持性能的稳定。

2.8.4.3 配置“主目录”选项卡

点击“网站属性”对话框中的“主目录”选项卡，如图2.66所示。

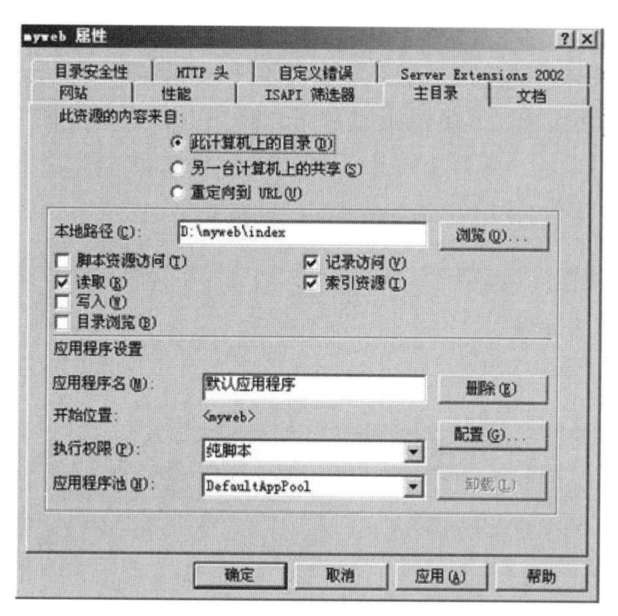

图2.66

（1）在“此资源的内容来自”中默认选中的是“此计算机上的目录”单选钮，该选项允许用户访问计算机上的指定目录，以便查看或更新Web内容。

在“本地路径”文本框中可以设置目录名称，以及客户端对该Web站点的访问权限。

“应用程序设置”包括：

① “应用程序名”文本框：输入根目录的名称。

② “开始位置”文本框：显示应用程序在其上配置的配置数据库节点。

③ “执行权限”下拉列表框：设置该站点资源许可的程序执行级别。“无”是限制只能访问静态文件，如HTML或图像文件；“纯脚本”表示只允许运行纯脚本，而不运行可执行程序；“脚本和可执行文件”表示可以删除所有限制，以便所有文件类型均可以访问或执行。

④ “应用程序池”下拉列表框：设置该主目录相关联的应用程序池。

（2）如果在“此资源的内容来自”中选择“另一台计算机上的共享”，则允许用户查看或更新与该计算机有活动连接的其他计算机上的Web内容，如果管理员具有远程计算机上的管理权限，则可以通过执行任何的Windows安全方法来控制对其内容的访问。

在“网络目录”文本框输入服务器名和目录名，单击“连接为”可以输入网络用户名和密码信息。

（3）如果在“此资源的内容来自”中选择“重定向到URL”，则在“重定向到”文本框中输入URL,将客户端应用程序重定向到其他网站或虚拟目录。

“客户端将定向到”有以下3种可选项:

① “上面输入的准确URL”复选框:该选项可以将虚拟目录重定向到目标URL,而不添加原始URL的任何其他部分。可以使用该选项将整个虚拟目录重定向到一个文件。

② “输入的URL下的目录”复选框:该选项可以将父目录重定向到子目录。如若将主目录重定向到某个子目录,则要在“重定向到”文本框中输入“/子目录名”,然后选中该选项。如果不使用该选项,那么Web服务器会不断地将父目录映射到自身。

③ “资源的永久重定向”复选框:此选项可以将“301永久重定向”消息发送到客户端。重定向被视为临时性的,并且客户端浏览器将接收到“302临时重定向”消息。某些浏览器可以使用“301永久重定向”消息作为永久更改URL的信号。

2.8.4.4 配置“文档”选项卡

网站属性的“文档”选项卡如图2.67所示,使用此选项卡可以定义站点的默认网页并在站点文档中附加页脚。

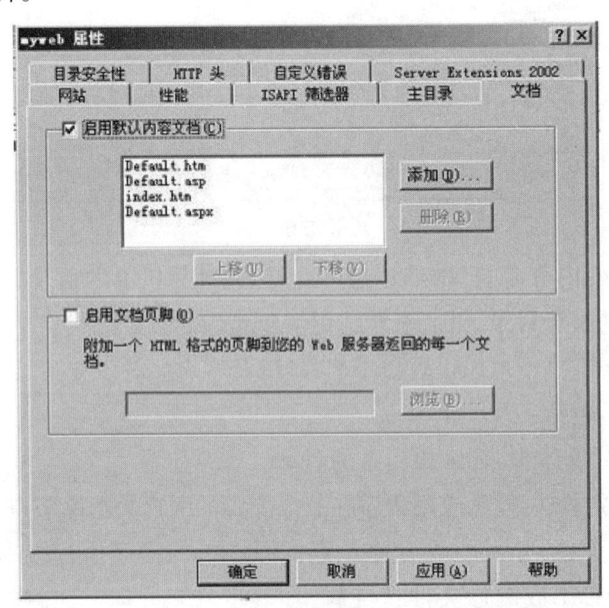

图2.67

(1) “启用默认内容文档”复选框:在列表框中列举了浏览器请求访问该Web站点时,如果没有指定文档名称则默认按照列表次序中的文档提供给浏览器。默认文档可以是目录主页或包含站点文档目录列表的索引页。多个文档可以按照自上向下的搜索顺序列出。

(2) “启用文档页脚”复选框:可以将Web服务器配置成自动附加页脚到Web服务器返回的所有文档中。页脚文件不是完整的HTML文档,它是只包含格式化页脚内容的外观和功能时必要的HTML标记。

2.8.4.5 配置“目录安全性”

网站属性的“目录安全性”选项卡如图2.68所示。该选项卡用于对IIS的安全性功能进行设置。

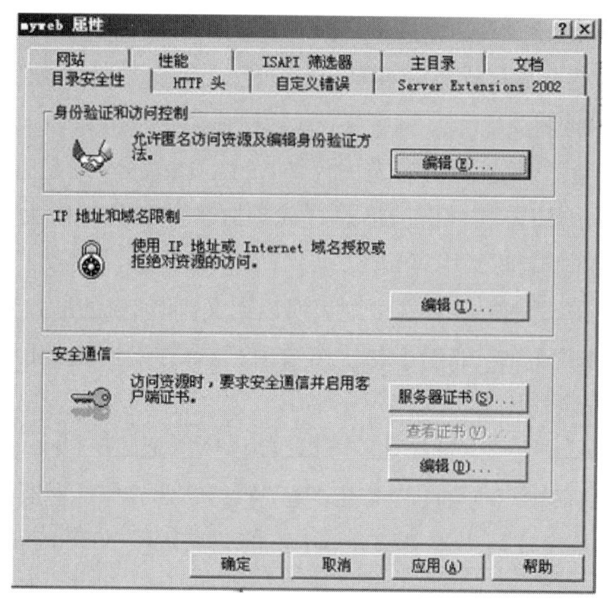

图2.68

（1）“身份验证和访问控制”：用于设置可以访问Web服务器的用户、验证用户身份的方法。点击“编辑”按钮，打开“身份验证方法”对话框，如图2.69所示。

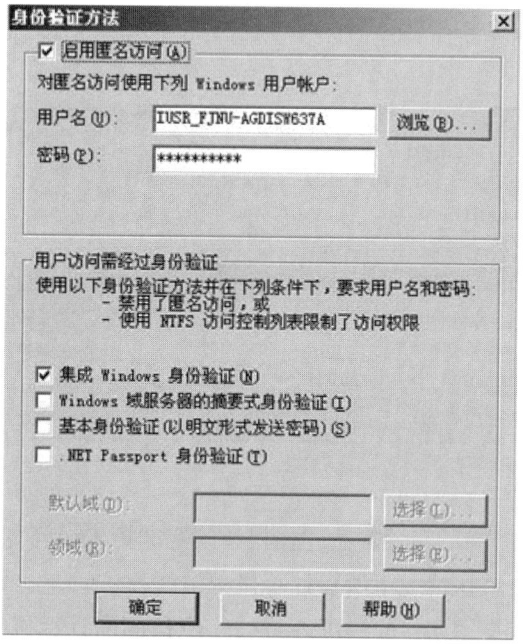

图2.69

选中“匿名访问”复选框，表明可以为用户建立匿名连接，用户可以使用匿名来宾账户登录到IIS,默认情况下,服务器创建和使用账户"IUSR_计算机名"。

"用户访问需经过身份验证"参数用于设置非匿名访问的用户的身份验证方法。要求在访问服务器上的任何信息前必须提供有效的Microsoft Windows用户名和密码。有以下4种验证访问方法:

① "集成Windows身份验证"复选框。选择该选项可以确保用户名和密码是以哈希值的形式通过网络发送的。这提供了一种身份验证的安全形式,表明使用与用户的Web浏览器密码交换确认用户的身份。

② "摘要式身份验证"复选框。若选中仅与Active Directory一起工作,在网络上发送哈希值而不是明文密码。摘要式身份验证通过代理服务器和其他防火墙一起工作,并且在Web分布式创作及版本控制目录中可用。

③ "基本身份验证"复选框。若选中则表明以明文(非加密的形式)在网络上传输密码。基本身份验证是HTTP规范的一部分并被大多数浏览器支持。但是,由于用户名和密码没有加密,因此可能存在安全性风险。

④ ".NET Passport"复选框。选择该项可以启用网站上的.NET Passport身份验证服务。.NET Passport允许站点的用户创建单个易记的登录名和密码,保证对所有启用.NET Passport的网站和服务访问的安全。启用了.NET Passport的站点依赖.NET Passport中央服务器来对用户进行身份验证,而不需要维护自己的专用身份验证系统。但是,.NET Passport中央服务器不对单个启用.NET Passport的站点授权或拒绝特定用户的访问权限。网站行使控制用户权限的职责。使用.NET Passport身份验证要求在"默认域"文本框中输入用于用户身份验证控制的Windows域。

(2) 单击"IP地址和域名限制"参数的"编辑"按钮,打开"IP地址和域名限制"对话框,如图2.70所示。

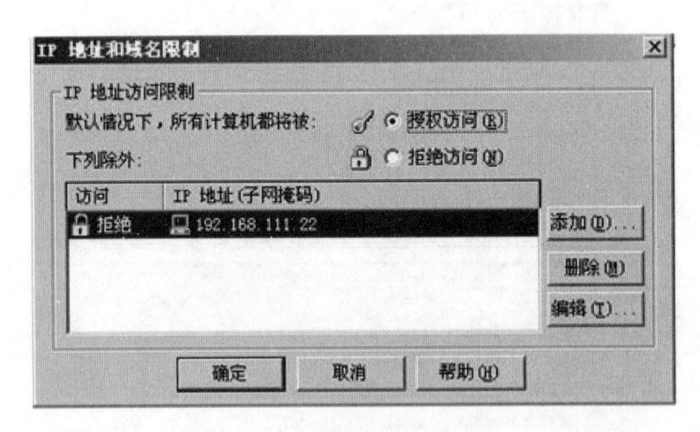

图2.70

有两种限制IP地址访问的设置方法:"授权访问"和"拒绝访问"。

"授权访问"单选钮:默认情况下所有计算机都被授权访问,在"下列除外"列表框中的计算机将被拒绝访问。单击"添加"按钮可以将被拒绝访问的计算机添加到"下列除外"列表框中。

"拒绝访问"单选钮:默认情况下所有计算机都被拒绝访问,在"下列除外"列表框中的计算机将被授权访问,单击“添加”按钮可以将被授权访问的计算机添加到“下列除外”列表框中。

(3) 单击“安全通信”参数的“服务器证书”按钮可以启动“Web服务器证书向导”获取服务器证书,使用安全的Web站点服务;单击“服务器证书”按钮可以查看网站服务器证书;单击“编辑”按钮可以启用安全的通信设置。

2.8.5 创建虚拟目录

虚拟目录是Web站点上的信息的发布方式。通过网络,将其他计算机的目录映射为Web站点主目录中的文件夹。在建设网站的时候,可以将网站的内容存放在不同的硬盘或者不同的计算机上,通过映射成Web服务器的虚拟目录来使用,这样可以避免主目录空间达到极限。

另外,使用虚拟目录,当数据移动的时候不会影响Web站点的结构。如果存放网站内容的文件夹发生变化,则只要将该虚拟目录重新指向到新的文件夹即可。

建立虚拟目录的步骤如下:

(1) 在“Internet信息服务(IIS)管理器”对话框中,右击站点名称,从弹出的快捷菜单中选择“新建”→“虚拟目录”。

(2) 出现创建虚拟目录向导的欢迎界面,单击“下一步”,打开“虚拟目录别名”对话框,如图2.71所示。虚拟目录别名用于在网站中标志物理上实际的目录。虚拟目录名称不能与网站下已存在的物理目录名称或已有的虚拟目录名称相同。

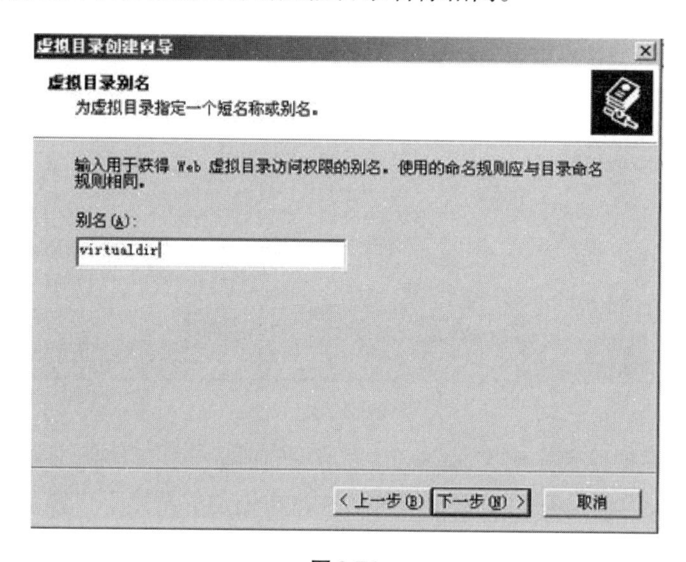

图2.71

(3) 出现“网站内容目录”对话框,如图2.72所示。该对话框用于设置虚拟目录代表的后台实际物理路径,在“路径”文本框中输入物理路径,然后单击“下一步”。

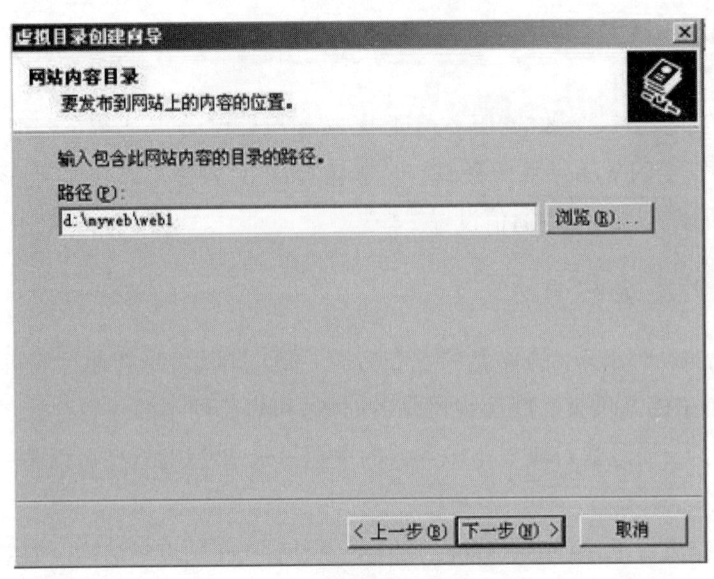

图2.72

(4) 出现“网络访问权限”对话框,如图2.73所示。可以设置浏览器访问虚拟目录的权限,设置完毕后单击“下一步”。

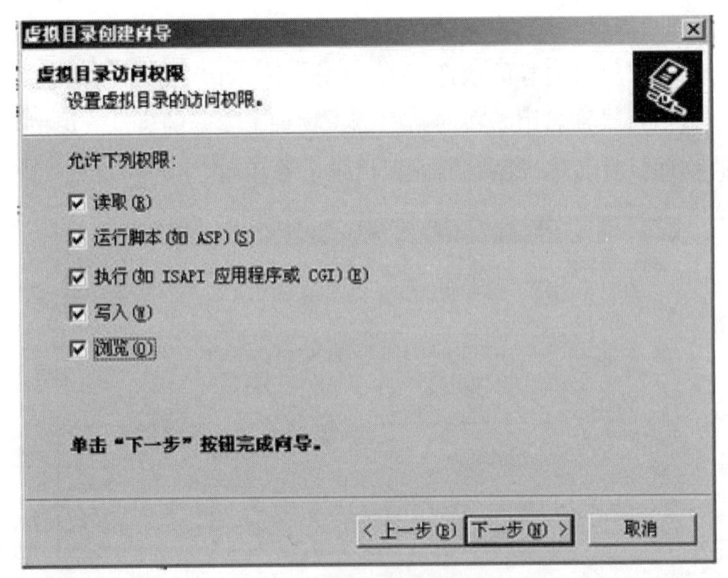

图2.73

(5) 出现创建虚拟目录完成界面,单击“完成”按钮即可完成虚拟目录的创建。

(6) 在“Internet信息服务(IIS)管理器”窗口中,在创建的站点下可以看到虚拟目录。

(7) 用鼠标右击虚拟目录,在弹出的快捷菜单中选择“属性”,出现虚拟目录属性的“虚拟目录”选项卡,在该选项卡中可以对虚拟目录配置进行修改。

2.8.6 IIS支持ASP

Windows Server 2003安装完IIS 6.0,还需要单独开启对于 ASP 的支持。具体操作步骤如下:

(1) 启用Asp(图2.74)。

进入“控制面板”→“管理工具”→“IIS(Internet 服务器)”→“Web服务扩展”→“Active Server Pages”→“允许/控制面板”→“管理工具”→“IIS(Internet 服务器)”→“Web服务扩展”→“在服务端的包含文件”→“允许”。

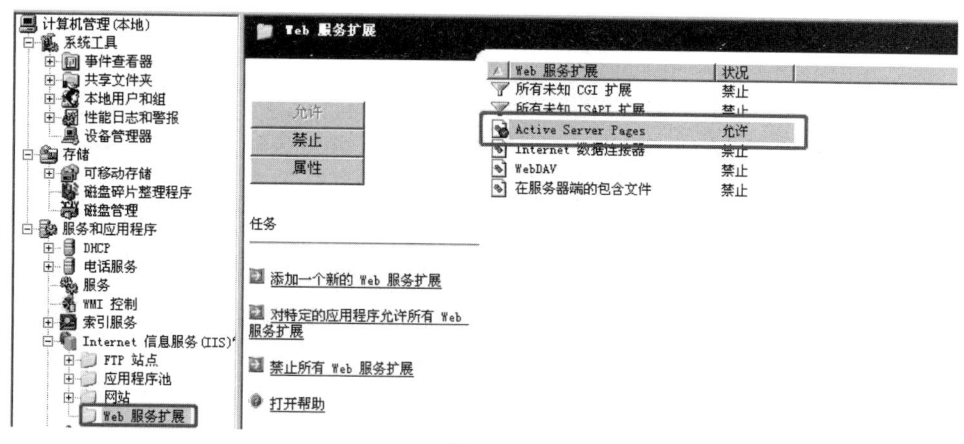

图2.74

(2) 启用父路径支持(图2.75)。

“IIS”→“网站”→“主目录”→“配置”→“选项”→“启用父路径”。

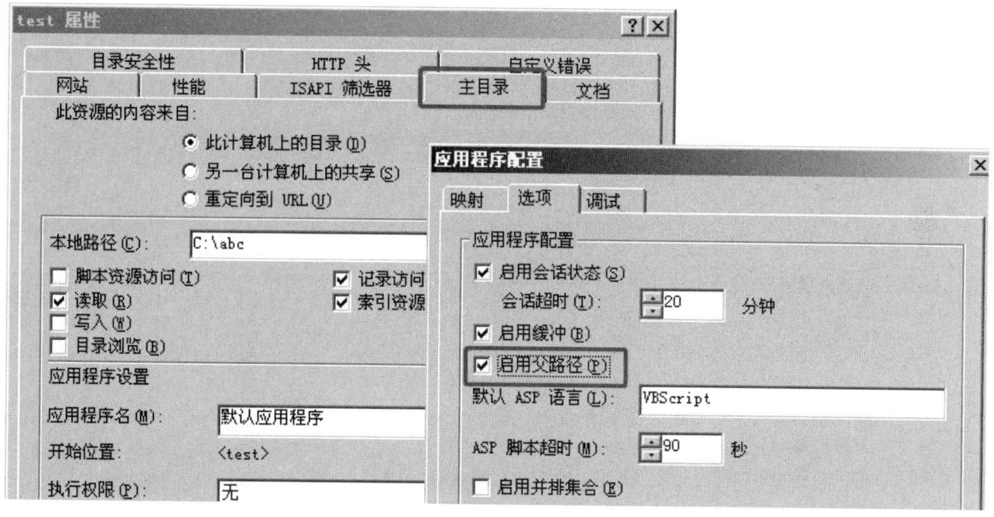

图2.75

(3) 权限分配(图2.76)。

“IIS”→“网站”→“具体站点”→(右键)“权限”→“Users完全控制”。

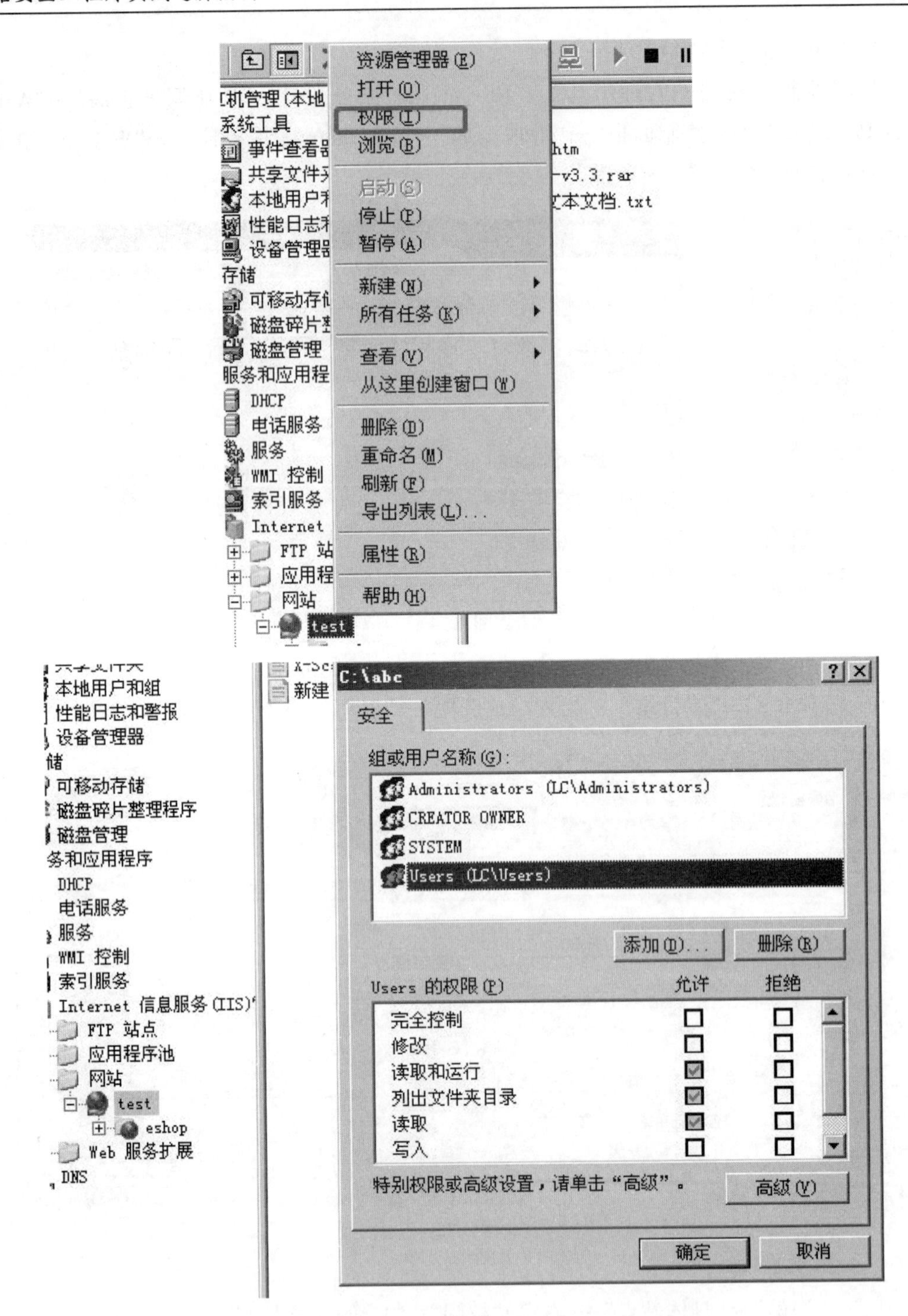

图2.76

2.9 FTP服务器配置

文件传输服务是Internet中最早提供的服务功能之一。文件传输服务提供了在Internet

的任意两台计算机之间相互传输文件的机制,它是广大用户获得丰富的Internet资源的重要方法之一。文件传输协议(File Transfer Protocol,FTP)是Internet上使用最广泛的文件传送协议。它允许用户将文件从一台计算机传输到另一台计算机上,并且能保证传输的可靠性。因此,人们通常将文件传输服务称为FTP服务。

由于采用TCP / IP协议作为Internet的基本协议。无论两台Internet上的计算机在地理位置上相距多远,只要它们都支持FTP协议,就可以相互传送文件。这样做不仅可以节省实时联机的通信费用,而且可以方便地阅读与处理传输过来的文件。同时,采用FTP传输文件时,不需要对文件进行复杂的转换,因此具有较高的效率。Internet与FTP的结合,使每个联网的计算机都拥有了一个容量巨大的备份文件库,这是单个计算机无法比拟的优势。

2.9.1 FTP 简介

2.9.1.1 FTP的功能

FTP的主要功能包括两个方面:文件的下载和文件的上传。

文件的下载就是将远程服务器上提供的文件下载到本地计算机上。与HTTP相比较,使用FTP实现的文件下载具有使用简便、支持断点续传和传输速度快的优点。

文件的上传是指客户机可以将任意类型的文件上传到指定的FTP服务器上。

FTP服务支持文件上传和下载,而HTTP仅支持文件的下载功能。

2.9.1.2 FTP服务的工作过程

FTP服务采用典型的客户/服务器工作模式,它的工作过程如图2.77所示。远程提供FTP服务的计算机称为FTP服务器,它通常是信息服务提供者的计算机,相当于一个大的文件仓库;用户的本地计算机称为客户机。文件从FTP服务器传输到客户机的过程称为下载;文件从客户机传输到FTP服务器的过程称为上载。

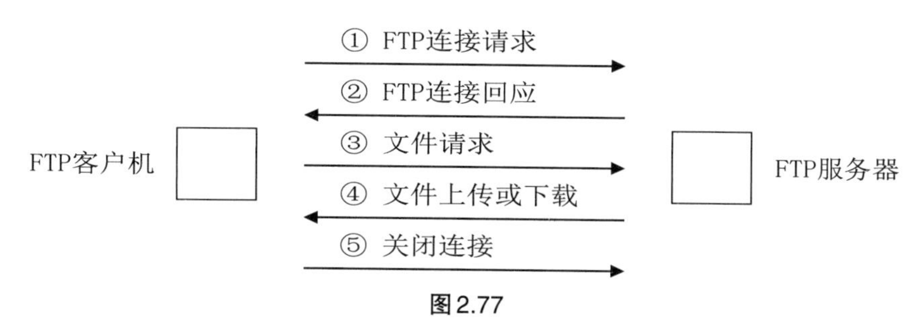

图2.77

FTP协议的底层通信协议是TCP/IP,客户机和服务器必须打开一个TCP/IP端口用于进行FTP客户机发送请求和FTP服务器回应请求。

FTP服务器默认设置21和20两个端口。端口21用于监听FTP客户机的连接请求,在整个会话期间,该端口必须一直打开。端口20用于传输文件,只在传输过程中打开,传输完毕后关闭。由于FTP使用两个不同的端口号,因此数据连接与控制连接不会发生混乱。使用两个独立连接的主要好处是使协议更简单、更容易实现,同时在传输文件时还可以利用控制连接。

2.9.1.3 FTP的访问方式

FTP服务是一种实时的联机服务。访问FTP服务器前必须先登录，登录时要求用户正确键入自己的用户名与用户密码。只有在登录成功后，才能访问FTP服务器，并对授权的文件进行查看与传输。根据所使用的用户账号的不同，可以将FTP服务分为普通FTP服务与匿名FTP服务两种类型。

普通FTP服务要求用户在登录时提供正确的用户名和用户密码，也就是说用户必须在远程主机上拥有自己的账号，否则将无法使用FTP服务。这对于大量没有账号的用户是不方便的。

匿名FTP服务的实质是提供服务的机构在它的FTP服务器上建立一个公开账号(通常为anonymous)，并赋予该账号访问公共目录的权限。如果用户要访问这些提供匿名服务的FTP服务器，一般不需要输入用户名与用户密码。如果需要输入它们，可以用“anonymous”作为用户名，用“guest”作为用户密码。有些FTP服务器可能会要求用户用自己的电子邮件地址作为用户密码。

2.9.2 FTP的创建

Windows Server 2003提供的IIS 6.0服务器中内嵌了FTP服务器软件。但是在Windows Server 2003的默认安装过程中是没有安装的，手动安装FTP服务器的步骤如下：

(1) 执行“开始”→“控制面板”→“添加 / 删除程序”→“添加 / 删除Windows组件”。

(2) 在Windows组件向导界面，在“组件”列表框中选中“应用程序服务器”选项，单击“详细信息”，如图2.78所示。

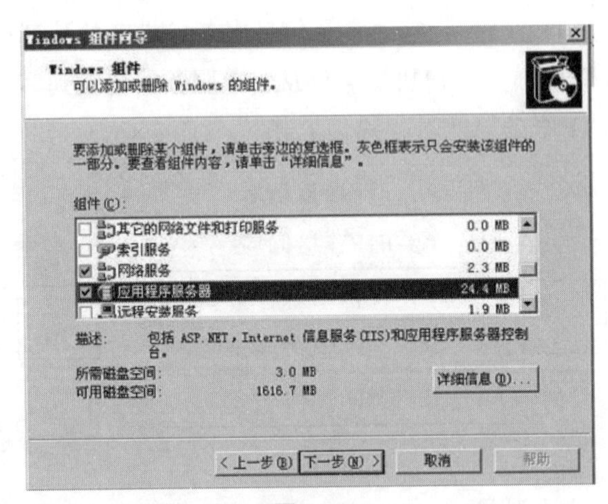

图2.78

(3) 出现如图2.79所示应用程序服务器界面，在“应用程序服务器的子组件”列表框中选中“Internet信息服务(IIS)”选项，单击“详细信息”。

(4) 出现如图2.80所示的“Internet信息服务(IIS)”界面，在“Internet信息服务(IIS)的子组件”列表框中选中“文件传输协议(FTP)服务”选项，单击“确定”按钮。

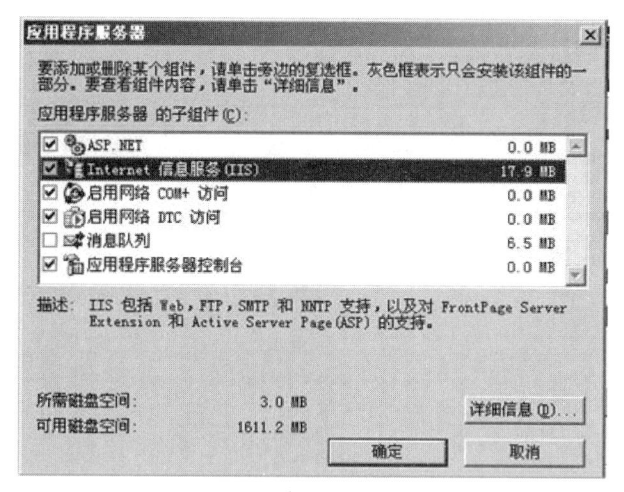

图2.79

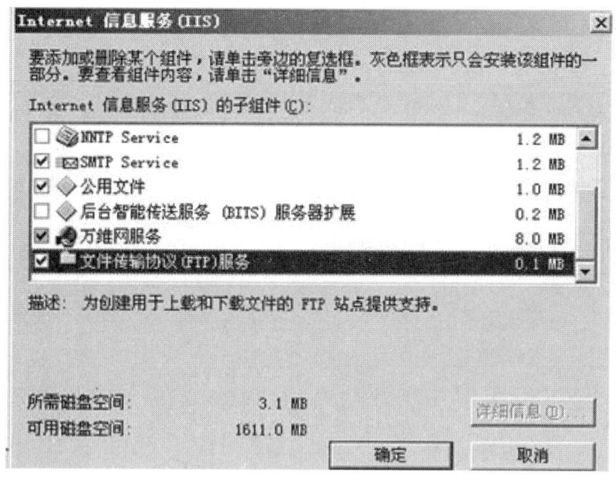

图2.80

将Windows Server 2003的安装光盘放入光驱中，计算机将自动完成FTP服务的安装过程。

2.9.3 管理FTP服务器

执行"开始"→"管理工具"→"Internet信息服务(IIS)管理器"，打开"Internet信息服务(IIS)管理器"界面，如图2.81所示。系统已默认建立了名为"默认FTP站点"的FTP站点并在TCP/IP的21端口开始提供服务。在右边的"FTP站点列表"中选中"默认FTP站点"，右击，在弹出的快捷菜单中选择"属性"，利用"属性"选项，可以对FTP站点进行配置。

2.9.3.1 配置"FTP站点"选项卡

"FTP站点"选项卡如图2.82所示。

(1)"FTP站点标志"参数。在"描述"文本框中输入对该FTP站点的描述信息，在"IP地址"下拉列表框中选择该FTP站点的IP地址，在"TCP端口"文本框中设置该FTP站点默认的端口。

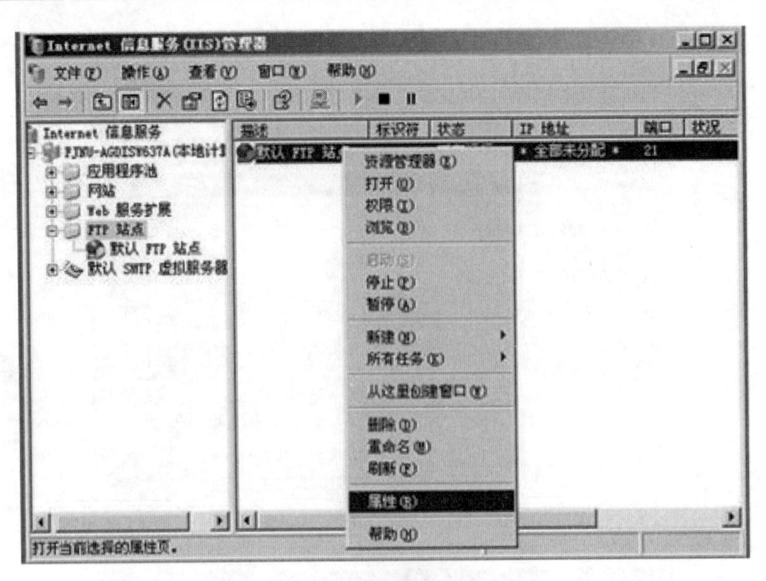

图2.81

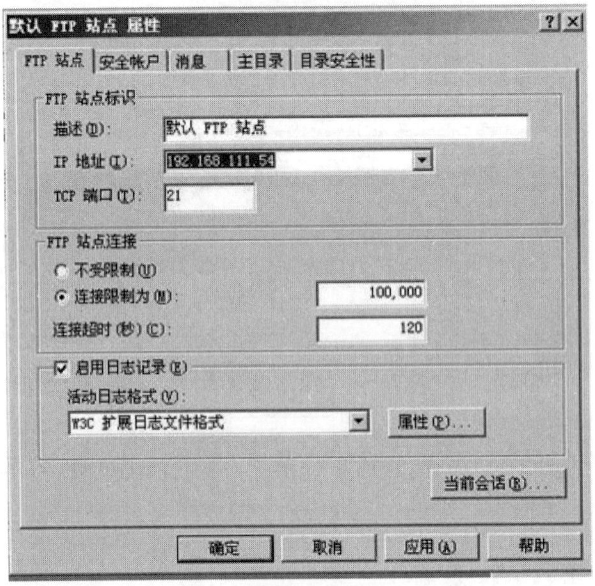

默认 FTP 站点 属性

FTP 站点 | 安全帐户 | 消息 | 主目录 | 目录安全性

FTP 站点标识
描述(D): 默认 FTP 站点
IP 地址(I): 192.168.111.54
TCP 端口(T): 21

FTP 站点连接
不受限制(U)
连接限制为(M): 100,000
连接超时(秒)(C): 120

启用日志记录(E)
活动日志格式(V):
W3C 扩展日志文件格式 属性(P)...

当前会话(R)...

确定 取消 应用(A) 帮助

图2.82

(2)“FTP站点连接”参数。选中“不受限制”单选钮,不限制同时连接到FTP服务器的用户数,选中“连接限制为”单选钮在文本框中输入管理员要限制的同时连接用户数量,在“连接超时(秒)”文本框中设置用户连接服务器后没有相关操作的时间间隔,超过这个时间间隔,服务器将自动驾断开用户的连接。

(3)“启用日志记录”参数。设置是否启用服务器日志来记录客户机的访问情况,以及使用的日志文件的格式。

点击“属性”按钮,出现图2.83所示的日志记录属性的“常规”选项卡,可以设置日志记录的时间、日志文件的命名格式和存储的路径等信息。

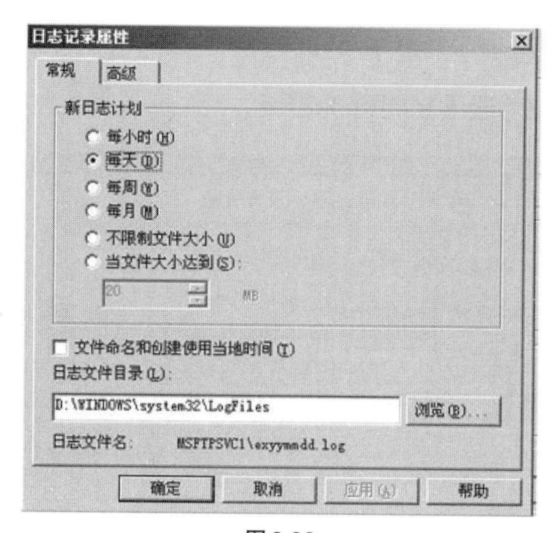

图2.83

日志记录属性的“高级”选项卡如图2.84所示，用于设置日志文件记录的具体属性。

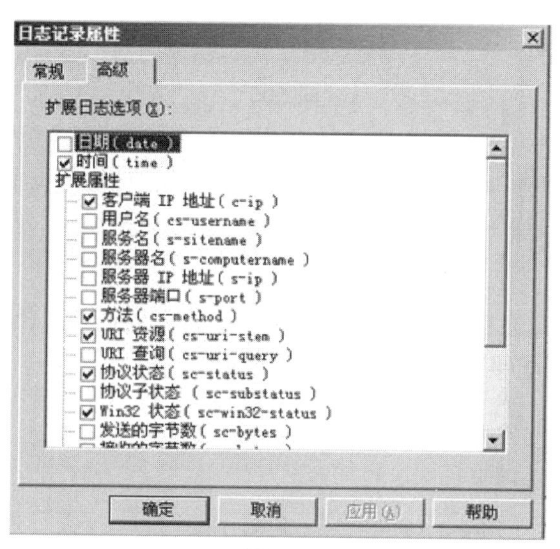

图2.84

（4）单击“当前会话”按钮，出现如图2.85所示的FTP用户会话界面，列举了连接的用户、IP地址和已经连接的时间。若选中某个连接的用户，然后单击“断开”按钮可以强行管理FTP客户机的连接。

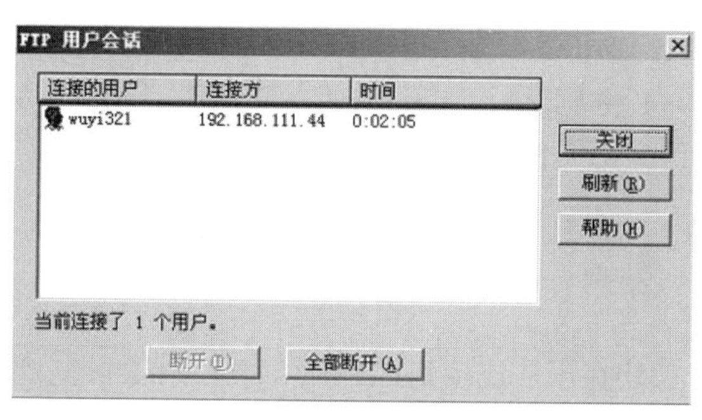

图2.85

2.9.3.2 配置“安全账户”选项卡

FTP站点的“安全账户”选项卡如图2.86所示。

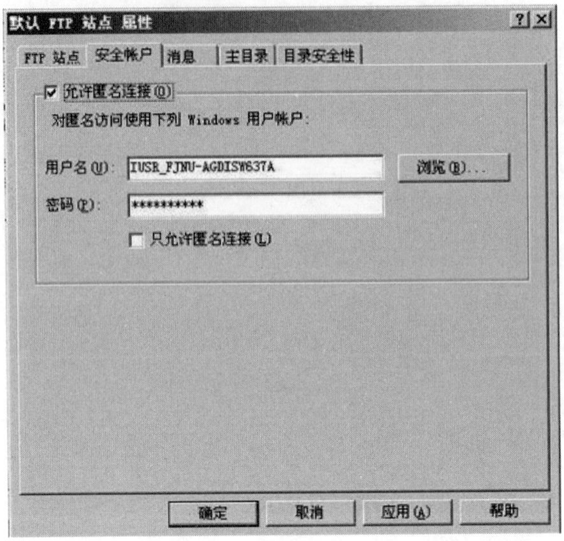

图2.86

若选中“允许匿名连接”复选框，则表明任何用户都可以作为匿名用户登录到FTP站点，默认情况下，IIS 6.0会为所有的匿名登录创建名为“IUSR_计算机名”的账号，如果不选中该项，用户登录FTP站点时需要提供用户名和密码，但由于FTP是明文传送账号和密码的，因此安全性较差。

若选中“只允许匿名连接”复选框表明用户不能使用用户登录，只能使用匿名登录。单击“浏览”按钮可以添加能够用户登录的用户名和密码。

2.9.3.3 配置“消息”选项卡

FTP站点的“消息”选项卡如图2.87所示。

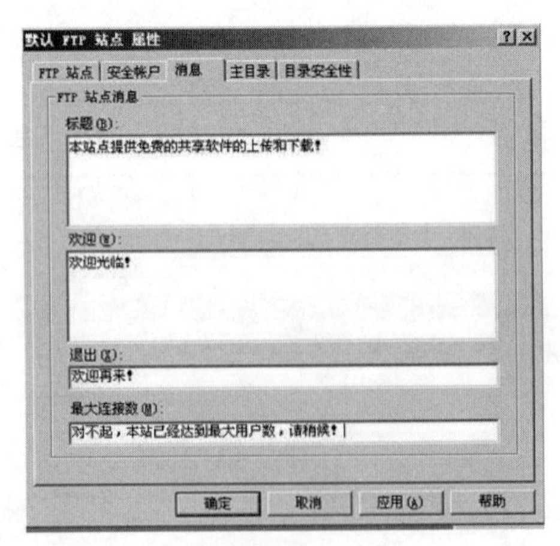

图2.87

使用该选项卡可以创建在用户连接到FTP站点时显示的标题、欢迎、退出和用户连接达到最大连接用户数的消息。

在“标题”文本框中输入标题消息，在客户机连接到FTP服务器之前，该服务器显示此消息。在“欢迎”文本框中输入欢迎消息，在客户机连接到FTP服务器时，该服务器显示该消息。在“退出”文本框中输入退出消息，在客户机注销FTP服务器时，该服务器显示此消息。在“最大连接数”文本框中输入最大连接数消息，在客户机试图连接到FTP服务器，但由于该FTP服务已达到允许的最大客户端连接数而失败时，该服务器显示此消息。

2.9.3.4 配置“主目录”选项卡

FTP站点的“主目录”选项卡如图2.88所示。使用此选项卡可以更改FTP站点的主目录或修改其属性，主目录是FTP站点中用于已发布文件的中心位置。

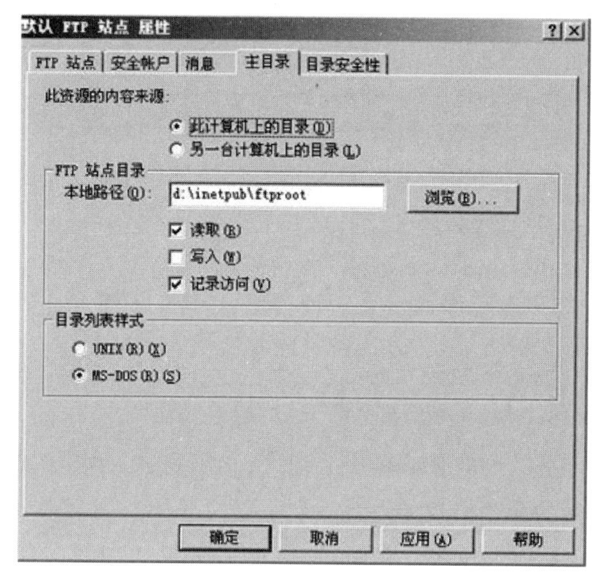

图2.88

“此资源的内容来源”参数用于设置主目录的来源。

“FTP站点目录”可以设置存放文件的站点目录。对目录可以设置“读取”“写入”“记录访问”三种权限。

在“目录列表样式”区域，用户可以设置给客户机呈现的文件的样式是“Unix”的文件目录格式还是“MS-DOS”的文件目录格式。

2.9.3.5 配置“目录安全性”选项卡

FTP站点的“目录安全性”选项卡如图2.89所示。使用此选项卡可允许或阻止单个计算机或计算机组访问FTP站点。

“授权访问”单选钮表示可以按照计算机IP地址授予计算机访问权限，没有添加到列表中的计算机将不能访问。

“拒绝访问”单选钮表示可以按照计算机IP地址拒绝计算机访问权限，没有添加到列表中的计算机将可以访问。

设置好FTP服务器属性后，将要提供给用户下载的文件拷贝到FTP站点“主目录”选项卡中设置的主目录下，就可以提供给用户下载。

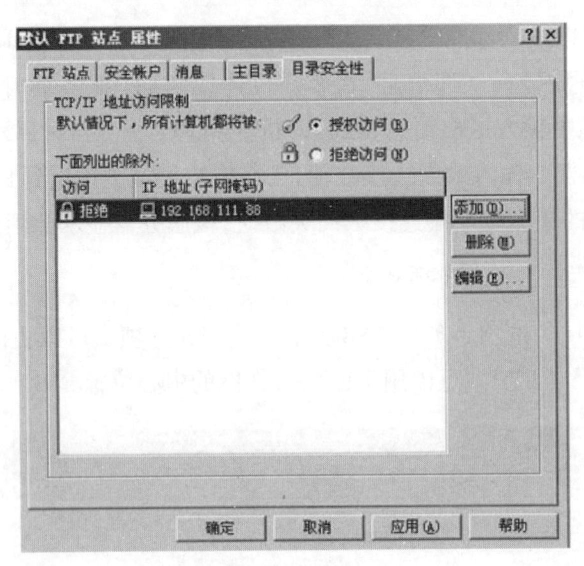

图2.89

2.9.4 FTP客户端程序

目前,常用的FTP客户端程序通常有三种类型:传统的FTP命令行、浏览器与FTP下载工具。

2.9.4.1 使用传统FTP命令行访问FTP站点

传统的FTP命令行是最早的FTP客户端程序,它需要进入MS-DOS窗口,FTP命令行包括了50多条命令。常用的命令格式如下:

(1) FTP主机名。

说明:连接到FTP站点。以anonymous为用户名,密码为空;或以ftp为用户名,密码为ftp。

(2) open主机名端口。

说明:打开具有特定端口号的FTP站点,如图2.90所示。访问特定端口号的FTP站点。

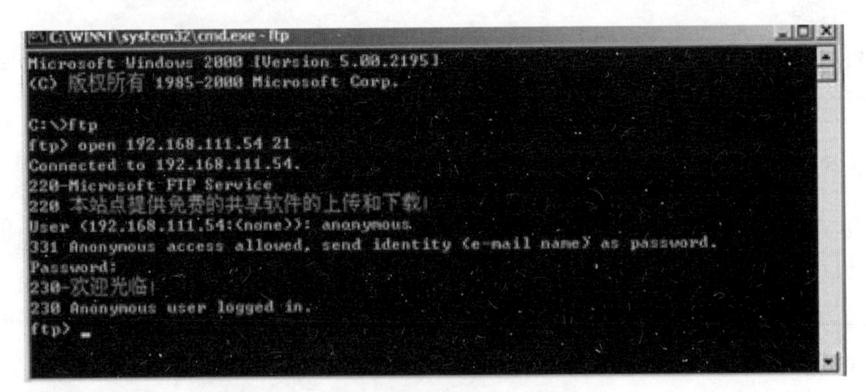

图2.90

(3) FTP>bye结束与远程计算机的FTP会话并退出ftp。

(4) FTP>cd更改远程计算机上的工作目录。

(5) FTP>delete删除远程计算机上的文件。

(6) FTP>dir显示远程目录文件和子目录列表。

格式:remote-directory。

说明:指定要查看其列表的目录。如果没有指定目录,将使用远程计算机中的当前工作目录。Local-file指定要存储列表的本地文件。如果没有指定,输出将显示在屏幕上。

(7) FTP>get使用当前文件转换类型将远程文件复制到本地计算机。

格式:getremote-file[local-file]。

说明:remote-file指定要复制的远程文件。local-file指定要在本地计算机上使用的名称。如果没有指定,文件将命名为remote-file。

(8) FTP>help[command]。

说明:command指定需要有关说明的命令的名称。如果没有指定command,ftp将显示全部命令的列表。

(9) FTP>ls显示远程目录文件和子目录的缩写列表。

格式:ls[remote-directory][local-file]。

说明:remote-directory指定要查看其列表的目录。如果没有指定目录,将使用远程计算机中的当前工作目录。local-file指定要存储列表的本地文件。如果没有指定,输出将显示在屏幕上。

(10) FTP>mkdir创建远程目录。

格式:mkdirdirectory。

说明:directory指定新的远程目录的名称。

(11) FTP>mls显示远程目录文件和子目录的缩写列表。

格式:mlsremote-files[…]local-file。

说明:remote-files指定要查看列表的文件。必须指定remote-files;local-file指定要存储列表的本地文件。

(12) FTP>mput使用当前文件传送类型将本地文件复制到远程计算机上。

格式:mputlocal-files[…]。

说明:local-files指定要复制到远程计算机的本地文件。

(13) FTP>put使用当前文件传送类型将本地文件复制到远程计算机上。

格式:putlocal-file[remote-file]。

说明:local-file指定要复制的本地文件。remote-file指定要在远程计算机上使用的名称。如果没有指定,文件将命名为local-file。

(14) FTP>pwd显示远程计算机上的当前目录。

(15) FTP>quit结束与远程计算机的FTP会话并退出ftp。

(16) FTP>rmdir删除远程目录。

格式:rmdirdirectory。

说明:directory指定要删除的远程目录的名称。

(17) FTP>user指定远程计算机的用户。

格式:userusername[password][account]。

说明:user-name指定登录到远程计算机所使用的用户名。password指定user-name的密码。如果没有指定,但必须指定,ftp会提示输入密码。account指定登录到远程计算机所使用的账户。如果没有指定account,但是需要指定,ftp会提示输入账户。

通过上述的FTP命令,可以完成FTP的功能。但由于DOS方式使用起来很不方便,可视化程度差,不适合一般的用户使用,因此目前很少使用,但是作为安全工程师需要掌握常用的FTP命令。

2.9.4.2 利用IE浏览器访问FTP站点

微软的IE浏览器内嵌了FTP客户机软件,不但支持WWW方式访问,还支持FTP方式访问,通过它可以直接登录到FTP服务器并下载文件。

利用IE 6.0访问FTP站点的方法如下:

若要访问的FTP站点为匿名站点,在IE浏览器的地址栏输入"ftp://FTP站点的IP地址或DNS域名"。

如果FTP站点提供的是用户访问的方法,在IE浏览器的地址栏中需要添加用户名和密码信息,格式为:"ftp://用户名:密码@FTP站点的IP地址或DNS域名"。也可以按照匿名访问的方法进行访问,IE浏览器会自动弹出登录身份窗口,提示输入用户名和密码。

2.9.4.3 使用专门的FTP客户端软件

下面以cuteFTP为例,介绍一下如何利用FTP客户端软件实现客户端与FTP服务器之间的文件上传和下载。

(1) 打开cuteFTP,在cuteFTP的工作窗口中的主机文本框中输入FTP服务器的IP地址,在用户名文本框中输入登录到FTP服务器上的有效用户名,密码框中输入密码,如图2.91所示。

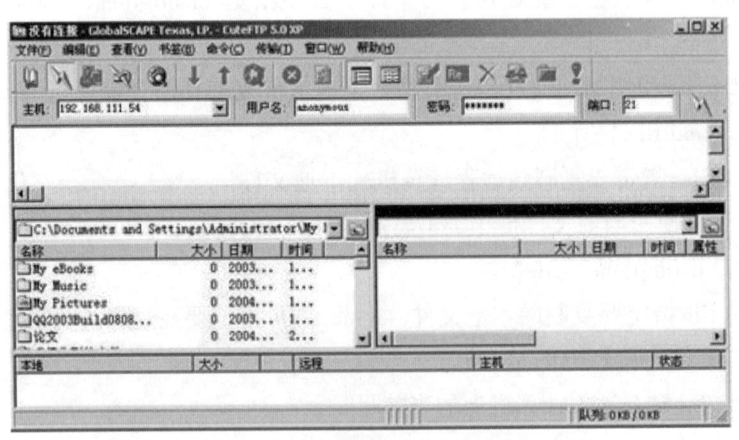

图2.91

(2) 点击"连接"按钮,FTP客户端开始与FTP服务器进行连接,连接成功后在右侧窗口中出现FTP服务器主目录下的所有文件,左侧窗口中是客户端计算机中的文件,如图2.92所示。

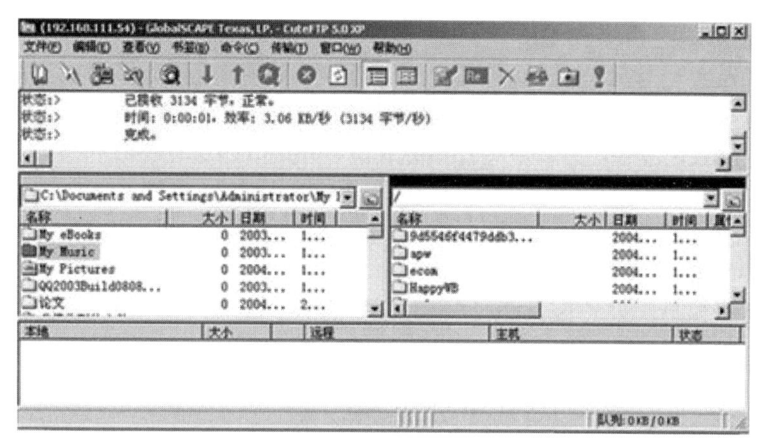

图2.92

(3) 选中左侧窗口中的某一文件，点击“传输”菜单下的“上传”，就可以将客户端计算机中的文件上传到FTP服务器。

(4) 选中右侧窗口中的某一文件，点击“传输”菜单下的“下载”，就可以将FTP服务器上的文件下载到客户端计算机上。

2.10 Windows常用的DOS命令

2.10.1 基础DOS命令

1. MD(建立子目录)

功能:创建新的子目录。

类型:内部命令。

格式:MD[盘符:][路径名]〈子目录名〉。例如:

C:\>md abc /---建立abc子目录---/

2. CD(改变当前目录)

功能:显示当前目录。

类型:内部命令。

格式:CD[盘符:][路径名][子目录名]。

说明:CD命令不能改变当前所在的盘，CD..退回到上一级目录，CD\表示返回到当前盘的目录下，CD无参数时显示当前目录名。例如:

C:\>cd abc /---显示当前目录y---/

3. RD(删除子目录命令)

功能:从指定的磁盘删除目录。

类型:内部命令。

格式:RD[盘符:][路径名][子目录名]。例如:

C:\>rd abc

4. DIR(显示磁盘目录命令)

功能:显示磁盘目录的内容。

类型:内部命令。

格式:DIR[盘符][路径][/P][/W]。例如:

C:\>dirabc

5. PATH(路径设置命令)

功能:设备可执行文件的搜索路径,只对文件有效。

类型:内部命令。

格式:PATH[盘符1]目录[路径名1]{[;盘符2:],〈目录路径名2〉…}。例如:

C:\>path

PATH=C:\WINDOWS;C:\WINDOWS\COMMAND;C:\PROGRAMFILES\MTS

6. COPY(文件复制命令)

功能:拷贝一个或多个文件到指定盘上。

类型:内部命令。

格式:COPY[源盘][路径]〈源文件名〉[目标盘][路径][目标文件名]。例如:

C:\>cop 1.txt abc

1file(s)copied

C:\yyy>dir abc

YYYTXT811-23-0319:21 /---现在用DIR命令查看复制的情况---/

说明:如果是将多个文件复制到一个新的文件,命令为

COPY[源盘][路径]〈源文件A〉+[源盘][路径]〈源文件B〉[目标盘][路径][目标文件名]

例如:

C:\>copy 1.txt+2.txt 12.txt

1file(s)copied

7. TYPE(显示文件内容命令)

功能:显示ASCII码文件的内容。

类型:内部命令。

格式:TYPE[盘符:][路径]〈文件名〉。例如:

C:\>trpe yyy.txt /---假设C盘目录下存在yyy.txt文件---/

8. EDIT(编辑文件内容命令)

功能:编辑ASCII文件的内容,也可建立一个新文件。

类型:内部命令。

格式:EDIT[盘符:][路径]〈文件名〉。

说明:EDIT即可以编辑ASCII文件的内容,也可以新建立一个文件,它们的扩展名命名方式也很灵活,比如.txt和.bat,甚至可以编辑.c和.bas的格式。例如:

C:\>edit /进入编辑模式/

C:\>edit yyy.txt /---编辑yyy.txt文件的内容,如果要选择支持中文格式,应该安装UCDOS---/

9. REN(文件改名命令)

功能:更改文件名称。

类型:内部命令。

格式:REN[盘符:][路径]〈旧文件名〉〈新文件名〉。例如:

C:\>ren 1.txt2.txt

10. DEL(删除文件命令)

功能:删除指定的文件。

类型:内部命令。

格式:DEL[盘符:][路径]〈文件名〉[/P]。

说明:选用/P参数,系统在删除前询问是否真要删除该文件,若不使用这个参数,则自动删除。

11. CLS(清屏幕命令)

功能:清除屏幕上的所有显示,光标置于屏幕左上角。

类型:内部命令。

格式:CLS。例如:

C:\>CLS

12. VER(查看系统版本号命令)

功能:显示当前系统版本号。

类型:内部命令。

格式:VER。例如:

C:\>VER

13. DATA(日期设置命令)

功能:设置或显示系统日期。

类型:内部命令。

格式:DATE[mm-dd-yy]。例如:

C:\>DATE

CurrentdateisSun11-23-2

Enternewdate(mm-dd--yy): /---提示你输入新的日期---/

14. TIME(系统时钟设置命令)

功能:设置或显示系统时期。

类型:内部命令。

格式:TIME[hh:mm:ss:xx]。例如:

C:\>time

Currenttimeis22:49:28.81

Enternewtime:

2.10.2 常用DOS命令

2.10.2.1 ping

ping是用来检查网络是否通畅或者网络连接速度的命令。对一个生活在网络上的管理员或者黑客来说，ping命令是第一个必须掌握的DOS命令，它所利用的原理是：网络上的机器都有唯一确定的IP地址，我们给目标IP地址发送一个数据包，对方就要返回一个同样大小的数据包，根据返回的数据包我们可以确定目标主机的存在，可以初步判断目标主机的操作系统等。下面介绍一些常用的操作。在DOS窗口中键入：ping/?回车，在此，我们只需要掌握一些基本的很有用的参数。

（1）-t：表示将不间断向目标IP发送数据包，直到我们强迫其停止。

（2）-l：定义发送数据包的大小，默认为32字节，我们利用它可以最大定义到65500字节。结合上面介绍的-t参数一起使用，会有更好的效果。

（3）-n：定义向目标IP发送数据包的次数，默认为3次。如果网络速度比较慢，3次对我们来说也浪费了不少时间，因为现在我们的目的仅仅是判断目标IP是否存在，所以定义为1次即可。

说明：如果-t参数和-n参数一起使用，ping命令就以放在后面的参数为标准，比如"ping IP -t -n 3"，虽然使用了-t参数，但并不是一直ping下去，而是只ping 3次。另外，ping命令不一定非得ping IP，也可以直接ping主机域名，这样就可以得到主机的IP了。

2.10.2.2 nbtstat

该命令使用TCP/IP上的NetBIOS显示协议统计和当前TCP/IP连接，使用这个命令可以得到远程主机的NetBIOS信息，比如用户名、所属的工作组、网卡的MAC地址等。在此我们就有必要了解几个基本的参数。

（1）-a：使用这个参数，只要知道远程主机的机器名称，就可以得到它的NetBIOS信息（下同）。

（2）-A：使用这个参数也可以得到远程主机的NetBIOS信息，但需要知道它的IP。

（3）-n：列出本地机器的NetBIOS信息。

当得到了对方的IP或者机器名的时候，就可以使用nbtstat命令来进一步得到对方的信息，这又增加了我们入侵的保险系数。

2.10.2.3 netstat

这是一个用来查看网络状态的命令，操作简便、功能强大。

（1）-a：查看本地机器的所有开放端口，可以有效地发现和预防木马，可以知道机器所开的服务等信息。这里可以看出本地机器开放有FTP服务、Telnet服务、邮件服务、Web服务等。

用法：netstat -a IP。

（2）-r：列出当前的路由信息，告诉用户本地机器的网关、子网掩码等信息。

用法：netstat -r IP。

2.10.2.4 tracert

此命令用于跟踪路由信息,可以查出数据从本地机器传输到目标主机所经过的所有途径,这对我们了解网络布局和结构很有帮助。

数据从本地机器传输到192.168.0.1的机器上,中间没有经过任何中转,说明这两台机器是在同一段局域网内。

用法:tracert IP。

2.10.2.5 net

这个命令是网络命令中最重要的一个,必须透彻掌握它的每一个子命令的用法,因为它的功能实在是太强大了,这简直就是微软为我们提供的最好的入侵工具。首先让我们来看一看它都有那些子命令,键入net /?,按回车。

在这里,我们需重点掌握如下几个入侵常用的子命令:

(1) net view:使用此命令可以查看远程主机的所有共享资源。

命令格式:net view \\IP。

(2) net use:把远程主机的某个共享资源影射为本地盘符。

命令格式:net use x: \\IP\sharename。

建立了IPC$连接后,就可以上传文件了。copy nc.exe \\192.168.0.7\admin$表示把本地目录下的nc.exe传到远程主机,结合后面要介绍的其他DOS命令就可以实现入侵了。

(3) net start:使用它来启动远程主机上的服务。当你和远程主机建立连接后,如果发现它的什么服务没有启动,而你又想利用此服务,那么就可以使用这个命令来启动。

用法:net start servername,成功启动了telnet服务。

(4) net stop:入侵后发现远程主机的某个服务碍手碍脚,那么就可以利用这个命令停掉。

其用法和net start相同。

(5) net user:查看和账户有关的情况,包括新建账户、删除账户、查看特定账户、激活账户、账户禁用等。这对我们入侵是很有利的,最重要的是它为我们克隆账户提供了前提。键入不带参数的net user,可以查看所有用户,包括已经禁用的用户。下面分别讲解:

① net user abcd 1234 /add,新建一个用户名为abcd,密码为1234的账户,默认为user组成员。

② net user abcd /del,将用户名为abcd的用户删除。

③ net user abcd /active:no,将用户名为abcd的用户禁用。

④ net user abcd /active:yes,激活用户名为abcd的用户。

⑤ net user abcd,查看用户名为abcd的用户的情况。

(6) net localgroup:查看所有和用户组有关的信息和进行相关操作。键入不带参数的net localgroup即列出当前所有的用户组。在入侵过程中,我们一般利用它来把某个账户提升为administrator组账户,这样我们利用这个账户就可以控制整个远程主机了。

用法:net localgroup groupname username /add,现在就把刚才新建的用户abcd加到

administrator组里去了,此时abcd用户已经是超级管理员了。

（7）net time:这个命令可以查看远程主机当前的时间。如果你的目标只是进入到远程主机里面,那么也许就用不到这个命令了。但入侵成功了,难道只是看看吗？我们需要进一步渗透。这就连远程主机当前的时间都需要知道,因为利用时间和其他手段可以实现某个命令和程序的定时启动,为我们进一步入侵打好基础。

用法:net time \\IP。

2.10.2.6　at

这个命令的作用是安排在特定日期或时间执行某个特定的命令和程序。如果我们知道了远程主机的当前时间,就可以利用此命令让其在以后的某个时间(比如2分钟后)执行某个程序和命令。

用法:at time command \\computer。

2.10.2.7　ftp

这个命令对大家来说很熟悉。网络上开放的ftp的主机很多,其中很大一部分是匿名的,也就是说任何人都可以登录上去。现在如果你扫到了一台开放ftp服务的主机(一般都是开了21端口的机器),如果你还不会使用ftp的命令怎么办？下面就给出基本的ftp命令使用方法。

首先在命令行键入ftp,然后回车,出现ftp的提示符,这时候可以键入“help”来查看帮助(任何DOS命令都可以使用此方法查看其帮助)。

大家可能看到了,这么多命令该怎么用？其实也用不到那么多,掌握几个基本的就够了。

首先是登录过程,这就要用到open,直接在ftp的提示符下输入“open 主机IP ftp端口”回车即可,一般端口默认都是21,可以不写。接着就是输入合法的用户名和密码进行登录了,这里以匿名ftp为例介绍。

用户名和密码都是ftp,密码是不显示的。当提示 logged in时,就说明登录成功。这里因为是匿名登录,所以用户显示为anonymous。

下面介绍具体命令的使用方法:

（1）dir:跟DOS命令一样,用于查看服务器的文件,直接敲上dir回车,就可以看到此ftp服务器上的文件。

（2）cd:进入某个文件夹。

（3）get:下载文件到本地机器。

（4）put:上传文件到远程服务器。但是要看远程ftp服务器是否给了你可写的权限。

（5）delete:删除远程ftp服务器上的文件。这也必须保证你有可写的权限。

（6）bye:退出当前连接。

（7）quit:退出当前连接。

2.10.2.8　telnet

功能强大的远程登录命令,几乎所有的入侵者都喜欢用它。这是因为它操作简单,就如同使用自己的机器一样，只要你熟悉DOS命令，在以administrator身份成功连接了远程机器后，就可以用它来做你想做的一切了。

使用方法为：首先键入“telnet”回车，再键入“help”查看其帮助信息；然后在提示符下键入“open IP”回车，这时就出现了登录窗口，让你输入合法的用户名和密码，这里输入任何密码都是不显示的。当输入的用户名和密码都正确后就成功建立了telnet连接，这时候你就在远程主机上具有了和此用户一样的权限，利用DOS命令就可以实现你想做的事情了。

习　　题

在虚拟机中安装Windows 2008或Windows 2012后再安装配置IIS/FTP/DNS，并进行安全评估和加固，编写加固报告。

第3章　Linux系统管理

学会部署虚拟环境安装Linux系统；掌握常用的Linux命令；掌握Vim编辑器与Shell命令脚本；掌握用户身份与文件权限；掌握ssh服务管理远程主机。

3.1　部署虚拟机安装linux系统

3.1.1　文件结构

文件结构是文件存放在磁盘等存贮设备上的组织方法。主要体现在对文件和目录的组织上，目录提供了管理文件的一个方便而有效的途径。

Linux使用标准的目录结构，在安装的时候，安装程序就已经为用户创建了文件系统和完整而固定的目录组成形式，并指定了每个目录的作用和其中的文件类型。

完整的目录树可划分为小的部分，这些小部分又可以单独存放在自己的磁盘或分区上。这样，相对稳定的部分和经常变化的部分就可以单独存放在不同的分区中，从而方便备份或系统管理。目录树的主要部分有root、/usr、/var、/home等，如图3.1所示。这样的布局可方便在Linux计算机之间共享文件系统的某些部分。

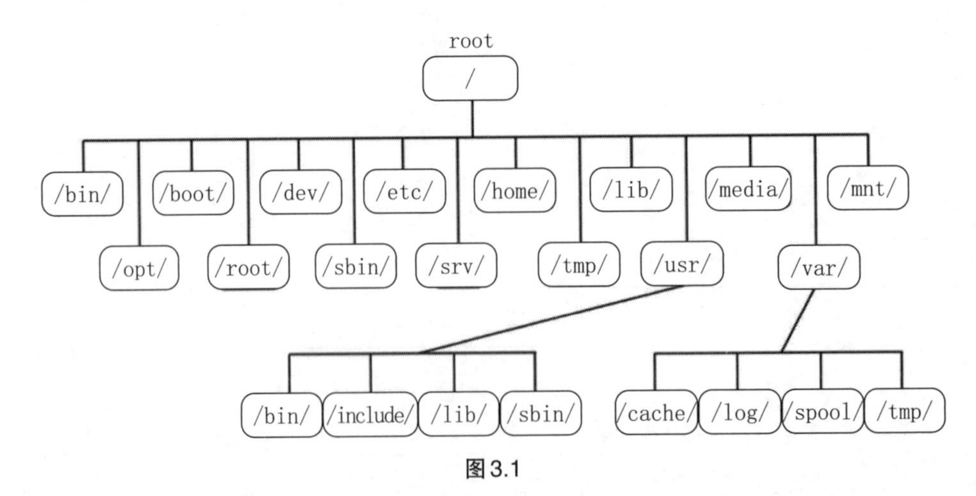

图3.1

Linux采用的是树型结构。最上层是根目录，其他的所有目录都是从根目录出发而生成的。

微软的DOS和Windows也是采用树型结构,但是在DOS和Windows中这样的树型结构的根是磁盘分区的盘符,有几个分区就有几个树型结构,它们之间的关系是并列的。最顶部的是不同的磁盘(分区),如C、D、E、F等。

但是在Linux中,无论操作系统管理几个磁盘分区,这样的目录树只有一个。从结构上讲,各个磁盘分区上的树型目录不一定是并列的。

3.1.2 部署安装

目前Linux很多版本都提供了图形化安装,非常容易部署,在这里就不做赘述了。

3.2 常用的Linux命令

本书精挑细选出了学生有必要首先学习的数十个Linux命令,它们与系统工作、系统状态、工作目录、文件、目录、打包压缩与搜索等主题相关。通过把上述命令归纳到本章中的各个小节,逐个学习这些最基础的Linux命令,可以为今后学习更复杂的命令和服务做好必备的知识铺垫。

3.2.1 方便的Shell

通常来讲,计算机硬件是由运算器、控制器、存储器、输入/输出设备等共同组成的,而让各种硬件设备各司其职且又能协同运行的东西就是系统内核。Linux系统的内核负责完成对硬件资源的分配、调度等管理任务。由此可见,系统内核对计算机的正常运行来讲是非常重要的,因此一般不建议直接去编辑内核中的参数,而是让用户通过基于系统调用接口开发出的程序或服务来管理计算机,以满足日常工作的需要,如图3.2所示。

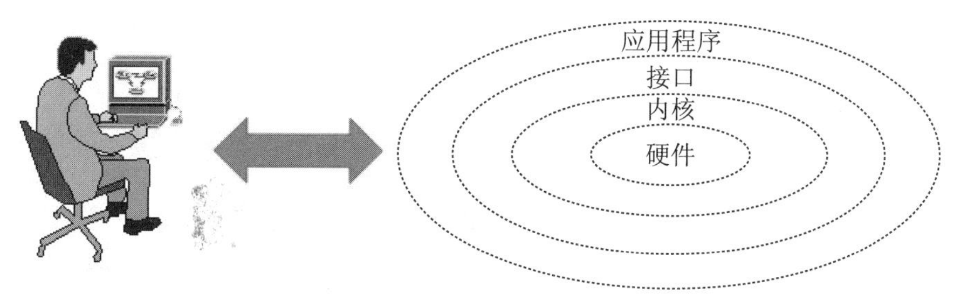

图3.2

Shell就是这样的一个命令行工具。Shell(也称为终端或壳)充当的是人与内核(硬件)之间的翻译官,用户把一些命令"告诉"终端,它就会调用相应的程序服务去完成某些工作。现在包括红帽系统在内的许多主流Linux系统默认使用的终端是Bash(Bourne-Again Shell)解释器。主流Linux系统选择Bash解释器作为命令行终端主要有以下4项优势:

(1) 通过上下方向键来调取过往执行过的Linux命令。

(2) 命令或参数仅需输入前几位就可以用Tab键补全。

(3) 具有强大的批处理脚本。

(4) 具有实用的环境变量功能。

3.2.2 查看帮助命令

既然Linux系统中已经有了Bash这么好用的"翻译官",那么接下来就有必要好好学习下怎么跟它沟通了。要想准确、高效地完成各种任务,仅依赖命令本身是不够的,还应该根据实际情况来灵活调整各种命令的参数。

命令格式:命令名称[命令参数][命令对象]。

注意:命令名称、命令参数、命令对象之间请用空格键分隔。

命令对象一般是指要处理的文件、目录、用户等资源,而命令参数可以用长格式(完整的选项名称),也可以用短格式(单个字母的缩写),两者分别用"--"与"-"作为前缀,如表3.1所示。Linux新手不会执行命令大多是因为参数比较复杂,参数值需要随不同的命令和需求情况而发生改变。

表3.1

长格式	man--help
短格式	man-h

(1) 在CentOS 7系统的桌面上单击鼠标右键,在弹出的菜单中选择Open in Terminal命令,即可打开一个Linux系统命令行终端,如图3.3所示。

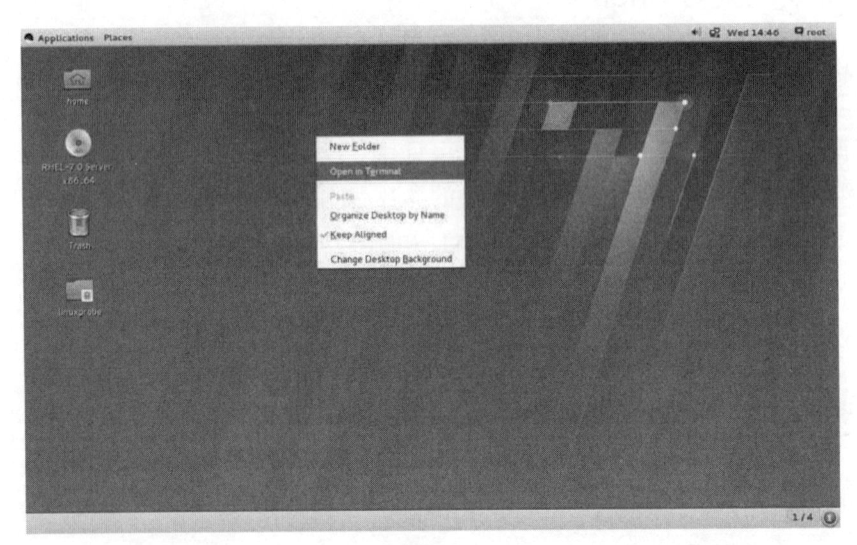

图3.3

(2) 使用man命令查找帮助,如图3.4所示。man命令中常用的按键及其用途如表3.2所示。

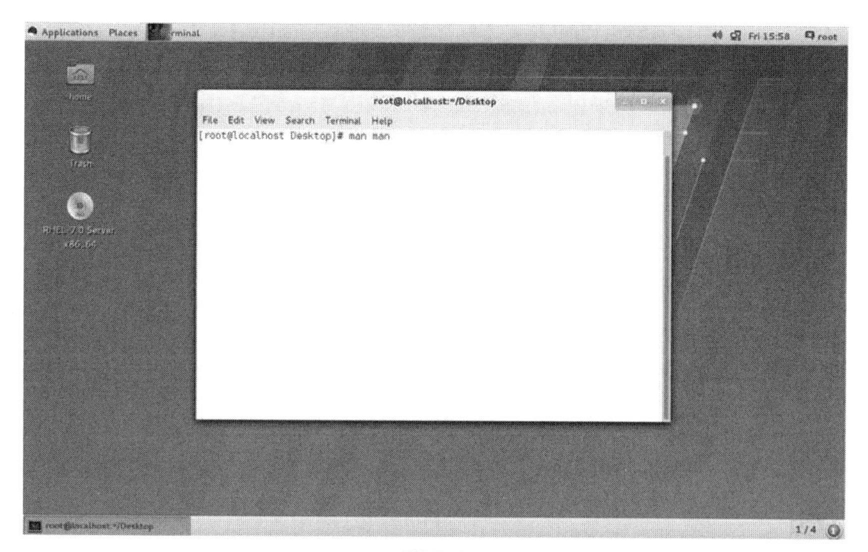

图3.4

表3.2

结构名称	代表意义
NAME	命令的名称
SYNOPSIS	参数的大致使用方法
DESCRIPTION	介绍说明
EXAMPLES	演示(附带简单说明)
OVERVIEW	概述
DEFAULTS	默认的功能
OPTIONS	具体的可用选项(带介绍)
ENVIRONMENT	环境变量
FILES	用到的文件
SEE ALSO	相关的资料
HISTORY	维护历史与联系方式

3.2.3 系统工作命令

3.2.3.1 echo命令

echo命令用于在终端输出字符串或变量提取后的值,格式为“echo[字符串|$变量]”。例如,把指定字符或变量输出到终端屏幕的命令如图3.5所示。

```
[root@zabbix246 ~]# echo centos
centos
[root@zabbix246 ~]# echo $HOME
/root
```

图3.5

3.2.3.2 date命令

date命令用于显示及设置系统的时间或日期,格式为“date[选项][+指定的格式]”。只需在强大的date命令中输入以“+”号开头的参数,即可按照指定格式来输出系统的时间或日期,这样在日常工作时便可以把备份数据的命令与指定格式输出的时间信息结合到一起。

表3.3

参数	作用
%t	跳格[Tab键]
%H	小时(00~23)
%I	小时(00~12)
%M	分钟(00~59)
%S	秒(00~59)
%j	今年中的第几天

该命令的执行结果如图3.6所示。

```
[root@zabbix246 ~]# date
2019年 02月 14日 星期四 15:00:49 CST
[root@zabbix246 ~]# date "+%Y-%m-%d %H:%M:%S"
2019-02-14 15:00:52
[root@zabbix246 ~]# date -s "20190214 15:01:00"
```

图3.6

3.2.3.3 reboot命令

reboot命令用于重启系统,其格式为reboot。

由于重启计算机这种操作会涉及硬件资源的管理权限,因此默认只能使用root管理员来重启。

3.2.3.4 poweroff命令

poweroff命令用于关闭系统,其格式为poweroff。

该命令与reboot命令相同,都会涉及硬件资源的管理权限,因此默认只有root管理员才可以关闭电脑。

3.2.3.5 wget命令

wget命令用于在终端中下载网络文件,格式为“wget[参数]下载地址”。

3.2.3.6 ps命令

ps命令用于查看系统中的进程状态,格式为"ps[参数]",常见参数及其作用见表3.4。

表3.4

参数	作用
-a	显示所有进程(包括其他用户的进程)
-u	用户以及其他详细信息
-x	显示没有控制终端的进程

Linux系统中时刻运行着许多进程,如果能够合理地管理它们,则可以优化系统的性能。在Linux系统中,有5种常见的进程状态,分别为运行、中断、不可中断、僵死与停止,其各自含义如下:

(1) R(运行):进程正在运行或在运行队列中等待。

(2) S(中断):进程处于休眠中,当某个条件形成后或者接收到信号时,则脱离该状态。

(3) D(不可中断):进程不响应系统异步信号,即便用kill命令也不能将其中断。

(4) Z(僵死):进程已经终止,但进程描述符依然存在,直到父进程调用wait4()系统函数后将进程释放。

(5) T(停止):进程收到停止信号后停止运行。

该命令的执行结果如图3.7所示。

```
[root@zābbix246 ~]# ps -aux
USER        PID %CPU %MEM    VSZ   RSS TTY      STAT START   TIME COMMAND
root          1  0.0  0.0 125452  3908 ?        Ss   1月23   2:42 /usr/lib/systemd/systemd --switched-root --system --deserialize 22
root          2  0.0  0.0      0     0 ?        S    1月23   0:00 [kthreadd]
root          3  0.0  0.0      0     0 ?        S    1月23   0:09 [ksoftirqd/0]
root          5  0.0  0.0      0     0 ?        S<   1月23   0:00 [kworker/0:0H]
root          7  0.0  0.0      0     0 ?        S    1月23   0:04 [migration/0]
root          8  0.0  0.0      0     0 ?        S    1月23   0:00 [rcu_bh]
root          9  0.0  0.0      0     0 ?        S    1月23   3:55 [rcu_sched]
root         10  0.0  0.0      0     0 ?        S<   1月23   0:00 [lru-add-drain]
root         11  0.0  0.0      0     0 ?        S    1月23   0:07 [watchdog/0]
root         12  0.0  0.0      0     0 ?        S    1月23   0:08 [watchdog/1]
root         13  0.0  0.0      0     0 ?        S    1月23   0:21 [migration/1]
root         14  0.0  0.0      0     0 ?        S    1月23   1:01 [ksoftirqd/1]
```

图3.7

3.2.3.7 top命令

top命令用于动态地监视进程活动与系统负载等信息,其格式为top。

top命令相当强大,能够动态地查看系统运维状态,可以完全将它看做Linux中的"强化版的Windows任务管理器"。

该命令的执行结果如图3.8所示。

```
top - 11:14:51 up 46 days,  1:42,  1 user,  load average: 0.00, 0.01, 0.05
Tasks: 171 total,   1 running, 170 sleeping,   0 stopped,   0 zombie
%Cpu(s):  0.2 us,  0.2 sy,  0.0 ni, 99.7 id,  0.0 wa,  0.0 hi,  0.0 si,  0.0 st
KiB Mem : 17184080 total, 15030264 free,   562824 used,  1590992 buff/cache
KiB Swap:  8716284 total,  8716284 free,        0 used. 15674700 avail Mem

  PID USER      PR  NI    VIRT    RES    SHR S  %CPU %MEM     TIME+ COMMAND
 1348 mysql     20   0 1658968 266640   9396 S   0.3  1.6 283:02.99 mysqld
    1 root      20   0  125452   3908   2600 S   0.0  0.0   2:42.50 systemd
    2 root      20   0       0      0      0 S   0.0  0.0   0:00.68 kthreadd
    3 root      20   0       0      0      0 S   0.0  0.0   0:09.63 ksoftirqd/0
    5 root       0 -20       0      0      0 S   0.0  0.0   0:00.00 kworker/0:0H
    7 root      rt   0       0      0      0 S   0.0  0.0   0:04.67 migration/0
    8 root      20   0       0      0      0 S   0.0  0.0   0:00.00 rcu_bh
    9 root      20   0       0      0      0 S   0.0  0.0   3:55.87 rcu_sched
   10 root       0 -20       0      0      0 S   0.0  0.0   0:00.00 lru-add-drain
   11 root      rt   0       0      0      0 S   0.0  0.0   0:07.07 watchdog/0
```

图3.8

3.2.3.8 pidof命令

pidof命令用于查询某个指定服务进程的PID值，其格式为“pidof[参数][服务名称]”。

每个进程的进程号码值(PID)是唯一的，因此可以通过PID来区分不同的进程。例如，可以使用如下命令来查询本机上sshd服务程序的PID。

该命令的执行结果如图3.9所示。

```
[root@zabbix246 ~]# pidof sshd
31915 970
```

图3.9

3.2.3.9 kill命令

kill命令用于终止某个指定PID的服务进程，格式为“kill[参数][进程PID]”。

使用kill命令可以把上面用pidof命令查询到的PID所代表的进程终止掉。这种操作的效果等同于强制停止sshd服务。

3.2.4 状态检测命令

作为一名合格的安全管理员，想要更快、更好地了解Linux服务器，必须具备快速查看Linux系统运行状态的能力，因此接下来会逐个讲解与网卡网络、系统内核、系统负载、内存使用情况、当前启用终端数量、历史登录记录、命令执行记录以及救援诊断等相关的命令的使用方法。这些命令都是非常实用的。

3.2.4.1 ifconfig命令

ifconfig命令用于获取网卡配置与网络状态等信息，格式为“ifconfig[网络设备][参数]”。

使用ifconfig命令来查看本机当前的网卡配置与网络状态等信息时，其实主要查看的就是网卡名称、inet参数后面的IP地址、ether参数后面的网卡物理地址(又称为MAC地址)，以及RX、TX的接收数据包与发送数据包的个数及累计流量。该命令的执行结果如图3.10所示。

```
[root@zabbix246 ~]# ifconfig
ens160: flags=4163<UP,BROADCAST,RUNNING,MULTICAST>  mtu 1500
        inet 192.168.20.246  netmask 255.255.255.0  broadcast 192.168.20.255
        inet6 fe80::9ad:dcf1:ebda:9f2d  prefixlen 64  scopeid 0x20<link>
        ether 00:0c:29:3c:23:fc  txqueuelen 1000  (Ethernet)
        RX packets 39765295  bytes 13359563718 (12.4 GiB)
        RX errors 687  dropped 102422  overruns 0  frame 0
        TX packets 40207400  bytes 4568583231 (4.2 GiB)
        TX errors 0  dropped 0 overruns 0  carrier 0  collisions 0

lo: flags=73<UP,LOOPBACK,RUNNING>  mtu 65536
        inet 127.0.0.1  netmask 255.0.0.0
        inet6 ::1  prefixlen 128  scopeid 0x10<host>
        loop  txqueuelen 1000  (Local Loopback)
        RX packets 2097994  bytes 164849477 (157.2 MiB)
        RX errors 0  dropped 0  overruns 0  frame 0
        TX packets 2097994  bytes 164849477 (157.2 MiB)
        TX errors 0  dropped 0 overruns 0  carrier 0  collisions 0
```

图3.10

3.2.4.2 uname命令

uname命令用于查看系统内核与系统版本等信息，格式为“uname[-a]”。

在使用uname命令时，一般会固定搭配上-a参数来完整地查看当前系统的内核名称、主机名、内核发行版本、节点名、系统时间、硬件名称、硬件平台、处理器类型以及操作系统名称等信息，执行结果如图3.11所示。

```
[lc@topsec01 ~]$ uname -a
Linux topsec01.localdomain 3.10.0-862.el7.x86_64 #1 SMP Fri Apr 20 16:44:24 UTC
2018 x86 64 x86 64 x86 64 GNU/Linux
```

图3.11

如果要查看当前系统版本的详细信息，则需要查看redhat-release文件，其命令以及相应的结果如图3.12所示。

```
[root@localhost ~]# cat /etc/redhat-release
CentOS Linux release 7.5.1804 (Core)
[root@localhost ~]#
```

图3.12

3.2.4.3 uptime命令

uptime用于查看系统的负载信息，格式为uptime。

如图3.13所示，uptime命令可以显示当前系统时间、系统已运行时间、启用终端数量以及平均负载值等信息。平均负载值指的是系统在最近1分钟、5分钟、15分钟内的压力情况(下面加粗的信息部分)；负载值越低越好，尽量不要长期超过1，在生产环境中不要超过5。

```
[root@zabbix246 ~]# uptime
 11:46:07 up 46 days,  2:14,  1 user,  load average: 0.00, 0.01, 0.05
```

图3.13

3.2.4.4 free命令

free用于显示当前系统中内存的使用量信息，格式为“free[-h]”。

为了保证Linux系统不会因资源耗尽而突然宕机，管理员需要时刻关注内存的使用量。在使用free命令时，可以结合使用-h参数以更人性化的方式输出当前内存的实时使用量信息(表3.5)。

表3.5

	内存总量	已用量	可用量	进程共享的内存量	磁盘缓存的内存量	缓存的内存量
Mem	2.1 GB	953 MB	139 MB	21 MB	1.0 MB	919 MB
Swap	2.0 GB	0 B	2.0 GB			

3.2.4.5 history命令

history命令用于显示历史执行过的命令,格式为“history[-c]”。

history命令应该是最受喜欢的命令。执行history命令能显示出当前用户在本地计算机中执行过的最近1000条命令记录。如果觉得1000不够用,还可以自定义/etc/profile文件中的HISTSIZE变量值。在使用history命令时,如果使用-c参数则会清空所有的命令历史记录。还可以使用“!编码数字”的方式来重复执行某一次的命令。

3.2.4.6 sosreport命令

sosreport命令用于收集系统配置及架构信息并输出诊断文档,格式为sosreport。当Linux系统出现故障需要联系技术支持人员时,大多数时候都要先使用这个命令来简单收集系统的运行状态和服务配置信息,以便让技术支持人员能够远程解决一些小问题,亦或让他们能提前了解某些复杂问题。

3.2.5 目录切换命令

3.2.5.1 pwd命令

pwd命令用于显示用户当前所处的工作目录,格式为“pwd[选项]”。该命令执行结果如图3.14所示。

```
[root@zabbix246 ~]# pwd
/root
```

图3.14

3.2.5.2 cd命令

cd命令用于切换工作路径,格式为“cd[目录名称]”。

这个命令是最常用的一个Linux命令。可以通过cd命令迅速、灵活地切换到不同的工作目录。除了常见的切换目录方式,还可以使用“cd-”命令返回到上一次所处的目录,使用“cd.”命令进入上级目录,以及使用“cd~”命令切换到当前用户的家目录,亦或使用“cd~username”切换到其他用户的家目录。

3.2.5.3 ls命令

ls命令用于显示目录中的文件信息,格式为“ls[选项][文件]”。

所处的工作目录不同,当前工作目录下的文件肯定也不同。使用ls命令的“-a”参数可以看到全部文件(包括隐藏文件),使用“-l”参数可以查看文件的属性、大小等详细信息。该命令执行结果如图3.15所示。

```
[lc@topsec01 ~]$ ls -al
总用量 36
drwx------. 16 lc   lc   4096 2月  15 2019 .
drwxr-xr-x.  3 root root   16 2月  15 2019 ..
-rw-r--r--.  1 lc   lc     18 4月  11 2018 .bash_logout
-rw-r--r--.  1 lc   lc    193 4月  11 2018 .bash_profile
-rw-r--r--.  1 lc   lc    231 4月  11 2018 .bashrc
drwx------. 14 lc   lc   4096 2月  15 2019 .cache
drwxr-xr-x. 16 lc   lc   4096 2月  15 2019 .config
drwx------.  3 lc   lc     25 2月  15 2019 .dbus
-rw-------.  1 lc   lc     16 2月  15 2019 .esd_auth
drwx------.  3 lc   lc     38 2月  15 2019 .freerdp
-rw-------.  1 lc   lc    310 2月  15 2019 .ICEauthority
-rw-------.  1 lc   lc     39 2月  15 2019 .lesshst
drwx------.  3 lc   lc     19 2月  15 2019 .local
drwxr-xr-x.  4 lc   lc     39 2月  15 2019 .mozilla
```

图3.15

3.2.6 文件编辑命令

Linux系统中一切都是文件,而对服务程序进行配置自然也就是编辑程序的配置文件。

3.2.6.1 cat命令

cat命令用于查看纯文本文件(内容较少的),格式为“cat[选项][文件]”。

如果在查看文本内容时还想顺便显示行号的话,可以在cat命令后面追加一个-n参数,如图3.16所示。

```
[root@zabbix246 ~]# cat .bash_logout
# ~/.bash_logout
```

图3.16

3.2.6.2 more命令

more命令用于查看纯文本文件(内容较多的),格式为“more[选项]文件”。

如果需要阅读长篇小说或者非常长的配置文件,那么cat命令就不适合了。因为一旦使用cat命令阅读长篇的文本内容,信息就会在屏幕上快速翻滚,导致自己还没有来得及看到,内容就已经翻篇了。因此对于长篇的文本内容,推荐使用more命令来查看。该命令执行结果如图3.17所示。

```
[root@zabbix246 ~]# more anaconda-ks.cfg
#version=DEVEL
# System authorization information
auth --enableshadow --passalgo=sha512
# Use CDROM installation media
cdrom
# Use graphical install
graphical
# Run the Setup Agent on first boot
firstboot --enable
ignoredisk --only-use=sda
# Keyboard layouts
keyboard --vckeymap=cn --xlayouts='cn'
# System language
lang zh_CN.UTF-8
```

图3.17

3.2.6.3 tail命令

tail命令用于查看纯文本文档的后N行或持续刷新内容，格式为“tail[选项][文件]”。

我们可能还会遇到另外一种情况，比如需要查看文本内容的最后20行，这时就需要用到tail命令了。tail命令的操作方法与head命令非常相似，只需要执行“tail-n20文件名”命令就可以达到这样的效果。tail命令最强大的功能是可以持续刷新一个文件的内容，当想要实时查看最新日志文件时，这就特别有用，此时的命令格式为“tail-f文件名”。该命令执行结果如图3.18所示。

```
[lc@topsec01 ~]$ tail -f .bashrc

# Source global definitions
if [ -f /etc/bashrc ]; then
        . /etc/bashrc
fi

# Uncomment the following line if you don't like systemctl's auto-paging feature:
# export SYSTEMD_PAGER=

# User specific aliases and functions
```

图3.18

3.2.6.4 wc命令

wc命令用于统计指定文本的行数、字数、字节数，格式为“wc[参数]文本”。

Linux系统中的wc命令用于统计文本的行数、字数、字节数等。常见的参数及其作用如表3.6所示。

表3.6

参数	作用
-l	只显示行数
-w	只显示单词数
-c	只显示节数

该命令执行结果如图3.19所示。

```
[root@zabbix246 ~]# wc -l /etc/passwd
28 /etc/passwd
```

图3.19

3.2.6.5 stat命令

stat命令用于查看文件的具体存储信息和时间等信息，格式为“stat文件名称”。

stat命令可以用于查看文件的存储信息和时间等信息，“statanaconda-ks.cfg”命令会显示出文件的三种时间状态(已加粗)：Access、Modify、Change。该命令执行结果如图3.20所示。

```
[lc@topsec01 ~]$ start .bashrc
bash: start: 未找到命令...
[lc@topsec01 ~]$ stat .bashrc
  文件："．bashrc"
  大小：231          块：8          IO 块：4096   普通文件
设备：fd00h/64768d    Inode：52084535    硬链接：1
权限：(0644/-rw-r--r--)  Uid：( 1000/     lc)   Gid：( 1000/     lc)
环境：unconfined_u:object_r:user_home_t:s0
最近访问：2020-09-15 12:43:02.540048952 +0800
最近更改：2018-04-11 08:53:01.000000000 +0800
最近改动：2019-02-15 14:17:21.325057300 +0800
创建时间：-
```

图3.20

3.2.6.6 cut命令

cut命令用于按"列"提取文本字符，格式为"cut[参数]文本"。

在Linux系统中，如何准确地提取出最想要的数据，是我们应该重点学习的内容。一般而言，按基于行的方式来提取数据是比较简单的，只需要设置好要搜索的关键词即可。但是如果按列搜索，不仅要使用-f参数来设置需要看的列数，还需要使用-d参数来设置间隔符号。passwd在保存用户数据信息时，用户信息的每一项值之间是采用冒号来间隔的，接下来我们使用下述命令尝试提取出passwd文件中的用户名信息，即提取以冒号(:)为间隔符号的第一列内容(图3.21)。

```
[lc@topsec01 ~]$ cut -d: -f1 /etc/passwd
root
bin
daemon
adm
lp
sync
shutdown
halt
mail
operator
games
ftp
```

图3.21

3.2.6.7 diff命令

diff命令用于比较多个文本文件的差异，格式为"diff[参数]文件"。

在使用diff命令时，不仅可以使用--brief参数来确认两个文件是否不同，还可以使用-c参数来详细比较出多个文件的差异之处，这绝对是判断文件是否被篡改的有力神器。该命令执行结果如图3.22所示。

```
[lc@topsec01 ~]$ diff --brief a.txt b.txt
文件 a.txt 和 b.txt 不同
```

图3.22

3.2.7 目录管理命令

3.2.7.1 touch命令

touch命令用于创建空白文件或设置文件的时间，格式为“touch[选项][文件]”。touch命令的参数及其作用如表3.7所示。

表3.7

参数	作用
-a	仅修改“读取时间”(atime)
-m	仅修改“修改时间”(mtime)
-d	同时修改atime与mtime

3.2.7.2 mkdir命令

mkdir命令用于创建空白的目录，格式为“mkdir[选项]目录”。

在Linux系统中，文件夹是最常见的文件类型之一。除了能创建单个空白目录外，mkdir命令还可以结合-p参数来递归创建出具有嵌套叠层关系的文件目录。

3.2.7.3 mv命令

mv命令用于剪切文件或将文件重命名，格式为“mv[选项]源文件[目标路径|目标文件名]”。剪切操作不同于复制操作，因为它会默认把源文件删除掉，只保留剪切后的文件。如果在同一个目录中对一个文件进行剪切操作，其实也就是对其进行重命名.

3.2.7.4 rm命令

rm命令用于删除文件或目录，格式为“rm[选项]文件”。

在Linux系统中删除文件时，系统会默认向您询问是否要执行删除操作，如果不想总是看到这种反复的确认信息，可在rm命令后加上-f参数来强制删除。另外，想要删除一个目录，需要在rm命令后面加上一个-r以参数才可以，否则删除不掉。

3.2.7.5 file命令

file命令用于查看文件的类型，格式为“file文件名”。

在Linux系统中，由于文本、目录、设备等都统称为文件，而我们又不能单凭后缀就知道具体的文件类型，这时就需要使用file命令来查看文件类型了。

3.2.8 打包压缩与搜索命令

学习如何在Linux系统中对文件进行打包压缩与解压，以及让用户基于关键词在文本文件中搜索相匹配的信息、在整个文件系统中基于指定的名称或属性搜索特定文件。

3.2.8.1 tar命令

tar命令用于对文件进行打包压缩或解压，格式为“tar[选项][文件]”。

在Linux系统中,常见的文件格式比较多,其中主要使用的是.tar或.tar.gz或.tar.bz2格式,我们不用担心格式太多而记不住,其实这些格式大部分都是由tar命令来生成的。tar命令的参数及其作用如表3.8所示。

表3.8

参数	作用
-c	创建压缩文件
-x	解开压缩文件
-t	查看压缩包内有哪些文件
-z	用Gzip压缩或解压
-j	用bzip2压缩或解压
-v	显示压缩或解压的过程
-f	目标文件名
-p	保留原始的权限与属性
-P	使用绝对路径来压缩
-C	指定解压到的目录

首先,-c参数用于创建压缩文件,-x参数用于解压文件,因此这两个参数不能同时使用。其次,-z参数指定使用Gzip格式来压缩或解压文件,-j参数指定使用bzip2格式来压缩或解压文件。用户使用时则是根据文件的后缀来决定应使用何种格式参数进行解压。在执行某些压缩或解压操作时,可能需要花费数个小时,如果屏幕一直没有输出,一方面不好判断打包的进度情况,另一方面也会怀疑电脑死机了,因此非常推荐使用-v参数向用户不断显示压缩或解压的过程。-c参数用于指定要解压到哪个指定的目录。-f参数特别重要,它必须放到参数的最后一位,代表要压缩或解压的软件包名称。

一般使用"tar-czvf压缩包名称.tar.gz要打包的目录"命令把指定的文件进行打包压缩;相应的解压命令为"tar-xzvf压缩包名称.tar.gz"。

3.2.8.2 grep命令

grep命令用于在文本中执行关键词搜索,并显示匹配的结果,格式为"grep[选项][文件]"。grep命令的参数及其作用如表3.9所示。

表3.9

参数	作用
-b	将可执行文件(binary)当作文本文件(text)来搜索
-c	仅显示找到的行数
-i	忽略大小写
-n	显示行号
-v	反向选择——仅列出没有"关键词"的行

在Linux系统中，/etc/passwd文件保存着所有的用户信息，而一旦用户的登录终端被设置成/sbin/nologin，则不再允许登录系统，因此可以使用grep命令来查找出当前系统中不允许登录系统的所有用户信息(图3.23)。

```
[root@zabbix246 ~]# grep /sbin/nologin /etc/passwd
bin:x:1:1:bin:/bin:/sbin/nologin
daemon:x:2:2:daemon:/sbin:/sbin/nologin
adm:x:3:4:adm:/var/adm:/sbin/nologin
lp:x:4:7:lp:/var/spool/lpd:/sbin/nologin
mail:x:8:12:mail:/var/spool/mail:/sbin/nologin
operator:x:11:0:operator:/root:/sbin/nologin
games:x:12:100:games:/usr/games:/sbin/nologin
ftp:x:14:50:FTP User:/var/ftp:/sbin/nologin
nobody:x:99:99:Nobody:/:/sbin/nologin
systemd-network:x:192:192:systemd Network Management:/:/sbin/nologin
dbus:x:81:81:System message bus:/:/sbin/nologin
polkitd:x:999:998:User for polkitd:/:/sbin/nologin
libstoragemgmt:x:998:997:daemon account for libstoragemgmt:/var/run/lsm:/sbin/nologin
abrt:x:173:173::/etc/abrt:/sbin/nologin
rpc:x:32:32:Rpcbind Daemon:/var/lib/rpcbind:/sbin/nologin
sshd:x:74:74:Privilege-separated SSH:/var/empty/sshd:/sbin/nologin
postfix:x:89:89::/var/spool/postfix:/sbin/nologin
ntp:x:38:38::/etc/ntp:/sbin/nologin
chrony:x:997:995::/var/lib/chrony:/sbin/nologin
tcpdump:x:72:72::/:/sbin/nologin
mysql:x:27:27:MariaDB Server:/var/lib/mysql:/sbin/nologin
apache:x:48:48:Apache:/usr/share/httpd:/sbin/nologin
tss:x:59:59:Account used by the trousers package to sandbox the tcsd daemon:/dev/null:/sbin/nologin
zabbix:x:996:994:Zabbix Monitoring System:/var/lib/zabbix:/sbin/nologin
```

图3.23

3.2.8.3 find命令

find命令用于按照指定条件来查找文件，格式为“find[查找路径]寻找条件操作”。曾经多次提到“Linux系统中的一切都是文件”，接下来就要见证这句话的分量了。在Linux系统中，搜索工作一般都是通过find命令来完成的，它可以使用不同的文件特性作为寻找条件(如文件名、大小、修改时间、权限等信息)，一旦匹配成功则默认将信息显示到屏幕上。find命令的参数以及作用如表3.10所示。

表3.10

参数	作用
-name	匹配名称
-perm	匹配权限(mode为完全匹配，-mode为包含即可)
-user	匹配所有者
-group	匹配所有组
-mtime -n +n	匹配修改内容的时间(-n指n天以内，+n指n天以前)
-atime -n +n	匹配访问文件的时间(-n指n天以内，+n指n天以前)
-ctime -n +n	匹配修改文件无权限的时间(-n指n天以内，+n指n天以前)
-nouser	匹配无所有者的文件
-nogroup	匹配无所有组的文件
-newer f1 !f2	匹配比文件f1新但比f2旧的文件

续表

参数	作用
--type b/d/c/p/l/f	匹配文件的类型(后面的字幕参数依次表示块设备、目录、字符设备、管道、链接文件、文本文件)
-size	匹配文件的大小(+50 KB为查找超过50 KB的文件,而-50 KB为查找小于50 KB的文件)
-prune	忽略某个目录
-exec……{}\;	后面可跟用于进一步处理搜索结果的命令(下文会有演示)

3.3 Vim编辑器与Shell命令脚本

3.3.1 Vim文本编辑器

选择使用Vim文本编辑器,它默认会安装在当前所有的Linux操作系统上,是一款超棒的文本编辑器。

Vim之所以能得到广大厂商与用户的认可,原因在于Vim编辑器中设置了3种模式:命令模式、末行模式和输入模式(图3.24),每种模式又分别支持多种不同的命令快捷键,这大大提高了工作效率,而且用户在习惯之后也会觉得相当顺手。要想高效率地操作文本,就必须先搞清这3种模式的操作区别以及模式之间的切换方法。

(1) 命令模式:控制光标移动,可对文本进行复制、粘贴、删除和查找等工作。

(2) 输入模式:正常的文本录入。

(3) 末行模式:保存或退出文档,以及设置编辑环境。

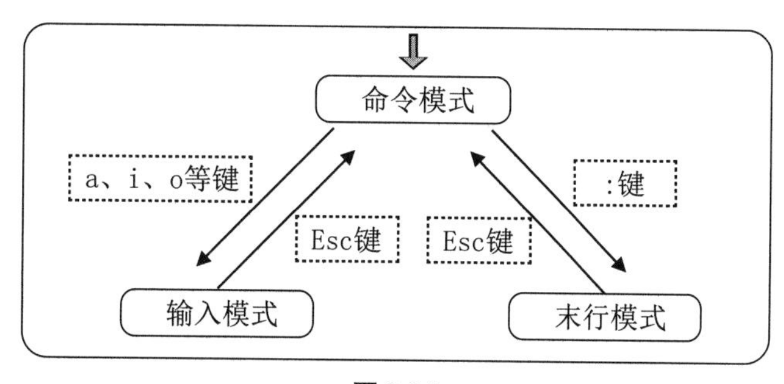

图3.24

每次运行Vim编辑器时,默认进入命令模式,此时需要先切换到输入模式后再进行文档编写工作,而每次在编写完文档后需要先返回命令模式,然后再进入末行模式,执行文档的保存或退出操作。在Vim中,无法直接从输入模式切换到末行模式。

在命令模式中最常用的一些命令及其作用如表3.11所示。

表3.11

命令	作用
dd	删除(剪切)光标所在整行
5dd	删除(剪切)从光标处开始的5行
yy	复制光标所在整行
5yy	复制从光标处开始的5行
n	显示搜索命令定位到的下一个字符串
N	显示搜索命令定位到的上一个字符串
u	撤销上一步的操作
p	将之前删除(dd)或复制(yy)过的数据粘贴到光标后面

末行模式中可用的命令及其作用如表3.12所示。

表3.12

命令	作用
:w	保存
:q	退出
:q!	强制退出(放弃对文档的修改内容)
:wq!	强制保存退出
:setnu	显示行号
:setnonu	不显示行号
:命令	执行该命令
:整数	跳转到该行

3.3.2 编写 Shell 脚本

可以将Shell终端解释器当作人与计算机硬件之间的“翻译官”,它作为用户与Linux系统内部的通信媒介,除了能够支持各种变量与参数外,还提供了诸如循环、分支等高级编程语言才有的控制结构特性。要想正确使用Shell中的这些功能,准确下达命令尤为重要。

Shell脚本命令的工作方式有两种:交互式和批处理。

交互式(interactive)是指用户每输入一条命令就立即执行。

批处理(batch)是指由用户事先编写好一个完整的Shell脚本,Shell会一次性执行脚本中诸多的命令。

在Shell脚本中不仅会用到前面学习过的很多Linux命令以及正则表达式、管道符、数据流重定向等语法规则,还需要把内部功能模块化后通过逻辑语句进行处理,最终形成日常所见的Shell脚本。

3.3.2.1 编写简单的脚本

Shell脚本文件的名称可以任意,但为了避免被误以为是普通文件,建议将.sh后缀加上,以表示是一个脚本文件。在如图3.25所示的这个example.sh脚本中实际上出现了三种不同的元素:第一行的脚本声明(#!)用来告诉系统使用哪种Shell解释器来执行该脚本;第二行的注释信息(#)是对脚本功能和某些命令的介绍信息,使得自己或他人在日后看到这个脚本内容时,可以快速知道该脚本的作用或一些警告信息;第三、四行的可执行语句也就是我们平时执行的Linux命令了。执行结果如图3.26所示。

```
#! /bin/bash
# For example by lc
pwd
ls -al
```

图3.25

```
[lc@topsec01 ~]$ bash example01.sh
/home/lc
总用量 48
drwx------. 16 lc   lc   4096 9月  15 13:15 .
drwxr-xr-x.  3 root root   16 2月  15 2019 ..
-rw-rw-r--.  1 lc   lc      5 9月  15 12:48 a.txt
-rw-r--r--.  1 lc   lc     18 4月  11 2018 .bash_logout
-rw-r--r--.  1 lc   lc    193 4月  11 2018 .bash_profile
-rw-r--r--.  1 lc   lc    231 4月  11 2018 .bashrc
-rw-rw-r--.  1 lc   lc      0 9月  15 12:48 b.txt
drwx------. 14 lc   lc   4096 2月  15 2019 .cache
drwxr-xr-x. 16 lc   lc   4096 2月  15 2019 .config
```

图3.26

3.3.2.2 接收用户的参数

为了让Shell脚本程序能更好地满足用户的一些实时需求,以便灵活完成工作,必须要让脚本程序能够像之前执行命令时那样,接收用户输入的参数。

其实,Linux系统中的Shell脚本语言早就考虑到了这些,已经内设了用于接收参数的变量,变量之间可以使用空格间隔。例如,$0对应的是当前Shell脚本程序的名称,$#对应的是总共有几个参数,$对应的是所有位置的参数值,$?对应的是显示上一次命令的执行返回值,而$1,$2,$3,…则分别对应着第*N*个位置的参数值,如图3.27所示。

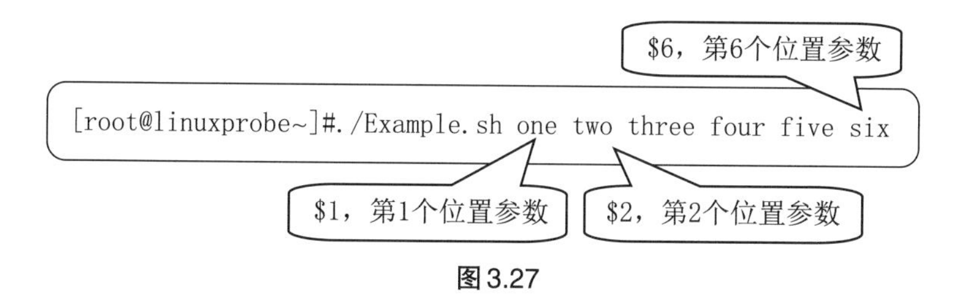

图3.27

尝试编写一个脚本程序示例,通过引用上面的变量参数可以得到:

```
[root@linuxprobe~]# vim example.sh
#!/bin/bash
```

echo"当前脚本名称为$0";echo"总共有$#个参数,分别是$*。";echo"第1个参数为$1,第5个为$5。"

[root@lc~]#sh example.sh one two three four five six

当前脚本名称为example.sh;总共有6个参数,分别是one、two、three、four、five、six。第1个参数为one,第5个参数为five。

3.3.2.3 判断用户的参数

系统在执行mkdir命令时会判断用户输入的信息,即判断用户指定的文件夹名称是否已经存在,如果存在则提示报错;反之则自动创建。Shell脚本中的条件测试语法可以判断表达式是否成立,若条件成立则返回数字0,否则便返回其他随机数值。条件测试语法的执行格式如图3.28所示。切记,条件表达式两边均应有一个空格。

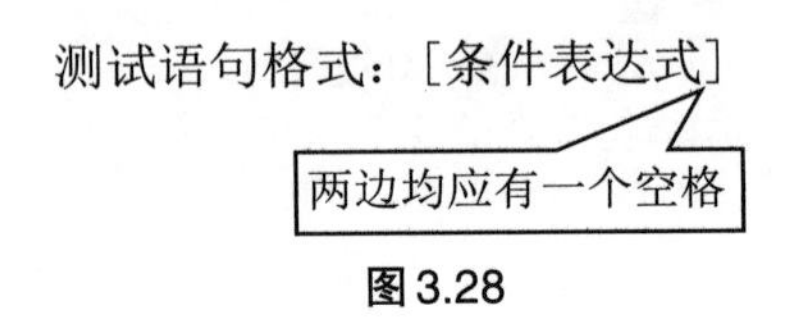

图3.28

按照测试对象来划分,条件测试语句可以分为4种:

(1)文件测试语句。

(2)逻辑测试语句。

(3)整数值比较语句。

(4)字符串比较语句。

文件测试语句即使用指定条件来判断文件是否存在或权限是否满足等情况的运算符,具体的参数如表3.13所示。

表3.13

运算符	作用
-d	测试文件是否为目录类型
-e	测试文件是否存在
-f	判断是否为一般文件
-r	测试当前用户是否有权限读取
-w	测试当前用户是否有权限写入
-x	测试当前用户是否有权限执行

下面使用文件测试语句来判断/etc/fstab是否为一个目录类型的文件,然后通过Shell解释器的内设$?变量显示上一条命令执行后的返回值。如果返回值为0,则目录存在;如果返回值为非零的值,则意味着目录不存在:

```
[root@lc~]#[-d/etc/fstab]
[root@lc~]#echo$?
1
```

整数比较运算符仅是对数字的操作，不能将数字与字符串、文件等内容一起操作，而且不能想当然地使用日常生活中的等号、大于号、小于号等来判断。因为等号与赋值命令符冲突，大于号和小于号分别与输出重定向命令符和输入重定向命令符冲突。因此，一定要使用规范的整数比较运算符来进行操作，如表3.14所示。

表3.14

运算符	作用
-eq	是否等于
-ne	是否不等于
-gt	是否大于
-lt	是否小于
-le	是否等于或小于
-ge	是否大于或等于

接下来小试牛刀。我们先测试一下10是否大于10以及10是否等于10(通过输出的返回值内容来判断)：

```
[root@lc~]#[10-gt10]
[root@lc~]#echo$?
1
[root@lc~]#[10-eq10]
[root@lc~]#echo$?
0
```

字符串比较语句用于判断测试字符串是否为空值，或两个字符串是否相同。它经常用来判断某个变量是否未被定义(即内容为空值)，理解起来也比较简单。字符串比较中常见的运算符如表3.15所示。

表3.15

运算符	作用
=	比较字符串内容是否相同
!=	比较字符串内容是否不同
-z	判断字符串内容是否为空

尽管此时可以通过使用Linux命令、管道符、重定向以及条件测试语句来编写最基本的Shell脚本，但是这种脚本并不适用于生产环境。原因是它不能根据真实的工作需求来调整具体的执行命令，也不能根据某些条件实现自动循环执行。例如，我们需要批量创建1000位用户，首先要判断这些用户是否已经存在；若不存在，则通过循环语句让脚本自动且依次创建它们。

需要通过if、for、while、case这4种流程控制语句来学习编写难度更大、功能更强的Shell脚本,感兴趣的同学可查阅推荐的教材进一步学习。

3.4 管道符、重定向与环境变量

目前为止,我们已经学习了数十个常用的Linux系统命令,如果不能把这些命令进行组合使用,则无法提升工作效率。本节首先讲解与文件读写操作有关的重定向技术的5种模式:标准覆盖输出重定向、标准追加输出重定向、错误覆盖输出重定向、错误追加输出重定向以及输入重定向,让学生通过实验切实理解每个重定向模式的作用,解决输出信息的保存问题。

3.4.1 输入输出重定向

输入重定向是指把文件导入到命令中,而输出重定向则是指把原本要输出到屏幕的数据信息写入到指定文件中。在日常的学习和工作中,相较与输入重定向,我们使用输出重定向的频率更高,所以又将输出重定向分为标准输出重定向和错误输出重定向两种不同的技术,以及清空写入与追加写入两种模式。

(1) 标准输入重定向(STDIN,文件描述符为0):默认从键盘输入,也可从其他文件或命令中输入。

(2) 标准输出重定向(STDOUT,文件描述符为1):默认输出到屏幕。

(3) 错误输出重定向(STDERR,文件描述符为2):默认输出到屏幕。

输入重定向常用的符号及其作用如表3.16所示。

表3.16

符号	作用
命令<文件	将文件作为命令的标准输入
命令<<分界符	从标准输入中读入,直到遇见分界符才停止
命令<文件1>文件2	将文件1作为命令的标准输入并将标准输出到文件2

输出重定向常用的符号及其作用如表3.17所示。

表3.17

符号	作用
命令>文件	将标准输出重定向到一个文件中(清空原有文件的数据)
命令2>文件	将错误输出重定向到一个文件中(清空原有文件的数据)
命令>>文件	将标准输出重定向到一个文件中(追加到原有内容的后面)
命令2>>文件	将错误输出重定向到一个文件中(追加到原有内容的后面)

续表

符号	作用
命令>>文件 2>&1 或 命令&>>文件	将标准输出与错误输出共同写入到一个文件中(追加到原有内容的后面)

对于重定向中的标准输出模式,可以省略文件描述符1不写,而错误输出模式的文件描述符2是必须要写的。通过标准输出重定向将manbash命令原本要输出到屏幕的信息写入到文件a.txt中,然后显示readme.txt文件中的内容。

接下来尝试输出重定向技术中的覆盖写入与追加写入这两种不同模式带来的变化。首先通过覆盖写入模式向readme.txt文件写入一行数据(该文件中包含上一个实验的man命令信息),然后再通过追加写入模式向文件再写入一次数据,其命令如图3.29所示。

```
[lc@topsec01 ~]$ echo 'hello world!' >a.txt
[lc@topsec01 ~]$ echo 'are you ok?' >> a.txt
[lc@topsec01 ~]$ cat a.txt
hello world!
are you ok?
```

图3.29

如果想把命令的报错信息写入到文件,该怎么操作呢?当用户在执行一个自动化的Shell脚本时,这个操作会特别有用,而且特别实用,因为它可以把整个脚本执行过程中的报错信息都记录到文件中,便于安装后的排错工作。执行结果如图3.30所示。

```
[lc@topsec01 ~]$ touch d.txt
[lc@topsec01 ~]$ ls -l xxx 2>d.txt
[lc@topsec01 ~]$ cat d.txt
ls: 无法访问xxx: 没有那个文件或目录
```

图3.30

输入重定向相对来说有些冷门,在工作中遇到的概率会小一点。输入重定向的作用是把文件直接导入到命令中。接下来使用输入重定向把readme.txt文件导入给wc-l命令,统计一下文件中的内容行数。执行结果如图3.31所示。

```
[lc@topsec01 ~]$ cat a.txt
hello world!
are you ok?
[lc@topsec01 ~]$ wc -l <a.txt
2
```

图3.31

3.4.2 管道命令符

把前一个命令原本要输出到屏幕的数据当作是后一个命令的标准输入。

通过匹配关键词/sbin/nologin找出了所有被限制登录系统的用户,并统计数量。执行结果如图3.32所示。

```
[root@zabbix246 ~]#  grep "/sbin/nologin" /etc/passwd | wc -l
24
```

图3.32

用翻页的形式查看/etc目录中的文件列表及属性信息。执行结果如图3.33所示。

```
[root@zabbix246 ~]#  ls -l /etc/ | more
总用量 1276
drwxr-xr-x.  3 root root      101 10月 19 00:00 abrt
-rw-r--r--   1 root root       18 10月 19 15:44 adjtime
-rw-r--r--.  1 root root     1518 6月   7 2013 aliases
-rw-r--r--.  1 root root    12288 10月 19 00:25 aliases.db
drwxr-xr-x.  2 root root     4096 10月 19 00:00 alternatives
-rw-------.  1 root root      541 4月  11 2018 anacrontab
-rw-r--r--.  1 root root       55 4月  11 2018 asound.conf
-rw-r--r--.  1 root root        1 4月  11 2018 at.deny
drwxr-x---.  3 root root       43 10月 19 00:00 audisp
drwxr-x---.  3 root root       83 10月 19 00:25 audit
drwxr-xr-x.  2 root root       84 10月 19 00:00 bash_completion.d
-rw-r--r--.  1 root root     2853 4月  11 2018 bashrc
drwxr-xr-x.  2 root root        6 4月  11 2018 binfmt.d
-rw-r--r--.  1 root root       38 4月  29 2018 centos-release
-rw-r--r--.  1 root root       51 4月  29 2018 centos-release-upstream
drwxr-xr-x.  2 root root        6 8月   4 2017 chkconfig.d
-rw-r--r--.  1 root root     1108 4月  13 2018 chrony.conf
-rw-r-----.  1 root chrony    481 9月  15 2017 chrony.keys
drwxr-xr-x.  2 root root       26 10月 19 00:00 cifs-utils
drwxr-xr-x.  2 root root       54 10月 19 00:00 cron.d
drwxr-xr-x.  2 root root       57 10月 19 00:00 cron.daily
-rw-------.  1 root root        0 4月  11 2018 cron.deny
drwxr-xr-x.  2 root root       22 10月 18 23:59 cron.hourly
drwxr-xr-x.  2 root root        6 6月  10 2014 cron.monthly
-rw-r--r--.  1 root root      451 6月  10 2014 crontab
```

图3.33

3.4.3 命令行的通配符

顾名思义,通配符就是通用的匹配信息的符号,比如星号(*)代表匹配零个或多个字符,问号(?)代表匹配单个字符,中括号内加上数字[0-9]代表匹配0～9之间的单个数字的字符,而中括号内加上字母[abc]则是代表匹配a、b、c三个字符中的任意一个字符。执行结果如图3.34所示。

```
[lc@topsec01 ~]$ ls -l /dev/sda*
brw-rw----. 1 root disk 8, 0 2月  15 2019 /dev/sda
brw-rw----. 1 root disk 8, 1 2月  15 2019 /dev/sda1
brw-rw----. 1 root disk 8, 2 2月  15 2019 /dev/sda2
```

图3.34

3.4.4 常用的转义字符

为了能够更好地理解用户表达的意思,Shell解释器还提供了特别丰富的转义字符来处理输入的特殊数据。4个最常用的转义字符如下:

(1) 反斜杠(\):使反斜杠后面的一个变量变为单纯的字符串。

(2) 单引号(''):转义其中所有的变量为单纯的字符串。

(3) 双引号(""):保留其中的变量属性,不进行转义处理。

(4) 反引号(``):把其中的命令执行后返回结果(图3.35)。

```
[lc@topsec01 ~]$ price=50
[lc@topsec01 ~]$ echo "price is $price"
price is 50
[lc@topsec01 ~]$ echo "price is $$price"
price is 3510price
[lc@topsec01 ~]$ echo "price is \$$price"
price is $50
```

图3.35

3.4.5 重要的环境变量

变量是计算机系统用于保存可变值的数据类型。在Linux系统中,变量名称一般都是大写的,这是一种约定俗成的规范。我们可以直接通过变量名称来提取到对应的变量值。Linux系统中的环境变量是用来定义系统运行环境的一些参数,比如每个用户不同的家目录、邮件存放位置等。如表3.18所示。

表3.18

变量名称	作用
HOME	用户的主目录(即家目录)
SHELL	用户在使用的Shell解释器名称
HISTSIZE	输出的历史命令记录条数
HISTFILESIZE	保存的历史命令记录条数
MAIL	邮件保存路径
LANG	系统语言、语系名称
RANDOM	生成一个随机数字
PS1	Bash 解释器的提示符
PATH	定义解释器搜索用户执行命令的路径
EDITOR	用户默认的文本编辑器

3.5 SSH服务管理远程主机

3.5.1 SSH 概述

SSH(Secure Shell)是一种能够以安全的方式提供远程登录的协议,也是目前远程管理Linux系统的首选方式。在此之前,一般使用FTP或Telnet来进行远程登录。但是因为它们是以明文的形式在网络中传输账户密码和数据信息的,因此很不安全,很容易受到黑客发起的中间人攻击,轻则篡改传输的数据信息,重则直接抓取服务器的账户密码。想要使用SSH协议来远程管理Linux系统,则需要部署配置sshd服务程序。sshd是基于SSH协议开发的一款远程管理服务程序,不仅使用起来方便快捷,而且能够提供两种安全验证的方法:

(1) 基于口令的验证。用账户和密码来验证登录。

(2) 基于密钥的验证。需要在本地生成密钥对,然后把密钥对中的公钥上传至服务器,并与服务器中的公钥进行比较,这种方式相较来说更安全。

Linux系统中的一切都是文件,因此在Linux系统中修改服务程序的运行参数,实际上就是在修改程序配置文件的过程。sshd服务的配置信息保存在/etc/ssh/sshd_config文件中。

3.5.2 安装SSHD

开启SSH服务需要root权限,先用root账户登录,然后检查有没有安装SSH服务:rpm-qa|grep ssh,执行结果如图3.36所示。

```
[lc@topsec01 ~]$ rpm -qa | grep ssh
openssh-7.4p1-16.el7.x86_64
openssh-server-7.4p1-16.el7.x86_64
openssh-clients-7.4p1-16.el7.x86_64
libssh2-1.4.3-10.el7_2.1.x86_64
```

图3.36

如果没有安装SSH服务就安装:yum install openssh-server。

安装好后在SSH配置文件里进行配置:vim/etc/ssh/sshd_config。执行结果如图3.37所示。

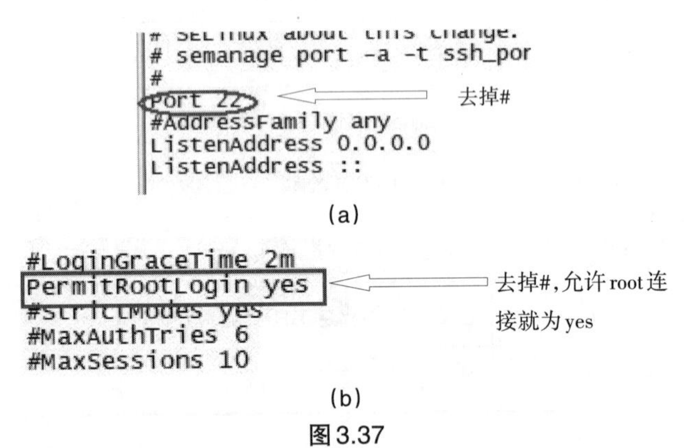

(a)

(b)

图3.37

用esc+:wq保存退出。

修改完后用/bin/systemctlstartsshd.service开启ssh服务,这个命令没有回显。

开启后用ps -e|grep sshd检查一下ssh服务是否开启。

再用netstat -an|grep 22检查一下22端口是否开启。

将SSH服务添加到自启动列表中:systemctl enable sshd.service(图3.38)。

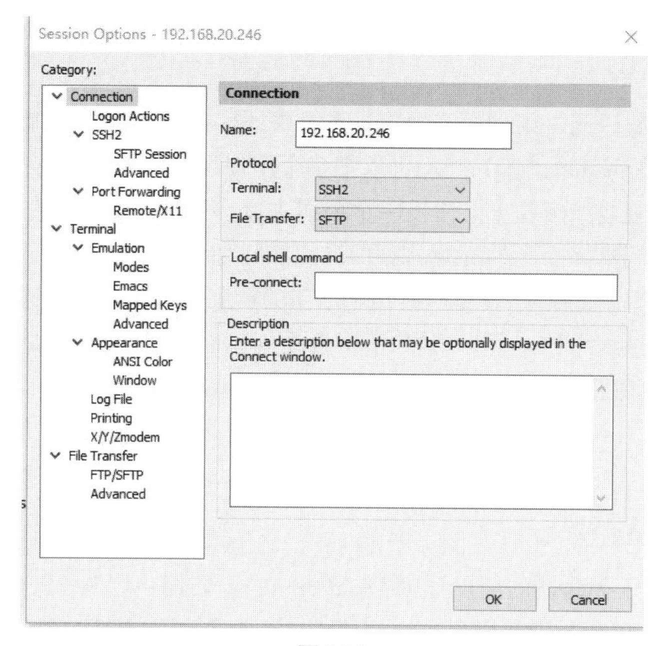

图3.38

3.6 用户身份与文件权限

Linux是一个多用户、多任务的操作系统,具有很好的稳定性与安全性,在幕后保障Linux系统安全的则是一系列复杂的配置工作。本节将详细讲解文件的所有者、所属组以及其他人可对文件进行的读(r)、写(w)、执行(x)等操作,以及如何在Linux系统中添加、删除、修改用户账户信息。我们还可以使用SUID、SGID与SBIT特殊权限更加灵活地设置系统权限功能,来弥补对文件设置一般操作权限时所带来的不足。隐藏权限能够给系统增加一层隐形的防护层,让黑客最多只能查看关键日志信息,而不能进行修改或删除。而文件的访问控制列表(Access Control List,ACL)可以进一步让单一用户、用户组对单一文件或目录进行特殊的权限设置,让文件具有能满足工作需求的最小权限。

3.6.1 用户身份与能力

Linux系统的管理员之所以是root,并不是因为它的名字叫root,而是因为该用户的身份号码即UID(User Identification)的数值为0。在Linux系统中,UID就相当于我们的身份证号码一样具有唯一性,因此可通过用户的UID值来判断用户身份。在CentOS 7系统中,用户身份有以下这些:

管理员UID为0:系统的管理员用户。

系统用户UID为1～999:Linux系统为了避免因某个服务程序出现漏洞而被黑客提权至整台服务器,默认服务程序会有独立的系统用户负责运行,进而有效控制被破坏范围。

普通用户UID从1000开始:是由管理员创建的用于日常工作的用户。需要注意的是,

UID是不能冲突的，而且管理员创建的普通用户的UID默认是从1000开始的（即使前面有闲置的号码）。

为了方便管理属于同一组的用户，Linux系统中还引入了用户组的概念。通过使用用户组号码（Group Identification，GID），我们可以把多个用户加入到同一个组中，从而方便为组中的用户统一规划权限或指定任务。假设一个公司中有多个部门，每个部门中又有很多员工，如果只想让员工访问本部门内的资源，则可以针对部门而非具体的员工来设置权限。例如，可以通过对技术部门设置权限，使得只有技术部门的员工可以访问公司的数据库信息等。

另外，在Linux系统中创建每个用户时，将自动创建一个与其同名的基本用户组，而且这个基本用户组只有该用户一个人。如果该用户以后被归纳入其他用户组，则这个其他用户组称为扩展用户组。一个用户只有一个基本用户组，但是可以有多个扩展用户组，从而满足日常的工作需要。

3.6.1.1 useradd命令

useradd命令用于创建新的用户，格式为“useradd[选项]用户名”。

可以使用useradd命令创建用户账户。使用该命令创建用户账户时，默认的用户家目录会被存放在/home目录中，默认的Shell解释器为/bin/bash，而且默认会创建一个与该用户同名的基本用户组。这些默认设置可以根据表中的useradd命令参数自行修改。useradd命令的参数及其作用如表3.19所示。

表3.19

参数	作用
-d	指定用户的家目录（默认为/home/username）
-e	账户的到期时间，格式为YYYY-MM-DD
-u	指定该用户的默认UID
-g	指定一个初始的用户基本组（必须已存在）
-G	指定一个或多个扩展用户组
-N	不创建与用户同名的基本用户组
-s	指定该用户的默认Shell解释器

下面我们创建一个普通用户并指定家目录的路径、用户的UID以及Shell解释器。在下面的命令中，请注意/sbin/nologin，它是终端解释器中的一员，与Bash解释器有着天壤之别。一旦用户的解释器被设置为nologin，则代表该用户不能登录到系统中：

```
[root@linux~]#useradd-d/home/linux-u8888-s/sbin/nologinlinuxuser
[root@linux~]#idlinuxuser
uid=8888(linuxuser)gid=8888(linuxuser)groups=8888(linuxuser)
```

3.6.1.2 groupadd命令

groupadd命令用于创建用户组，格式为“groupadd[选项]群组名”。

为了能够更加高效地指派系统中各个用户的权限，在工作中常常会把几个用户加入到同一个组里面，这样便可以针对一类用户统一安排权限。创建用户组的步骤非常简单，例如使用如下命令创建一个用户组admin：

```
[root@lc~]#groupaddronny
```

3.6.1.3 usermod命令

usermod命令用于修改用户的属性，格式为“usermod[选项]用户名”。

Linux系统中的一切都是文件，因此在系统中创建用户也就是修改配置文件的过程。用户的信息保存在/etc/passwd文件中，可以直接用文本编辑器来修改其中的用户参数项目，也可以用usermod命令修改已经创建的用户信息，如用户的UID、基本/扩展用户组、默认终端等。

usermod命令中的参数及作用如表3.20所示。

表3.20

参数	作用
-c	填写用户账户的备注信息
-d-m	参数-m与参数-d连用，可重新指定用户的家目录并自动把旧的数据转移过去
-e	账户的到期时间，格式为YYYY-MM-DD
-g	变更所属用户组
-G	变更扩展用户组

3.6.1.4 passwd命令

passwd命令用于修改用户密码、过期时间、认证信息等，格式为“passwd[选项][用户名]”。普通用户只能使用passwd命令修改自身的系统密码，而root管理员则有权限修改其他所有人的密码。更方便的是，root管理员在Linux系统中修改自己或他人的密码时不需要验证旧密码。既然root管理员可以修改其他用户的密码，就表示其完全拥有该用户的管理权限。

passwd命令中的参数及作用如表3.21所示。

表3.21

参数	作用
-l	锁定用户，禁止其登录
-u	解除锁定，允许用户登录

续表

参数	作用
--stdin	允许通过标准输入修改用户密码，如echo "NewPassWord" | passwd--stdinUsername
-d	使该用户可用空密码登录系统
-e	强制用户在下次登录时修改密码
-S	显示用户的密码是否被锁定，以及密码所采用的加密算法名称

3.6.1.5 userdel命令

userdel命令用于删除用户，格式为“userdel[选项]用户名”。

如果我们确认某位用户后续不再会登录到系统中，则可以通过userdel命令删除该用户的所有信息。在执行删除操作时，该用户的家目录默认会保留下来，此时可以使用-r参数将其删除。userdel命令中的参数及其作用如表3.22所示。

表3.22

参数	作用
-f	强制删除用户
-r	同时删除用户及用户家目录

3.6.2 文件权限与归属

尽管在Linux系统中一切都是文件，但是每个文件的类型不尽相同，因此Linux系统使用了不同的字符来加以区分，常见的字符及其含义如表3.23所示。

表3.23

字符	含义
-	普通文件
d	目录文件
l	链接文件
c	字符设备文件
p	管道文件

在Linux系统中，每个文件都有所属的所有者和所有组，并且规定了文件的所有者、所有组以及其他人对文件所拥有的可读(r)、可写(w)、可执行(x)等权限。对于一般文件来说，权限比较容易理解:“可读”表示能够读取文件的实际内容;“可写”表示能够编辑、新增、修改、删除文件的实际内容;“可执行”则表示能够运行一个脚本程序。但是，对于目录文件来说，理解其权限设置就不那么容易了。很多资深Linux用户其实也没有真正理解。

这里详细介绍一下目录文件的权限设置。对目录文件来说,“可读”表示能够读取目录内的文件列表;“可写”表示能够在目录内新增、删除、重命名文件;而“可执行”则表示能够进入该目录。文件的读、写、执行权限可以简写为rwx,亦可分别用数字4、2、1来表示,文件所有者,所属组及其他用户权限之间无关联,如表3.24所示。

表3.24

权限分配	文件件所有者			文件所属组			其他用户		
权限项	读	写	执行	读	写	执行	读	写	执行
字符表示	r	w	x	r	w	x	r	w	x
数字表示	4	2	1	4	2	1	4	2	1

文件权限的数字法表示基于字符表示(rwx)的权限计算而来,其目的是简化权限的表示。例如,若某个文件的权限为7则代表可读、可写、可执行(4+2+1);若权限为6则代表可读、可写(4+2)。例如,现在有这样一个文件,其所有者拥有可读、可写、可执行的权限,其文件所属组拥有可读、可写的权限,而且其他人只有可读的权限。那么,这个文件的权限就是rwxrw-r--,数字法表示即为764(图3.39)。

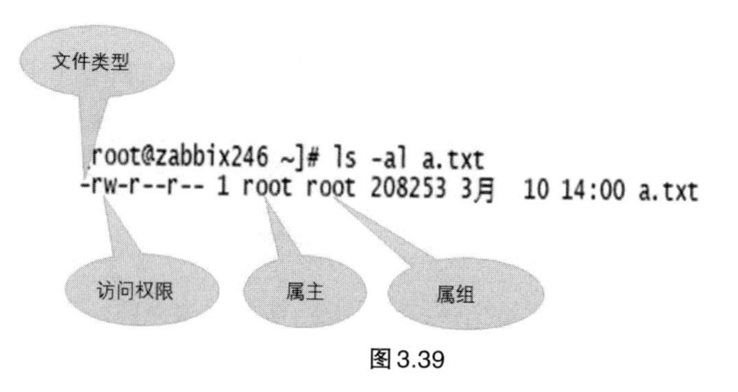

图3.39

3.6.3 文件特殊权限

在复杂多变的生产环境中,单纯设置文件的rwx权限无法满足我们对安全和灵活性的需求,因此便有了SUID、SGID与SBIT的特殊权限位。这是一种对文件权限进行设置的特殊功能,可以与一般权限同时使用,以弥补一般权限不能实现的功能。

3.6.3.1 SUID

SUID是一种对二进制程序进行设置的特殊权限,可以让二进制程序的执行者临时拥有属主的权限(仅对拥有执行权限的二进制程序有效)。例如,所有用户都可以执行passwd命令来修改自己的用户密码,而用户密码保存在/etc/shadow文件中。仔细查看这个文件就会发现它的默认权限是000,也就是说除了root管理员以外,所有用户都没有查看或编辑该文件的权限。但是,在使用passwd命令时如果加上SUID特殊权限位,就可让普通用户临时获得程序所有者的身份,把变更的密码信息写入到shadow文件中。这很像我们在古装剧中见到的手持尚方宝剑的钦差大臣,他手持的尚方宝剑代表的是皇上的权威,因此可以惩戒贪官,但这并不意味着他永久成为了皇上。因此这只是一种有条件的、临时的特殊权限授权方法。查看passwd命令属性时发现所有者的权限由rwx变成了rws,其中x改变成s就意味着该文件被赋予了SUID权限。另外,有读者会好奇,如果原本的权限是rw-呢?如果原先权限位上没有x执行权限,那么被赋予特殊权限后将变成S。该命令的执行结果如图3.40所示。

```
[lc@topsec01 ~]$ ls -l /etc/shadow
----------. 1 root root 1220 2月  15 2019 /etc/shadow
[lc@topsec01 ~]$ ls -l /bin/passwd
-rwsr-xr-x. 1 root root 27832 6月  10 2014 /bin/passwd
```

图3.40

3.6.3.2 SGID

SGID主要实现如下两种功能:

(1) 让执行者临时拥有属组的权限(对拥有执行权限的二进制程序进行设置)。

(2) 在某个目录中创建的文件自动继承该目录的用户组(只可以对目录进行设置)。

SGID的第一种功能是参考SUID而设计的,不同点在于执行程序的用户获取的不再是文件所有者的临时权限,而是获取到文件所属组的权限。举例来说,在早期的Linux系统中,/dev/kmem是一个字符设备文件,用于存储内核程序要访问的数据,权限为:

cr--r-----1rootsystem2,1Feb112017kmem

由上述命令可以看出,除了root管理员或属于system组成员外,所有用户都没有读取该文件的权限。由于在平时我们需要查看系统的进程状态,为了能够获取到进程的状态信息,可在用于查看系统进程状态的ps命令文件上增加SGID特殊权限位。查看ps命令文件的属性信息可用如下命令:

-r-xr-sr-x1binsystem59346Feb112017ps

这样一来,由于ps命令被增加了SGID特殊权限位,所以当用户执行该命令时,就可以临时获取system用户组的权限,从而可以顺利地读取设备文件。

每个文件都有其归属的所有者和所属组,当创建或传送一个文件后,这个文件就会自动归属于执行这个操作的用户(即该用户是文件的所有者)。如果现在需要在一个部门内设置共享目录,让部门内的所有人员都能够读取目录中的内容,那么就可以在创建部门共享目录后,在该目录上设置SGID特殊权限位。这样,部门内的任何人员在里面创建的任何文件都会归属于该目录的所属组,而不再是自己的基本用户组。此时,我们用到的就是SGID的第二个功能,即在某个目录中创建的文件会自动继承该目录的用户组(只可以对目录进行设置)。

3.6.3.3 SBIT

现在,大学里的很多老师都要求学生将作业上传到服务器的特定共享目录中,但总是有几个"破坏分子"喜欢删除其他同学的作业,这时就要设置SBIT(Sticky Bit)特殊权限位(也可以称之为特殊权限位之粘滞位)。SBIT特殊权限位可确保用户只能删除自己的文件,而不能删除其他用户的文件。换句话说,当对某个目录设置了SBIT粘滞位权限后,该目录中的文件就只能被其所有者执行删除操作了。

最初不知道是哪位非资深技术人员将Sticky Bit直译成了"粘滞位",建议将其称为"保护位”,这既好记,又能立刻让人了解它的作用。CentOS 7系统中的/tmp作为一个共享文件的目录,默认已经设置了SBIT特殊权限位,因此除非是该目录的所有者,否则无法删除这里面的文件。

与前面所讲的SUID和SGID权限显示方法不同,当目录被设置SBIT特殊权限位后,文件的其他人权限部分的x执行权限就会被替换成t或者T,原本有x执行权限则会写成t,原本没有x执行权限则会被写成T。

想对其他目录设置SBIT特殊权限位,可以用chmod命令。对应的参数o+t代表设置SBIT粘滞位权限。

3.6.4 文件的隐藏属性

Linux系统中的文件除了具备一般权限和特殊权限之外,还有一种隐藏权限,即被隐藏起来的权限,默认情况下不能直接被用户发觉。有用户曾经在生产环境中碰到过明明权限充足但却无法删除某个文件的情况,或者仅能在日志文件中追加内容而不能修改或删除内容,这在一定程度上阻止了黑客篡改系统日志的图谋,因此这种“奇怪”的文件也保障了Linux系统的安全性。

3.6.4.1 chattr命令

chattr命令用于设置文件的隐藏权限,格式为“chattr[参数]文件”。

如果想要把某个隐藏功能添加到文件上,则需要在命令后面追加“+参数”,如果想要把某个隐藏功能移出文件,则需要追加“-参数”。chattr命令中可供选择的隐藏权限参数非常丰富,如表3.25所示。

表3.25

参数	作用
i	无法对文件进行修改;若对目录设置了该参数,则仅能修改其中的子文件内容而不能新建或删除文件
a	仅允许补充(追加)内容,无法覆盖/删除内容(AppendOnly)
S	文件内容在变更后立即同步到硬盘(sync)
s	彻底从硬盘中删除,不可恢复(用0填充原文件所在硬盘区域)
A	不再修改这个文件或目录的最后访问时间(atime)

3.6.4.2 lsattr命令

lsattr命令用于显示文件的隐藏权限,格式为“lsattr[参数]文件”。

在Linux系统中,文件的隐藏权限必须使用lsattr命令来查看,平时使用的ls之类的命令则看不出端倪,一旦使用lsattr命令后,文件上被赋予的隐藏权限就会立刻显示出来。

3.6.4.3 setfacl命令

setfacl命令用于管理文件的ACL规则,格式为“setfacl[参数]文件名称”。

文件的ACL提供的是在所有者、所属组、其他人的读/写/执行权限之外的特殊权限控制，使用setfacl命令可以针对单一用户或用户组、单一文件或目录来进行读/写/执行权限的控制。其中，针对目录文件需要使用-R递归参数；针对普通文件则使用-m参数；如果想要删除某个文件的ACL，则可以使用-b参数。

但是怎么去查看文件上有哪些ACL呢？常用的ls命令是看不到ACL表信息的，但是却可以看到文件的权限最后一个点(.)变成了加号(+)，这就意味着该文件已经设置了ACL了。

3.6.4.4 getfacl命令

getfacl命令用于显示文件上设置的ACL信息，格式为"getfacl文件名称"。

Linux系统中的命令非常好记，想要设置ACL，可以用setfacl命令；想要查看ACL，可以用getfacl命令。

3.6.5 su命令与sudo服务

Linux系统为了安全性考虑，使得许多系统命令和服务只能被root管理员来使用，但是这也让普通用户受到了更多的权限束缚，从而导致无法顺利完成特定的工作任务。

su命令可以用来解决切换用户身份的需求，使得当前用户在不退出登录的情况下，顺畅地切换到其他用户，比如从root管理员切换至普通用户。执行结果如图3.41所示。

```
[lc@zabbix246 root]$ su
密码:
[root@zabbix246 ~]# su lc
[lc@zabbix246 root]$
```

图3.41

当从root管理员切换到普通用户时是不需要密码验证的，而从普通用户切换成root管理员就需要进行密码验证了，这也是一个必要的安全检查。接下来将介绍如何使用sudo命令把特定命令的执行权限赋予给指定用户，这样既可保证普通用户能够完成特定的工作，也可以避免泄露root管理员密码。我们要做的就是合理配置sudo服务，以便兼顾系统的安全性和用户的便捷性。sudo服务的配置原则也很简单——在保证普通用户完成相应工作的前提下，尽可能少地赋予额外的权限。

sudo命令用于给普通用户提供额外的权限来完成原本root管理员才能完成的任务，格式为"sudo[参数]命令名称"。sudo服务中可用的参数以及相应的作用如表3.26所示。

总结来说，sudo命令具有如下功能：

(1) 限制用户执行指定的命令。

(2) 记录用户执行的每一条命令。

(3) 配置文件(/etc/sudoers)提供集中的用户管理、权限与主机等参数。

(4) 验证密码的后5分钟内(默认值)无须再让用户再次验证密码。

当然，如果担心直接修改配置文件会出现问题，则可以使用sudo命令提供的visudo命令来配置用户权限。这条命令在配置用户权限时将禁止多个用户同时修改sudoers配置文件，还可以对配置文件内的参数进行语法检查，并在发现参数错误时进行报错。

表3.26

参数	作用
-h	列出帮助信息
-l	列出当前用户可执行的命令
-u	用户名或UID值以指定的用户身份执行命令
-k	清空密码的有效时间，下次执行sudo时需要再次进行密码验证
-b	在后台执行指定的命令
-p	更改询问密码的提示语

习　题

1. 如何使用Linux系统的命令行来添加或删除用户？

2. 若某个文件的所有者具有文件的读/写/执行权限，其余人仅有读权限，那么用数字法如何表示？

3. 某链接文件的权限用数字法表示为755，那么相应的字符法表示是什么呢？

4. 如果希望用户执行某命令时临时拥有该命令所有者的权限，应该设置什么特殊权限？

5. 若对文件设置了隐藏权限+i，则意味着什么？

6. 请简述防火墙策略规则中DROP和REJECT的不同之处。

7. 怎样编写一条防火墙策略规则，使得iptables服务可以禁止源自192.168.10.0/24网段的流量访问本机的sshd服务(22端口)？

8. 从互联网上下载Kali最新版本，安装并更新。

第二部分　安 全 防 护

第4章　防火墙原理与应用

从防火墙的核心技术出发，阐述防火墙各项核心技术的工作原理，掌握起防火墙的基本概念和技术基础。通过对天融信防火墙实际配置案例的介绍，进一步加深对防火墙技术理解。

4.1　防火墙简介

4.1.1　防火墙的定义

古时候，当人们在构筑和使用木制结构房屋的时侯，为防止火灾的发生和蔓延，往往将坚固的石块堆砌在房屋周围作为屏障，这种防护构筑物被称为“防火墙”。在今日的电子信息世界里，借用了这个概念。使用防火墙来保护敏感的数据不被窃取和篡改，不过这些防火墙是由先进的计算机系统构成的。

防火墙尤如一道护栏隔在被保护的内部网与不安全的非信任网络之间，这道屏障的作用是阻断来自外部的对本网络的威胁和入侵，保护本网络的安全。这种中介系统也叫作“防火墙”，或“防火墙系统”。

一般说来，防火墙是指设置在不同网络（如可信任的企业内部网和不可信的公共网）或网络安全域之间的一系列部件的组合。它是不同网络或网络安全域之间信息的唯一出入口，能根据企业的安全策略控制（允许、拒绝、监测）出入网络的信息流，且本身具有较强的抗攻击能力。它是提供信息安全服务，实现网络和信息安全的基础设施。

防火墙是一种非常有效的网络安全模型，通过它可以隔离风险区域（即Internet或有一定风险的网络）与安全区域（局域网）的连接，同时不会妨碍人们对风险区域的访问。防火墙可以监控进出网络的通信，仅让安全、核准了的信息进入，同时又抵制对企业构成威胁的数据进入。随着安全问题上的失误和缺陷越来越普遍，对网络的入侵不仅来自高超的攻击手段，也有可能来自配置上的低级错误或不合适的口令选择。而防火墙的作用就是防止不希望的、未经授权的信息进出被保护的网络。因此，防火墙正成为控制对网络系统访问的非常流行的方法。作为第一道安全防线，防火墙已经成为世界上用得最多的网络安全产品之一，如图4.1所示。

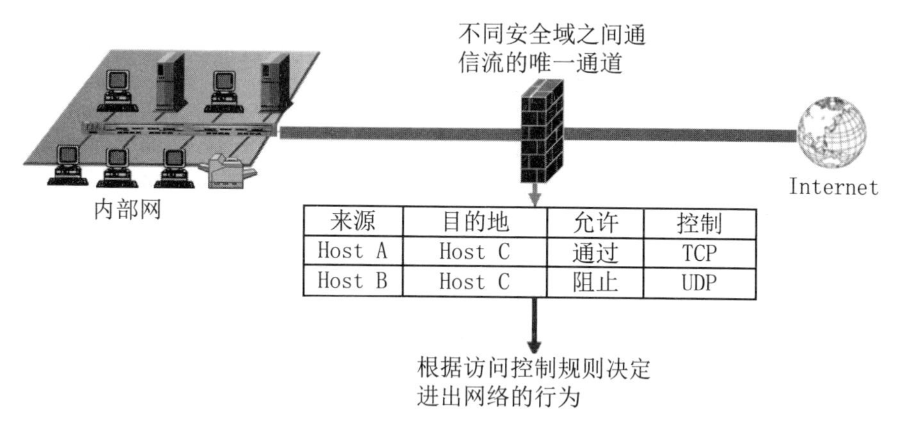

来源	目的地	允许	控制
Host A	Host C	通过	TCP
Host B	Host C	阻止	UDP

图4.1

在逻辑上，防火墙既是一个分离器、一个限制器，也是一个分析器，它有效地监控了内部网和Internet之间的任何活动，保证了内部网络的安全。从具体实现上来看，防火墙是一个独立的进程或一组紧密联系的进程，运行于路由器或服务器上，控制经过它们的网络应用服务及传输的数据。安全、管理、速度是防火墙的三大要素。

4.1.2 防火墙的发展历程

1986年美国Digital公司在Internet上安装了全球第一个商用防火墙系统，提出了防火墙的概念。在这之后，防火墙技术得到了飞速的发展。现在防火墙产品正成为安全领域发展最快的技术之一。防火墙技术先后经历了4个发展阶段。

4.1.2.1 第一代防火墙

第一代防火墙，又称包过滤路由器或屏蔽路由器，即通过检查经过路由器的数据包源地址、目的地址、TCP端口号、UDP端口号等参数来决定是否允许该数据包通过，并对其进行路由选择转发。例如，Cisco路由器提供的防火墙功能是接入控制表。这种防火墙很难抵御地址欺骗等攻击，而且审计功能差。

第一代防火墙产品的特点是：

（1）利用路由器本身对分组的解析，以访问控制表方式实现对分组的过滤。过滤判决的依据可以是：地址、端口号、IP旗标及其他网络特征。

（2）只有分组过滤的功能，且防火墙与路由器是一体的，对安全要求低的网络采用路由器附带防火墙功能的方法，对安全性要求高的网络则可单独利用一台路由器作防火墙。

第一代防火墙产品的不足之处也十分明显，如：

（1）路由协议十分灵活，本身具有安全漏洞，外部网络要探测内部网络十分容易。例如，在使用FTP协议时，外部服务器容易在20号端口上与内部网相连，即使在路由器上设置了过滤规则，外部网络仍可探测到内部网络的20端口。

（2）路由器上的分组过滤规则的设置和配置存在安全隐患。路由器中过滤规则的设置和配置十分复杂，它涉及规则的逻辑一致性，作用端口的有效性和规则集的正确性，一般的网络系统管理员难于胜任，加之一旦出现新的协议，管理员就得加上更多的规则去限制，这往往会带来很多错误。

(3) 攻击者可以“假冒”地址。由于信息在网络上是以明文传送的，黑客可以在网络上伪造假的路由信息欺骗防火墙。

(4) 由于路由器的主要功能是为网络访问提供动态的、灵活的路由，而防火墙则要对访问行为实施静态的、固定的控制，这是一对难以调和的矛盾，防火墙的规则设置会大大降低路由器的性能。

4.1.2.2 第二代防火墙

第二代防火墙也称代理服务器，用来提供应用服务级的控制，起到外部网络向被保护的内部网申请服务时的中间转接作用，内部网只接受代理服务器提出的服务请求，拒绝外部网络其他节点的直接请求。代理服务器可以根据服务类型对服务的操作内容等进行控制，可以有效地防止对内部网络的直接攻击。但是对于每一种网络应用服务都必须为其设计一个代理软件模块来进行安全控制。而每一种网络应用服务的安全问题各不相同，分析困难，因此实现起来比较困难，同时代理的时间延迟一般比较大。

作为第二代防火墙产品，具有以下特点：

(1) 可以将过滤功能从路由器中独立出来，并加上审计和告警功能。

(2) 针对用户需求，提供模块化的软件包。

(3) 软件可通过网络发送，用户可自己动手构造防火墙。

由于是纯软件产品，第二代防火墙产品无论在实现上还是维护上都对系统管理员提出了相当复杂的要求，并带来以下问题：

(1) 配置和维护过程复杂、费时。

(2) 对用户的技术要求高。

(3) 全软件实现，安全性和处理速度均有局限。

(4) 实践表明，使用中出现差错的情况很多。

4.1.2.3 第三代防火墙

第三代防火墙，是建立在通用操作系统上的商用防火墙产品，近年来在市场上广泛使用的就是这一代产品。它具有以下特点：

(1) 是专用防火墙产品。

(2) 包括分组过滤或者借用路由器的分组过滤功能。

(3) 装有专用的代理系统，监控所有协议的数据和指令。

(4) 保护用户编程空间和用户可配置内核参数的设置。

(5) 安全性和速度大为提高。

第三代防火墙有以纯软件实现的，也有以硬件方式实现的，已得到广大用户的认同。但随着安全需求的变化和使用时间的推延，仍存在不少问题，比如：

(1) 作为基础的操作系统及其内核往往不为防火墙管理者所知。由于源码的保密，其安全性无从保证。

（2）由于大多数防火墙厂商并非通用操作系统的厂商，通用操作系统厂商不会对防火墙中此使用的操作系统的安全性负责。

（3）用户必须依赖两方面的安全支持，即防火墙厂商和操作系统厂商。

4.1.2.4 第四代防火墙

第四代防火墙是具有安全操作系统的防火墙。首先，它建立在安全操作系统的基础上。安全操作系统有两种方法可以实现：一种是通过许可证方式向操作系统软件提供商获得操作系统的源码，然后对其进行改进，去掉一些不必要的系统特性和网络服务，加上内核特性，强化安全保护，实现安全内核，并通过固化操作系统内核来提高可靠性；另一种是编制一个专用的防火墙操作系统，保密系统内核细节，增强系统的安全性。

其次，各种新的信息安全技术被广泛应用在防火墙系统中，如用户身份鉴别技术等。网络环境下的身份鉴别是防火墙系统实现访问控制的关键技术。同时新一代防火墙技术采用了一些主动的网络安全技术，如网络安全性分析、网络信息安全监测等。

由此建立的防火墙系统具有以下特点：

（1）防火墙厂商只有操作系统的源代码，并可实现安全内核。

（2）对安全内核实现加固处理，即去掉不必要的系统特性，加上内核特性，强化安全保护。

（3）对每个服务器、子系统都作了安全处理，一旦黑客攻破了一个服务器，它将会被隔离在此眼务器内，不会对网络的其他部份构成威胁。

（4）在功能上包括了分组过滤、应用网关、电路级网关，且具有加密鉴别功能。

（5）透明性好，易于使用。

第四代防火墙产品将网关与安全系统合二为一，具有以下功能：

（1）双端口或三端口的结构。

（2）透明的访问方式。

（3）灵活的代理系统。

（4）网络地址转换技术。

（5）Internet网关技术。

（6）安全服务网络（SSN）。

（7）用户鉴别和加密。

（8）用户定制服务。

（9）审计和告警。

4.2 技术原理

4.2.1 主要功能

防火墙的主要功能如下：

（1）动态包过滤技术。根据所设置的安全规则动态维护通过防火墙的所有通信的状态

(连接),基于连接的过滤。

(2) 网络地址变换(Network Address Translation,NAT)。防火墙是部署NAT的理想位置,利用NAT技术,将有限的公有IP地址动态或静态地与内部的私有IP地址进行映射,用以保护内部网络并可以缓解互联网地址空间短缺的问题。

(3) 控制不安全的服务。通过设置信任域与不信任域之间数据出入的策略,一个防火墙能极大地提高一个内部网络的安全性,并通过过滤不安全的服务而降低风险。此外,它还可以定义规则计划,使得系统在某一时刻可以自动启用和关闭策略。

(4) 集中的安全保护。通过以防火墙为中心的安全方案配置,一个子网的所有或大部分需要改动的软件以及附加的安全软件(如口令、加密、身份认证、审计等)能集中地放在防火墙系统中。这与将网络安全问题分散到各个主机上相比,防火墙的集中安全管理更经济。

(5) 加强对网络系统的访问控制。一个防火墙的主要功能是对整个网络的访问控制。比如,防火墙设置内部用户对外部网络特殊站点的访问策略,也可以针对可以屏蔽部分主机的特定服务,使得外部网络可以访问该主机的其他服务(如WWW服务),但无法访问该主机的特定服务(如Telnet服务)。

(6) 网络连接的日志记录及使用统计。防火墙系统能提供符合规则报文的信息、系统管理信息、系统故障信息的日志记录。另外,防火墙系统也能够对正常的网络使用情况作出统计。通过对统计结果的分析,可以使得网络资源得到更好的使用。

(7) 报警功能。如具有邮件通知功能,可以将系统的告警通过邮件的形式通知网络管理员。

4.2.2 类型特点

防火墙是一种高级访问控制设备,置于不同网络安全域之间,它通过相关的安全策略来控制(允许、拒绝、监视、记录)进出网络的访问行为。它有很多种形式,有以软件形式运行在普通计算机之上的,也有以固件形式设计在路由器之中的。但总体来讲可分为四大类:包过滤技术、应用代理技术、状态检测技术和完全内容检测技术。

4.2.2.1 包过滤技术

第一代防火墙和最基本形式的防火墙检查每一个通过的网络包,或者丢弃,或者放行,取决于所建立的一套规则,这称为包过滤防火墙。包过滤防火墙技术原理如图4.2所示。

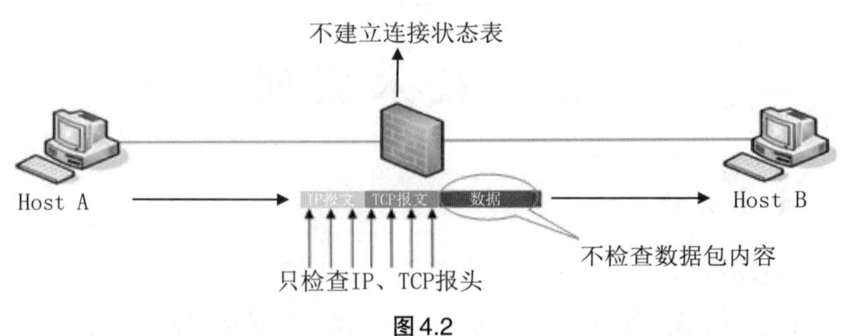

图4.2

本质上,包过滤防火墙是多址的,表明它有两个或两个以上的网络适配器或接口。例如,作为防火墙的设备可能有两块网卡,一块连到内部网络,一块连到公共的Internet。防火墙的任务就是作为“通信警察”,放行正常数据包和截住那些有危害的数据包。

包过滤防火墙检查每一个传入包,查看包中可用的基本信息(源地址和目的地址、端口号、协议等)。然后,将这些信息与设立的规则相比较,如果已经设立了阻断Telnet连接,而包的目的端口是23的话,那么该包就会被丢弃。如果允许传入Web连接,而目的端口为80,则包就会被放行。

多个复杂规则的组合也是可行的。如果允许Web连接,但只针对特定的服务器,目的端口和目的地址二者必须与规则相匹配,才可以让该包通过。通常为了安全起见,与传入规则不匹配的包就会被丢弃,如果需要让该包通过,就要建立规则来处理它。

例如,对来自专用网络的包,只允许来自内部地址的包通过,因为其他包包含不正确的包头部信息。这条规则可以防止网络内部的任何人通过欺骗性的源地址发起攻击。而且,如果黑客对专用网络内部的机器具有了非法的访问权,这种过滤方式可以阻止黑客从网络内部发起攻击。

在公共网络,只允许目的地址为80端口的包通过。这条规则只允许传入的连接为Web连接。这条规则也允许与Web连接使用相同端口的连接,所以它并不十分安全。丢弃从公共网络传入的、却具有你的网络内的源地址的数据包,从而减少IP欺骗的攻击。丢弃包含源路由信息的包,以减少源路由攻击。要记住,在源路由攻击中,传入的包含路由信息,它覆盖了包通过网络应采取的正常路由,可能会绕过已有的安全程序。通过忽略源路由信息,防火墙可以减少这种方式的攻击。

包过滤技术是一种简单、有效的安全控制技术,它工作在网络层,通过在网络间相互联接的设备上加载允许、禁止来自某些特定的源地址、目的地址、TCP端口号等规则,对通过设备的数据包进行检查,限制数据包进出内部网络。

包过滤的最大优点是对用户透明,传输性能高。但由于安全控制层次在网络层、传输层,安全控制的力度也只限于源地址、目的地址和端口号,因而只能进行较为初步的安全控制,对于恶意的拥塞攻击、内存覆盖攻击或病毒等高层次的攻击手段,则无能为力。

4.2.2.2 应用代理技术

应用代理防火墙工作在OSI的第七层,它通过检查所有应用层的信息包,并将检查的内容信息放入决策过程,从而提高网络的安全性。该技术原理如图4.3所示。

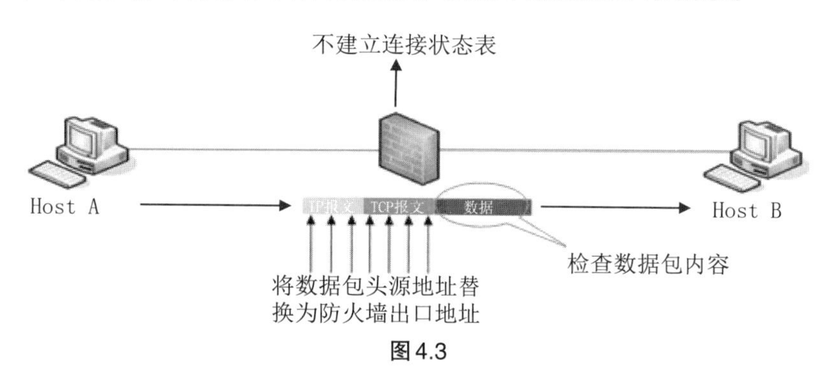

图4.3

应用网关防火墙是通过打破客户机/服务器模式实现的。每个客户机/服务器通信需要两个连接:一个是从客户端到防火墙,另一个是从防火墙到服务器。另外,每个代理需要一个不同的应用进程,或一个后台运行的服务程序,对每个新的应用必须添加针对此应用的服务程序,否则不能使用该服务。所以,应用网关防火墙具有可伸缩性差的缺点。

应用程序代理防火墙实际上并不允许在它连接的网络之间直接通信。相反,它是接受来自内部网络特定用户应用程序的通信,然后建立于公共网络服务器单独的连接。网络内部的用户不直接与外部的服务器通信,所以服务器不能直接访问内部网的任何一部分。另外,如果不为特定的应用程序安装代理程序代码,这种服务是不会被支持的,不能建立任何连接。这种建立方式拒绝任何没有明确配置的连接,从而提供了额外的安全性和控制性。

例如,一个用户的Web浏览器可能是在80端口,也可能是在1080端口,连接到了内部网络的HTTP代理防火墙。防火墙会接受这个连接请求,并把它转到所请求的Web服务器。这种连接和转移对该用户来说是透明的,因为它完全是由代理防火墙自动处理的。代理防火墙通常支持的一些常见的应用程序有:HTTP、HTTPS/SSL、SMTP、POP3、IMAP、TELNET、FTP、IRC。

应用程序代理防火墙可以配置成允许来自内部网络的任何连接,它也可以配置成要求用户认证后才建立连接。要求认证的方式由于只为已知的用户建立连接,为安全性提供了额外的保证。如果网络受到危害,这个特征使得从内部发动攻击的可能性大大减少。

4.2.2.3 状态检测技术

状态/动态检测防火墙,试图跟踪通过防火墙的网络连接和包,这样防火墙就可以使用一组附加的标准,以确定允许或拒绝通信。它是在使用了基本包过滤防火墙的通信上应用一些技术来做到这点的,当包过滤防火墙见到的每一个网络包都是孤立存在的,并没有防火墙所关心的历史信息或未来状态,允许或拒绝包的决定完全取决于包自身所包含的信息,如源地址、目的地址、端口号等。包中没有包含任何描述它在信息流中的位置的信息,则该包被认为是无状态的。该技术原理如图4.4所示。

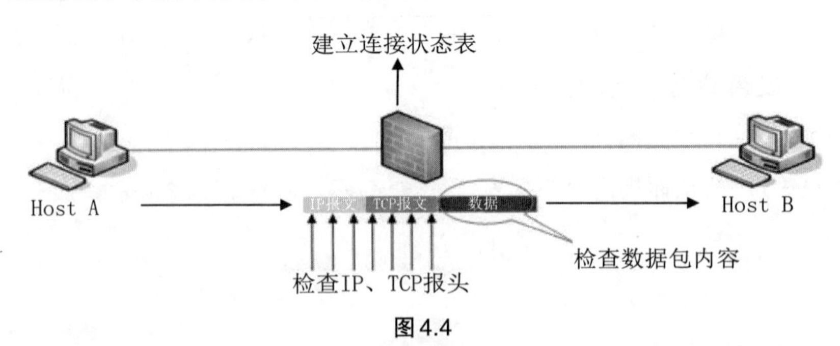

图4.4

一个状态包检查防火墙跟踪的不仅是包中包含的信息。为了跟踪包的状态,防火墙还记录有用的信息以帮助识别包,如已有的网络连接、数据的传出请求等。例如,如果传入的包包含视频数据流,而防火墙可能已经记录了有关信息,是位于特定IP地址的应用程序最近向发出包的源地址请求视频信号的信息。如果传入的包是要传给发出请求的系统,防火墙进行匹配,包就可以被允许通过。

一个状态/动态检测防火墙可截断所有传入的通信，而允许所有传出的通信。因为防火墙跟踪内部出去的请求，所有按要求传入的数据将被允许通过，直到连接被关闭为止。只有未被请求的传入通信会被截断。

如果在防火墙内正运行一台服务器，配置就会变得稍微复杂一些，但状态包检查是很有力的技术。例如，可以将防火墙配置成只允许从特定端口进入的通信，只可传到特定服务器。如果正在运行Web服务器，防火墙只将80端口传入的通信发到指定的Web服务器。

状态/动态检测防火墙还可以提供的其他一些额外的服务：

(1) 将某些类型的连接重定向到审核服务中去。例如，到专用Web服务器的连接，在Web服务器连接被允许之前，可能被发到SecutID服务器(用一次性口令来使用)。

(2) 拒绝携带某些数据的网络通信，如带有附加可执行程序的传入电子消息，或包含ActiveX程序的Web页面。

跟踪连接状态的方式取决于包通过防火墙的类型：

(1) TCP包。当建立起一个TCP连接时，通过的第一个包标有SYN标志。通常情况下，防火墙丢弃所有来自外部主机的连接企图，除非已经建立起某条特定规则来处理它们。对于内部主机发起的试图连接到外部主机的连接，防火墙会注明连接包，允许响应包及随后在两个系统之间的包通过，直到连接结束为止。在这种方式下，传入的包只有在它是响应一个已建立的连接时，才会被允许通过。

(2) UDP包。UDP包比TCP包简单，因为它们不包含任何连接或序列信息。它们只包含源地址、目的地址、校验和携带的数据。这种信息的缺乏使得防火墙确定包的合法性很困难，因为没有打开的连接可利用，以测试传入的包是否应被允许通过。可是，如果防火墙跟踪包的状态，就可以确定其是否可以被允许通过。对传入的包，若它所使用的地址和UDP包携带的协议与传出的连接请求匹配，该包就被允许通过。和TCP包一样，没有传入的UDP包会被允许通过，除非它是响应传出的请求或是已经建立了指定的规则来处理它。对其他种类的包，情况和UDP包类似。防火墙仔细地跟踪传出的请求，记录下所使用的地址、协议和包的类型，然后对照保存过的信息核对传入的包，以确保这些包是被请求的。

状态检测防火墙工作在OSI的第二至四层，采用状态检测包过滤的技术，是由传统包过滤功能扩展而来。状态检测防火墙在网络层有一个检查引擎截获数据包并抽取出与应用层状态有关的信息，并以此为依据决定对该连接是接受还是拒绝。这种技术提供了高度安全的解决方案，同时具有较好的适应性和扩展性。状态检测防火墙一般也包括一些代理级的服务，它们提供附加的对特定应用程序数据内容的支持。

状态检测防火墙基本保持了简单包过滤防火墙的优点，性能比较好，同时对应用是透明的，在此基础上，对于安全性有了大幅提升。这种防火墙摒弃了简单包过滤防火墙，仅仅考察进出网络的数据包，不关心数据包状态的缺点，在防火墙的核心部分建立状态连接表，维护了连接，将进出网络的数据当成一个个的事件来处理。其主要缺点是由于缺乏对应用层协议的深度检测功能，无法彻底识别数据包中大量的垃圾邮件、广告以及木马程序等。

4.2.2.4 完全内容检测技术

完全内容检测技术防火墙综合状态检测与应用代理技术，并在此基础上进一步基于多层检测架构，把防病毒、内容过滤、应用识别等功能整合到防火墙里，其中还包括IPS功能，多单元融为一体，在网络界面对应用层扫描，把防病毒、内容过滤与防火墙结合起来，这体现了网络与信息安全的新思路，因此也被称为"下一代防火墙技术"。该技术原理如图4.5所示。它在网络边界实施OSI第七层的内容扫描，实现了实时在网络边缘布署病毒防护、内容过滤等应用层服务措施。完全内容检测技术防火墙可以检查整个数据包内容，根据需要建立连接状态表，具有网络层保护强、应用层控制细等优点，但由于功能集成度高，对产品硬件的要求比较高。

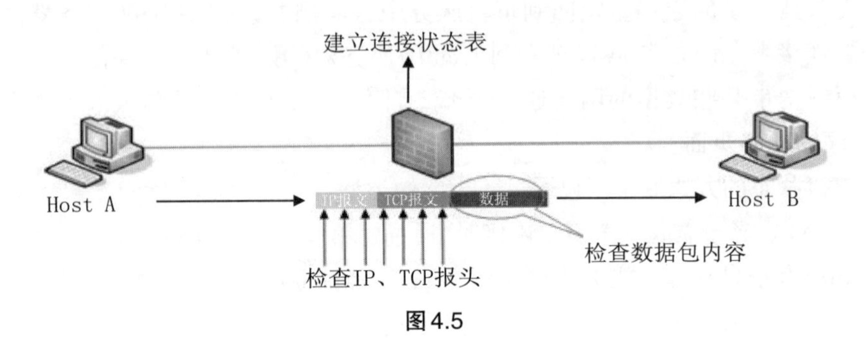

图4.5

4.2.3 架构体系

4.2.3.1 屏蔽路由器

屏蔽路由器是防火墙最基本的构件。它可以由厂家专门生产的路由器实现，也可以用主机来实现。屏蔽路由器作为内外连接的唯一通道，要求所有的报文都必须在此通过检查，如图4.6所示，路由器上可以安装基于IP层的报文过滤软件，实现报文过滤功能。许多路由器本身带有报文过滤配置选项，但一般比较简单。单纯由屏蔽路由器构成的防火墙的危险区域包括路由器本身及路由器允许访问的主机。它的缺点是路由器一旦被攻陷后很难发现，而且不能识别不同的用户。

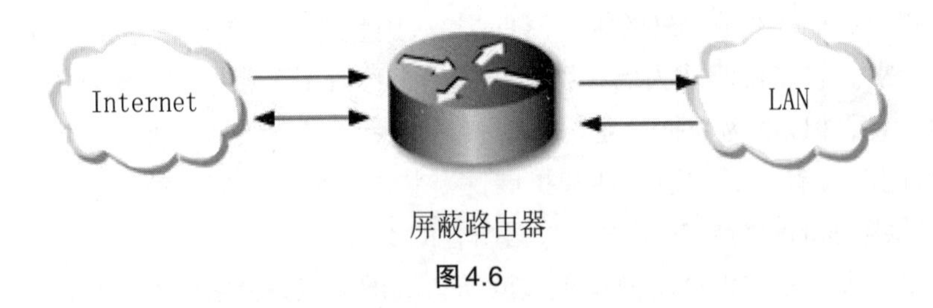

图4.6

4.2.3.2 双宿主机防火墙

这种配置是用一台装有两块网卡的堡垒主机做防火墙，两块网卡分别与受保护网和外部网相连。堡垒主机上运行着防火墙软件，可以转发应用程序，提供服务等。

双宿主机体系结构如图4.7所示。双宿主机防火墙优于屏蔽路由器的地方是堡垒主机的系统软件可用于维护系统日志、硬件维护日志或远程日志。这对于日后的检查很有用，但这不能帮助网络管理者确认内网中哪些主机可能已被黑客入侵。

双宿主机防火墙的一个致命弱点是:一旦入侵者侵入堡垒主机并使其只具有路由功能,则网上任何用户均可以自由访问内网。

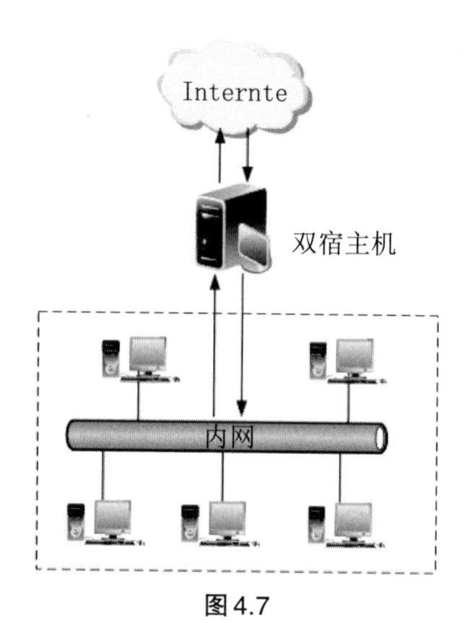

图4.7

4.2.3.3 屏蔽主机防火墙

屏蔽主机防火墙易于实现也很安全,因此应用广泛。例如,一个分组过滤路由器连接外部网络,同时一个堡垒主机安装在内部网络上。通常在路由器上设立过滤规则,并使这个堡垒主机成为从外部网络唯一可直接到达的主机,这确保了内部网络不受未被授权的外部用户的攻击,如图4.8所示。

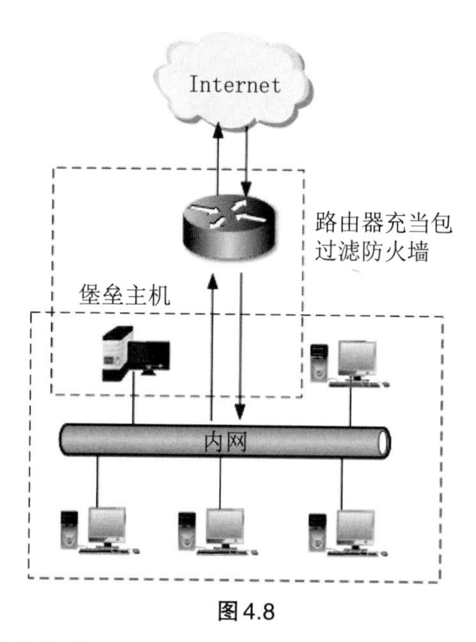

图4.8

如果受保护网是一个虚拟扩展的本地网,即没有子网和路由器,那么内网的变化不影响堡垒主机和屏蔽路由器的配置,危险区域限制在堡垒主机和屏蔽路由器。防火墙的基本控制策略由安装在上面的软件决定。如果攻击者设法登录到它上面,内网中的其余主机就会受到很大威胁,这与双宿主机防火墙受攻击时的情形类似。

4.2.3.4 屏蔽子网防火墙

这种方法是在内部网络和外部网络之间建立一个被隔离的子网,用两台分组过滤路由器将这一子网分别与内部网络和外部网络分开。在很多实现中,两个分组过滤路由器放在子网的两端,在子网内构成一个非军事区(DMZ)。有的屏蔽子网中还设有一台堡垒主机作为唯一可访问点,支持终端交互或作为应用网关代理。这种配置的危险区域仅包括堡垒主机、子网主机及所有连接内网、外网和屏蔽子网的路由器,如图4.9所示。

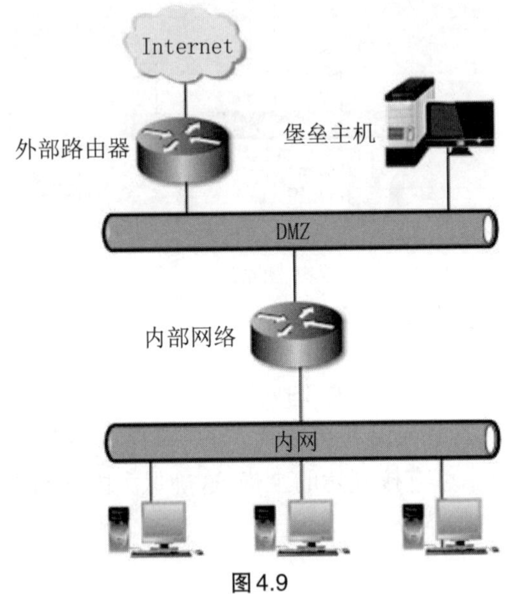

图4.9

如果攻击者试图完全破坏防火墙,他必须重新配置连接3个网的路由器,既不切断连接又不要把自己锁在外面,同时又不使自己被发现,这样的攻击还是可以完成的。但若禁止网络访问路由器或只允许内网中的某些主机访问它,则攻击会变得很困难。在这种情况下,攻击者得先侵入堡垒主机,然后进入内网主机,再返回来破坏屏蔽路由器,而且整个过程中不能引发警报。

4.2.3.5 典型防火墙结构

建造防火墙时,一般很少采用单一的技术,通常是使用多种解决不同问题的技术组合。这种组合主要取决于网管中心向用户提供什么样的服务,以及网管中心能接受什么等级的风险。采用哪种技术主要取决于经费,投资的大小或技术人员的技术、时间等因素。一般有以下8种形式:

(1) 使用多堡垒主机。

(2) 合并内部路由器与外部路由器。

(3) 合并堡垒主机与外部路由器。

(4) 合并堡垒主机与内部路由器。

(5) 使用多台内部路由器。

(6) 使用多台外部路由器。

(7) 使用多个周边网络。

(8) 使用双重宿主主机与屏蔽子网。

目前典型的防火墙结构如图4.10所示。

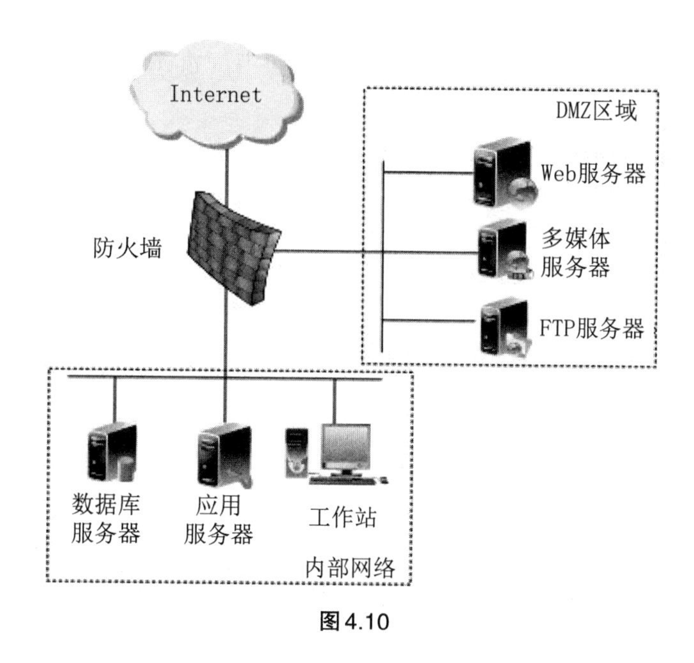

图4.10

4.2.4 常见攻击与防火墙防御方法

4.2.4.1 拒绝服务攻击

拒绝服务攻击企图通过使你的服务计算机崩溃或把它压垮来阻止为你提供服务,拒绝服务攻击是最容易实施的攻击行为,主要包括:

1. 死亡之ping(ping of death)

概述:早期的许多操作系统在TCP/IP栈的实现中,对ICMP包的最大尺寸都规定为64 KB,并且在对包的包头进行读取之后,要根据该包头里包含的信息来为有效载荷生成缓冲区。畸形的ICMP包的的尺寸超过64 KB上限,会出现内存分配错误,导致TCP/IP堆栈崩溃,致使接受方死机。

防御:现在所有的标准TCP/IP实现都能处理超大尺寸的包,并且大多数防火墙能够自动过滤这些攻击,包括从Windows 98之后的Windows NT(service pack 3之后)、Linux、Solaris、和MacOS都具有抵抗一般ping of death攻击的能力。此外,对防火墙进行配置,阻断ICMP以及任何未知协议,都能防止此类攻击。

2. 泪滴(teardrop)

概述:泪滴攻击是利用TCP/IP堆栈对IP碎片的包头所包含信息的信任,来实现攻击的。IP分段含有指示该分段所包含的是信息原包的哪一段的信息,某些TCP/IP找在收到含有重叠偏移的伪造分段时将导致崩溃。

防御:服务器应用最新的服务包,或者设置防火墙不直接转发分段包,而是对它们进行重组。

3. UDP洪水(UDP flood)

概述:各种各样的假冒攻击利用简单的TCP/IP服务,在两台主机之间生成足够多的无用数据流,从而导致带宽的服务攻志。

防御:关掉不必要的TCP/IP服务,或者对防火墙进行配置,阻断来自Internet的请求这些服务的UDP请求。

4. SYN洪水(SYN flood)

概述:一些TCP/IP协议栈只能等待从有限数量的计算机发来的ACK消息,因为它们只有有限的内存缓冲区用于创建连接,如果这一缓冲区充满了虚假连接信息,该服务器就会对接下来的连接停止响应,直到缓冲区里的连接企图超时。SYN洪水就利用该原理进行攻击。

防御:在防火墙上过滤来自同一主机的后续连接。

5. Land攻击

概述:在Land攻击中,一个特别打造的SYN包的源地址和目标地址都被设置成某一个服务器地址,这将导致接受服务器向它自己的地址发送SYN-ACK消息,结果又发回ACK消息并创建一个空连接,每一个这样的连接都将保留直到超时。许多Unix对Land攻击将崩溃,NT则变得极其缓慢。

防御:打最新的补丁,或者在防火墙进行配置,将那些来自外部网络却含有内部源地址的数据包滤掉。

6. Smurf攻击

概述:smurf攻击是将ICMP应答请求的回复地址设置成受害网络的广播地址,最终导致该网络的所有主机都对此ICMP应答请求作出答复,大量数据包将导致网络阻塞,比ping of death洪水的流量高出一或两个数量级。更加复杂的Smurf将源地址改为第三方受害主机,最终导致第三方主机崩溃。

防御:为了防止黑客利用你的网络攻击他人,关闭外部路由器或防火墙的广播地址特性。或者在防火墙上设置规则,丢弃ICMP包。

7. Fraggle攻击

概述:Fraggle攻击对Smurf攻击作了简单的修改,使用的是UDP应答消息而不是ICMP。

防御:在防火墙上过滤掉UDP应答消息。

8. 电子邮件炸弹

概述:电子邮件炸弹是最古老的匿名攻击之一,通过设置一台机器不断地、大量地向同一地址发送电子邮件,攻击者能够耗尽接收者网络的带宽。

防御:对邮件地址进行配置,自动删除来自同一主机的过量或重复的消息。

9. 畸形消息攻击

概述:各类操作系统上的许多服务都存在此类问题,由于这些服务在处理信息之前没有进行正确的错误校验,在收到畸形的信息时可能会崩溃。

防御:打最新的服务补丁。

4.2.4.2 利用型攻击

利用型攻击是一类试图直接对你的机器进行控制的攻击,最常见的有3种:

1. 口令猜测

概述:一旦黑客识别了一台主机而且发现了基于NetBIOS、Telent或NFS等服务的可利用的用户账号,成功的口令猜测可能提供对机器的控制。

防御:要选用难猜测的口令,比如词和标点符号的组合。确保像NFS、NetBIOS和Telnet等服务不暴露在公共范围。如果该服务支持锁定策略,就进行锁定策略。

2. 特洛伊木马

概述:特洛伊木马是一种被其他使用者秘密安装到目标系统的程序。一旦安装成功并取得管理员权限,安装此程序的使用者就可以直接远程控制目标系统。恶意程序包括NetBus、BackOrifice和B02k,用于控制系统的良性程序如netcat、VNC、pcAnywhere。

防御:避免下载可疑程序并拒绝执行,运用网络扫描软件定期监视内部主机上的TCP监听服务。

3. 缓冲区溢出

概述:很多的服务程序中使用了没有进行有效边界检查的函数,这可能导致恶意用户编写一小段利用程序并将该代码放在缓冲区末尾,当发生缓冲区溢出时,返回指针指向恶意代码,这样系统的控制权就会被夺取。

防御:利用SafeLib、taripwire这样的程序保护系统,或者浏览最新的安全公告,不断更新操作系统。

4.2.4.3 信息收集型攻击

信息收集型攻击并不对目标本身造成危害,这类攻击被用来为进一步入侵提供有用的信息,主要包括扫描技术、体系结构刺探、利用信息服务。

1. 扫描技术

(1) 地址扫描

概述:运用ping这样的程序探测目标地址,对此作出响应,则表示其存在。

防御:在防火墙上过滤掉ICMP应答消息。

(2) 端口扫描

概述:通常使用一些软件,向大范围的主机连接一系列的TCP端口,扫描软件报告它成功的建立了连接的主机所开的端口。

防御:许多防火墙能检测到是否被扫描,并自动阻断扫描企图。

(3) 反向映射

概述:黑客向主机发送虚假消息,然后根据返回“host unreachable”这一消息特征判断出哪些主机是存在的。目前由于正常的扫描活动容易被防火墙侦测到,黑客转而使用不会触发防火墙规则的常见消息类型,这些类型包括:RESET消息、SYN-ACK消息、DNS响应包。

防御:NAT和非路由代理服务器能够自动抵御此类攻击,也可以在防火墙上过滤“host unreachable”ICMP应答。

(4) 慢速扫描

概述:由于一般扫描侦测器的实现是通过监视某个时间帧里一台特定主机发起的连接的数目来决定是否在被扫描,这样黑客可以通过使用扫描速度慢一些的扫描软件进行扫描。

防御:通过引诱服务来对慢速扫描进行侦测。

2. 体系结构探测

概述:黑客使用具有已知响应类型的数据库的自动工具,对来自目标主机的响应数据包进行检查。由于每种操作系统都有其独特的响应方法(如NT和Solaris的TCP/IP协议栈具体实现有所不同),通过将此独特的响应与数据库中的已知响应进行对比,黑客能够确定出目标主机所运行的操作系统。

防御:去掉或修改各种操作系统和应用服务的Banner,阻断用于识别的端口。

3. 利用信息服务

(1) DNS域转换

概述:DNS协议不对转换请求进行身份认证,这使得该协议被人以一些不同的方式加以利用。一台公共的DNS服务器,黑客只需实施一次域转换操作就能得到所有主机的名称以及内部IP地址。

防御:在防火墙处过滤掉域转换请求。

(2) Finger服务

概述:黑客使用finger命令来刺探一台finger服务器以获取关于该系统的用户信息。

防御:关闭finger服务并记录尝试连接该服务的对方IP地址,或者在防火墙上进行过滤。

(3) LDAP服务

概述:黑客使用LDAP协议窥探网络内部的系统和它们的用户信息。

防御:对于刺探内部网络的LDAP进行阻断并记录,如果在公共机器上提供LDAP服务,应把LDAP服务器放人DMZ。

(4) 假消息攻击

用于攻击目标配置正确的消息,主要包括:DNS高速缓存污染、伪造电子邮件。

(5) DNS高速缓存污染

概述:由于DNS服务器与其他名称服务器交换信息的时候并不进行身份验证,这就使得黑客可以将不正确的信息掺进来并把用户引向黑客自己的主机。

防御:在防火墙上过滤入站的DNS更新。

(6) 伪造电子邮件

概述:由于SMTP并不对邮件发送者的身份进行鉴定,因此黑客可以对内部客户伪造电子邮件,声称是来自某个客户认识并相信的人,并附带上可安装的特洛伊木马程序,或者是一个引向恶意网站的连接。

防御:使用PGP等安全工具,并安装电子邮件证书。

4.3 天融信防火墙安装配置

4.3.1 天融信防火墙介绍

NGFW®下一代防火墙是天融信公司凭借多年以来积累的安全产品研发与部署经验，为适应各个行业不同的网络应用环境，以及满足各类用户差异化的安全防护需求，设计并研发的多业务高性能防火墙系列产品。

NGFW®下一代防火墙产品基于天融信TOS安全操作系统平台，具有高效、可靠、易扩展等特点。平台自身除提供防火墙基本功能以外，还集成了身份认证、流量管理、上网行为管理、DoS/DDoS防护、反垃圾邮件及负载均衡等功能组件。同时，受益于TOS安全操作系统平台开放性的系统架构及模块化的设计思想，使NGFW®下一代防火墙系列产品具有良好的功能易扩展性，可扩展支持SSLVPN、IPSecVPN、入侵防御、病毒防御、僵尸网络阻断、URL分类过滤、APT防御等安全功能模块。

NGFW®下一代防火墙产品在硬件层面基于目前最先进的高性能多核架构，通过与TOS安全操作系统平台的有机融合，使其在网络层转发、应用层处理及数据加解密等方面均展示出强大的性能优势。另外，NGFW®下一代防火墙产品线分布从桌面级产品到骨干网络级产品，拥有不同硬件形态、接口配置及性能规格等多种产品型号，以满足各类用户的安全防护需求。

4.3.2 初始化配置与管理

4.3.2.1 工作模式

天融信防火墙可以在3种模式下工作：透明模式、路由模式以及混合模式。

1. 透明模式

在这种模式下，天融信防火墙的所有接口均作为交换接口工作。也就是说，对于同一VLAN的数据包在转发时不作任何改动，包括IP和MAC地址，直接把包转发出去。同时，天融信防火墙可以在设置了IP的VLAN之间进行路由转发，如图4.11所示。

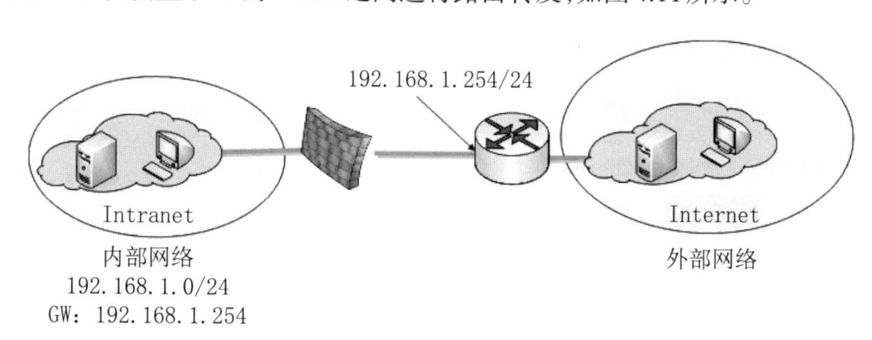

图4.11

2. 路由模式

在这种模式下,天融信防火墙类似于一台路由器转发数据包,将接收到的数据包的源MAC地址替换为相应接口的MAC地址,然后转发。该模式适用于每个区域都不在同一个网段的情况。和路由器一样,天融信防火墙的每个接口均要根据区域规划配置IP地址,如图4.12所示。

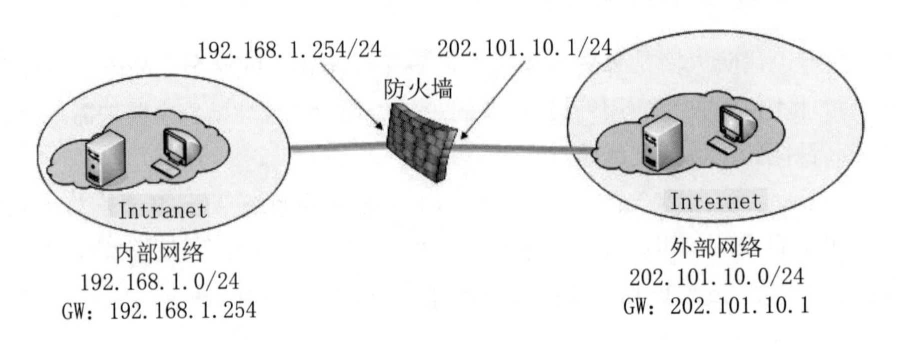

图4.12

3. 混合模式

顾名思义,这种模式是前两种模式的混合。也就是说某些区域(接口)工作在透明模式下,而其他的区域(接口)工作在路由模式下。该模式适用于较复杂的网络环境,如图4.13所示。

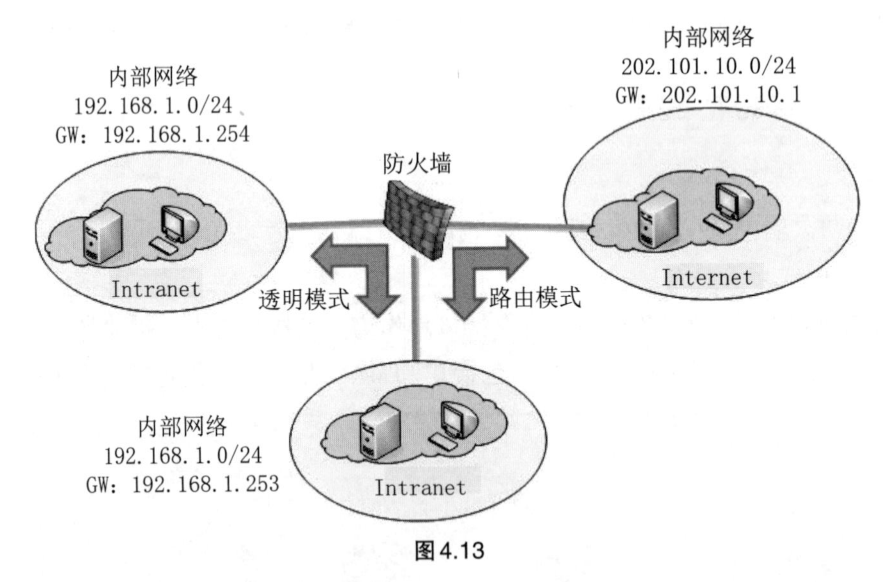

图4.13

在网络规划时,一般会碰到两种情况:

(1) 在当前运行的网络中添加天融信防火墙。

这种情况下,天融信防火墙的安装环境为一个已经建立并正在运行的网络,目的通常是增强现有网络的防御能力。在此类网络中部署防火墙,往往要求尽可能少地改动或禁止改动网络节点的网络属性,如网络拓扑结构、网络设备地址等,并要求防火墙的接入对网络通信造成的影响最少,尽可能地做到防火墙部署透明。这种环境下,部署的天融信防火墙最好采用透明模式或者虚拟线方式。在透明模式下，如果在同一VLAN中转发数据包文，天融信防火墙将不改变通信数据包的包头信息，这样可以避免各个防火区域中应用设备的物理地址的刷新。同时，天融信防火墙可以在设置了接口IP的不同VLAN之间路由转发数据包文。在虚拟线模式下，将防火墙的2个物理接口加入一个虚拟线组后，从一个接口接收包时，除了目的地址是防火墙地址的数据包文外，会直接从另一个接口转发出去，不经过二层交换以及三层路由的检查过程。

(2) 在设计网络结构和部署网络设备的初始阶段，充分考虑了网络的安全问题，并已将天融信防火墙的安全和通信等功能融入网络设计方案。

在这种情形下，通常可以启用防火墙的通信功能，如路由、地址转换等。最佳的工作模式为混合模式，即同时使用防火墙的透明功能和路由功能。透明模式支持把同一网段的网络区域划分为不同的防火区，主要适用于基于业务的IP分配方案，可以将同一应用业务的服务器和客户机通过同一网段连接起来，以提高整体网络的通信性能。路由模式支持将路由信息转发到其他防火区，减少防火墙应用带来的网络管理的工作量。天融信防火墙路由模式提供完整的静态路由功能，对于中小规模的内部网络完全可以代替内网路由器。

该工作模式下，天融信防火墙可以友好地支持网络扩展，如可以对防火墙原有的配置不作改变或少量修改，实现在原有网络基础上增加网段或主机的功能。

4.3.2.2 设备硬件介绍

天融信防火墙设备如图4.14所示，指示灯名称及其状态描述见表4.1。

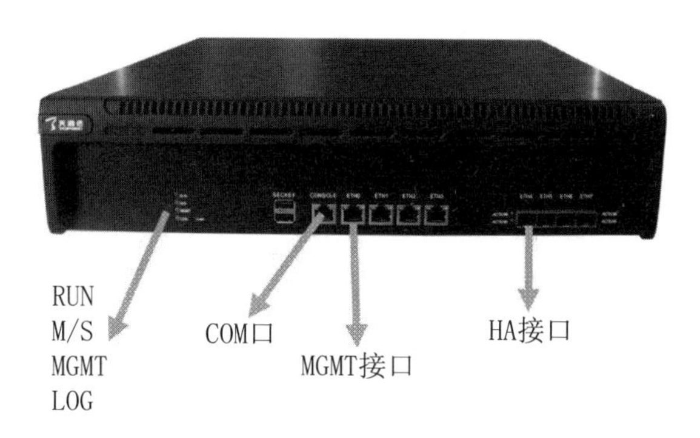

图4.14

表4.1

指示灯名称	指示灯状态描述
工作灯(Run)	当防火墙进入工作状态时，工作灯闪烁
主从灯(M/S)	主从灯亮的时候，代表这台墙是工作墙；反之，如果主从灯处于熄灭状态，则该防火墙工任务在备份模式
管理灯(MGMT)	当网络管理员，如安全审计管理员登录防火墙时，管理灯点亮
日志灯(Log)	当有日志记录动作发生时，且前后两次日志记录发生的时间间隔超1秒钟时，日志灯会点亮

网络管理员可通过多种方式管理天融信防火墙，包括通过Console口进行本地管理以及通过以下3种方式进行远程管理：

（1）WebUI方式（通过浏览器直接登录防火墙进行管理）；

（2）SSH（Secure Shell）；

（3）Telnet。

第一次使用天融信防火墙，管理员可以通过Console口以命令行方式或通过浏览器以WebUI方式进行配置和管理。天融信防火墙支持通过IPv4/IPv6地址管理防火墙，使用IPv4、IPv6地址管理防火墙除了管理地址格式不一致外，其他操作方式一致。

4.3.2.3 管理方式

管理员在管理主机的浏览器上输入防火墙的管理URL，如https://192.168.1.254（如果包含SSL VPN模块，则URL应当为https://192.168.1.254:8080），弹出的登录页面如图4.15所示。输入用户名及密码（天融信防火墙默认出厂用户名/密码为：superman/talent）后，点击"登录"按钮，就可以进入管理页面。

图4.15

4.3.3 常见策略配置

4.3.3.1 接口设置

天融信防火墙根据设备型号的不同支持快速以太网接口（千兆和万兆），在进行接口配置时，协商及速度等属性一般为系统自动匹配模式，MTU及MSS也采用系统默认值，一般不需要用户配置，但是根据用户需要，当接口采用GE（千兆以太网）电接口时（同时支持10/100/1000 Mbit/s），也可以由用户强制指定接口速度。此外，采用不同的链路层封装格式，其缺省的MTU值也不同。

天融信防火墙工作在路由模式下时，物理接口支持IPv4地址和IPv6地址。

设置天融信防火墙的物理接口属性具体操作步骤如下：

（1）在左侧导航树中选择"网络管理"→"接口"，或在WebUI界面右上方的菜单栏选择"接口配置"，进入"物理接口"界面，可以看到防火墙的所有物理接口的相关属性，如图4.16所示。

物理接口 子接口

接口名称	描述	接口模式	地址	MTU	状态	链接	协商	速率	设置
eth0	intranet	路由	192.168.99.213/255.255.255.0	1500	启用		全双工	100M	
eth1	internet	路由	fe80::213:32ff:fe06:50fd/10	1500	启用				
eth2	ssn	路由	fe80::213:32ff:fe06:50fe/10	1500	启用				
eth3		路由	fe80::213:32ff:fe06:50ff/10	1500	启用				

图4.16

(2) 设置接口。点击接口对应的设置图标,可以设置接口的属性及相关参数,如图4.17所示。

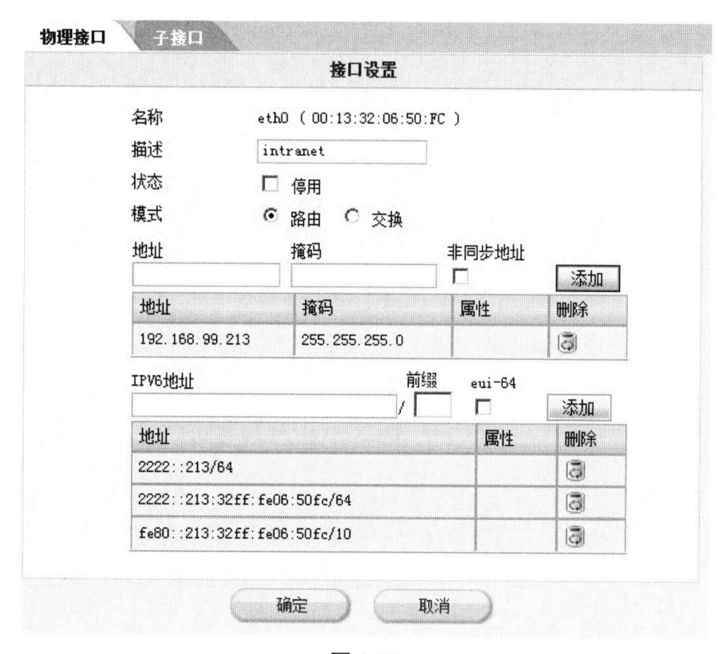

图4.17

设置接口的基本属性包括接口工作在路由模式还是交换模式、是否启用该接口以及接口描述信息。在设置接口基本属性时,各项参数的具体说明如表4.2所示。

表4.2

参数	说明
名称	显示接口名称及其MAC地址
描述	用户可以输入对该接口的简要描述
状态	默认接口为"启用"状态,表示可以使用该接口;如勾选"停用",则表示该接口将不会工作,该接口所在的区域将无法和其他接口进行通讯
模式	设定接口工作在路由模式或者交换模式

4.3.3.2 路由设置

天融信防火墙转发数据包文的关键是路由表,表中每条路由项都指明分组到某子网或某主机应通过防火墙的哪个物理端口发送,然后就可到达该路径的下一个路由器,或者不再经过别的路由器而传送到直接相连的网络中的目的主机。在静态路由表中,当同一目的地存在多条静态路由时,“度量值”小的路由将成为当前的最优路由。当“度量值”也相同时,会根据“权重值”做权重负载均衡,选择下一跳。如果权重值也相等,则采取轮询方式选择下一跳,即依次通过各条路径发送,从而实现网络的负载分担。

配置路由表的具体操作步骤如下:

(1) 在左侧导航树中选择“网络管理”→“路由”,进入IPv4路由表设置界面,如图4.18所示。

路由表 | IPV6路由表 | 策略路由 | IPv6策略路由 | RA | 动态路由OSPF | 动态路由RIP | 多播路由 | ISP路由表

标记: U-Up, G-Gateway specified, L-Local, C-Connected, S-Static O-Ospf, R-Rip, B-Bgp, D-Dhcp, I-Ipsec, i-Interface specified

添加 清空 总计: 13

目的	网关	标记	度量值	权重值	出接口(属性)	探测ID	删除
100.1.1.1/32	0.0.0.0	ULi	1	1	lo	-	-
30.1.1.2/32	0.0.0.0	ULi	1	1	lo	-	-
192.168.98.199/32	0.0.0.0	ULi	1	1	lo	-	-
1.1.1.8/32	10.1.1.2	GS	1	1	-	-	
1.1.1.9/32	10.1.1.6	GSi	1	1	eth15	-	

图4.18

(2) 查看路由表。路由表项包括3类:

① 静态路由。由管理员手工配置,“标记”列包含“S”标记;如果添加时指定了“出接口”,则还包含“i”标记;如果添加时指定了“网关”,则还包含“G”标记;“标记”一栏不显示“U”时,表示该条路由不可用。

② 动态路由。需要管理员配置相关的动态路由协议的参数,配置正确时学习到的动态路由将显示在列表中;“标记”列包含“O”表示由OSPF协议学习得到;“标记”列包含“R”表示由RIP协议学习得到;“标记”列包含“B”表示由BGP协议学习得到。

③ 直连路由。在物理接口或虚接口启用后自动添加在路由表中,包括物理接口和VLAN虚接口的直连路由、IPSecVPN模块启动后自动添加的静态路由、SSLVPN模块启动了“全网接入”功能后添加的静态路由、ADSL拨号成功后自动添加的静态路由。“标记”列包含“C”标记。

(3) 添加静态路由。点击“添加”,进入静态路由的添加页面,如图4.19所示。按照要求添加路由信息,点击“确定”即可。

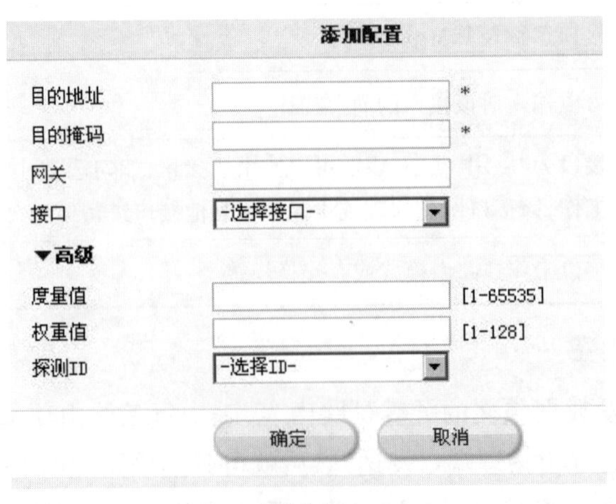

图4.19

4.3.3.3 资源管理

天融信防火墙大多数的功能配置都是基于资源的,如访问控制策略、地址转换策略、服务器负载均衡策略、认证管理等。可以说,定义各种类型的资源是管理员在对天融信防火墙进行配置前首先要做的工作之一。

资源概念的使用大大简化了管理员对天融信防火墙的管理工作。当某个资源发生变化时,管理员只需要修改资源本身即可,而无需逐一地修改所有引用该资源的策略或规则。

在天融信防火墙中,用户可定义的资源的类型包括:

(1) 地址资源:包括主机资源、地址范围资源、子网资源和地址组。

(2) 区域资源:通过与接口绑定,定义区域的访问权限。

(3) 时间资源:包括循环时间资源和单次时间资源。

(4) 服务资源:包括系统预定义的服务资源、用户自定义的服务资源和服务组。

(5) DNS对象:介绍设置DNS关键字对象。

1. 设置地址资源

地址资源的设置是资源管理中最基本的操作,在定义访问控制规则和地址转换规则时需要引用不同的地址资源。用户可以设置的IPv4和IPv6地址资源包括主机资源、地址范围资源、子网资源和地址组资源。将鼠标置于地址资源的名称处,可以查看引用该资源的所有策略。

在左侧导航树中选择"资源管理"→"地址",进入主机地址配置界面,如图4.20所示。

主机 范围 子网 地址组

添加 清空 显示MAC绑定 总计: 2038

名称	IP地址	操作
10.1.1.3	10.1.1.3	
10.1.1.2	10.1.1.2	
10.1.1.1	10.1.1.1	
192.168.67.113	192.168.67.113	
192.168.98.199	192.168.98.199	
192.168.93.246	192.168.93.246	
192.168.1.170	192.168.1.170	
210.136.2.201	210.136.2.201	
210.136.2.2	210.136.2.2	
190.1.22.2	190.1.22.2	
190.1.11.177	190.1.11.177	
210.136.2.19	210.136.2.19	

图4.20

2. 设置区域资源

系统支持区域的概念,用户可以根据实际情况,将网络划分为不同的安全域,并根据其不同的安全需求,定义相应的规则进行区域边界防护。如果不存在可匹配的访问控制规则,天融信防火墙将根据目的接口所在区域的权限处理该报文。

在左侧导航树中选择"资源管理"→"区域",进入系统区域设置界面,如图4.21所示。防火墙出厂配置中缺省区域资源为area_eth0,并已和缺省属性资源eth0绑定,而属性资源eth0已和接口eth0绑定,因此出厂配置中防火墙的物理接口eth0已属于区域area_eth0。在添加区域资源时,各项参数的具体说明如表4.3所示。

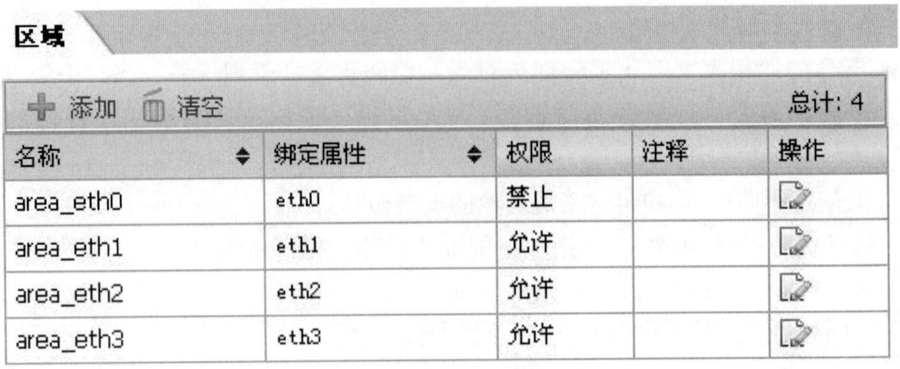

区域

添加 清空 总计: 4

名称	绑定属性	权限	注释	操作
area_eth0	eth0	禁止		
area_eth1	eth1	允许		
area_eth2	eth2	允许		
area_eth3	eth3	允许		

图4.21

表4.3

参数	说明
名称	必选项。设置资源的名称
访问权限	设定该区域的缺省访问权限(允许访问或禁止访问)
注释	输入必要的说明信息
可用属性	选择与该区域绑定的属性。可以同时选择一个或多个属性

3. 设置时间资源

天融信防火墙可以基于时间对数据包进行细粒度的访问控制,如用户可以针对工作时间和非工作时间设置不同的访问控制规则(图4.22)。

时间多次 时间单次

添加 清空 总计: 2

名称	星期	每日开始	每日结束	操作
worktime	12345	09:00	18:00	
relaxtime	12345	12:00	13:30	

图4.22

天融信防火墙支持的时间资源分为循环时间资源和单次时间资源。循环时间是指以周为单位的循环时间段,如每周的某一天,该天的起始和结束时间;单次时间是指任意某一特定时段。

在左侧导航树中选择"资源管理"→"时间",进入循环时间设置界面,如图4.23所示。

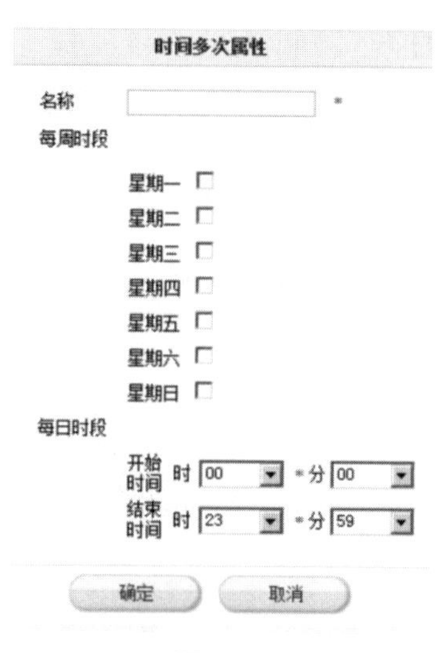

图4.23

4. 设置服务资源

服务资源的设置便于用户根据不同的服务定义访问控制规则,服务资源分为三种:

(1) 系统预定义服务:系统预定义的一些常用服务。

(2) 自定义服务:根据自身业务的需要自定义的服务和端口号。

(3) 服务组:将各种服务组合定义成服务组。

为方便对用户网络中不同服务的访问控制,系统预先定义了196条常见服务供用户在设置访问控制规则时使用。对于这些预定义的服务,用户不可以进行修改和删除,只能通过在左侧导航树中选择“资源管理”→“服务”,激活“预定义”页签来进行查看。如图4.24所示。

预定义 自定义 服务组

预定义服务 总计：196

名称	详细
IP	ETH/0x0800
ARP	ETH/0x0806
LOOP	ETH/0x0060
XEROX_PUP	ETH/0x0200
PUPAT	ETH/0x0201
X25	ETH/0x0805
BPQ	ETH/0x08FF
IEEEPUP	ETH/0x0a00
IEEEPUPAT	ETH/0x0a01
DEC	ETH/0x6000
DNA_DL	ETH/0x6001
DNA_RC	ETH/0x6002
DNA_RT	ETH/0x6003
LAT	ETH/0x6004
DIAG	ETH/0x6005
CUST	ETH/0x6006

图4.24

为实现对网络中某种服务的访问控制,但在系统没有预先定义该服务,用户可以根据需要自行定义服务(图4.25),然后设置ACL规则对自定义服务进行控制,如图4.26所示。

图4.25

服务属性
名称 *
类型 TCP
端口 - *
[单个端口或范围,单个端口只填起始.ICMP是类型值0-18及特征码]
确定 取消

图4.26

服务属性各参数的填定说明见表4.4。

表4.4

参数	说明
名称	必选项。输入自定义服务对象名
类型	选择自定义服务使用的协议类型。可选项:TCP、UDP、ICMP、以太网协议、其他IP协议
端口	必选项。当“类型”选择TCP、UDP、ICMP时显示该选项。用于输入自定义服务占用的单个端口或端口范围,前后两个文本框分别表示起始和终止端口号。如果是单个端口则只填起始端口。 当协议类型为TCP或UDP时,取值范围:0~65535;当协议类型选择ICMP时,取值范围:0~18
类型值	当协议类型为“以太网协议”或“其他IP协议”时,界面显示该项。对于“以太网协议”,取值范围:256~65535;对于“其他IP协议”,取值范围:1~255

4.3.3.4 阻断策略

随着越来越多的私有网络连入公有网络,网络管理员需要面对这样的问题:如何在保证合法访问的同时,对非法访问进行控制?这就需要对路由器转发的数据包做出区分,即需要包过滤。

阻断策略实现对IP数据包的过滤,对NGFW需要转发的数据包,先获取数据包的包头信息,包括IP层所承载的上层协议的协议号、数据包的源地址、目的地址、源端口和目的端口,以及数据包的二层协议类型、源和目的MAC地址信息等,然后顺序和设定的阻断策略进行比较，一旦数据包与某一条阻断策略匹配，防火墙则对数据包执行该阻断策略相应的访问权限(允许或拒绝)操作。如果没有匹配到任何策略，则会依据默认规则对该报文进行处理。在出厂配置中，默认阻断策略为允许所有的数据包文通过防火墙。

设置阻断策略的具体操作步骤如下：

(1) 在左侧导航树中选择“防火墙”→“阻断策略”，进入阻断策略设置界面，如图4.27所示。

图4.27

(2) 添加新的策略。点击“添加”添加一条报文阻断策略，如图4.28所示。

阻断策略

阻断策略属性

访问权限 允许 拒绝
日志记录 否
来源区域 ---任意区域---
协议类型 IP
源MAC地址 [格式如 AA:BB:CC:DD:EE:FF]
目的MAC地址 [格式如 AA:BB:CC:DD:EE:FF]
IP协议类型 全部
源地址 --任意地址--
目的地址 --任意地址--
源端口 - [1-65535]
目的端口 - [1-65535]
确定 取消

图4.28

阻断策略属性各参数的填写说明见表4.5。

表4.5

参数	说明
访问权限	对非防火墙本地始发且符合阻断策略的数据包所执行的操作，可选项：允许、拒绝
日志记录	选择是否将防火墙根据阻断策略对数据包的执行情况在日志中作记录
来源区域	根据数据的源地址所属区域进行报文阻断。可以选择已经定义的区域对象或“任意区域”。“任意区域”表示不对报文所属的区域进行判定

续表

参数	说明
协议类型	根据协议类型进行报文阻断，包括IP协议、ARP协议等
源MAC地址	二层协议，源主机的MAC地址。MAC地址中的字母十六进制数位应当大写
目的MAC地址	二层协议，目的主机的MAC地址。在路由模式下，输入则只能为区域所属防火墙物理接口的MAC地址；在透明模式下，输入可以为目的主机的MAC地址
IP协议类型	三层协议，选择要过滤的协议类型，只有在“协议类型”处选择“IP”时，才需要设置该参数及以下参数
源地址	选择匹配的源主机地址、地址范围或子网对象
目的地址	选择匹配的目的主机地址、地址范围或子网对象
源端口	源端口或端口范围，只有“IP协议类型”处选择了“TCP”或“UCP”时，才需要设置该参数
目的端口	目的端口或端口范围，只有“IP协议类型”处选择了“TCP”或“UDP”时，才需要设置该参数。 说明：如果是允许访问某些目的端口，则如果端口为连续的，可以在目的端口处设定范围，否则需要对每一个端口设定相应的报文阻断策略。

4.3.3.5 访问控制

访问控制列表(Access Control List，ACL)的功能是过滤通过网络设备的特定数据包。ACL通过一系列匹配条件对数据包进行分类，这些条件可以是数据包的来源区域、源地址、目的区域、目的地址、端口号等，防火墙根据ACL中指定的条件来检测数据包，从而决定是转发还是丢弃该数据包。

在左侧导航树中选择“防火墙”→“访问控制”，进入IPv4访问控制规则定义界面，如图4.29所示。

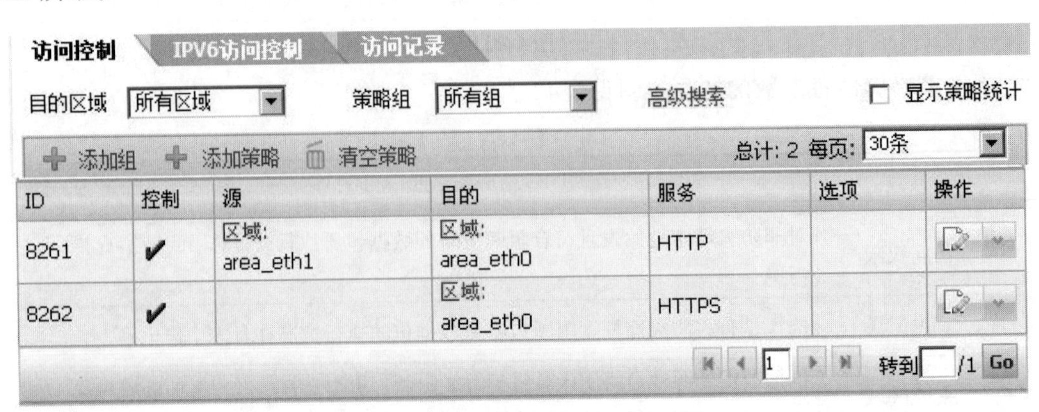

图4.29

在图4.29中，“操作”具体有6个下接菜单，如图4.30所示。

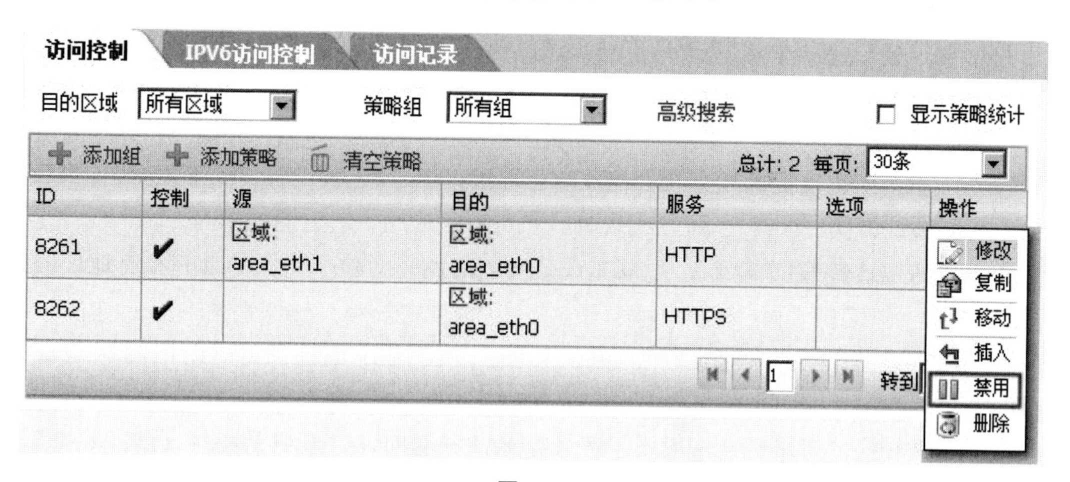

图4.30

如需添加访问控制策略，点击图4.29中的“添加策略”，将得到如图4.31所示的界面。填写完毕后点击“确定”即添加成功。

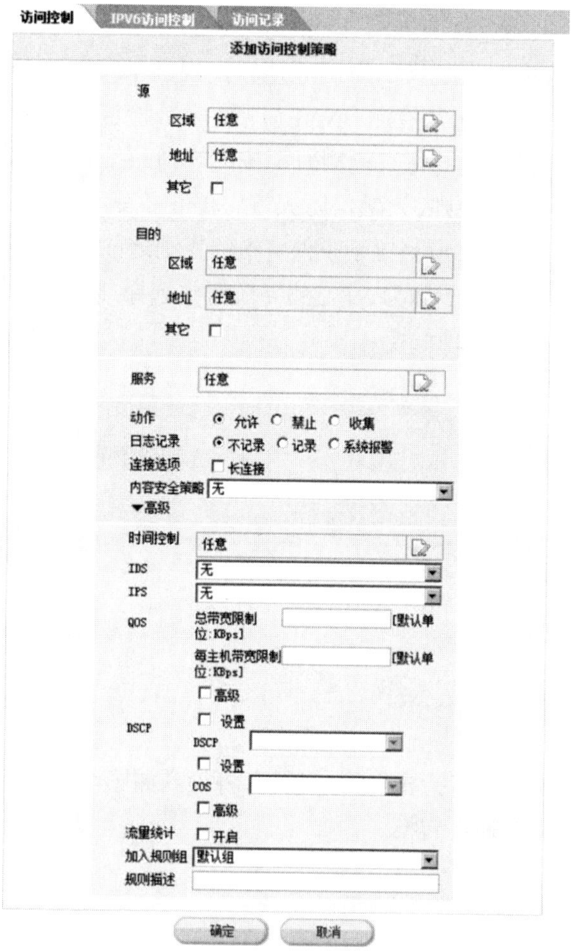

访问控制 IPV6访问控制 访问记录

添加访问控制策略

源
区域 任意
地址 任意
其它

目的
区域 任意
地址 任意
其它

服务 任意

动作 允许 禁止 收集
日志记录 不记录 记录 系统报警
连接选项 长连接
内容安全策略 无
▼高级
时间控制 任意
IDS 无
IPS 无
QOS 总带宽限制 [默认单位:KBps]
每主机带宽限制 [默认单位:KBps]
高级
DSCP 设置
DSCP
设置
COS
高级
流量统计 开启
加入规则组 默认组
规则描述

确定 取消

图4.31

4.3.3.6　地址转换

网络地址转换(Network Address Translation,NAT)是在IP数据包通过路由器或防火墙时重写源IP地址或/和目的IP地址的技术。这种技术被普遍使用在有多台主机但只通过一个公有IP地址访问因特网的私有网络中,当然,它也让主机之间的通信变得复杂,导致通信效率降低。天融信防火墙提供以下几种地址转换方式:

(1) 源地址转换(SNAT)。可以实现具有私有地址的用户对公网的访问。

(2) 目的地址转换(DNAT)。可以实现公网上的用户对位于内网的具有私有地址的服务器的访问。

(3) 双向地址转换(双向NAT)。可以实现一个内网IP地址到另一个内网IP地址的访问。

(4) 不做转换(NoNAT)。一般用于定义源NAT和双向NAT规则的特例,此时NoNAT规则需要置于匹配范围较大的NAT规则前面。

在天融信防火墙上,通过选择已经定义的资源对象来设定进行NAT转换的数据包应当满足的匹配条件。如果在某一个选项处设置了多个条件,则必须同时满足这些条件才认为匹配该规则。例如,在“源区域”处选择“area_eth0”,源地址选择“172.16.1.2”对象,那么,只有发起连接的源属于区域area_eth0,同时,源IP地址包含在172.16.1.2对象中时,对报文才进行地址转换。天融信防火墙中定义的所有地址转换规则都按一定顺序存储在一张规则表中。当数据包通过设备时,首先检测DNAT规则,然后检测访问控制规则,最后再检测SNAT、双向NAT和NoNAT规则。每次检测时都按照规则的排列顺序逐一与数据包匹配,一旦存在一条匹配的地址转换规则,天融信防火墙将停止检索,并按所定义的规则处理数据包。因此,匹配条件严格的规则应当置于条件宽松的规则之前。

添加NAT规则的具体操作步骤为:在左侧导航树中选择“防火墙”→“地址转换”,进入地址转换规则列表界面,如图4.32所示。

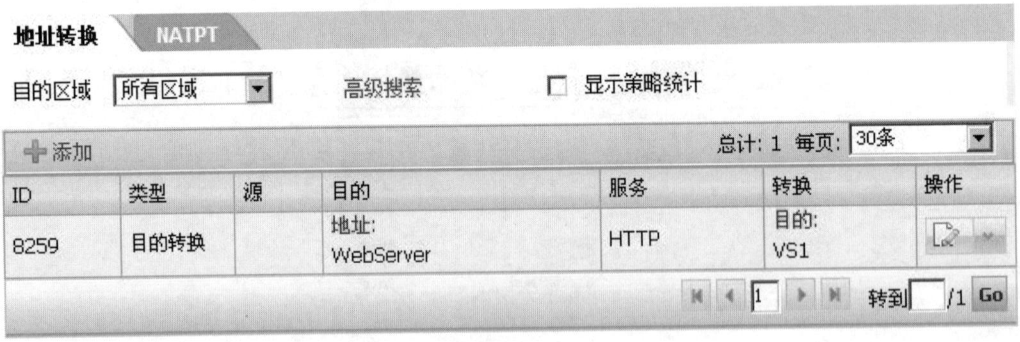

地址转换　NATPT

目的区域 所有区域　高级搜索　☐ 显示策略统计

添加　总计: 1 每页: 30条

ID	类型	源	目的	服务	转换	操作
8259	目的转换		地址: WebServer	HTTP	目的: VS1	

1　转到 /1 Go

图4.32

在如图4.32所示的界面中,点击“添加”按钮,将得到如图4.33所示的界面。填写完毕后点击“确定”,即可添加新的地址转换。

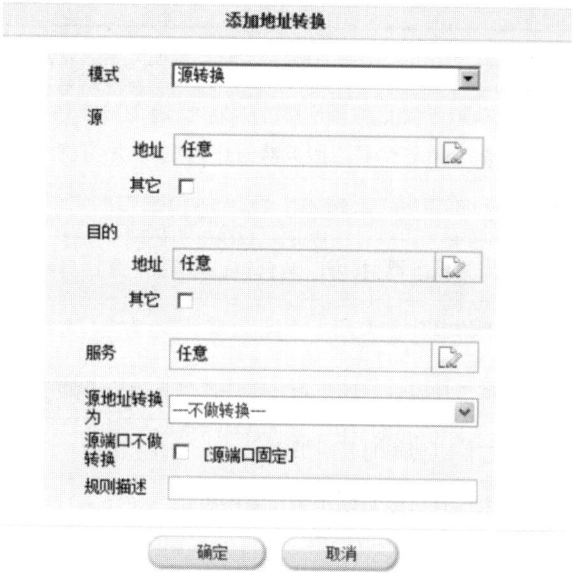

添加地址转换

模式 源转换
源
地址 任意
其它
目的
地址 任意
其它
服务 任意
源地址转换为 ---不做转换---
源端口不做转换 [源端口固定]
规则描述
确定 取消

图4.33

4.3.3.7 日志报警

天融信防火墙提供完善的日志和报警服务功能,方便用户及时跟踪天融信防火墙的工作状态,并可结合天融信安全审计系统(TOPAudit),对网络中的各种设备和系统进行集中的、可视的综合审计分析,及时发现安全隐患,提高安全系统成效,并大大提高安全管理的方便性。

天融信防火墙按照WELF或Syslog格式来记录日志,可将特定级别的日志传送到已设定的日志服务器上,并可以采用第三方软件来对日志进行统计与分析。

配置天融信防火墙日志服务器的具体操作步骤如下:

在左侧导航树中选择“日志与报警”→“日志设置”,进入日志服务器和日志类型设置界面,如图4.34所示。各参数及其说明如表4.6所示。

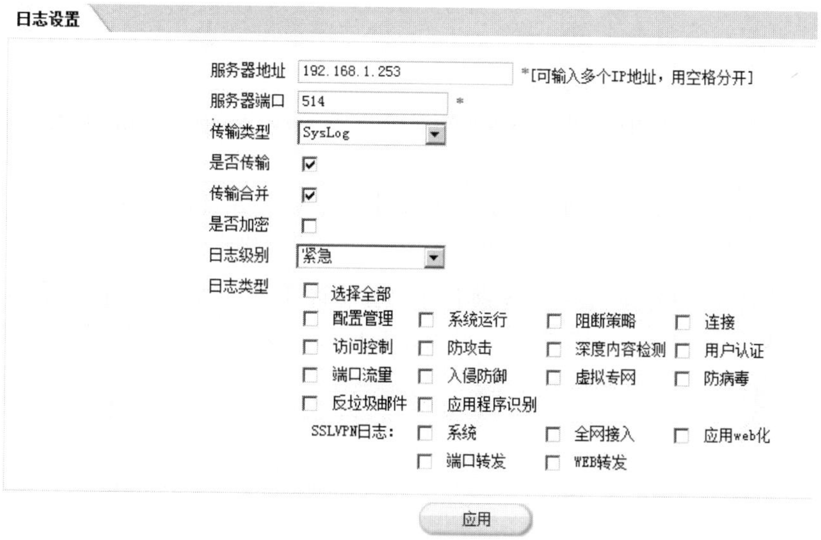

日志设置

服务器地址 192.168.1.253 *[可输入多个IP地址,用空格分开]
服务器端口 514 *
传输类型 SysLog
是否传输
传输合并
是否加密
日志级别 紧急
日志类型 选择全部
配置管理 系统运行 阻断策略 连接
访问控制 防攻击 深度内容检测 用户认证
端口流量 入侵防御 虚拟专网 防病毒
反垃圾邮件 应用程序识别
SSLVPN日志: 系统 全网接入 应用web化
端口转发 WEB转发
应用

图4.34

表4.6

参数	说明
服务器地址	必选项，设置日志服务器的IP地址，最大支持16个日志服务器。 说明：输入多个日志服务器的IP地址时，用空格分开
服务器端口	必选项，设置日志服务器开放的服务器端口
传输类型	使用的日志类型，可以是Syslog或Welf
是否传输	是否传输日志
传输合并	将多条日志合并成一条日志传送到日志服务器中
是否加密	日志信息传输时是否加密
加密密码	日志信息传输时使用的加密密码 说明：加密密钥为8位
日志级别	选择记录的日志级别，系统将会记录所选级别及其以上级别的日志信息。如选择严重，则系统将记录紧急、告警和严重级别的日志信息。 日志级别如下： 紧急：造成严重错误导致系统不可用，该日志被传送到日志服务器。 告警：警报信息，需要通知管理员，该日志被传送到日志服务器。 严重：严重错误信息，可能会造成某些功能无法正常工作。 错误：一般错误信息。 警示：所有攻击行为以及非授权访问(除通信日志外)。 通知：管理员操作。 信息：普通事件。 调试：开发人员调试信息
日志类型	选择希望记录的日志类型。 勾选"日志类型"后的复选框后，再选择希望记录的日志类型。日志类型包括：配置管理、系统运行、阻断策略、连接、访问控制、防攻击、深度内容检测、端口流量、用户认证、入侵防御、虚拟专网、防病毒、反垃圾邮件、应用程序识别、SSSLVPN日志(包括系统、全网接入、应用Web化、端口转发和Web转发)

系统记录和传输日志是根据日志类型和日志级别的。如日志级别为"严重"，日志类型为"阻断策略"，系统将记录紧急、告警和严重级别的阻断策略日志。

设置并应用日志服务器参数后，系统记录的日志除了被发送到设定的日志服务器中外，也在防火墙中缓存部分日志。在防火墙中缓存的日志可以通过"日志与报警"→"日志查看"的方式进行查看。

4.4 典型应用

4.4.1 基本需求1

系统可以从区域、VLAN、地址、用户、连接、时间等多个层面对数据包文进行判别和匹配，访问控制规则的源和目的既可以是已经定义好的VLAN或区域，也可以细化到一个或多个地址资源以及用户组资源。与包过滤策略相同，访问控制规则也是顺序匹配的，系统首先检查是否与包过滤策略匹配，如果匹配到包过滤策略后将停止访问控制规则检查。但与包过滤策略不同的是访问控制规则没有默认规则。也就是说，如果没有在访问控制规则列表的末尾添加一条全部拒绝的规则的话，系统将根据目的接口所在区域的缺省属性(允许访问或禁止访问)处理该报文。

案例：某企业的网络结构示意图如图4.35所示，网络卫士防火墙工作在混合模式。

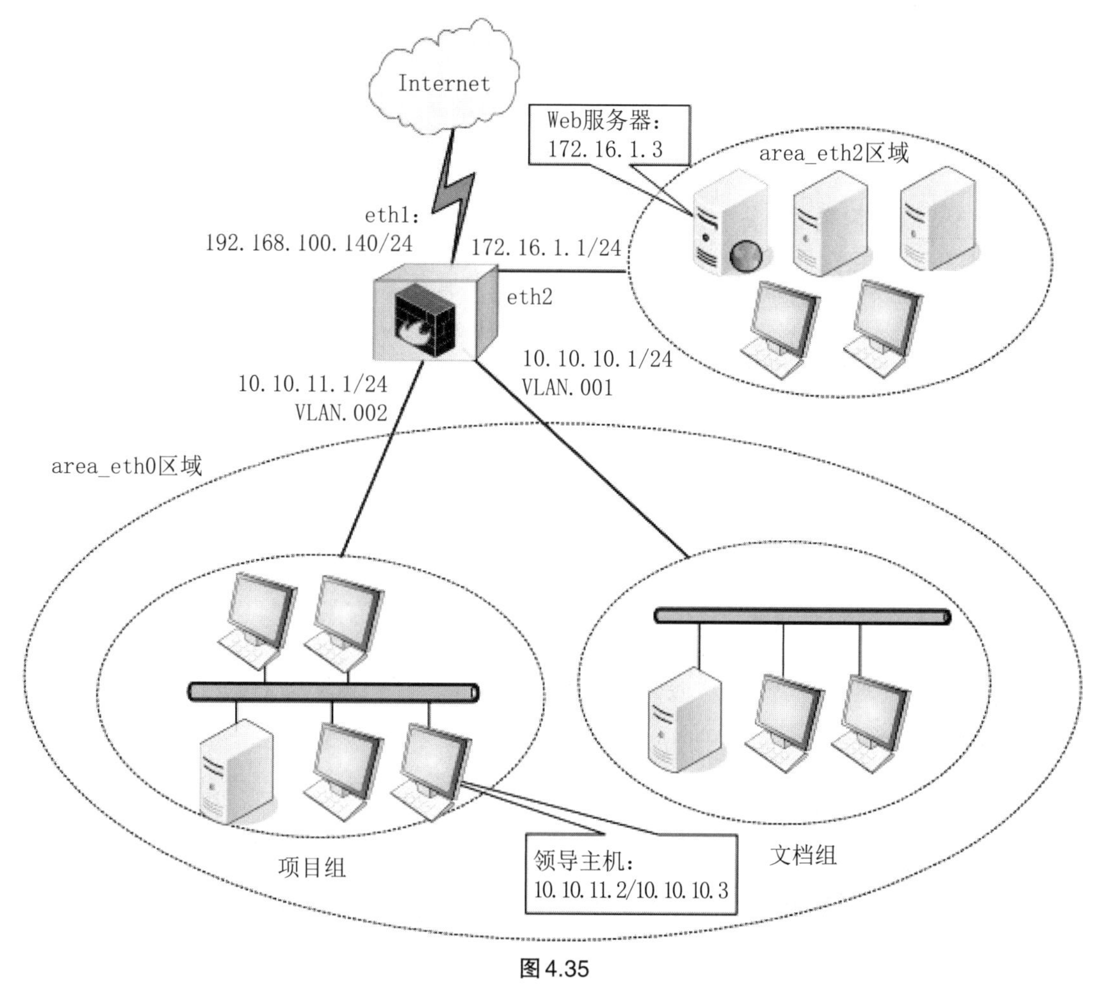

图4.35

eth0口属于内网区域(area_eth0)，为交换trunk接口，同时属于VLAN.001和VLAN.002，VLAN.001的IP地址为10.10.10.1，连接研发部门文档组所在的内网(10.10.10.1/24)；

VLAN.0002的IP地址为10.10.11.1，连接研发部门项目组所在的内网(10.10.11.1/24)。

eth1口IP地址为192.168.100.140，属于外网area_eth1区域，公司通过与防火墙eth1口相连的路由器连接外网。

eth2口属于area_eth2区域，为路由接口，其IP地址为172.16.1.1，为信息管理部所在区域，有多台服务器，其中Web服务器的IP地址为172.16.1.3。

用户要求如下：

(1) 内网文档组的机器可以上网，允许项目组领导上网，禁止项目组普通员工上网。

(2) 外网和area_eth2区域的机器不能访问研发部门内网；

(3) 内外网用户均可以访问area_eth2区域的Web服务器。

4.4.2 配置要点1

(1) 设置区域对象的缺省访问权限：area_eth0、area_eth2为禁止访问，area_eth1为允许访问。

(2) 定义源地址转换规则，保证内网用户能够访问外网；定义目的地址转换规则，使得外网用户可以访问area_eth2区域的Web服务器。

(3) 定义访问控制规则，禁止项目组除领导外的普通员工上网，允许内网和外网用户访问area_eth2区域的Web服务器。禁止QQ登录。

4.4.3 基本需求2

禁止内网用户(172.16.1.2/24)通过防火墙登录QQ服务器。

本例中网络卫士防火墙的eth0连接外网，其IP地址为202.99.65.100/24，网关地址为202.99.65.1；eth1连接内网172.16.1.1/24，其IP地址为172.16.1.1；内网主机172.16.1.2通过eth0访问外网，如图4.36所示。

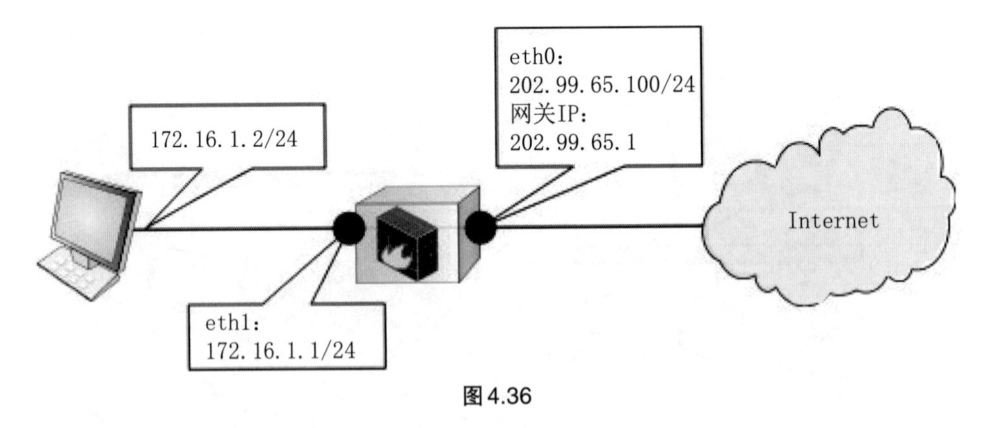

图4.36

4.4.4 配置要点2

(1) 配置内容过滤的应用程序识别策略(用于禁止QQ登录)。

(2) 配置被禁止登录QQ服务器的主机地址对象。

(3) 配置访问控制规则并启用禁止QQ登录的应用程序识别策略。

习　题

一、单项选择题

1. 包过滤防火墙适合应用的场合有(　　)。

A. 机构是集中化的管理　　B. 网络主机数比较少

C. 机构有强大的集中安全策略　　D. 使用了DHCP这样的动态IP地址分配协议

2. 数据包不属于包过滤一般需要检查的部分是(　　)。

A. IP源地址和目的地址　　B. 源端口和目的端口

C. 协议类型　　D. TCP序列号

3. 包过滤的优点不包括(　　)。

A. 处理包的数据比代理服务器快　　B. 不需要额外费用

C. 对用户是透明的　　D. 包过滤防火墙易于维护

4. 关于状态检查技术,说法错误的是(　　)。

A. 跟踪流经防火墙的所有通信信息

B. 采用一个“监测模块”执行网络安全策略

C. 对通信连接的状态进行跟踪与分析

D. 状态检查防火墙工作在协议的最底层,所以不能有效地监测应用层的数据

5. 状态检查防火墙的优点不包括(　　)。

A. 高安全性　　B. 高效性

C. 可伸缩性和易扩展性　　D. 易配置性

6. 关于网络地址翻译技术的说法,错误的是(　　)。

A. 只能进行一对一的网络地址翻译

B. 解决IP地址空间不足问题

C. 向外界隐藏内部网结构

D. 有多种地址翻译模式

7. 网络地址翻译的模式不包括(　　)。

A. 静态翻译　　B. 动态翻译

C. 负载平衡翻译　　D. 随机地址翻译

8. 关于代理技术的说法,错误的是(　　)。

A. 代理技术又称为应用层网关技术

B. 代理技术针对每一个特定应用都有一个程序

C. 代理是企图在网络层实现防火墙的功能

D. 代理也能处理和管理信息

9. 关于代理技术的特点的说法,错误的是(　　)。

A. 速度比包过滤防火墙要快得多

B. 对每一类应用,都需要一个专门的代理

C. 灵活性不够

D. 代理能理解应用协议,可以实施更细粒度的访问控制

10. 关于代理技术优点的说法,错误的是(　　)。

A. 易于配置,界面友好

B. 不允许内外网主机的直接连接

C. 可以为用户提供透明的加密机制

D. 对于用户是透明的

二、简答题

1. 简述包过滤防火墙的工作原理。

2. 简述攻击带状态检测的包过滤技术的优缺点。

3. 简述包过滤、网络地址翻译和代理技术的特点以及适用的网络环境。

第5章 IDS/IPS原理与应用

掌握入侵检测机制IDS(Intrusion Detection System)和入侵防御机制IPS(Intrusion Prevention System)的工作原理和实现机制。理解IDS和IPS的区别和各自的应用场景等。熟练安装和配置天融信IDS/IPS。

防火墙是实施访问控制策略的系统,对流经的网络流量进行检查,拦截不符合安全策略的数据包。入侵检测技术(IDS)通过监视网络或系统资源,寻找违反安全策略的行为或攻击迹象,并发出报警。传统的防火墙旨在拒绝那些明显可疑的网络流量,但仍然允许某些流量通过,因此防火墙对于很多入侵攻击仍然无计可施。绝大多数IDS系统都是被动的,而不是主动的。也就是说,在攻击实际发生之前,它们往往无法预先发出警报。

而IPS则倾向于提供主动防护,其设计宗旨是预先对入侵活动和攻击性网络流量进行拦截,避免其造成损失,而不是简单地在恶意流量传送时或传送后才发出警报。IPS是通过直接嵌入到网络流量中实现这一功能的,即通过一个网络端口接收来自外部系统的流量,经过检查确认其中不包含异常活动或可疑内容后,再通过另外一个端口将它传送到内部系统中。这样一来,有问题的数据包,以及所有来自同一数据流的后续数据包,都能在IPS设备中被清除掉。

5.1 IDS/IPS的技术原理

5.1.1 IDS

5.1.1.1 基本定义

当越来越多的公司将其核心业务向互联网转移的时候,网络安全作为一个无法回避的问题摆在人们面前。公司一般采用防火墙作为安全的第一道防线。而随着攻击者技能的日趋成熟,攻击工具与手法的日趋复杂多样,单纯的防火墙策略已经无法满足对安全高度敏感的部门的需要,网络的防卫必须采用一种纵深的、多样的手段。与此同时,目前的网络环境也变得越来越复杂,各式各样的复杂的设备,需要不断升级、补漏的系统使得网络管理员的工作不断加重,不经意的疏忽便有可能造成重大的安全隐患。在这种情况下,入侵检测系统(Intrusion Detection System,IDS)就成了构建网络安全体系中不可或缺的组成部分。专业上讲就是依照一定的安全策略,通过软件、硬件,对网络、系统的运行状况进行监视,尽可能发现各种攻击企图、攻击行为或者攻击结果,以保证网络系统资源的机密性、完整性和可用性。做一个形象的比喻:假如防火墙是一幢大楼的门锁,那么IDS就是这幢大楼里的监视系统。一旦小偷爬窗进入大楼,或内部人员有越界行为,只有实时监视系统才能发现情况并发出警告。

5.1.1.2　起源

1980年,James P. Anderson的《计算机安全威胁监控与监视》(《Computer Security Threat Monitoring and Surveillance》)第一次详细地阐述了入侵检测的概念,提出了计算机系统威胁分类和利用审计跟踪数据监视入侵活动的思想,此报告被公认为是入侵检测的开山之作。1984年到1986年,乔治敦大学的Dorothy Denning和SRI/CSL(SRI公司计算机科学实验室)的Peter Neumann研究出了一个实时入侵检测系统模型——IDES(入侵检测专家系统)。1990年,加州大学戴维斯分校的L. T. Heberlein等人开发出了网络安全监护(Network Security Monitor,NSM),该系统第一次直接将网络流作为审计数据来源,因而可以在不将审计数据转换成统一格式的情况下监控异种主机,入侵检测系统发展史翻开了新的一页,两大阵营正式形成:基于网络的IDS和基于主机的IDS。1988年之后,美国开展对分布式入侵检测系统(DIDS)的研究,将基于主机和基于网络的检测方法集成到一起。DIDS是分布式入侵检测系统历史上的一个里程碑式的产品。从20世纪90年代到现在,入侵检测系统的研发呈现出百家争鸣的繁荣局面,并在智能化和分布式两个方向取得了长足的进展。

5.1.1.3　技术原理

入侵检测可分为实时入侵检测和事后入侵检测两种。实时入侵检测在网络连接过程中进行,系统根据用户的历史行为模型、存储在计算机中的专家知识以及神经网络模型对用户当前的操作进行判断,一旦发现入侵迹象立即断开入侵者与主机的连接,并收集证据和实施数据恢复。这个检测过程是不断循环进行的。而事后入侵检测则是由具有网络安全专业知识的网络管理人员来进行的,是管理员定期或不定期进行的,不具有实时性,因此防御入侵的能力不如实时入侵检测系统。

1. 入侵检测的通信协议

IDS的组件之间需要通信,不同的厂商的IDS之间也需要通信。因此,定义统一的协议,使各部分能够根据协议所制订的标准进行沟通是很有必要的。IETF目前有一个专门的小组IDWG(Intrusion Detection Working Group)负责定义这种通信格式,称作Intrusion Detection Exchange Format。目前只有相关的草案,并未形成正式的RFC文档。尽管如此,草案为IDS各部分之间甚至不同IDS之间的通信提供层协议,其设计了许多其他功能(如可从任意端发起连接,结合了加密、身份验证等)。

2. 入侵检测的分类

按入侵检测的手段,IDS的入侵检测模型可分为基于网络和基于主机两种。

(1) 基于主机模型,也称基于系统的模型,它通过分析系统的审计数据来发现可疑的活动,如内存和文件的变化等。其输入数据主要来源于系统的审计日志,一般只能检测该主机上发生的入侵。这种模型有以下优点：

① 性价比高。在主机数量较少的情况下，这种方法的性价比可能更高。

② 更加细致。这种方法可以很容易地监测一些活动，如对敏感文件、目录、程序或端口的存取，而这些活动很难在基于协议的线索中发现。

③ 视野集中。一旦入侵者得到了一个主机用户名和口令，基于主机的代理是最有可能区分正常活动和非法活动的。

④ 易于用户剪裁。每一个主机有其自己的代理，用户剪裁更方便了。

⑤ 较少的主机。基于主机的方法有时不需要增加专门的硬件平台。

⑥ 对网络流量不敏感。用代理的方式一般不会因为网络流量的增加而丢掉对网络行为的监视。

（2）基于网络的模型，即通过连接在网络上的站点捕获网上的包，并分析其是否具有已知的攻击模式，以此来判别是否为入侵者。当该模型发现某些可疑的现象时也一样会产生告警，并会向一个中心管理站点发出"告警"信号。基于网络的检测有以下优点：

① 侦测速度快。基于网络的监测器通常能在微秒级或秒级发现问题。而大多数基于主机的产品则要依靠对最近几分钟内审计记录的分析。

② 隐蔽性好。一个网络上的监测器不像一个主机那样显眼和易被存取，因而也不那么容易遭受攻击。

③ 视野更宽。基于网络的方法甚至可以作用在网络的边缘上，即攻击者还没能接入网络时就被制止。

④ 较少的监测器。由于使用一个监测器就可以保护一个共享的网段，所以不需要很多的监测器。

⑤ 占用资源少。在被保护的设备上不用占用任何资源。

3. 入侵检测的技术途径

（1）入侵检测的第一步——信息收集。收集的内容包括系统、网络、数据及用户活动的状态和行为。收集信息需要在计算机网络系统中不同的关键点来进行，这样一方面可以尽可能扩大检测范围，另一方面从几个信源来的信息的不一致性是可疑行为或入侵的最好标志，因为有时候从一个信源来的信息有可能看不出疑点。

入侵检测利用的信息一般来自以下4个方面：

① 系统日志黑客经常在系统日志中留下他们的踪迹，因此，充分利用系统日志是检测入侵的必要条件。日志文件中记录了各种行为类型，每种类型又包含不同的信息，很显然地，对用户活动来讲，不正常的或不期望的行为就是重复登录失败、登录到不期望的位置以及非授权的企图访问重要文件等。

② 目录以及文件中的异常改变网络环境中的文件系统包含很多软件和数据文件，包含重要信息的文件和私有数据文件经常是黑客修改或破坏的目标。

③ 程序执行中的异常行为网络系统上的程序执行一般包括操作系统、网络服务、用户启动的程序和特定目的的应用，如数据库服务器。每个在系统上执行的程序由一到多个进程来实现。每个进程执行在具有不同权限的环境中，这种环境控制着进程可访问的系统资

源、程序和数据文件等。一个进程出现了不期望的行为可能表明黑客正在入侵你的系统。黑客可能会将程序或服务的运行分解，从而导致运行失败，或者是以非用户或非管理员意图的方式操作。

④ 物理形式的入侵信息包括两方面的内容：一是未授权的对网络硬件连接；二是对物理资源的未授权访问。

（2）入侵检测的第二步——数据分析。一般通过3种技术手段进行数据分析：模式匹配、统计分析和完整性分析。其中前两种方法用于实时的入侵检测，而完整性分析则用于事后分析。

① 模式匹配。即将收集到的信息与已知的网络入侵和系统误用模式数据库进行比较，从而发现违背安全策略的行为。此方法的一大优点是只需收集相关的数据集合，显著减少系统负担，且技术已相当成熟。它与病毒防火墙采用的方法一样，检测准确率和效率都相当高。但是，该方法存在的弱点是需要不断的升级以对付不断出现的黑客攻击手法，不能检测以前从未出现过的黑客攻击手段。

② 统计分析。这种方法首先给系统对象（如用户、文件、目录和设备等）创建一个统计描述，统计正常使用时的一些测量属性（如访问次数、操作失败次数和延时等）。测量属性的平均值将被用来与网络、系统的行为进行比较，任何观察值如果超过了正常值范围，就认为有入侵发生。其优点是可检测到未知的入侵和更为复杂的入侵，缺点是误报、漏报率高，且不适应用户正常行为的突然改变。

具体的统计分析方法如基于专家系统的、基于模型推理的和基于神经网络的分析方法，这在前面入侵检测的分类中已经提到。下面只对统计分析的模型做以介绍。入侵检测的5种统计模型为：a. 操作模型。该模型假设异常可通过测量结果与一些固定指标相比较得到，固定指标可以根据经验值或一段时间内的统计平均得到。举例来说，在短时间内多次失败的登录很有可能是尝试口令攻击。b. 方差模型。计算参数的方差并设定其置信区间，当测量值超过置信区间的范围时表明有可能是异常。c. 多元模型。即操作模型的扩展，它通过同时分析多个参数实现检测。d. 马尔柯夫过程模型。即将每种类型的事件定义为系统状态，用状态转移矩阵来表示状态的变化，当一个事件发生时，如果在状态矩阵中该转移的概率较小则该可能是异常事件。e. 时间序列分析。即将事件计数与资源耗用根据时间排成序列，如果一个新事件在该时间发生的概率较低，则该事件可能是入侵。

统计分析方法的最大优点是它可以"学习"用户的使用习惯，从而具有较高检出率与可用性。但是它的"学习"能力有时也会给入侵者以机会，因为入侵者可以通过逐步"训练"使入侵事件符合正常操作的统计规律，从而透过入侵检测系统。

③ 完整性分析。完整性分析主要关注某个文件或对象是否被更改，这经常包括文件和目录的内容及属性，它在发现被修改成类似特洛伊木马的应用程序方面特别有效。其优点是不管模式匹配方法和统计分析方法能否发现入侵，只要是有入侵行为导致了文件或其他对象的任何改变，它都能够发现，缺点是一般以批处理方式实现，不用于实时响应。

5.1.1.4 发展趋势

从现实来看，市场上大行其道的IDS产品价格从数几万到几十万不等，这种相对昂贵的奶酪被广为诟病,所导致的结果就是:一般中小企业并不具备实施IDS产品的能力,它们的精力会放在路由器、防火墙以及3层以上交换机的加固上;大中型企业虽然很多已经上了IDS产品,但IDS的天然缺陷导致其似乎无所作为。但还不能就此喜新厌旧,因为IDS是必需的一个过程,具有IDS功能的IPS很可能在几年后彻底取代单一性IDS的市场主导地位,从被动应战转为主动防御是大势所趋。目前大部分厂商已经取消了单一的IDS产品,转变为同时具有IDS和IPS功能的产品,通过授权方式控制使用方式。

5.1.2 IPS

5.1.2.1 技术原理

IPS实现实时检查和阻止入侵的原理在于IPS拥有数目众多的过滤器,能够防止各种攻击。当新的攻击手段被发现之后,IPS就会创建一个新的过滤器。IPS数据包处理引擎是专业化定制的集成电路,可以深层检查数据包的内容。如果有攻击者利用layer 2(介质访问控制)至layer 7(应用)的漏洞发起攻击,IPS能够从数据流中检查出这些攻击并加以阻止。传统的防火墙只能对layer 3或layer 4进行检查,不能检测应用层的内容。防火墙的包过滤技术不会针对每一字节进行检查,因而也就无法发现攻击活动,而IPS可以做到逐一字节地检查数据包。所有流经IPS的数据包都会被分类,分类的依据是数据包中的报头信息,如源IP地址和目的IP地址、端口号和应用域。每种过滤器负责分析相对应的数据包。通过检查的数据包可以继续前进,包含恶意内容的数据包就会被丢弃,被怀疑的数据包需要接受进一步的检查。

针对不同的攻击行为,IPS需要不同的过滤器。每种过滤器都设有相应的过滤规则,为了确保准确性,这些规则的定义非常广泛。在对传输内容进行分类时,过滤引擎还需要参照数据包的信息参数,并将其解析至一个有意义的域中进行上下文分析,以提高过滤准确性。

过滤器引擎集合了流水和大规模并行处理硬件,能够同时执行数千次的数据包过滤检查。并行过滤处理可以确保数据包能够不间断地快速通过系统,不会对速度造成影响。这种硬件加速技术对于IPS具有重要意义,因为传统的软件解决方案必须串行进行过滤检查,会导致系统性能大打折扣。

5.1.2.2 种类

1. 基于主机的入侵防护(HIPS)

HIPS通过在主机/服务器上安装软件代理程序,防止网络攻击入侵操作系统以及应用程序。基于主机的入侵防护能够保护服务器的安全弱点不被不法分子所利用。Cisco公司的Okena、NAI公司的McAfee Entercept、天融信主机监控预审计系统都属于这类产品,因此它们在主机的攻击中起到了很好的防护作用。基于主机的入侵防护技术可以根据自定义的安全策略以及分析学习机制来阻断对服务器、主机发起的恶意入侵。HIPS可以阻断缓冲区溢出、改变登录口令、改写动态链接库以及其他试图从操作系统夺取控制权的入侵行为,整体提升主机的安全水平。

在技术上,HIPS采用独特的服务器保护途径,利用由包过滤、状态包检测和实时入侵检测组成的分层防护体系。这种体系能够在提供合理吞吐率的前提下，最大限度地保护服务器的敏感内容，既可以以软件形式嵌入到应用程序对操作系统的调用当中，通过拦截针对操作系统的可疑调用，提供对主机的安全防护；也可以以更改操作系统内核程序的方式，提供比操作系统更加严谨的安全控制机制。

由于HIPS工作在受保护的主机/服务器上，它不但能够利用特征和行为规则检测，阻止诸如缓冲区溢出之类的已知攻击，还能够防范未知攻击，防止针对Web页面、应用和资源的未授权的任何非法访问。HIPS与具体的主机/服务器操作系统平台紧密相关，不同的平台需要不同的软件代理程序。

2. 基于网络的入侵防护(NIPS)

NIPS通过检测流经的网络流量，提供对网络系统的安全保护。由于它采用在线连接方式，所以一旦辨识出入侵行为，NIPS就可以去除整个网络会话，而不仅仅是复位会话。同样由于实时在线，NIPS需要具备很高的性能，以免成为网络的瓶颈，因此NIPS通常被设计成类似于交换机的网络设备，提供线速吞吐速率以及多个网络端口。

NIPS必须基于特定的硬件平台，才能实现千兆级网络流量的深度数据包检测和阻断功能。这种特定的硬件平台通常可以分为3类：① 网络处理器(网络芯片)；② 专用的FPGA编程芯片；③ 专用的ASIC芯片。

在技术上，NIPS吸取了目前NIDS所有的成熟技术，包括特征匹配、协议分析和异常检测。特征匹配是应用最广泛的技术，具有准确率高、速度快的特点。基于状态的特征匹配不但检测攻击行为的特征，还要检查当前网络的会话状态，避免受到欺骗攻击。

协议分析是一种较新的入侵检测技术，它充分利用网络协议的高度有序性，并结合高速数据包捕捉和协议分析，来快速检测某种攻击特征。协议分析正在逐渐进入成熟应用阶段。协议分析能够理解不同协议的工作原理，以此分析这些协议的数据包，来寻找可疑或不正常的访问行为。协议分析不仅基于协议标准(如RFC)，还基于协议的具体实现，这是因为很多协议的实现偏离了协议标准。通过协议分析，IPS能够针对插入(insertion)与规避(evasion)攻击进行检测。异常检测的误报率比较高，NIPS不将其作为主要技术。

3. 应用入侵防护(AIP)

NIPS产品有一个特例，即应用入侵防护(Application Intrusion Prevention，AIP)，它把基于主机的入侵防护扩展成位于应用服务器之前的网络设备。AIP被设计成一种高性能的设备，配置在应用数据的网络链路上，以确保用户遵守设定好的安全策略，保护服务器的安全。NIPS工作在网络上，直接对数据包进行检测和阻断，与具体的主机/服务器操作系统平台无关。

NIPS的实时检测与阻断功能很有可能出现在未来的交换机上。随着处理器性能的提高，每一层次的交换机都有可能集成入侵防护功能。

5.1.2.3 技术特征

IPS技术平台架构主要有3种，其优劣势比较如表5.1所示。

表5.1

架构	FPGA/ASIC	RMI/Cavium	x86多核
优势	局部加速:快速路经、加解密、正则表达	优势:网络层处理、CPU内嵌加速引擎	超强计算能力; 超强灵活度; Sandy Bridge/PCI-E 3.0/DPDK/SSE指令 可预期的不断进化
劣势	FPGA与CPU之间数据交换瓶颈; 不能日新月异; 不适合应用层安全	主频低、cache少、流水线少,计算能力不足; 不太适合应用层安全	功耗较大,需要特定平台支持,需要大容量内存跟进

(1) 嵌入式运行。只有以嵌入模式运行的IPS设备才能够实现实时的安全防护,实时阻拦所有可疑的数据包,并对该数据流的剩余部分进行拦截。

(2) 深入分析和控制。IPS必须具有深入分析能力,以确定哪些恶意流量已经被拦截,根据攻击类型、策略等来确定哪些流量应该被拦截。

(3) 入侵特征库。高质量的入侵特征库是IPS高效运行的必要条件,IPS还应该定期升级入侵特征库,并快速应用到所有传感器。

(4) 高效处理能力。IPS必须具有高效处理数据包的能力,对整个网络性能的影响保持在最低水平。

5.1.2.4 面临的挑战

IPS技术需要面对很多挑战,其中主要有3点:一是单点故障,二是性能瓶颈,三是误报和漏报。设计要求IPS必须以嵌入模式工作在网络中,而这就可能造成瓶颈问题或单点故障。如果IDS出现故障,最坏的情况也就是造成某些攻击无法被检测到,而嵌入式的IPS设备出现问题,就会严重影响网络的正常运转。如果IPS出现故障而关闭,用户就会面对一个由IPS造成的拒绝服务问题,所有客户都将无法访问企业网络提供的应用。

即使IPS设备不出现故障,它仍然是一个潜在的网络瓶颈,不仅会增加滞后时间,而且会降低网络的效率,IPS必须与数千兆或者更大容量的网络流量保持同步,尤其是当加载了数量庞大的检测特征库时,设计不够完善的IPS嵌入设备无法支持这种响应速度。绝大多数高端IPS产品供应商都通过使用自定义硬件(FPGA、网络处理器和ASIC芯片)来提高IPS的运行效率。

误报率和漏报率也需要IPS认真面对。在繁忙的网络当中,如果以每秒需要处理十条警报信息来计算,IPS每小时至少需要处理36000条警报,一天就是864000条。一旦生成了警报,最基本的要求就是IPS能够对警报进行有效处理。如果入侵特征编写得不是十分完善,那么"误报"就有了可乘之机,导致合法流量也有可能被意外拦截。对于实时在线的IPS来说,一旦拦截了"攻击性"数据包,就会对来自可疑攻击者的所有数据流进行拦截。如果触发了误报警报的流量恰好是某个客户订单的一部分,其结果可想而知,这个客户整个会话就会被关闭,而且此后该客户所有重新连接到企业网络的合法访问都会被"尽职尽责"的IPS拦截。

5.1.3 IDS和IPS的区别

IPS对于初始者来说,是位于防火墙和网络的设备之间的设备。这样,如果检测到攻击,IPS会在这种攻击扩散到网络的其他地方之前阻止这个恶意的通信。而IDS只是存在于你的网络之外起到报警的作用,而不是在你的网络前面起到防御的作用。

IPS检测攻击的方法也与IDS不同。一般来说,IPS系统都依靠对数据包的检测。IPS将检查入网的数据包,确定这种数据包的真正用途,然后决定是否允许这种数据包进入你的网络。

目前无论是从业于信息安全行业的专业人士还是普通用户,都认为入侵检测系统和入侵防御系统是两类产品,并不存在入侵防御系统要替代入侵检测系统的可能。但由于入侵防御产品的出现,给用户带来了新的困惑:到底什么情况下该选择入侵检测产品,什么时候该选择入侵防御产品呢?

从产品价值角度讲,入侵检测系统注重的是网络安全状况的监管。入侵防御系统关注的是对入侵行为的控制。与防火墙类产品、入侵检测产品可以实施的安全策略不同,入侵防御系统可以实施深层防御安全策略,即可以在应用层检测出攻击并予以阻断,这是防火墙所做不到的,当然也是入侵检测产品所做不到的。

从产品应用角度来讲,为了达到可以全面检测网络安全状况的目的,入侵检测系统需要部署在网络内部的中心点,需要能够观察到所有网络数据。如果信息系统中包含了多个逻辑隔离的子网,则需要在整个信息系统中实施分布部署,即每子网部署一个入侵检测分析引擎,并统一进行引擎的策略管理以及事件分析,以达到掌控整个信息系统安全状况的目的。

而为了实现对外部攻击的防御,入侵防御系统需要部署在网络的边界。这样所有来自外部的数据必须串行通过入侵防御系统,入侵防御系统即可实时分析网络数据,发现攻击行为立即予以阻断,保证来自外部的攻击数据不能通过网络边界进入网络。

入侵检测系统的核心价值在于通过对全网信息的分析,了解信息系统的安全状况,进而指导信息系统安全建设目标以及安全策略的确立和调整,而入侵防御系统的核心价值在于安全策略的实施—对黑客行为的阻击;入侵检测系统需要部署在网络内部,监控范围可以覆盖整个子网,包括来自外部的数据以及内部终端之间传输的数据,入侵防御系统则必须部署在网络边界,抵御来自外部的入侵,对内部攻击行为无能为力。

IPS的不足并不会成为阻止人们使用IPS的理由,因为安全功能的融合是大势所趋,入侵防护顺应了这一潮流。对于用户而言,在厂商提供技术支持的条件下,有选择地采用IPS,仍不失为一种应对攻击的理想选择。

IPS厂商采用各种方式加以解决。一是综合采用多种检测技术,二是采用专用硬件加速系统来提高IPS的运行效率。尽管如此,为了避免IPS重蹈IDS覆辙,厂商对IPS的态度还是十分谨慎的。例如,NAI提供的基于网络的入侵防护设备提供多种接入模式,其中包括旁路接入方式,在这种模式下运行的IPS实际上就是一台纯粹的IDS设备,NAI希望提供可选择的接入方式来帮助用户实现从旁路监听向实时阻止攻击的自然过渡。

5.2 安装配置

5.2.1 天融信入侵防御系统介绍

天融信公司的网络入侵防御系统(以下简称TopIDP产品)采用在线部署方式,能够实时检测和阻断包括溢出攻击、RPC攻击、WebCGI攻击、拒绝服务、木马、蠕虫、系统漏洞等在内的11类超过3500种网络攻击行为,有效保护用户网络IT服务资源,使其免受各种外部攻击侵扰。TopIDP产品能够阻断或限制p2p下载、网络视频、网络游戏等各种网络带宽滥用行为,确保网络业务通畅。TopIDP产品还提供了详尽的攻击事件记录、各种统计报表,并以可视化方式动态展示,实现实时的全网威胁分析。

TopIDP产品全系列采用多核处理器硬件平台,基于先进的新一代并行处理技术架构,内置处理器动态负载均衡专利技术,实现了对网络数据流的高性能实时检测和防御。TopIDP产品采用基于目标主机的流检测引擎,可即时处理IP分片和TCP流重组,有效阻断各种逃逸检测的攻击手段。天融信公司内部的攻防专业实验室通过与厂商和国家权威机构的合作,不断跟踪、挖掘和分析新出现的各种漏洞信息,并将研究成果直接应用于产品,保障了TopIDP产品检测的全面、准确和及时有效。

TopIDP产品除入侵防御功能外,还具有智能协议识别、P2P流量控制、网络病毒防御、上网行为管理、恶意网站过滤、内网监控和Web安全防御等功能,是集多种功能为一体的综合性内容安全设备,为用户提供了完整的立体式网络安全防护。与市场上同类入侵防御产品相比,TopIDP产品具有更高的检测性能、更精准的检测能力、更细的控制粒度、更丰富的安全功能、更完善的支持和服务保障,体现了最新的内容安全设备和解决方案发展方向,是用户构筑网络内容安全系统的理想选择。

5.2.2 数据处理流程

入侵防御系统的作用是通过对流经设备的网络数据包进行安全检查,寻找出违反安全策略的行为或攻击迹象,及时阻断或并发出报警。TopIDP是通过直接嵌入到网络中实现这一功能的,即通过一个网络端口接收来自外部网络的数据,再通过另外一个端口将它传送到内部网络中。这样一来,有问题的数据包,以及所有来自同一数据流的后续问题数据包,都能在TopIDP设备中被清除掉。

TopIDP处理数据包的基本过程可以分为以下3个步骤:

(1) 对接收到的数据包进行协议分析,如果是TCP数据则进行流重组。

(2) 根据管理员设定的检测和阻断策略按照先后顺序对数据包文进行安全检查,安全检查包括攻击检测、病毒检测、应用识别和URL过滤,如果有匹配策略的数据包文,将按照策略指定的动作对数据包文进行报警或阻断。

(3) 对于允许通过的数据包文,直接转发该数据包文。

检测和阻断策略,是一组用户自己根据实际网络需求配置的安全策略,这些策略描述了满足哪些条件的报文可以通过TopIDP，以及满足哪些条件的报文将被TopIDP阻断。每一条安全策略中的信息主要包括：报文的源地址、目的地址、使用的规则集以及对满足条件的报文进行何种操作（通过或阻断）。

在检测和阻断策略中：

源定义了报文的来源，源可以是区域，也可以是一个地址对象（如主机、子网、范围类地址对象等）或地址组对象。当报文的源地址属于源的范围，则被认为满足源约束条件。

目的定义了报文的目的地址范围，与源相同，可以是一个区域，也可以包括一个地址对象（如主机、子网或范围类地址对象）或地址组对象。当报文的目的地址属于目的范围，则被认为满足目的约束条件。

规则集定义了匹配该安全策略的报文其内容应当满足的条件，主要包括攻击检测、病毒检测、应用识别和URL过滤4类规则。

时间控制定义安全策略有效的时段，即在哪一天或哪一时段安全策略有效。一个报文和某一安全策略匹配是指报文的源地址包含于安全策略源定义、报文目的地址包含于安全策略目的以及报文内容满足策略定义。如果定义了访问时间，则报文的接收时间也必须满足安全策略访问时间约束，即只有当一个报文完全符合安全策略中所规定的所有条件时，这条安全策略才匹配该报文。

TopIDP按照如下步骤匹配报文的安全策略：

按照安全策略的顺序，依次匹配定义的安全策略。一旦发现匹配报文的安全策略，TopIDP将停止安全策略匹配检查，并根据最先匹配的那一条安全策略的规则定义、处理报文（检测或阻断）。如没有任何安全策略能够匹配该报文，则TopIDP将允许该报文通过系统。

5.2.3 初始化安装

5.2.3.1 出厂配置

产品出厂配置包括缺省管理用户、缺省空闲超时、缺省系统参数、缺省日志服务器、缺省接口配置、缺省地址对象和访问控制规则。用户可根据实际环境更改出厂配置。

1. 缺省管理用户

用户名：superman，密码：talent。

2. 缺省空闲超时

为保证TopIDP的安全性，系统设置了空闲超时。当用户使用命令行对TopIDP进行管理（包括CONSOLE口本地管理、SSH远程管理、TELNET远程管理），或使用WebUI界面远程管理入侵防御系统时，如果3分钟内无任何操作，系统将退出至登录界面。

5.2.3.2 管理方式

网络管理员可通过多种方式管理TopIDP。包括通过CONSOLE口进行本地管理以及通过以下3种方式进行远程管理：

（1）WebUI方式（通过浏览器直接登录入侵防御系统进行管理）。

（2）SSH（Secure Shell）。

(3) Telnet。

第一次使用TopIDP,管理员可以通过Console口以命令行方式、通过浏览器以WebUI方式进行配置和管理。TopIDP支持通过IPv4/IPv6地址管理,使用IPv4、IPv6地址管理入侵防御系统除了管理地址格式不一致外,其他操作方式一致。

通过WebUI登录,管理员在管理主机的浏览器上输入入侵防御系统的管理URL,如https://192.168.1.254,回车后出现登录界面,如图5.1所示。

图5.1

输入用户名及密码后(天融信入侵防御系统默认出厂用户名/密码为:superman/talent),点击"登录"按钮,就可以进入管理界面。

5.2.4 常用策略配置

5.2.4.1 监控信息

基本信息页面展示了系统监视状况、系统状态信息、检测统计情况、网络接口信息、攻击趋势图以及流量趋势图,使用户在登录系统时就能够对系统的基本状态一目了然。查看入侵防御系统基本信息的具体操作步骤如下:

(1) 在左侧导航树中选择"监控信息"→"基本信息",进入系统监控界面,如图5.2所示。

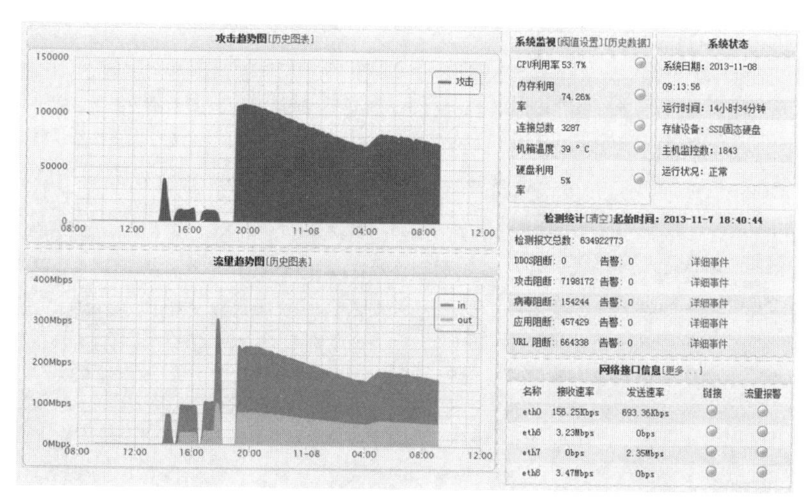

图5.2

（2）在“系统监视”处可以查看系统资源的使用情况，包括CPU使用率、内存使用率、连接总数、机箱温度和硬盘利用率。点击“历史数据”，可查看相应参数在24小时、一周和一月内的统计信息。另外，TopIDP可通过红绿指示灯显示系统资源使用情况，当系统资源参数小于所设阀值时显示绿灯；当系统资源参数大于或等于阀值时显示红灯。点击“阀值设置”可对各资源参数阀值进行设置，如图5.3所示。

CPU利用率报警阀值

CPU利用率：90 *[1-100]

内存利用率报警阀值

内存利用率：90 *[1-100]

连接数报警阀值

连接数：300000 *[10000-1000000]

机箱温度报警阀值

报警温度：60 *[35-100]

硬盘利用率报警阀值

硬盘利用率：90 *[1-100]

确 定　重 置

图5.3

TopIDP具有实时监控攻击、病毒、应用识别、URL过滤和声音报警的功能。

管理实时事件的具体操作步骤如下：在左侧导航树中选择“监控信息”→“实时事件”，进入实时日志显示界面，如图5.4所示。

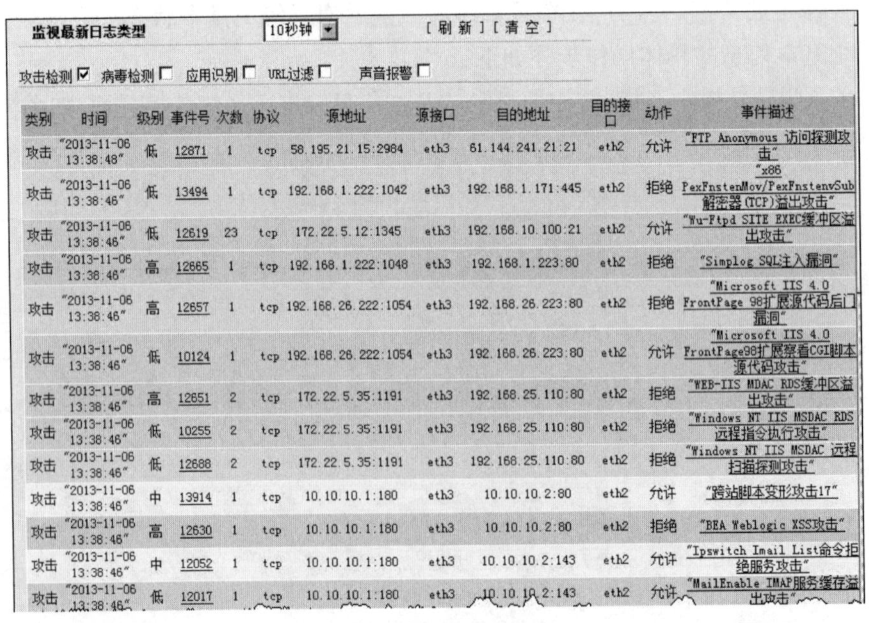

监视最新日志类型　10秒钟　[刷 新] [清 空]

攻击检测 ☑ 病毒检测 ☐ 应用识别 ☐ URL过滤 ☐ 声音报警 ☐

类别	时间	级别	事件号	次数	协议	源地址	源接口	目的地址	目的接口	动作	事件描述
攻击	“2013-11-06 13:38:48”	低	12871	1	tcp	58.195.21.15:2984	eth3	61.144.241.21:21	eth2	允许	“FTP Anonymous 访问探测攻击”
攻击	“2013-11-06 13:38:46”	低	13494	1	tcp	192.168.1.222:1042	eth3	192.168.1.171:445	eth2	拒绝	“x86 PexFnstenMov/PexFnstenvSub解密器(TCP)溢出攻击”
攻击	“2013-11-06 13:38:46”	低	12619	23	tcp	172.22.5.12:1345	eth3	192.168.10.100:21	eth2	允许	“Wu-Ftpd SITE EXEC缓冲区溢出攻击”
攻击	“2013-11-06 13:38:46”	高	12665	1	tcp	192.168.1.222:1048	eth3	192.168.1.223:80	eth2	拒绝	“Simplog SQL注入漏洞”
攻击	“2013-11-06 13:38:46”	高	12657	1	tcp	192.168.26.222:1054	eth3	192.168.26.223:80	eth2	拒绝	“Microsoft IIS 4.0 FrontPage 98扩展源代码后门漏洞”
攻击	“2013-11-06 13:38:46”	低	10124	1	tcp	192.168.26.222:1054	eth3	192.168.26.223:80	eth2	允许	“Microsoft IIS 4.0 FrontPage98扩展察看CGI脚本源代码攻击”
攻击	“2013-11-06 13:38:46”	高	12651	2	tcp	172.22.5.35:1191	eth3	192.168.25.110:80	eth2	拒绝	“WEB-IIS MDAC RDS缓冲区溢出攻击”
攻击	“2013-11-06 13:38:46”	低	10255	2	tcp	172.22.5.35:1191	eth3	192.168.25.110:80	eth2	拒绝	“Windows NT IIS MSDAC RDS远程指令执行攻击”
攻击	“2013-11-06 13:38:46”	低	12688	2	tcp	172.22.5.35:1191	eth3	192.168.25.110:80	eth2	拒绝	“Windows NT IIS MSDAC 远程扫描探测攻击”
攻击	“2013-11-06 13:38:46”	中	13914	1	tcp	10.10.10.1:180	eth3	10.10.10.2:80	eth2	允许	“跨站脚本变形攻击17”
攻击	“2013-11-06 13:38:46”	高	12630	1	tcp	10.10.10.1:180	eth3	10.10.10.2:80	eth2	拒绝	“BEA Weblogic XSS攻击”
攻击	“2013-11-06 13:38:46”	中	12052	1	tcp	10.10.10.1:180	eth3	10.10.10.2:143	eth2	允许	“Ipswitch Imail List命令拒绝服务攻击”
攻击	“2013-11-06 13:38:46”	低	12017	1	tcp	10.10.10.1:180	eth3	10.10.10.2:143	eth2	允许	“MailEnable IMAP服务缓存溢出攻击”

图5.4

页面上方显示了实时的攻击检测最新的日志信息,其中红色表示高风险级别事件,黄色表示中风险级别事件,绿色表示低风险级别事件。

5.2.4.2 攻击统计

TopIDP支持攻击统计、攻击排名、受攻击主机排名、受攻击区域排名、攻击源主机排名和攻击源区域排名,方便管理员掌握安全区域内的受攻击状况。

针对系统检测到的攻击以及对攻击事件类别的区分,TopIDP提供了从“开始”时间算起的攻击数/检测数、攻击事件类别分布图以及攻击趋势图。

管理攻击统计信息的具体操作步骤如下:

在左侧导航树中选择“监控信息”→“攻击统计”,进入“攻击统计”界面,如图5.5所示。

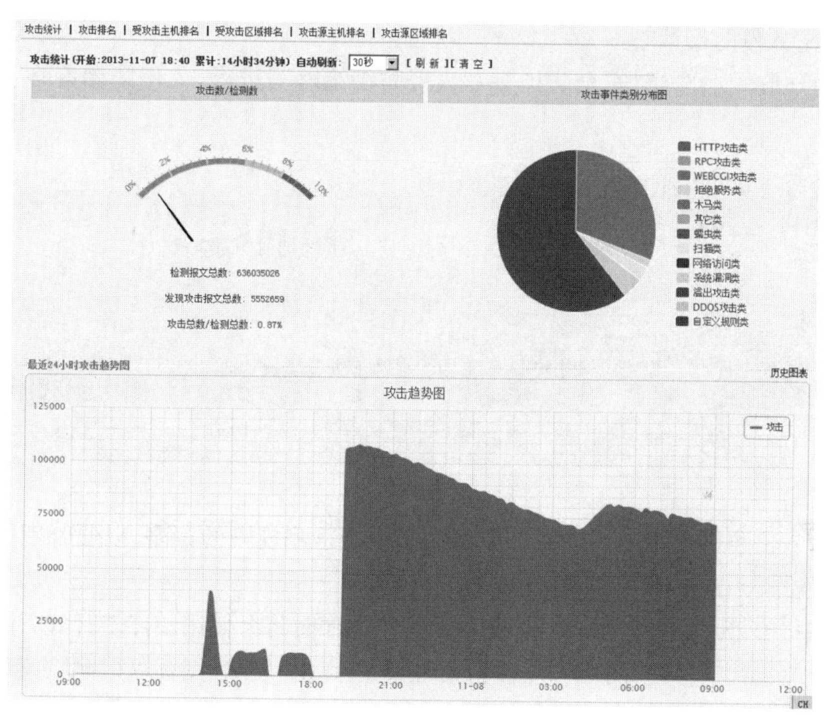

图5.5

5.2.4.3 入侵防御策略

在配置入侵防御策略之前,需要设置入侵检测引擎的工作模式以及攻击检测规则动作的全局参数。具体操作步骤如下:

(1) 设置检测引擎参数。

在左侧导航树中选择“安全防护”→“入侵防御策略”,然后激活“检测引擎参数设置”页签,进入“动作参数设置”界面,如图5.6所示。

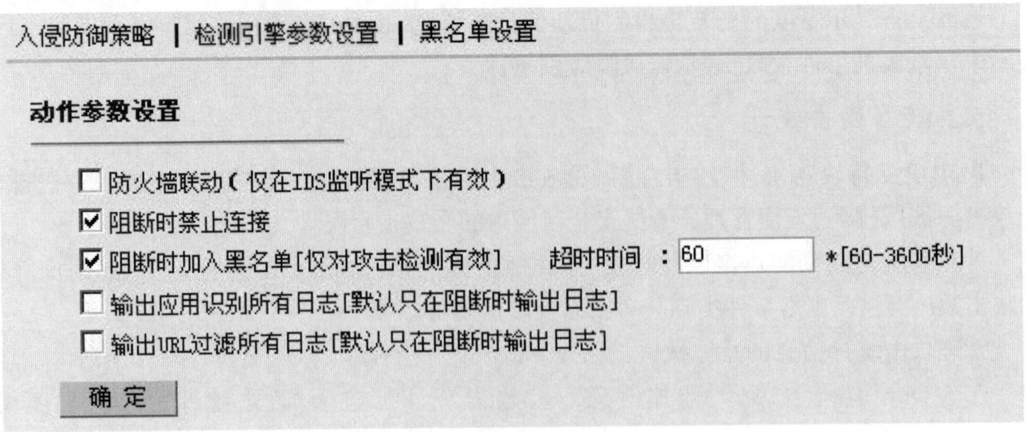

入侵防御策略 | 检测引擎参数设置 | 黑名单设置

动作参数设置

- ☐ 防火墙联动（仅在IDS监听模式下有效）
- ☑ 阻断时禁止连接
- ☑ 阻断时加入黑名单[仅对攻击检测有效]　　超时时间 ：60　*[60-3600秒]
- ☐ 输出应用识别所有日志[默认只在阻断时输出日志]
- ☐ 输出URL过滤所有日志[默认只在阻断时输出日志]

确 定

图5.6

（2）设置入侵防御策略。

在左侧导航树中选择"安全防护"→"入侵防御策略"，进入"入侵防御策略"界面，如图5.7所示。

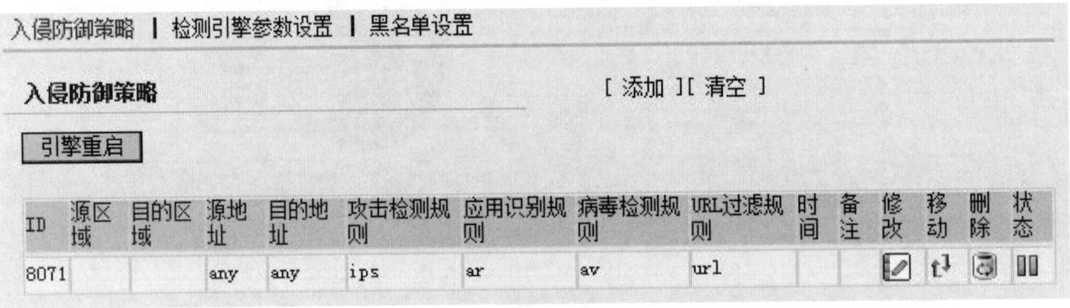

入侵防御策略 | 检测引擎参数设置 | 黑名单设置

入侵防御策略　　[添加][清空]

引擎重启

ID	源区域	目的区域	源地址	目的地址	攻击检测规则	应用识别规则	病毒检测规则	URL过滤规则	时间	备注	修改	移动	删除	状态
8071			any	any	ips	ar	av	url						

图5.7

天融信入侵防御系统出厂配有一条引用了攻击检测规则的策略，以便管理员对设备进行初始配置。

图5.7中"ID"为每项规则的编号，在移动规则顺序时将会使用。点击"修改"图标可以对策略进行修改；点击"移动"图标可以移动策略顺序；点击"删除"图标可以删除策略；点击"状态"图标可以禁用或启用相应的策略。

（3）添加策略。

点击"添加"，添加一条新的入侵防御策略，如图5.8所示。

管理员可以在界面中直接添加对象，在右侧的单选框内选择添加的对象类型，如图5.9所示。

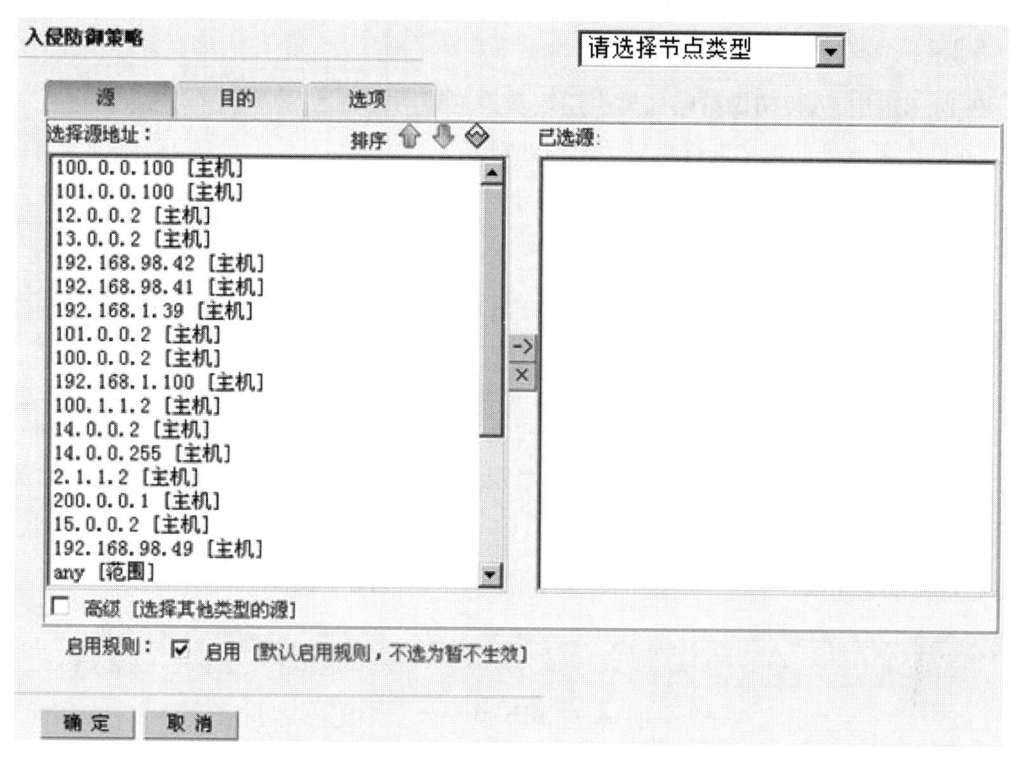
入侵防御策略
请选择节点类型
源
目的
选项
选择源地址：
排序
已选源:
100.0.0.100 [主机]
101.0.0.100 [主机]
12.0.0.2 [主机]
13.0.0.2 [主机]
192.168.98.42 [主机]
192.168.98.41 [主机]
192.168.1.39 [主机]
101.0.0.2 [主机]
100.0.0.2 [主机]
192.168.1.100 [主机]
100.1.1.2 [主机]
14.0.0.2 [主机]
14.0.0.255 [主机]
2.1.1.2 [主机]
200.0.0.1 [主机]
15.0.0.2 [主机]
192.168.98.49 [主机]
any [范围]
->
×
高级 [选择其他类型的源]
启用规则：
启用 [默认启用规则，不选为暂不生效]
确 定
取 消

图5.8

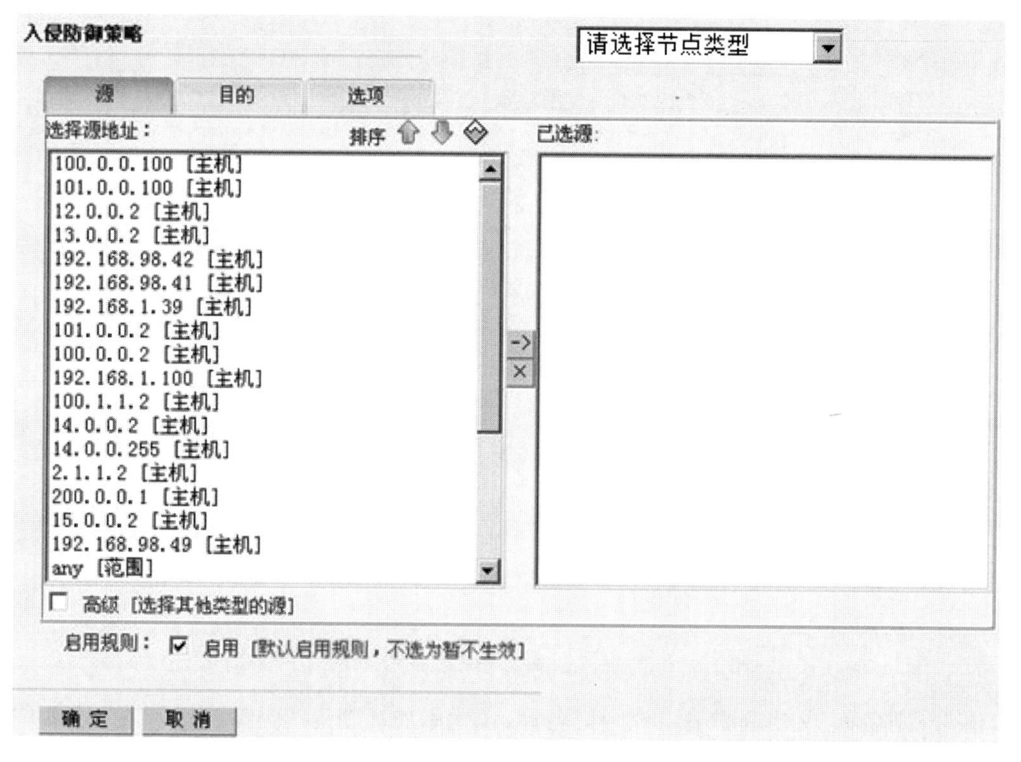
入侵防御策略
请选择节点类型
源
目的
选项
选择源地址：
排序
已选源:
100.0.0.100 [主机]
101.0.0.100 [主机]
12.0.0.2 [主机]
13.0.0.2 [主机]
192.168.98.42 [主机]
192.168.98.41 [主机]
192.168.1.39 [主机]
101.0.0.2 [主机]
100.0.0.2 [主机]
192.168.1.100 [主机]
100.1.1.2 [主机]
14.0.0.2 [主机]
14.0.0.255 [主机]
2.1.1.2 [主机]
200.0.0.1 [主机]
15.0.0.2 [主机]
192.168.98.49 [主机]
any [范围]
->
×
高级 [选择其他类型的源]
启用规则：
启用 [默认启用规则，不选为暂不生效]
确 定
取 消

图5.9

5.2.4.4 攻击检测规则

在TopIDP中,入侵防御策略通过引用攻击检测规则对满足"源""目的"的报文进行规则匹配,对匹配到规则的报文进行相应动作的处理。

TopIDP包含两类攻击检测规则:系统攻击检测规则和自定义攻击检测规则。系统攻击检测规则库包含了所有的系统攻击检测规则,且默认将其中的事件分为高、中、低三类风险事件,对于匹配到系统规则的事件定义了是否阻断、是否报警以及是否记录报文三种动作方式。

设置攻击检测规则的具体操作步骤如下:

(1) 在左侧导航树中选择"安全防护"→"攻击检测规则",进入"攻击检测规则"界面,如图5.10所示。界面中的规则集"规则条目"显示了规则的数量、风险统计、动作统计以及其状态。

攻击检测规则　　[添加][清空]

名称	规则条目	风险统计	动作统计	状态	分类方式	复制	修改	删除
ips	3605	高:462, 中:162, 低:2981	警告:3605, 阻断:0	已被引用	攻击类型			

图5.10

(2) 点击"添加",添加攻击检测规则集,如图5.11所示。

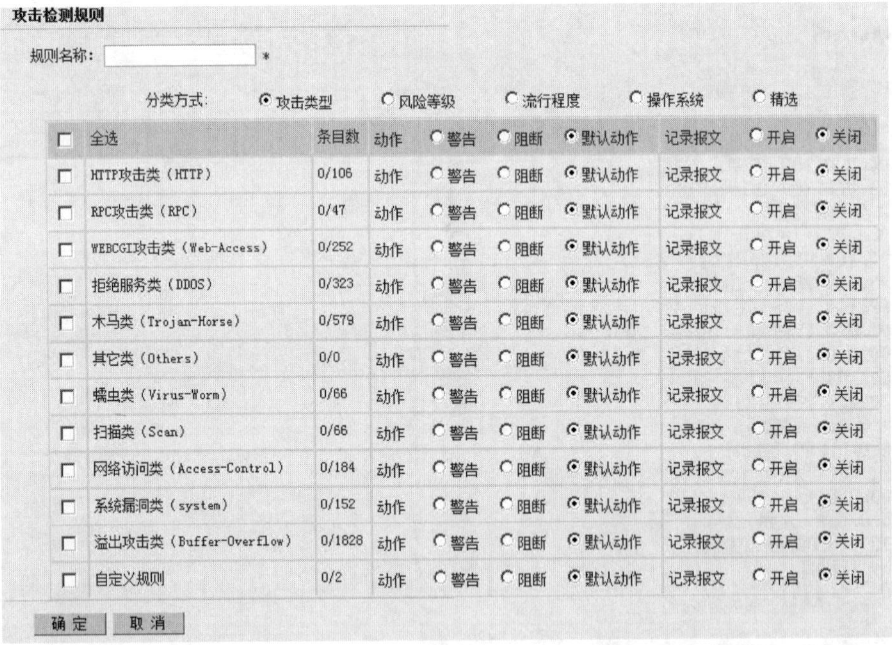

攻击检测规则

规则名称: ____ *

分类方式: ◉攻击类型 ○风险等级 ○流行程度 ○操作系统 ○精选

	全选	条目数	动作				记录报文		
☐	全选	条目数	动作	○警告	○阻断	◉默认动作	记录报文	○开启	◉关闭
☐	HTTP攻击类(HTTP)	0/106	动作	○警告	○阻断	◉默认动作	记录报文	○开启	◉关闭
☐	RPC攻击类(RPC)	0/47	动作	○警告	○阻断	◉默认动作	记录报文	○开启	◉关闭
☐	WEBCGI攻击类(Web-Access)	0/252	动作	○警告	○阻断	◉默认动作	记录报文	○开启	◉关闭
☐	拒绝服务类(DDOS)	0/323	动作	○警告	○阻断	◉默认动作	记录报文	○开启	◉关闭
☐	木马类(Trojan-Horse)	0/579	动作	○警告	○阻断	◉默认动作	记录报文	○开启	◉关闭
☐	其它类(Others)	0/0	动作	○警告	○阻断	◉默认动作	记录报文	○开启	◉关闭
☐	蠕虫类(Virus-Worm)	0/66	动作	○警告	○阻断	◉默认动作	记录报文	○开启	◉关闭
☐	扫描类(Scan)	0/66	动作	○警告	○阻断	◉默认动作	记录报文	○开启	◉关闭
☐	网络访问类(Access-Control)	0/184	动作	○警告	○阻断	◉默认动作	记录报文	○开启	◉关闭
☐	系统漏洞类(system)	0/152	动作	○警告	○阻断	◉默认动作	记录报文	○开启	◉关闭
☐	溢出攻击类(Buffer-Overflow)	0/1828	动作	○警告	○阻断	◉默认动作	记录报文	○开启	◉关闭
☐	自定义规则	0/2	动作	○警告	○阻断	◉默认动作	记录报文	○开启	◉关闭

[确 定] [取 消]

图5.11

在"规则名称"文本框中输入规则集名称,设置添加规则集的类型,包括"攻击类型""风险程度""流行程度""操作系统"以及"精选"规则类型,然后在相应的类型下至少勾选一项规则事件,并设置相应攻击类型的动作以及设置对相应攻击类型是否记录报文,点击"确定"按钮完成攻击检测规则集的创建。

5.2.4.5 防火墙联动

天融信入侵防御系统提供了防火墙联动功能，从而可以实现由IDS进行监听(入侵防御系统将履行IDS设备的监听功能)，由联动防火墙进行阻断的安全策略。要实现防火墙联动功能，需要进行以下几方面的设置：

(1) 在TopIDP中设置IDS监听接口。

(2) 在TopIDP中添加一条源区域为该接口的入侵防御策略。

(3) 在天融信防火墙中设置IDS联动。关于如何在天融信防火墙中设置IDS联动具体请参见《NGFW管理手册——基础配置》。

(4) 在TopIDP中设置防火墙联动，具体设置步骤参见下面的内容。

设置防火墙联动的具体操作步骤如下：

(1) 在左侧导航树中选择"安全防护"→"防火墙联动"，进入"防火墙联动配置"界面，如图5.12所示。

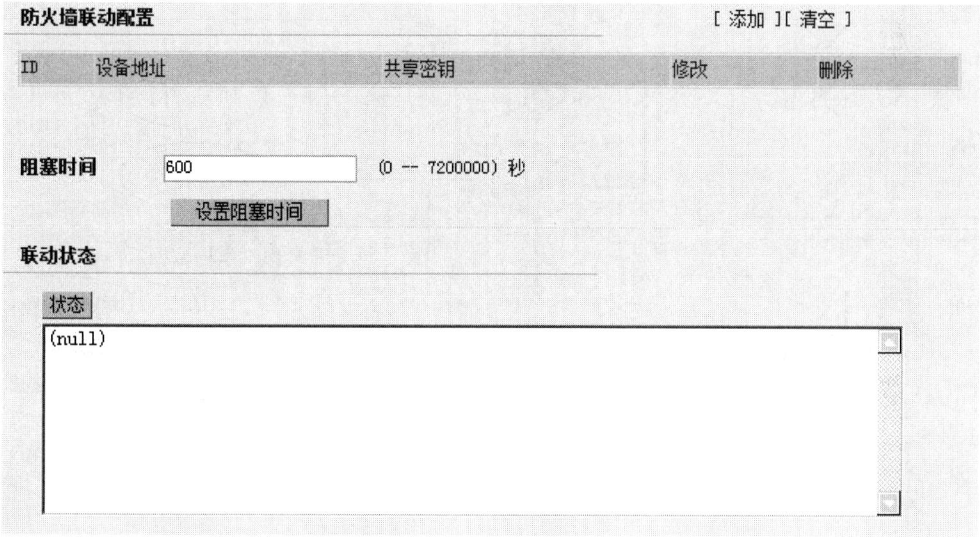

图5.12

(2) 添加防火墙联动。

点击"添加"，设置要联动的防火墙信息，如图5.13所示。

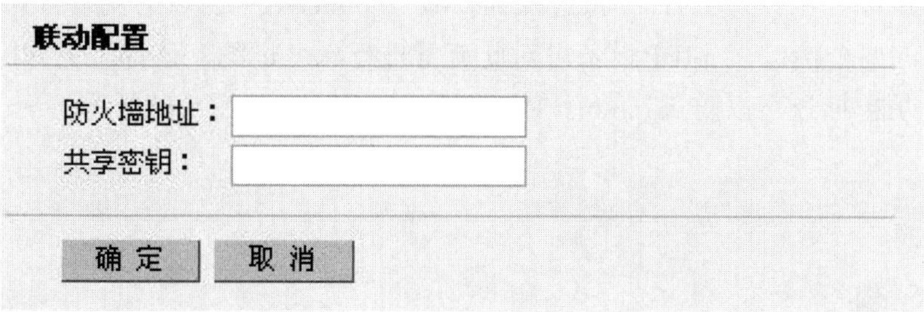

图5.13

设置为天融信防火墙设备添加联动IDS设备时系统自动生成的共享密钥。

5.3 典型应用

5.3.1 部署在防火墙前

面对复杂多变的网络环境，企业不仅需要有针对重点区域的防护，还需要针对内部整个网络的全面防护。此时就需要在企业网络的出入口和重点服务器处分别部署天融信入侵防御系统，这样可以很好地保护企业的重要信息资产、提高企业网络整体的安全水平，如图5.14所示。

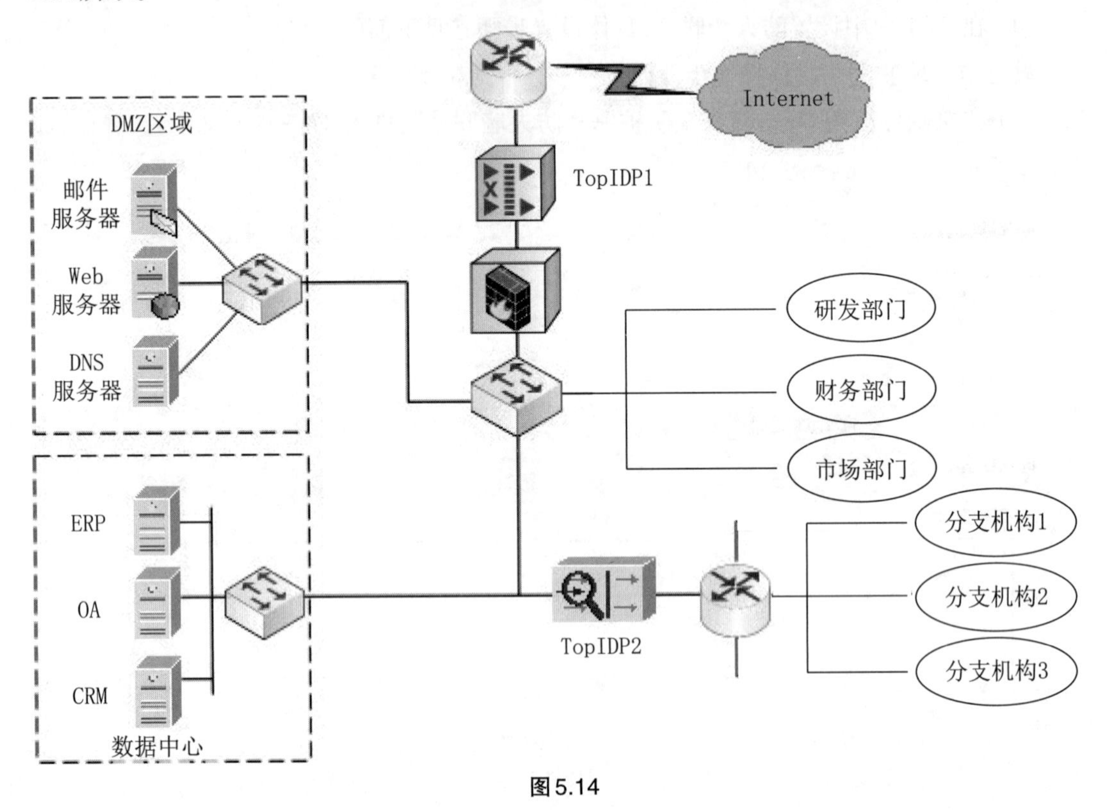

图5.14

5.3.2 部署在防火墙后

将TopIDP部署在防火墙后面时，进入到DMZ、Intranet两个区域的流量首先会分别进入TopIDP设备的两个接口，TopIDP设备可对此流量进行深度过滤。该部署方式除了提供IPS的正常防御功能外，还可以防御Intranet对DMZ区域的攻击，如图5.15所示。

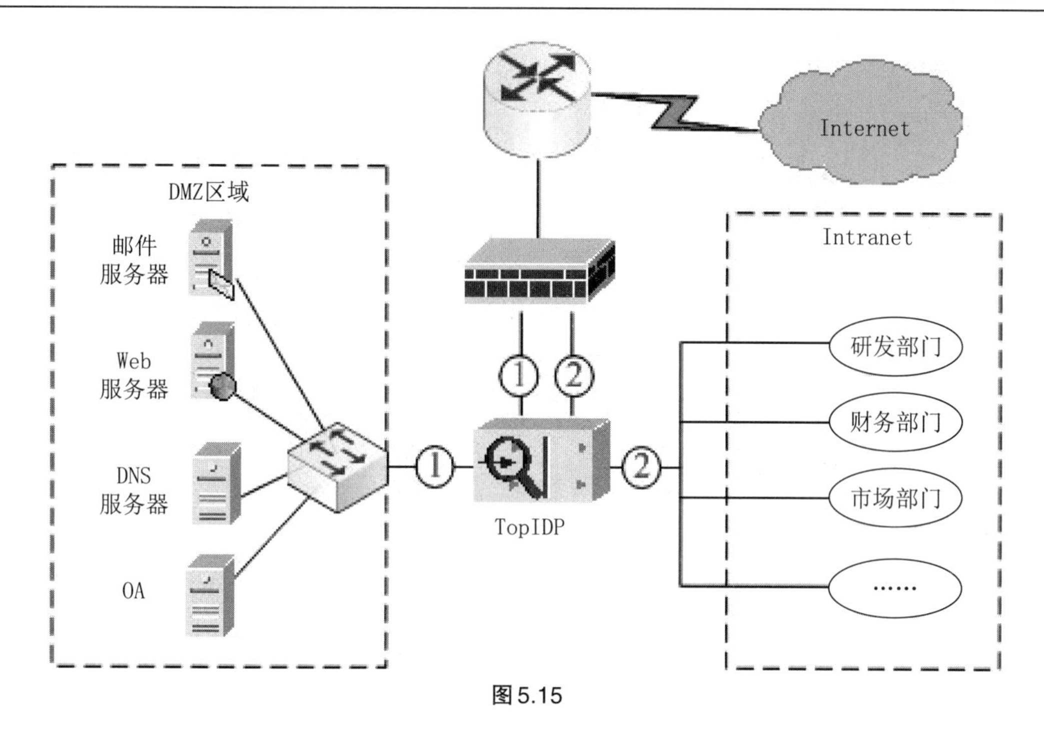

图5.15

习 题

1. 以下关于入侵防御系统(IPS)的描述中,错误的是(　　)。

A. IPS产品在网络中是在线旁路式工作,能保证处理方法适当而且可预知

B. IPS能对流量进行逐字节检查,且可将经过的数据包还原为完整的数据流

C. IPS提供主动、实时的防护,能检测网络层、传输层和应用层的内容

D. 如果检测到攻击企图,IPS就会自动将攻击包丢掉或采取措施阻断攻击源

2. 以下哪一项不是IDS可以解决的问题?(　　)

A. 弥补网络协议的弱点

B. 识别和报告对数据文件的改动

C. 统计分析系统中异常活动模式

D. 提升系统监控能力

3. (多选) 关于入侵防护系统(IPS),下列说法正确的是(　　)。

A. 预先对入侵活动和攻击性网络流量进行拦截

B. 可以阻止攻击者利用网络系统第二层到第七层的漏洞进行的攻击

C. 可以逐一字节的检查数据包

D. 能够把私有地址转化为共有地址

第6章　Web防火墙原理与应用

掌握Web防火墙的工作原理和实现机制；理解Web防火墙部署方式和典型的应用场景；熟练安装和配置天融信Web防火墙。

随着计算机及相关服务逐渐向Web应用平台高度集中发展，Web应用平台已经在各类政府、企业单位的核心业务区域，如电子政务、电子商务、运营商的增值业务等中得到广泛应用。无论是组建对外的信息发布平台，还是组建内部的业务管理系统，都离不开Web站点和Web应用。Web应用技术的迅速发展和广泛应用引起了攻击者的更加重视，针对Web业务的攻击也愈发激烈和严重，服务器操作系统漏洞和Web应用程序本身漏洞成为攻击者入侵的主要途径。藉此，攻击者们可以取得Web应用管理权限，进而窃取商业数据，篡改网页内容，更有甚者，在网页中植入木马，注入恶意脚本，发起跨站脚本或伪造请求等攻击。Web服务器和普通浏览用户均暴露在安全威胁之下。

针对上述现状，专业的Web安全防护产品是一种必然选择，传统的安全工具，如防火墙、IDS、IPS，成为整体安全解决方案中不可缺少的重要组成部分，但局限于本身的产品定位和防护深度，不能有效的提供针对Web平台攻击的抵御能力。目前，利用网上到处可见的黑客软件，攻击者不需要对网络协议深入理解，即可实现诸如篡改Web网站主页，窃取管理员密码，毁坏整个网站重要数据等攻击。而这些攻击实施过程中发送的网络层数据，和合法数据没有什么差别。

而基于应用层的Web应用防火墙（以下简称WAF），可以更精确的对Web攻击行为进行深度检测，检测报文里的入侵流量和攻击行为，保障网络的正常运行。同时，基于应用层的入侵检测技术是实现细粒度防御的基础，不但能降低系统的误报率，而且检测准确率也大幅跃升。基于应用层的WAF系统提供深度检测模块用于对客户端的请求报文进行规则匹配检测，以阻止类似SQL注入、XSS等攻击方法，并隐藏企业内部Web资源，使黑客和蠕虫程序无法扫描站点中的漏洞，从而减少Web网站成为入侵目标的可能性。

因此，在应用层部署基于HTTP/HTTPS协议的WAF深度检测系统，是有效保护政府、企业Web网站和应用安全必然选择和手段，对于保障互联网安全、塑造安全的网络环境具有积极的、深远的意义。

6.1 Web防火墙的技术原理

Web防火墙主要是对Web特有入侵方式的加强防护，如DDoS防护、SQL注入、XML注入、XSS等。由于是应用层而非网络层的入侵，从技术角度应该称为WebIPS，而不是Web防火墙。这里之所以称为Web防火墙，是因为大家比较好理解，业界流行这样称呼而已。由于重点是防SQL注入，也有人称为SQL防火墙。

Web防火墙产品常常部署在Web服务器的前面，串行接入，不仅在硬件性能上要求高，而且不能影响Web服务，所以HA功能、Bypass功能都是必须的，而且还要与负载均衡、Web-Cache等Web服务器前的常见的产品协调部署。

Web防火墙的主要技术中对入侵的检测能力，尤其是对Web服务入侵的检测，不同的厂家技术差别很大，不能以厂家特征库大小来衡量，主要还是要看测试效果，从厂家技术特点来说，有下面5种方式：

（1）代理服务。代理方式本身就是一种安全网关，基于会话的双向代理，中断了用户与服务器的直接连接，适用于各种加密协议，这也是Web的Cache应用中最常用的技术。代理方式防止了入侵者的直接进入，对DDoS攻击可以抑制，对非预料的“特别”行为也有所抑制。

（2）特征识别。识别出入侵者是防护它的前提。特征就是攻击者的“指纹”，如缓冲区溢出时的Shellcode，SQL注入中常见的“真表达(1=1)”等。应用信息没有“标准”，但每个软件、行为都有自己的特有属性，病毒与蠕虫的识别就采用此方式，麻烦的是每种攻击都有自己的特征，数量比较庞大，多了误报的可能性也大。虽然目前恶意代码的特征在指数型地增长，安全界声言要淘汰此项技术，但目前应用层的识别还没有特别好的方式。

（3）算法识别。特征识别有缺点，人们在寻求新的方式。对攻击类型进行归类，相同类的特征进行模式化，不再是单个特征的比较，算法识别有些类似模式识别，但对攻击方式依赖性很强，如SQL注入、DDoS、XSS等都开发了相应的识别算法。算法识别是进行语义理解，而不是靠“长相”识别。

（4）模式匹配。是IDS中“古老”的技术，把攻击行为归纳成一定模式，匹配后能确定是入侵行为。当然，模式的定义有很深的学问，各厂家都隐秘为“专利”。协议模式是其中简单的一类，是按标准协议的规程来定义模式的；行为模式就复杂一些。Web防火墙最大的挑战是识别率，因为它不是一个容易测量的指标，因为漏网进去的入侵者，并非都大肆张扬，比如给网页挂马，你很难察觉进来的是哪一个，不知道当然也无法统计。对于已知的攻击方式，可以谈识别率；对未知的攻击方式，只有等它自己“跳”出来才知道。

（5）自学习模式。通过一段时间的用户访问，WAF记录了常用网页的访问模式，如一个网页中有几个输入点，输入的是什么类型的内容，通常情况下长度是多少等。学习完毕后，定义出一个网页的正常使用模式，当今后有用户突破了这个模式，如一般的账号输入不应该有特殊字符，而XML注入时需要有“<”之类的语言标记，WAF就会根据预先定义的方式预警或阻断；再如密码长度一般不超过20位，在SQL注入时加入代码会很长，同样突破了网页访

问的模式。网页自学习技术从Web服务自身的业务特定角度入手,不符合常规就是异常的,也是入侵检测技术的一种,与单纯的Web防火墙相比,它不仅给入侵者"下通缉令",而且建立进入自家的内部"规矩",这是一种双向的控制,显然比单向的要好。

6.2 Web防火墙的安装配置

6.2.1 天融信Web防火墙

天融信公司自主研发的Web应用防火墙系统(以下简称TopWAF产品),继承了天融信公司"完全你的安全"的信息安全理念,通过多种检测方法,提供针对用户Web服务器的完整安全解决方案。保障用户的业务的连续性和信息资产的安全性。TopWAF产品支持在线串接、旁路检测和服务器负载均衡三种工作模式。能够提供OWASP Top 10的全面防御,同时可以主动对业务系统建立正向模型,用于防御未知的威胁和0day攻击。TopWAF产品整合了天融信积累的DDoS防御能力,可以有效的缓解针对Web服务器的SYN Flood、CC、慢速攻击等各种拒绝服务攻击。TopWAF产品提供了详细的Web流量日志和攻击事件日志,以及基于攻击事件日志实现的各种统计报表,并以可视化方式动态展示,实现实时的威胁监控,是适用于政府、企业、高校以及运营商的可信的防御Web威胁的安全产品。

6.2.2 数据处理流程

TopWAF的基本功能是保护Web服务器免受来自应用层的攻击,并且保证客户端的正常访问请求。防护策略是TopWAF的核心功能,作用是对通过TopWAF的报文进行检测,符合防护策略的合法请求才能通过TopWAF访问Web服务器,并且及时阻断非法请求,保证正常用户访问Web服务器的同时保护Web服务器的安全。攻击者可利用Web服务器的漏洞和网站自身的安全漏洞等攻击Web服务器、篡改网站页面、盗取账户密码等,从而危害网站安全。因此需要在网络中部署TopWAF保护Web服务器,如图6.1所示,TopWAF安装在最靠近Web服务器一侧,所有访问Web服务器的HTTP请求信息都要流经TopWAF。

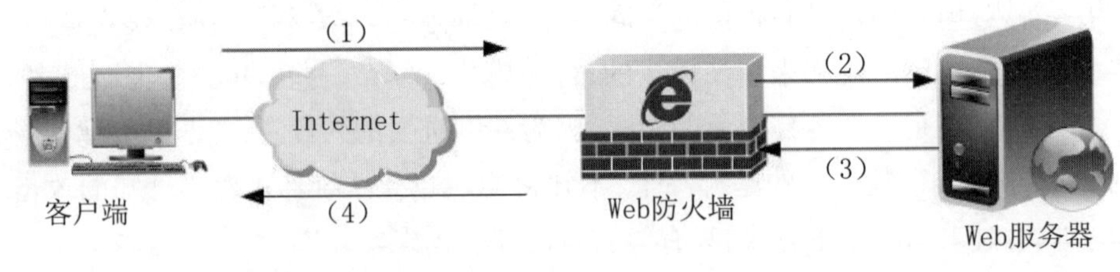

图6.1

不同于传统的网络安全设备(如IDS、IPS、防火墙等),TopWAF工作在ISO模型的应用层,监听TCP的80和443端口。客户端访问Web服务器的工作过程如下:

(1) 客户端发起HTTP/HTTPS请求。

(2) TopWAF接收客户端的HTTP/HTTPS请求,然后解析这些请求,将这些请求与已有会话建立关联或者创建新会话，然后将请求与服务器安全防护政策相匹配。如果这个请求未被任何的防护策略阻断，则将该请求转发给Web服务器。否则，拒绝该请求，避免非法请求进入Web服务器。

（3）Web服务器响应客户端请求。

（4）Web服务器的响应到达TopWAF之后，会与请求所属的同一个会话建立关联，进行解析，然后将响应报文与服务器安全防护政策相匹配。如果这个响应未触发任何的防护策略，则将响应报文转发给客户端。否则，拒绝该请求，避免Web服务器信息泄露。

TopWAF保护Web应用通信流量和所有相关的应用资源免受利用Web协议或应用程序漏洞发动的攻击。TopWAF对客户端与服务器的请求、响应报文进行检测，保障Web服务器的安全，不仅支持对服务器受到的攻击事件进行实时防护，还支持在攻击发生前进行预防和发生后进行修复。

在攻击发生前，TopWAF可以主动扫描检测Web服务器来发现漏洞，通过修复Web服务器漏洞预防攻击事件发生。并且TopWAF支持自学习功能，监控和学习进出Web服务器的流量，学习URI参数类型和长度、表单参数类型和长度等，建立一个安全防护模型，一旦行为有差异就会被发现，比如隐藏的表单、限制型的值被篡改、输入的参数类型不合法等。这样TopWAF在面对多变的攻击手法和未知的攻击类型时能依靠安全防护模型动态调整防护策略。

在攻击发生后，即使Web服务器被攻击并篡改了网站的网页内容，TopWAF可利用网页防篡改功能，将篡改的数据恢复到被篡改前，保证网站的正常访问；TopWAF支持自定义告警策略、报表策略，支持通过告警日志和邮件报表方式，周期性监测网络中的流量，发现攻击事件并及时通知管理员，便于管理员根据监测结果，灵活调整防护策略。

6.2.3 初始化安装

管理员在登录系统前应首先安装部署TopWAF，安装成功后开启电源，才能通过管理主机登录并对系统进行管理。

管理员在管理主机的浏览器上输入TopWAF的管理URL，例如：https://192.168.1.254，弹出如图6.2所示的登录页面。

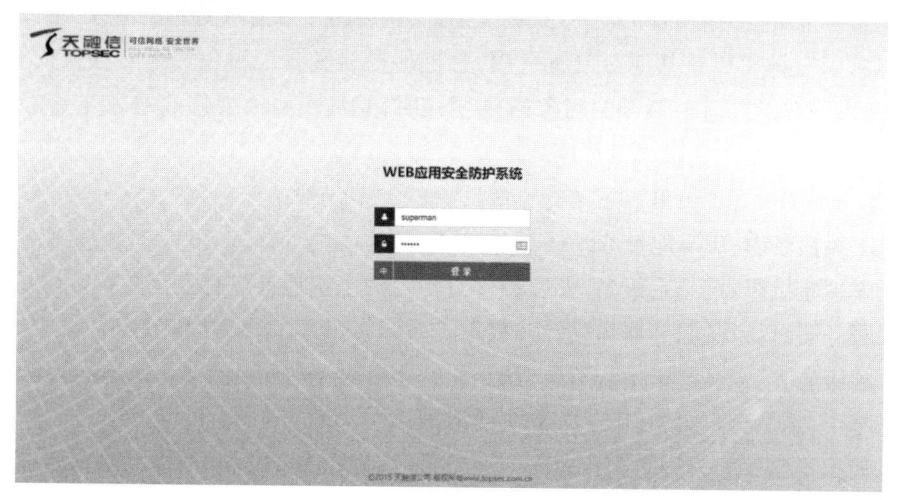

图6.2

输入用户名及密码(默认出厂用户名/密码为:superman/talent)后,点击“登录”按钮,就可以进入管理页面(图6.3)。

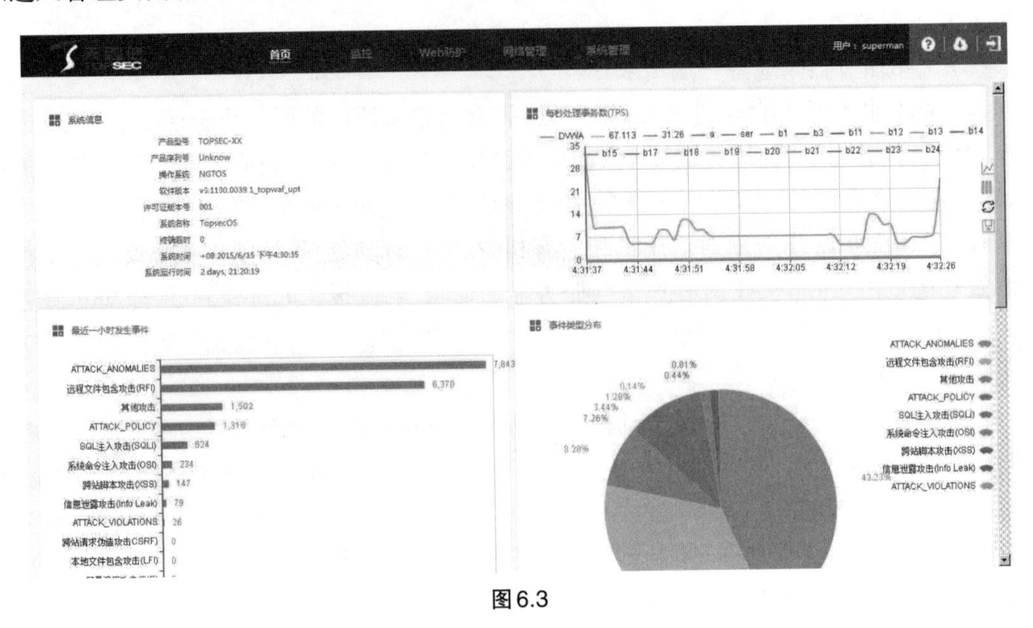

图6.3

注意:在输入URL时要注意以“https://”作为协议类型。

6.2.4 常用策略配置

安全策略是TopWAF中最为复杂的策略配置,包含了多种防护功能模块,如协议合规、文件控制、访问控制、CSRF防护、防盗链、爬虫防护、自学习防护等安全防护策略的配置。

针对不同的服务器可配置不同的安全策略,安全策略配置完成后,管理员可在服务器策略引用已配置好的安全策略,使安全策略生效。

6.2.4.1 服务器对象

对象是具备某些公共特征的一些实例的集合,是防护策略的重要组成部分。防护策略中的条件和安全策略行为等都是通过对象定义的,安全策略可以看成是基于对象(组)的规则。

某一对象资源可以被其他对象所引用,合理地构建和管理对象资源能够大大简化管理员对TopWAF的管理工作,当某个对象发生变化时,管理员只需要修改对象本身即可,而无需逐一地修改所有引用该资源的策略或规则。

在TopWAF中,管理员可以定义的资源对象的类型包括:

(1) IP黑白名单:IPv4地址或IPv6地址的集合。

(2) 虚拟主机组:定义主机名,管理员可对指定的主机地址进行安全防护。

(3) 服务器组:定义服务器对象及其权重。

(4) 健康检查:定义健康检查对象,用于检查服务器是否可用。

(5) 爬虫:定义爬虫对象,用于限制非法机器爬虫访问Web网站。

(6) 数据类型:定义数据类型,用于识别并限制用户表单中输入的参数类型、服务器响应报文中的敏感数据的参数类型。

(7) 错误页面:定义错误页面对象,当用户请求访问服务器出现错误时,根据HTTP的不同状态码返回不同的错误页面。

(8) 证书:导入证书文件,用于实现对客户端与服务器的加密信息进行安全防护。

下面以IP黑白名单为例,介绍对象的添加方法:

(1) 选择"Web防护"→"服务器对象"→"IP黑白名单"。

(2) 点击"添加",弹出"添加IP黑白名单"窗口,如图6.4所示。

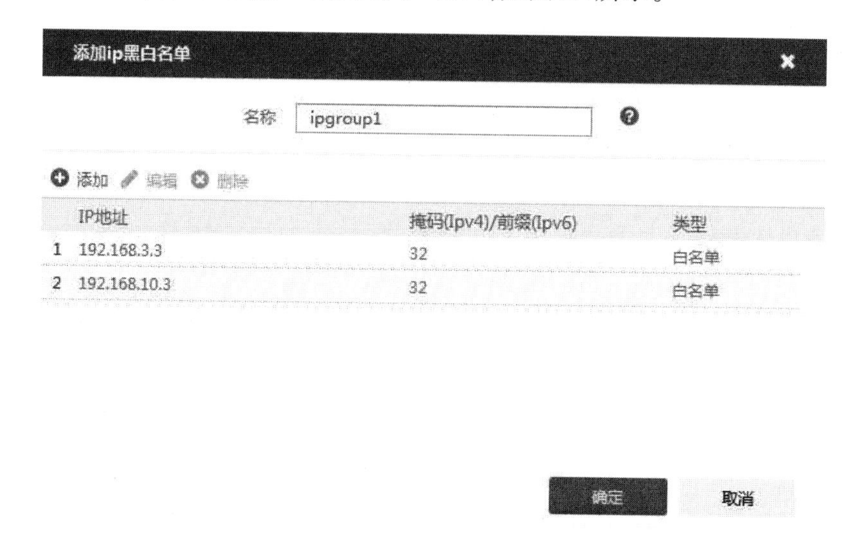

图6.4

(3) 点击窗口中的"添加",在IP黑白名单中添加IP地址,并配置相关参数。在添加IP黑白名单时,各项参数的具体说明如表6.1所示。

表6.1

参数	说明
名称	设置IP黑白名单名称,字符形式支持数字、字母、中文和特殊字符"_-."
IP地址	设置IP地址,支持IPv4地址和IPv6地址。TopWAF每个IP黑白名单最多支持添加128个IP地址
掩码(IPv4)/前缀(IPv6)	设置IPv4地址的掩码或者IPv6地址的前缀。 (1) IPv4地址:输入IPv4地址的子网掩码。如果设置为32表示添加的地址为IPv4主机地址,如果设置为1~31,表示添加地址为IPv4子网地址。 (2) IPv6地址:输入IPv6地址的前缀。如果设置为128表示添加的地址为IPv6主机地址,如果设置为1~127,表示添加地址为IPv6子网地址
类型	设置该IP地址的类型。 白名单:该地址为可信地址,可不对来自该地址的请求报文进行安全策略过滤。 黑名单:该地址为黑名单地址,对来自该地址的请求报文直接丢弃

(4) 参数配置完成后,点击"确定"按钮,完成IP黑白名单的添加。

6.2.4.2 安全策略

管理员可以根据实际需求添加不同的安全策略，可以新建安全策略，也可克隆系统内置的安全策略。系统内置三个安全策略，按照防护精准度降低顺序依次为“应用优先”“标准策略”和“安全优先”，在内置安全策略中各配置项均有默认值，不允许修改。通常管理员基于此3个安全策略克隆出新的安全策略，然后在服务器策略中引用，以便于根据保护站点的实际情况修改安全策略。

在创建好安全策略后，在“Web防护”→“安全策略”下的功能参数均有默认取值，用户可根据实际需求，进入相应的功能模块配置界面修改配置。具体操作步骤为：在页面上方“安全策略”下拉列表中选择需要配置的安全策略，Web界面中将显示安全策略的当前配置参数，管理员可在该界面中配置安全策略，配置完成后点击“应用”按钮，即可完成安全策略的修改。WebVI方式选择“Web防护”→“安全策略”。

点击“添加”，弹出“添加安全策略”窗口，如图6.5所示。

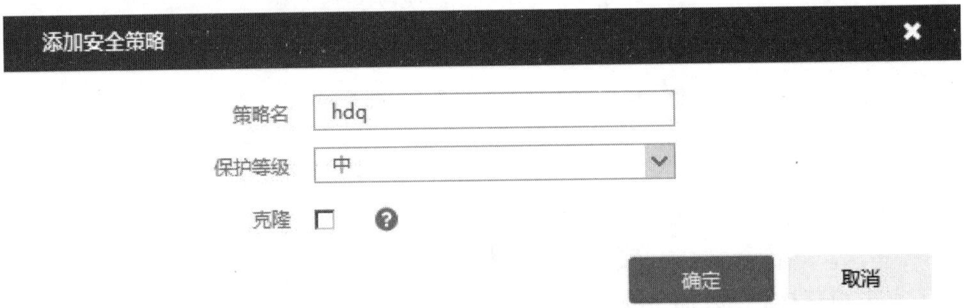

图6.5

在配置安全策略时，各项参数的具体说明如表6.2所示。

表6.2

参数	说明
策略名	设置策略名称，字符形式支持数字、字母、中文和特殊字符“_-.”
保护等级	设置安全策略的保护等级，可选项为：高、中、低
克隆	勾选该选项，可以将已经配置好的策略克隆为新的策略
被克隆的安全策略	当勾选“克隆”时，选择已经配置好的安全策略

参数配置完成后，点击“确定”按钮完成配置。

6.2.4.3 防盗链

盗链是指在自己的页面上展示一些并不在自己服务器上的内容。通常的做法是通过技术手段获得他人服务器上的资源地址，绕过别人的资源展示页面，直接在自己的页面上向最终用户提供此内容。比较常见的是一些小网站盗用大网站的资源（图片、音乐、视频、软件等），对于这些小网站来说，通过盗链的方法可以减轻自己服务器的负担，因为真实的空间和流量均是来自别人的服务器，但是这会加重大网站服务器的负担。

防盗链是防止别人通过一些技术手段绕过本站的资源展示页面，盗用本站的资源，让绕开本站资源展示页面的资源链接失效的技术。开启防盗链功能后，因为屏蔽了那些盗链的间接资源请求，从而可以大大减轻服务器及带宽的压力。

1. 盗链产生原因

一般浏览器获取完整的页面并不是一次性全部从服务器传送到客户端。如果请求的是一个带有许多文字、图片和其他信息的页面，那么最先的一个HTTP请求被传送回来的是这个页面的文本。然后通过客户端的浏览器对这段文本的解释执行，发现其中还有指向图片的链接，那么客户端的浏览器会再发送一条HTTP请求。当这个请求被处理后，图片文件会被传送到客户端，然后浏览器会将图片安放到页面的正确位置，这样一个完整的页面也许要经过发送多条HTTP请求才能够被完整的显示出来。

在这个过程中就会产生盗链问题：一个网站如果没有起始页面中的信息，如图片信息，但是它将这个资源的地址链接到别的网站，获取到了资源。这样没有任何资源的网站盗用了别的网站的资源来展示给浏览者，提高了自己的访问量，而大部分浏览者又不会很容易地发现。

2. 防盗链原理

在HTTP协议中，有一个请求头部字段叫Referer，采用URL的格式来表示从哪儿链接到当前的网页或文件，即网站通过Referer字段可以检测目标网页访问的来源网页，如果是资源文件，则可以跟踪到显示它的网页地址。因此可以通过检测请求报文中的Referer字段，判断页面的来源页面是否是本网站，如果来源不是本网站就可以进行阻止或者返回指定的页面。

3. 防盗链的配置

（1）选择"Web防护"→"安全策略"→"防盗链"，如图6.6所示。

图6.6

从“安全策略”下拉列表中选择需要配置的安全策略。

(2) 配置防盗链参数。在配置防盗链时,各项参数的具体说明如表6.3所示。

表6.3

参数	说明
是否启用	设置是否启用防盗链功能。默认为“”,表示已关闭,点击该按钮将显示“”,表示已开启
允许访问的站点	添加允许访问的站点host地址,TopWAF将不对该站点进行防盗链防护。点击“添加”按钮,完成添加。站点的host地址支持域名和IP地址形式,地址格式支持普通形式(可含有通配符“”)、正则表达式形式(以“~”起始的正则表达式字符串)。例如,“www.baidu.com”表示允许来自百度地址的访问;“.baidu.com”表示运行来自百度所有域名的访问;https://www.baidu.com表示只允许来自百度https安全站点的访问;“www\.(google|baidu)\.com”为正则表达式形式,表示允许来自www.google.com或www.baidu.com站点的访问
其他站点缺省动作	设置除了允许客户端访问的站点外的站点的缺省处理动作。可选项:警告、拒绝、拒绝不记日志、临时跳转、永久跳转和错误页面;默认值:警告。 ① 警告:进入下一条访问控制规则,判断对该访问进行的动作,访问记录到攻击日志中。 ② 拒绝:拒绝本次访问请求,将访问记录到攻击日志中。 ③ 拒绝不记日志:拒绝本次访问请求,访问不记录到日志中。 ④ 临时跳转:由本次请求页面临时跳转到新的页面中,将访问记录到攻击日志中,再次接收到访问请求时,继续访问当前请求页面。 ⑤ 永久跳转:由本次请求页面临时跳转到新的页面中,将访问记录到攻击日志中,再次接收到访问请求时,将访问新的页面。 ⑥ 错误页面:返回错误页面并记录攻击日志,关于错误页面的配置具体请参见“错误!未找到引用源”。 说明:HTTP请求报文命中访问控制策略产生的报警和日志信息均显示在攻击日志界面,关于攻击日志的查看具体请参见“错误!未找到引用源”
跳转URL/错误页面名称	当“其他站点缺省动作”设置为“临时跳转”“永久跳转”或“错误页面”时可设置该参数。 ① 临时跳转:输入URL地址,当客户端访问非允许客户端访问的站点外时,页面将跳转到该地址,仅该次访问进行跳转,后续还将访问原地址。 ② 永久跳转:输入URL地址,当客户端访问非允许客户端访问的站点时,页面将跳转到该地址。 ③ 错误页面:通过下拉列表选择已经配置的错误页面,当客户端访问非允许客户端访问的站点时,页面将跳转到该错误页面,关于错误页面的配置具体请参见“错误!未找到引用源”

续表

参数	说明
忽略保护的URI路径	添加忽略保护的URI地址，不对该地址进行防盗链保护，该地址为服务器策略保护的的网站根路径下的地址，为正则表达式格式，对符合正则表达式规则的多个URI地址进行匹配，地址以斜线“/”起始，例如“/index.html”。点击“添加”按钮，完成添加

参数配置完成后，点击“应用”按钮，完成防盗链的配置；点击“恢复默认”按钮可恢复出厂配置。

6.2.4.4 自学习防御

如果服务器策略的自学习功能处于启用状态，天融信TopWAF则会对客户端与Web网站间交互的HTTP数据包文进行智能分析，学习Web网站支持的参数的长度、类型、隐藏、只读属性、请求方法等信息，并生成学习报告，最后自学习结果自动生成参数防护规则，实现TopWAF动态智能适应当前网络环境，精确规范用户在Web网站中提交信息的行为，保证Web了服务器的安全。具体操作如下：

（1）选择“Web防护”→“安全策略”→“自学习”，如图6.7所示。

图6.7

（2）配置自学习策略。从“安全策略”下拉列表中选择需要配置的安全策略，各项参数的具体说明如表6.4所示。

表6.4

参数	说明
不学习的参数	设置忽略学习的参数列表。 在“不学习的参数”文本框中输入参数名称或者可匹配参数名称的正则表达式,点击“添加”按钮即可将参数加入到参数列表中
自学习阀值	设置参数学习匹配百分比,经过学习阶段后,超过此百分比的参数和方法才作为学习的结果。单位:%;取值范围:1~100
自学习天数	设置自学习结果自动生成参数防护规则生效的时间。单位:天

(3) 点击“应用”按钮,完成自学习策略的配置;点击“恢复默认”按钮可恢复出厂配置。

6.2.4.5 爬虫防护

1. 基本概念

爬虫,又称为Robots(机器人)、蜘蛛等,为能够全自动探查Web事务的软件程序。机器人通过递归地对Web网站的各种信息进行遍历,获取其内容,并跟踪Web网站链接,对各Web网站数据进行处理,实现相应的统计功能。目前互联网中网站众多,用户一般会通过搜索引擎实现对网站的搜索,而并非直接输入网站URL访问网站,因此搭建的网站如果需要在互联网中提升知名度,必须支持搜索引擎等机器人对其进行探查。根据工作目的不同进行划分,机器人具有多种种类,例如:① 搜索引擎机器人,通过在各Web上游荡,自动搜集其所获取的所有文档等信息,并创建一个可供搜索的数据库;② 比价购物机器人,从在线购物网站的目录中收集Web页面,构建商品及其价格数据库;③ 股票图形机器人,每隔几分钟周期性地向股票市场服务器发送HTTPGET,以获取股市行情,构建股市价格趋势图。

Robots.txt文件是每一个机器人探查网站时第一个需寻找和访问的文件,明确禁止或允许特定机器人可以访问哪些URL路径,目前几乎所有机器人都遵循robots.txt文件规则。机器人访问Web网站时,首先检查该站点根目录中是否存在robots.txt,如果不存在robots.txt文件,则机器人可访问该Web网站的任意内容及链接;否则,机器人则将期望访问的URL按照一定的顺序与robots.txt文件的规则进行匹配,继而确定其可抓取的页面。

2. Robots攻击

虽然robots.txt文件是国际互联网公认的道德规范,但部分恶意机器人并不遵守该规范,强制对不允许其访问的Web网站进行抓取,并通过一定的手段对Web网站实施攻击,最终可能对Web网站带来严重后果,常见的恶意机器人的特点如下:

(1) 失控机器人

失控恶意机器人通过发送速率过快的HTTP请求,消耗Web网站大量负载,造成Web网站过载,导致Web网站不能响应正常机器人及用户的请求。

(2)访问失效URL机器人

访问失效URL恶意机器人通过对大量已被Web网站管理员删除的URL发起请求,此情况不仅导致Web网站的错误日志中充满了机器人对不存在页面的访问请求,还会消耗Web网站提供出错页面的开销,降低其数据处理能力。

（3）访问错误且超长URL的机器人

此类型恶意机器人通过对Web网站请求无意义且URL地址足够长的页面，此情况将严重降低Web网站的性能，使Web网站的日志杂乱不堪，甚至可能导致比较脆弱的Web网站崩溃。

（4）访问隐私数据的机器人

此类型恶意机器人通过robots.txt文件获取Web网站不公开的页面的URL，并对该URL内容进行抓取，最终可能导致Web网站的隐私数据在互联网中泄露，严重侵犯Web网站的隐私权。

3. 爬虫防护

为遏制恶意机器人对Web服务器进行攻击，天融信TopWAF产品提供了抵御恶意机器人访问其所保护Web服务器的爬虫防御功能。由于机器人身份由HTTP请求的User-Agent字段标志，爬虫防护模块通过结合爬虫组有针对性地对HTTP请求头的User-Agent字段进行分析，识别通过TopWAF访问Web服务器的机器人是否为恶意机器人，最终由管理员定义的策略动作决定是否放行相应机器人访问Web服务器。具体操作步骤如下：

（1）选择“Web防护”→“安全策略”→“爬虫防护”，如图6.8所示。

图6.8

（2）从“安全策略”下拉列表中选择需要配置的安全策略。

（3）配置爬虫防护策略，各项参数的具体说明如表6.5所示。

表6.5

参数	说明
是否开启	设置是否启用爬虫防护策略。默认为“ ”，表示已关闭，点击该按钮将显示“ ”，表示已开启
爬虫组	选择已定义的爬虫组，或者在下拉列表中点击“新建”创建新的爬虫组，关于爬虫组的定义具体请参见“错误!未找到引用源”

续表

参数	说明
动作	设置TopWAF对User-Agent字段命中爬虫组的HTTP请求报文执行的操作。 可选项:警告、拒绝、拒绝不记日志、临时跳转、永久跳转、错误页面。 (1) 警告:生成报警信息,并继续匹配后续策略确认是否放行该HTTP请求报文。 (2) 拒绝:拒绝HTTP请求报文并记录日志。 (3) 拒绝不记日志:拒绝HTTP请求报文但不记录日志。 (4) 临时跳转:重定向并记录日志,表示将HTTP访问请求重定向到其他特定网站,但新的HTTP访问请求发起时仍旧访问原网站。 (5) 永久跳转:重定向并记录日志,表示将HTTP访问请求重定向到其他特定网站,新的HTTP访问请求发起时,直接访问重定向之后的网站。 (6) 错误页面:返回错误页面并记录攻击日志,关于错误页面的配置具体请参见"错误!未找到引用源"。 说明:HTTP请求报文命中爬虫防护策略产生的报警和日志信息均显示在攻击日志界面,关于攻击日志的查看具体请参见"错误!未找到引用源"
跳转URL/错误页面名称	处理动作设置为"临时跳转""永久跳转""错误页面"时,该参数有效。 "动作"参数设置为临时跳转/永久跳转时,设置重定向的目标URL地址,例如http://www.topsec.com.cn。 "动作"参数设置为错误页面时,设置已定义的错误页面,关于错误页面的定义具体请参见"错误!未找到引用源"

(4) 点击"应用"按钮完成配置;点击"恢复默认"按钮可恢复出厂配置。

6.3 典型应用

服务器策略功能指定了TopWAF保护的服务器对象、安全策略以及部署模式等。一般情况下,TopWAF部署于防火墙和Web服务器之间,对Web服务器的出入流量进行检测。TopWAF为了适应不同网络场景的需求,支持多种部署模式。TopWAF支持的部署模式包括:Web保护、服务器负载均衡、离线检测及反向代理。

6.3.1 Web保护模式

如图6.9所示,在Web保护模式下,TopWAF用于在线保护单个服务器或者服务器组。TopWAF的接口可以工作在路由模式,也可以工作在交换模式、虚拟线模式。其中,虚拟线模式是最为便捷的部署方式,TopWAF"完全透明"地接入网络,无需调整用户的拓扑,无需关心VLAN和聚合接口的配置,推荐使用此种部署方式。当TopWAF掉电或者发生硬件故障时,可以Bypass而不影响正常业务。

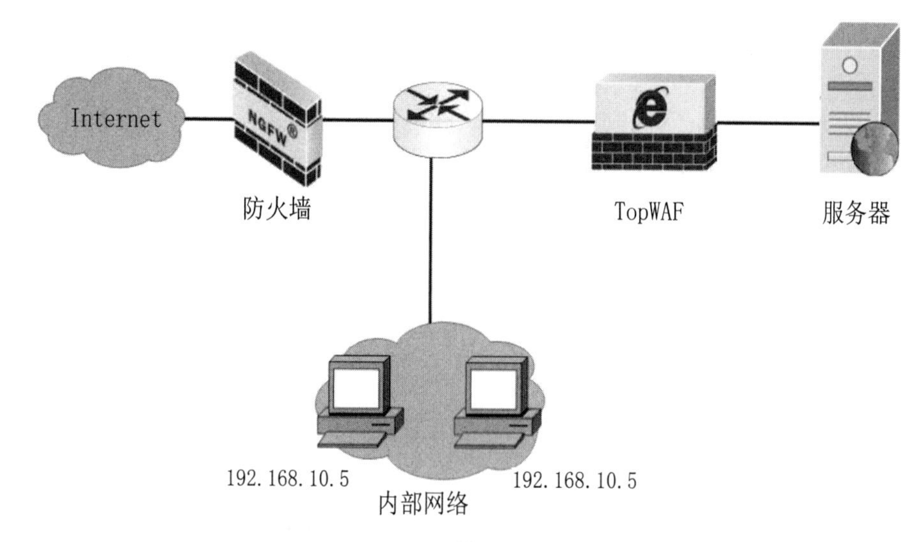

图6.9

6.3.2 服务器负载均衡模式

如图6.10所示,对于一些由多台Web服务器组成的网站系统,TopWAF设备可以采用服务器负载均衡模式部署,把流量按照用户配置的调度算法分发给各个物理服务器。这样在确保Web应用安全的前提下,实现服务器负载均衡。

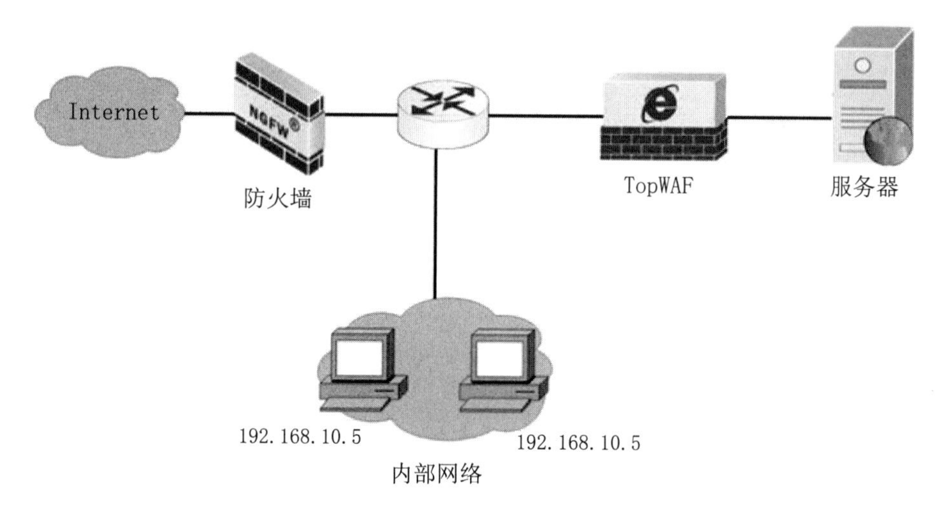

图6.10

6.3.3 离线检测模式

TopWAF工作在离线检测模式时,设备只对HTTP(S)流量进行监控和报警,不进行阻断。如图6.11所示,接口feth3工作在嗅探模式,只接收报文,并不转发。该模式需要使用交换机的端口镜像功能,也就是将交换机端口上的双向HTTP(S)流量镜像一份给TopWAF。

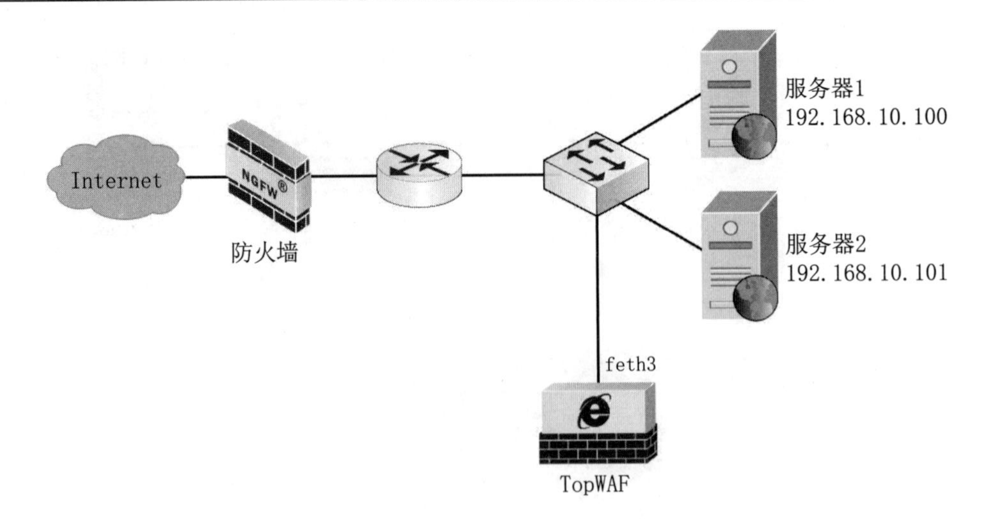

图6.11

6.3.4 反向代理模式

TopWAF工作于反向代理模式时，对于客户端而言TopWAF就像是原始服务器，并且客户端不需要进行任何特别的设置。如图6.12所示，客户端向TopWAF发送普通请求，TopWAF判断向何处(原始服务器)转交请求，并将获得的内容返回给客户端。

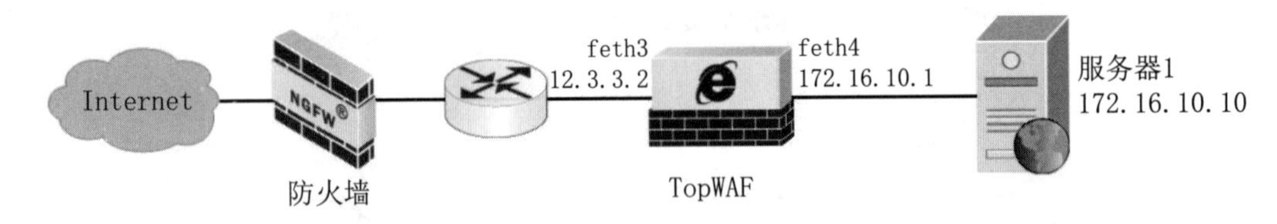

图6.12

习　　题

1. 以下哪种攻击是TopWAF不能防护的？(　　)

A. sql注入

B. 目录遍历攻击

C. Web服务器漏洞攻击

D. 病毒攻击

2. 以下哪种属于服务器返回方向的防护？(　　)

A. 信息泄露防护

B. 盗链防护

C. 命令注入攻击防护

D. XSS攻击防护

3. 下列关于WAF的描述正确的是(　　)。

A. 主要用于检测http及https流量,保护Web服务器

B. 主要对网络入侵行为进行防御

C. 主要用于负载均衡等对应用交付有需求的环境

D. 主要用于对网络行为及流量审计分析

4. 查阅资料了解网页防篡改系统技术原理和部署方式。

第7章　VPN原理和应用

掌握密码学基础知识;理解VPN部署方式和典型的应用场景;熟练安装和配置天融多合一VPN网关。

随着电子政务和电子商务信息化建设的快速推进和发展,越来越多的政府、企事业单位已经依托互联网构建了自己的网上办公系统和业务应用系统,从而使内部办公人员通过网络可以迅速地获取信息,使远程办公和移动办公模式得以逐步实现,同时使合作伙伴也能够访问到相应的信息资源。但是通过互联网接入来访问企业内部网络信息资源,会面临着信息窃取、非法篡改、非法访问、网络攻击等越来越多的来自网络外部的安全威胁。而且我们目前所使用的操作系统、网络协议和应用系统等,都不可避免地存在着安全漏洞。因此,在通过Internet构建企业网络应用系统时,必须要保证关键应用和数据信息在开放网络环境中的安全,同时还需尽量降低实施和维护的成本。

目前通过公用网络进行安全接入和组网一般采用VPN技术。常见的VPN接入技术有多种,它们所处的协议层次、解决的主要问题都不尽相同,而且每种技术都有其适用范围和优缺点,主流的VPN技术主要有以下3种:

1. L2TP/PPTP VPN

L2TP/PPTP VPN属于二层VPN技术。在Windows主流的操作系统中都集成了L2TP/PPTP VPN客户端软件,因此其无需安装任何客户端软件,部署和使用比较简单;但是由于协议自身的缺陷,没有高强度的加密和认证手段,安全性较低,同时这种VPN技术仅解决了移动用户的VPN访问需求,对于LAN-TO-LAN的VPN应用无法解决。

2. IPSec VPN

IPSecVPN属于三层VPN技术。协议定义了完整的安全机制,对用户数据的完整性和私密性都有完善的保护措施,同时,它工作在网络协议的三层,对应用程序是透明的,能够无缝支持各种C/S、B/S应用。它既能够支持移动用户的VPN应用,也能支持LAN-TO-LAN的VPN组网,并且组网方式灵活,支持多种网络拓扑结构。其缺点是网络协议比较复杂,配置和管理需要较多的专业知识,而且需要在移动用户的机器上安装单独的客户端软件。

3. SSL VPN

SSL VPN属于应用层VPN技术。其协议定义了完整的安全机制,对用户数据的完整性和私密性都有完善的保护。由于在Windows等操作系统中的IE浏览器已经支持了完整的

SSL协议,因此原理上对于B/S应用是无需安装客户端软件的,部署使用较为简单。其主要适用于移动用户的接入和访问B/S结构的应用系统,对于C/S应用的支持仍然需要安装客户端的插件。

以上几种VPN技术都各有其优缺点,而用户在实际应用中,往往需要将这几种VPN技术进行综合应用,才能满足较为复杂的用户需求。

7.1 VPN的技术原理

7.1.1 密码学基本知识

密码技术是VPN技术的基础,也是核心。现在对隐私保护、敏感信息尤其重视,所以不论是系统开发还是App开发,只要有网络通信,很多信息都需要进行加密,以防止被截取篡改。

7.1.1.1 基本概念

相关基本概念如下:

明文M:原始数据,待加密的数据。

密文C:对明文进行某种伪装或变换后的输出。

密钥K:加密或解密中所使用的专门工具。

加密E:用某种方法将明文变成密文的过程。

解密D:将密文恢复成明文的过程。

一个密码系统由五元组(M、C、K、E、D)组成,如图7.1所示。

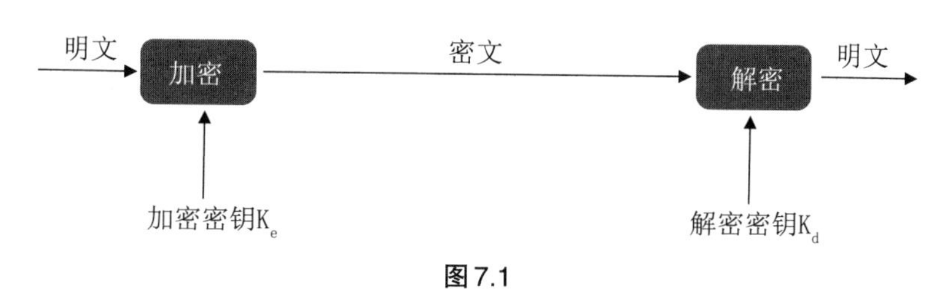

图7.1

7.1.1.2 对称密码体制

对称密码体制是指对信息进行明文/密文变换时,加解和解密使用相同密钥的密码体制,如图7.2所示。

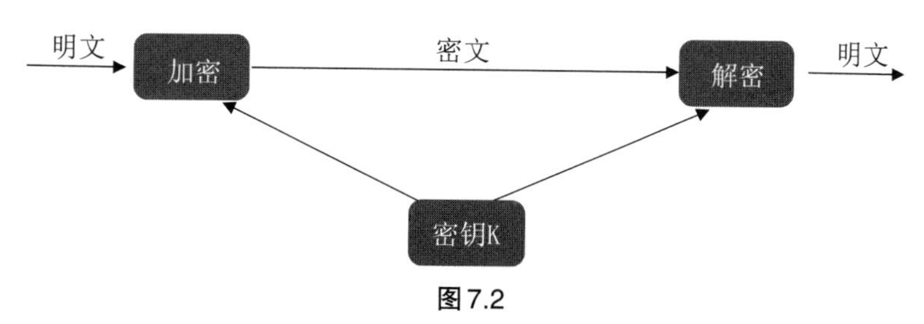

图7.2

其安全性依赖于加密算法的安全性、密钥的秘密性。

优点:算法公开、速度快、保密强度高、占用空间小。

缺点:密钥的分发和管理非常复杂。

用途:信息量大的加密。

代表算法:DES算法、3DES算法、IDEA算法、AES算法。

存在问题:若接收方伪造一个消息并诬陷是发送方发送的,发送方无法辩解,也就是无法解决消息的确认问题,不能实现数字签名;另一个问题是建立安全的信道之前,如何实现通信双方的加密密钥的交换。

7.1.1.3 非对称密码体制

对信息进行明文/密文变换时,加密和解密密钥不相同的密码体制为非对称密码体制。在非对称密码体制中,每个用户都具有一对密钥,一个用于加密,一个用于解密,其中加密密钥可以公开,称为公钥,解密密钥属于秘密,称为私钥,只有用户一人知道。如图7.3所示。

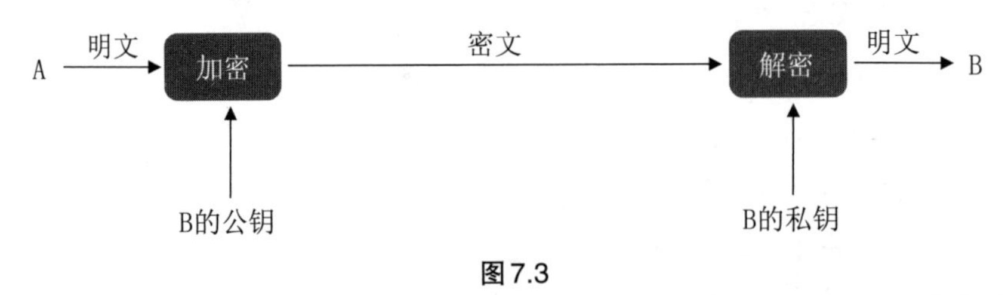

图7.3

优点:通信双方不需要通过建立一个安全信道来进行密钥的交换,密钥空间小,降低了密钥管理的难度。

缺点:实现速度慢,不适合通信负荷较重的情况。

用途:加密关键性的、核心的机密数据。

代表算法:RSA算法、ElGamal算法、椭圆曲线加密算法。

存在问题:由于一个人公钥对外公开,因此如果另一个人用他自己的公钥加密数据发送给他,他无法断定是谁发送的;另外,用私钥加密的数据,任何知道其公钥的人都能解密他的数据。

7.1.1.4 混合加密体制

混合加密体制是指同时使用对称密码和非对称密码的体制。

对称加密的一个很大问题就是通信双方如何将密钥传输给对方,为了安全,一般采取带外传输,也就是说如果加密通信是在网络,那么密钥的传输需要通过其他途径,如短信,即使如此也很难保证密钥传输的安全性。非对称加密加解最大的优点是事先不需要传输密钥,但速度慢,因此在实际应用中,经常采取混合密码体制。假设A与B要实现保密通信,工作过程如下:

(1) A找到B的公钥。

(2) A选择一个大随机数作为此次会话的加密密钥,即会话密钥。

(3) A以会话密钥加密通信内容,再以B的公钥加密会话密钥后发送给B。

（4）B收到数据以后，先用自己的私钥解密出会话密钥，然后用会话密钥解密出通信内容。

7.1.1.5 散列函数与消息摘要

Hash函数也称为散列函数，它能够对不同长度的输入信息产生固定长度的输出。这种固定长度的输出称为原消息的散列或者消息摘要。消息摘要长度固定且比原始信息小得多。一般情况下，消息摘要是不可逆的，即从消息摘要无法还原原文。为什么说是在一般情况下呢？感兴趣的同学可以自行查找相关资料。

散列算法就是产生信息散列值的算法，它有一个特性，就是在输入信息中如果发生细微的改变，比如改变了二进制数中的一位，都可以改变散列值中每个比特的特性，导致最后的输出结果大相径庭，所以它对于检测消息或者密钥等信息对象中的任何微小的变化非常有用。

一个安全的散列算法H需要满足：

（1）输入长度是任意的，输出是固定的。

（2）对每一个给定的输入，计算输出是很容易的。

（3）给定H，找到两个不同的输入，输出同一个值在计算上不可行。

（4）给定H和一个消息x，找到另一个不同的消息y，使它们散列到同一个值在计算上不可行。

常见的散列算法有：MD2、MD4、MD5、SHA、SHA-1。

7.1.1.6 数字签名

数字签名是指发送方以电子形式签名一个消息或文件，签名后的消息或文件能在网络中传输，并表示签名人对该消息或文件的内容负有责任。数字签名综合使用了消息摘要和非对称加密技术，可以保证接受者能够核实发送者对报文的签名，发送者事后不抵赖报文的签名，接受者不能篡改报文内容和伪造对报文的签名。

数字签名需要做到两点：① 确认信息是由签名者发送的；② 确认信息从签发到接受没有被修改过。

数字签名的过程与示意图，如图7.4所示。具体过程如下：

（1）发送方要发送消息，运用散列函数（MD5、SHA-1等）形成消息摘要。

（2）发送方用自己的私钥对消息摘要进行加密，形成数字签名。

（3）发送方将数字签名附加在消息后发送给接收方。

（4）接受方用发送方的公钥对签名信息进行解密，得到消息摘要。

（5）接收方以相同的散列函数对接收到的消息进行散列，也得到一份消息摘要。

（6）接收方比较两个消息摘要，如果完全一致，说明数据没有被篡改，签名真实有效；否则，拒绝该签名。

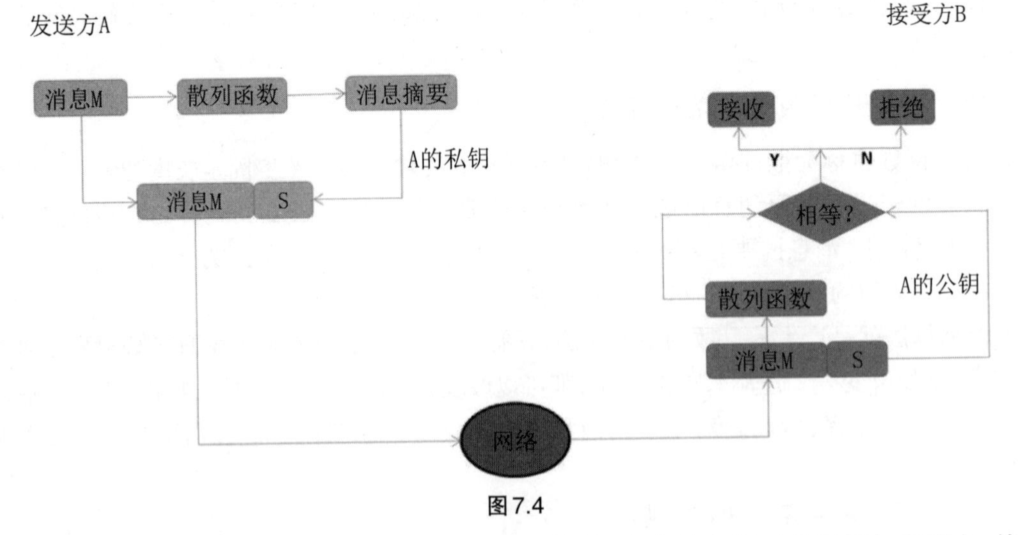

图7.4

如果通信的内容是加密的,就需要采用数字信封,即发送方用对称密钥加密明文,然后用对方的公钥加密对称密钥发送给对方,对方收到电子信封,用自己的私钥解密,得到对称密钥解密,还原明文。此时数字签名的过程如下:

(1) 发送方要发送消息,运用散列函数(MD5、SHA-1等)形成消息摘要。

(2) 发送方用自己的私钥对消息摘要进行加密,形成数字签名。

(3) 发送方用对称加密算法对消息原文、数字签名进行加密,得到密文信息。

(4) 发送方用接收方的公钥加密对称加密算法的密钥进行加密,形成数字信封。

(5) 发送方将步骤(3)中的密文信息和数字信封一起发给接收方。

(6) 接收方首先用自己的私钥解密数字信封,还原对称加密算法的密钥。

(7) 接受方用步骤(6)中的密钥解密接收到的密文,得到原文信息和数字签名。

(8) 接受方用发送方的公钥对签名信息进行解密,得到消息摘要。

(9) 接收方以相同的散列函数对接收到的消息进行散列,也得到一份消息摘要。

(10) 接收方比较两个消息摘要,如果完全一致,说明数据没有被篡改,签名真实有效;否则,拒绝该签名。

7.1.1.7 数字证书

数字证书是一种权威的电子文档,由权威公正的第三方认证机构(CA)签发,广泛用于涉及需要身份认证和数据安全的领域。

数字证书的种类有如下3种:

(1) 服务器证书。证明服务器的身份和进行通信加密,客户端可以与服务器端建立SSL连接,然后通信数据都会被加密。

(2) 电子邮件证书。证明电子邮件发件人的真实性,也可发送加密邮件,只有接收方才能打得开。

(3) 客户端证书。主要用于身份验证和数字签名,安全的客户端证书经常存储于专门的USB Key中,使用的时候需要输入保护密码,以防被导出和复制,如指纹识别、语音播报、带显示器的USB Key等。

数字证书有信息保密、身份确认、不可否认性、数据完整性等功能。

最简单的数字证书的格式可以是公钥、名称或证书授权中心的数字签名，目前X.509是一种通用的证书格式，它的第三个版本目前使用广泛，其证书内容包括：版本、序列号、签名算法标志、签发者、有效期、主体、主体公开密钥、CA的数字签名、可选型等，如表7.1所示。

表7.1

<table>
<tr><td colspan="2">版本</td><td>V3</td></tr>
<tr><td colspan="2">序列号</td><td>1234567890</td></tr>
<tr><td colspan="2">签名算法标志(算法、参数)</td><td>RSA和MD5</td></tr>
<tr><td colspan="2">签发者</td><td>c=CN,o=JIT-CA</td></tr>
<tr><td colspan="2">有效期(起始日期、结束日期)</td><td>01/08/00~01/08/07</td></tr>
<tr><td colspan="2">主体</td><td>c=CN,o=SX Corp,cn=John Doe</td></tr>
<tr><td colspan="2">主体公钥信息(算法、参数、公开密钥)</td><td>56af8dc3a4a785d6ff4/RSA/SHA</td></tr>
<tr><td colspan="2">发证者唯一标志符</td><td>Value</td></tr>
<tr><td colspan="2">主体唯一标志符</td><td>Value</td></tr>
<tr><td>类型</td><td>关键程度</td><td>Value</td></tr>
<tr><td>类型</td><td>关键程度</td><td>Value</td></tr>
<tr><td colspan="3">CA的数字签名</td></tr>
</table>

7.1.1.8 “对称加密”和“非对称加密”的概念

什么是“加密”和“解密”？通俗而言，你可以把“加密”和“解密”理解为某种“互逆的”数学运算。就好比“加法和减法”互为逆运算、“乘法和除法”互为逆运算。

“加密”的过程，就是把“明文”变成“密文”的过程；反之，“解密”的过程，就是把“密文”变为“明文”。在这两个过程中，都需要一个关键的东西——“密钥”，来参与数学运算。

1. 对称加密

“对称加密技术”是指“加密”和“解密”使用相同的密钥。这个比较好理解。就好比你用7-Zip或WinRAR创建一个带密码(口令)的加密压缩包，当你下次要把这个压缩文件解开的时候，你需要输入同样的密码。在这个例子中，密码(口令)就如同刚才说的“密钥”。

2. 非对称加密

“非对称加密技术”是指“加密”和“解密”使用不同的密钥。这个比较难理解，也比较难想到。一般来说是指，加密时使用公钥，解密时使用私钥。当年“非对称加密”的发明被誉为是“密码学”历史上的一次革命。

一般来说，加密时使用公钥，解密时使用私钥。

3. 对称加密和非对称加密的缺点

“对称加密”的好处是性能较好，但由于要让客户端掌握密钥，需将密钥在网络上传输，故不安全。

“非对称加密”的好处是限制了公钥的能力，即用公钥加密后只能在服务端用私钥解密，这样使得解密的能力仅保留在服务端，缺点也很明显，即只能实现单向加密，客户端没有解密能力。另外由于“非对称加密”涉及“复杂数学问题”，所以性能相对而言较差。

4. SSL对两种加密的利用

为了获得较优的性能，SSL综合运用了两种加密方法，对话的内容用“对称加密”，而对于“对称加密”带来的密钥传输问题，则由“非对称加密”来解决，由于客户端没有“非对称加密”的解密能力，所以密钥由客户端来产生并用公钥加密传输给服务端，这样就（在思路上）解决了密钥传输的安全问题和对话数据解密的性能问题。

7.1.2 商用密码基础知识

7.1.2.1 基本概念

根据1999年10月7日国务院发布实施的《商用密码管理条例》第一章第二条规定：“本条例所称商用密码，是指对不涉及国家秘密内容的信息进行加密保护或者安全认证所使用的密码技术和密码产品”。

如何来理解《商用密码管理条例》中对商用密码的定义呢？第一，它明确了商用密码是用于不涉及国家秘密内容的信息领域，即非涉密信息领域。商用密码所涉及的范围很广，凡是不涉及国家秘密内容的信息，又需要用密码加以保护的，均可以使用商用密码。第二，它指明了商用密码的作用，是实现非涉密信息的加密保护和安全认证等具体应用。加密是密码的传统应用。采用密码技术实现信息的安全认证，是现代密码的主要应用之一。第三，定义将商用密码归结为商用密码技术和商用密码产品，也就是说，商用密码是商用密码技术和商用密码产品的总称。

7.1.2.2 应用领域

商用密码的应用领域十分广泛，主要用于对不涉及国家秘密内容但又具有敏感性的内部信息、行政事务信息、经济信息等进行加密保护。如商用密码可用于企业内部的各类敏感信息的传输加密、存储加密，防止非法第三方获取信息内容，也可用于各种安全认证、网上银行、数字签名等。

7.1.2.3 商用密码算法

国密即国家密码局认定的国产密码算法，即商用密码。国产密码算法（国密算法）是指国家密码局认定的国产商用密码算法，在目前主要使用公开的SM1、SM2、SM3、SM4这4种算法。

1. SM1算法

SM1算法是由国家密码管理局编制的一种商用密码分组标准对称算法。该算法是由国家密码管理部门审批的SM1分组密码算法，分组长度和密钥长度都为128比特，算法安全保密强度及相关软硬件实现性能与AES相当，该算法不公开，仅以IP核的形式存在于芯片中。采用该算法已经研制了系列芯片、智能IC卡、智能密码钥匙、加密卡、加密机等安全产品。

2. SM2算法

SM2椭圆曲线公钥密码算法是我国自主设计的公钥密码算法，包括SM2-1椭圆曲线数字签名算法，SM2-2椭圆曲线密钥交换协议，SM2-3椭圆曲线公钥加密算法，分别用于实现数字签名密钥协商和数据加密等功能。SM2算法与RSA算法不同的是，SM2算法是基于椭圆曲线上点群离散对数难题，相对于RSA算法，256位的SM2密码强度已经比2048位的RSA密码强度要高了。

3. SM3算法

SM3杂凑算法是我国自主设计的密码杂凑算法，适用于商用密码应用中的数字签名和验证消息认证码的生成与验证以及随机数的生成，可满足多种密码应用的安全需求。为了保证杂凑算法的安全性，其产生的杂凑值的长度不应太短，如MD5输出128比特杂凑值，输出长度太短，影响其安全性，SHA-1算法的输出长度为160比特，SM3算法的输出长度为256比特，因此SM3算法的安全性要高于MD5算法和SHA-1算法。

4. SM4算法

SM4分组密码算法是我国自主设计的分组对称密码算法，用于实现数据的加密/解密运算，以保证数据和信息的机密性。保证一个对称密码算法的安全性的基本条件是使其具备足够的密钥长度，SM4算法的密钥长度和数据分组长度都为128比特，因此在安全性上高于3DES算法。

7.1.3 IPSec VPN

7.1.3.1 基本概念

1. 安全联盟

安全联盟是IPSec的基础，也是IPSec的本质。安全联盟（Security Association，SA）是通信对等体间对某些要素的约定，例如使用哪种协议（AH、ESP或者两者结合使用）、协议的操作模式（传输模式和隧道模式）、加密算法（DES和3DES）、特定流中保护数据的共享密钥以及密钥的生存周期等。安全联盟是单向的，在两个对等体之间的双向通信，最少需要两个安全联盟来分别对两个方向的数据流进行安全保护。同时，如果希望同时使用AH和ESP来保护对等体间的数据流，则分别需要两个SA，一个用于AH，另一个用于ESP。安全联盟由一个三元组来唯一标志，这个三元组包括安全参数索引（Security Parameter Index，SPI）、目的IP地址、安全协议号（AH或ESP）。SPI是为唯一标志SA而生成的一个32比特的数值，它在AH和ESP头中传输。

2. 安全联盟的协商方式

建立安全联盟的协商方式包括两种：手工（manual）方式和IKE自动协商（isakmp）方式。前者配置比较复杂，创建安全联盟所需的全部信息都必须手工配置，而且IPSec的一些高级特性（如定时更新密钥）不被支持，但优点是可以不依赖IKE而单独实现IPSec功能。而后者则相对比较简单，只需要配置好IKE协商安全策略的信息，由IKE自动协商来创建和维护安全联盟。当与之进行通信的对等体设备数量较少时,或是在小型静态环境中,手工配置安全联盟是可行的。对于中、大型的动态网络环境,则推荐使用IKE协商建立安全联盟。

3. IPSec协议的操作模式

IPSec协议有两种操作模式:传输模式和隧道模式。SA中指定了协议的操作模式。在传输模式下,AH或ESP被插入到IP头之后但在所有传输层协议之前,或所有其他IPSec协议之前。在隧道模式下,AH或ESP插在原始IP头之前,另外生成一个新头放到AH或ESP之前。

从安全性来讲,隧道模式优于传输模式,其既可以完全地对原始IP数据包进行验证和加密,也可以使用IPSec对等体的IP地址来隐藏客户机的IP地址。从性能来讲,隧道模式比传输模式占用更多带宽,因为它有一个额外的IP头。因此,到底使用哪种模式需要在安全性和性能间进行权衡。

4. 验证算法与加密算法

(1) 验证算法

AH和ESP都能对IP报文的完整性进行验证,以判别报文在传输过程中是否被篡改。验证算法的实现主要是通过杂凑函数,杂凑函数是一种能够接受任意长的消息输入,并产生固定长度输出的算法,该输出称为消息摘要。IPSec对等体计算摘要,如果两个摘要是相同的,则表示报文是完整未经篡改的。一般来说,IPSec使用如下2种验证算法:

① MD5。MD5通过输入任意长度的消息,产生128 bit的消息摘要。

② SHA-1。SHA-1通过输入长度小于2^{64} bit的消息,产生160 bit的消息摘要。SHA-1的摘要长于MD5,因而是更安全的。

(2) 加密算法

ESP能够对IP报文内容进行加密保护,防止报文内容在传输过程中被窥探。加密算法实现主要通过对称密钥系统,它使用相同的密钥对数据进行加密和解密。一般来说,IPSec使用如下两种加密算法:

① DES。使用56 bit的密钥对一个64 bit的明文块进行加密。

② 3DES。使用3个56 bit的DES密钥(共168 bit密钥)对明文进行加密。无疑,3DES具有更高的安全性,但其加密数据的速度要比DES慢得多。

7.1.3.2 IPSec协议简介

IPSec协议作为三层隧道协议,是由IETF制定的一系列协议,它为IP数据包提供了高质量、可互操作、基于密码学的安全性。特定的通信方之间在IP层通过加密与数据源验证等方式,来保证数据包在网络上传输时的私有性、完整性、真实性和防重放。

私有性(confidentiality):在传输数据包之前将其加密,以保证数据的私有性。

完整性(data integrity):在目的地验证数据包,以保证该数据包在传输过程中没有被修改。

真实性(data authentication):验证数据源,以保证数据来自真实的发送者。

防重放(anti-replay):防止恶意用户通过重复发送捕获到的数据包所进行的攻击,即接收方会拒绝旧的或重复的数据包。

IPSec提供了两个主要元素用以保护网络通信:认证头(Authentication Header,AH)和封装安全载荷(Encapsulating Security Payload,ESP)。为简化IPSec的使用和管理,IPSec可以通过因特网密钥交换协议(Internet Key Exchange,IKE)进行自动协商交换密钥、建立和维护安全联盟的服务。

(1) AH协议。AH是报文头验证协议,主要提供的功能有数据源验证、数据完整性校验和防报文重放功能。然而,AH并不加密所保护的数据包。

(2) ESP协议。ESP是封装安全载荷协议,除了提供AH协议的所有功能外(但其数据完整性校验不包括IP头),还可对IP报文进行加密。

(3) IKE协议。IKE协议用于自动协商AH和ESP所使用的密码算法,并将算法所需的必备密钥放到恰当位置。

7.1.3.3 IKE协议简介

IPSec的安全联盟可以通过手工配置的方式建立,但是当网络中节点增多时,手工配置将非常困难,而且难以保证安全性。这时就要使用IKE自动地进行安全联盟建立与密钥交换的过程。

IKE协议是建立在由Internet安全联盟和密钥管理协议(Internet Security Associationand Key Management Protocol,ISAKMP)定义的框架上。它能够为IPSec提供自动协商交换密钥、建立安全联盟的服务,以简化IPSec的使用和管理。

IKE具有一套自保护机制,可以在不安全的网络上安全地分发密钥、验证身份、建立IP-Sec安全联盟。IKE使用了以下两个阶段为IPSec进行密钥协商并建立安全联盟:

第一阶段:通信各方彼此间建立一个已通过身份验证和安全保护的通道,此阶段的交换建立了一个ISAKMP安全联盟,即ISAKMPSA(也可称IKESA)。第一阶段IKE主模式协商过程如图7.5所示。

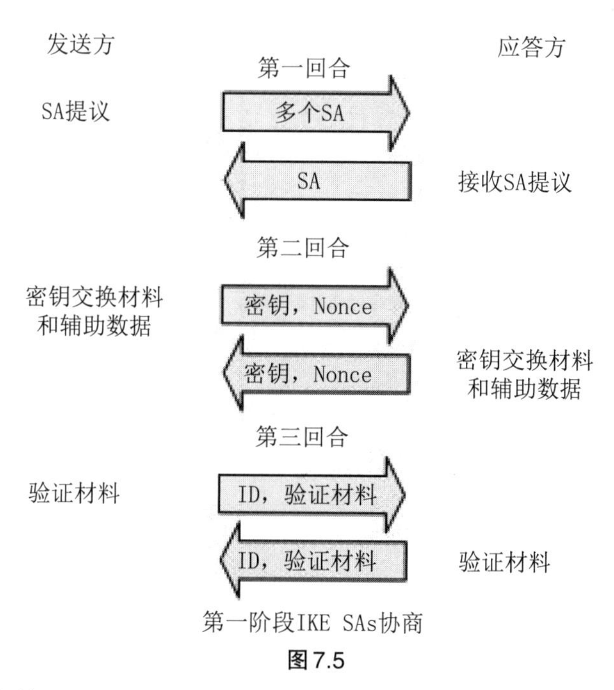

图7.5

第二阶段:用在第一阶段建立的安全通道为IPSec协商安全服务,即为IPSec协商具体的安全联盟,建立IPSecSA,IPSecSA用于最终的IP数据安全传送。第二阶段IKE协商基本过程如图7.6所示。

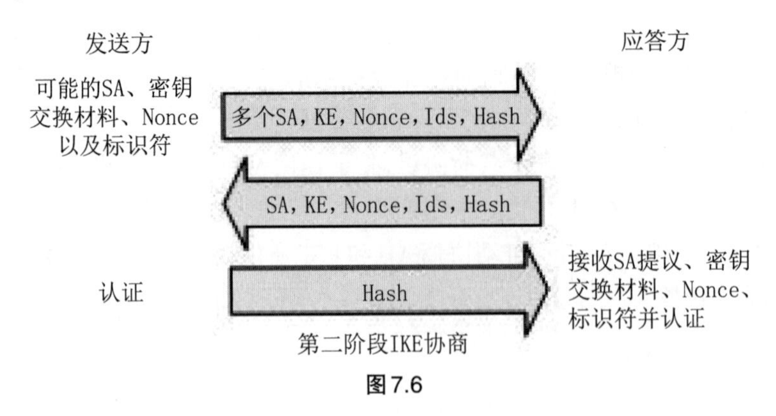

图7.6

7.1.4 SSL协议

7.1.4.1 定义

安全套接层(Secure Sockets Layer,SSL)为Netscape所研发,用以保障在网络上的数据传输安全,一般通用的规格为40 bit安全标准。

SSL协议位于TCP/IP协议与各种应用层协议之间。SSL协议分为两层:SSL记录协议(SSL Record Protocol)和SSL握手协议(SSL Handshake Protocol)。前者提供数据封装,压缩,加密等基本支持;后者用于传输之前双方的身份认证,协商加密算法,交换加密密钥等。SSL记录协议处于表示层,SSL握手协议处于会话层。所以从网络层级上讲,SSL处于TCP/IP和应用层之间。TCP处于传输层,IP处于网络层(图7.7)。

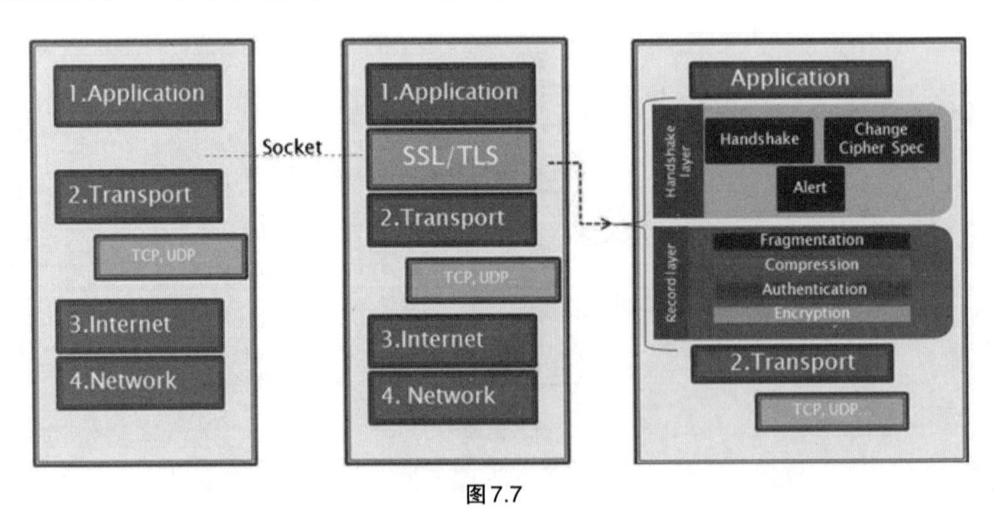

图7.7

7.1.4.2 SSL协议的作用

SSL协议的作用有如下3点:

(1) 认证用户和服务器,确保数据发送到之前的客户机和服务器。

(2) 加密数据以防止数据中途被窃取。

(3) 维护数据完整性,确保数据在传输过程中不被改变。

7.1.4.3 SSL协议的工作流程

服务器认证阶段的工作流程:

(1) 客户端向服务器发送一个开始信息“Hello”以便开始一个新的会话连接。

(2) 服务器根据客户的信息确定是否需要生成新的主密钥,如需要则服务器在响应客户的“Hello”信息时将包含生成主密钥所需的信息。

(3) 客户根据收到的服务器响应信息,产生一个主密钥,并用服务器的公开密钥加密后传给服务器。

(4) 服务器恢复该主密钥,并返回给客户一个用主密钥认证的信息,以此让客户认证服务器。

7.1.4.4 HTTPS

HTTPS(Hyper Text Transfer Protocolover Secure Socket Layer),是以安全为目标的HTTP通道,简单讲是HTTP的安全版,即在HTTP下加入SSL层,HTTPS的安全基础是SSL,因此加密的详细内容就需要SSL。

1. 工作原理

(1) 客户端将它所支持的算法列表和一个用作产生密钥的随机数发送给服务器。

(2) 服务器从算法列表中选择一种加密算法,并将它和一份包含服务器公用密钥的证书发送给客户端,该证书还包含了用于认证目的的服务器标志,服务器同时还提供了一个用作产生密钥的随机数。

(3) 客户端对服务器的证书进行验证(有关验证证书,可以参考数字签名),并抽取服务器的公用密钥;然后,再产生一个称作pre_master_secret的随机密码串,并使用服务器的公用密钥对其进行加密(参考非对称加/解密),并将加密后的信息发送给服务器。

(4) 客户端与服务器端根据pre_master_secret以及客户端与服务器的随机数值独立计算出加密和MAC密钥(参考DH密钥交换算法)。

(5) 客户端将所有握手消息的MAC值发送给服务器。

(6) 服务器将所有握手消息的MAC值发送给客户端。

2. 优缺点

(1) 优点:

① 使用HTTPS协议可认证用户和服务器,确保数据发送到正确的客户机和服务器。HTTPS协议是由SSL+HTTP协议构建的可进行加密传输、身份认证的网络协议,要比HTTP协议安全,可防止数据在传输过程中被窃取、改变,确保数据的完整性。

② HTTPS是现行架构下最安全的解决方案,虽然不是绝对安全,但它大幅增加了中间人攻击的成本。

(2) 缺点:

① 相同网络环境下,HTTPS协议会使页面的加载时间延长近50%,增加10%～20%的耗电。此外,HTTPS协议还会影响缓存,增加数据开销和功耗。

② HTTPS协议的安全是有范围的,在黑客攻击、拒绝服务攻击、服务器劫持等方面几乎起不到什么作用。

③ 最关键的是SSL证书的信用链体系并不安全。特别是在某些国家可以控制CA根证书的情况下,中间人攻击一样可行。

④ SSL的专业证书需要购买,功能越强大的证书费用越高。个人网站、小网站可以选择入门级免费证书。

⑤ SSL证书通常需要绑定固定IP,为服务器增加固定IP会增加一定费用。

⑥ HTTPS连接服务器端资源占用较高,相同负载下会增加带宽和服务器投入成本。

3. HTTPS和SSL的关系

HTTPS是应用层协议(准确地说,其实它并不是一种协议),SSL也是应用层协议,但实际上是工作在应用层和传输层之间的,也就是说,HTTPS实际上是建立在SSL之上的HTTP协议,SSL依靠证书来验证服务器的身份,并为浏览器和服务器之间的通信加密。如图7.8所示。

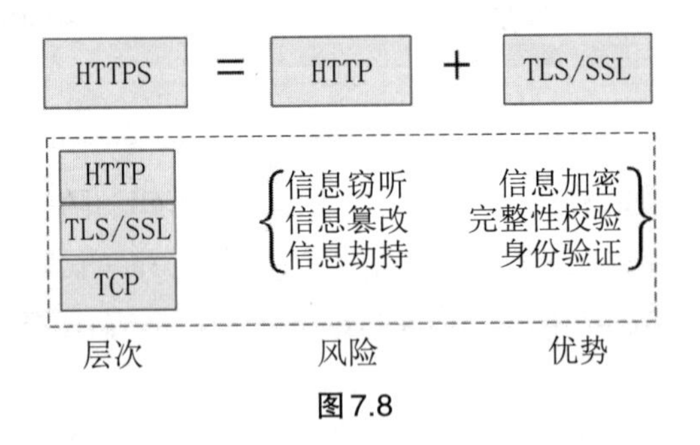

图7.8

7.2 安装配置

7.2.1 天融信多合一VPN网关简介

天融信VONE系列(IPSec/SSL VPN多合一网关)是集天融信十几年研发经验,向用户提供的完整VPN接入解决方案,是天融信推出的最新一代网络安全接入产品。该产品以天融信自主知识产权的TOS(Topsec Operating System)为系统平台,采用开放性的系统架构及模块化的设计,融合了身份认证、访问控制等安全手段,具有安全、高效、易于管理和扩展等特点。

天融信VONE网关可为分支机构、移动办公员工、业务合作伙伴及客户提供各自所需的应用和资源的安全便捷接入服务。产品的L2TP/PPTP/SSL功能无需安装任何客户端软件,也无需投入太多人力进行配置或长期的维护;产品完善的IPSec VPN功能可以方便的构筑与分支机构之间LAN-TO-LAN互联的VPN网络。

其SSL VPN可提供Web转发、应用Web化、端口转发和全网接入等多种接入方式,以适应不同的用户需求,同时还具备强大的访问控制权限管理、细粒度的审计和日志记录等功能。

7.2.2 初始化安装与配置

初始化安装请参考天融信防火墙章节。

7.2.3 IPSec VPN 静态隧道

7.2.3.1 静态隧道

天融信IPSec VPN网关之间手动建立静态隧道的基本配置包括：开放用于物理接口所属区域的IPSec VPN服务，将物理接口和虚接口绑定，配置隧道默认参数及添加静态隧道。具体操作方法如下：

1. 开放IPSec服务

（1）在左侧导航树中选择“系统管理”→“配置”，然后激活“开放服务”页签，进入系统服务控制界面，如图7.9所示。

系统参数 开放服务 时间 SNMP 邮件设置 短信设置 WEB管理 TP注册 报警 认证客户端

监控服务： 启动 停止
SSH 服务： 启动 停止
TELNET 服务： 启动 停止
NTP 服务： 启动 停止

添加 总计：22

服务名称	控制区域	控制地址	修改	删除
gui	area_eth0	any		
ssh	area_eth0	any		
update	area_eth0	any		
ping	area_eth0	any		
ping	area_eth1	any		

图7.9

（2）添加规则。点击“添加”，进入添加服务页面，如图7.10所示。

图7.10

2. 虚接口绑定

使用IPSec VPN时，需要为IPSec VPN网关指定某个网关接口为IPSec虚接口，并指定其作为IPSec接口时使用的IP地址。绑定虚接口的具体操作步骤如下：

(1) 点击导航菜单“虚拟专网”→“虚接口绑定”,如图7.11所示。

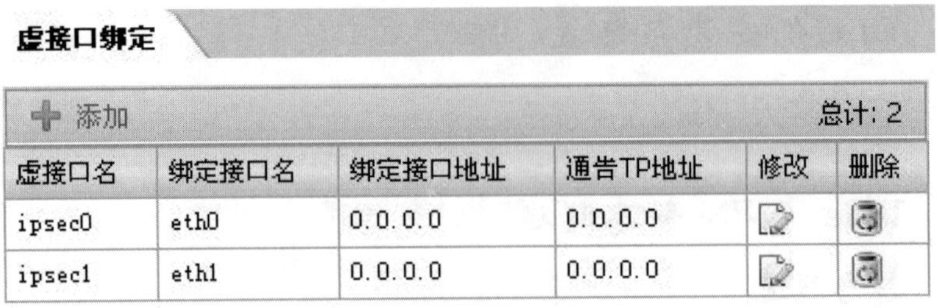

虚接口绑定

添加　　总计: 2

虚接口名	绑定接口名	绑定接口地址	通告TP地址	修改	删除
ipsec0	eth0	0.0.0.0	0.0.0.0		
ipsec1	eth1	0.0.0.0	0.0.0.0		

图7.11

(2) 点击“添加”,进入虚接口绑定界面,如图7.12所示。相关参数及其说明见表7.2。

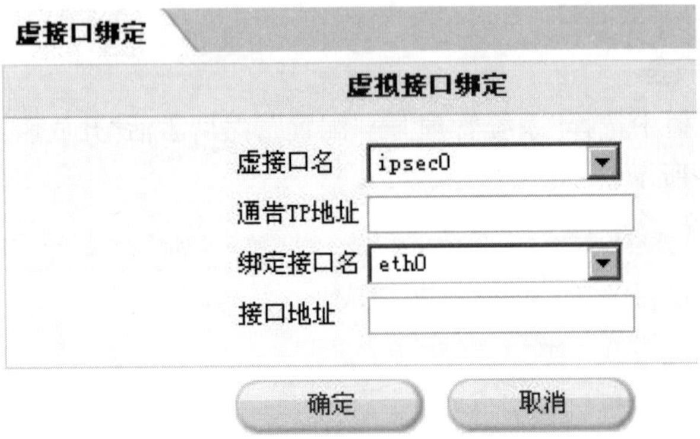

虚接口绑定

虚拟接口绑定

虚接口名 ipsec0

通告TP地址

绑定接口名 eth0

接口地址

确定　取消

图7.12

表7.2

参数	说明
虚接口名	选择IPSec虚接口名称。 可选项:ipsec0、ipsec1、ipsee2、ipsec3。
通告TP地址	① 当位于NAT设备之后的VPN网关与TP系统进行通信时,此处需要配置VPN网关反向映射之后的地址。 ② 该参数仅应用于TP集中管理
绑定接口名	选择与IPSec虚接口绑定的网关接口名称,可以是物理接口、子接口、链路聚合端口等
接口地址	① 配置与IPSec虚接口绑定的网关接口地址。 ② 默认为0.0.0.0,指绑定接口的第一个IP地址,但也可以为其指定该接口的其他IP地址

3. 配置隧道默认参数

隧道默认参数中包含了创建静态隧道的一些通用参数,一般情况下,无需修改。设置隧道默认参数的具体操作步骤如下:点击导航树“虚拟专网”→“静态隧道”,然后激活“静态隧道”页签,点击静态隧道列表左上方的“默认参数设置”,弹出页面如图7.13所示。

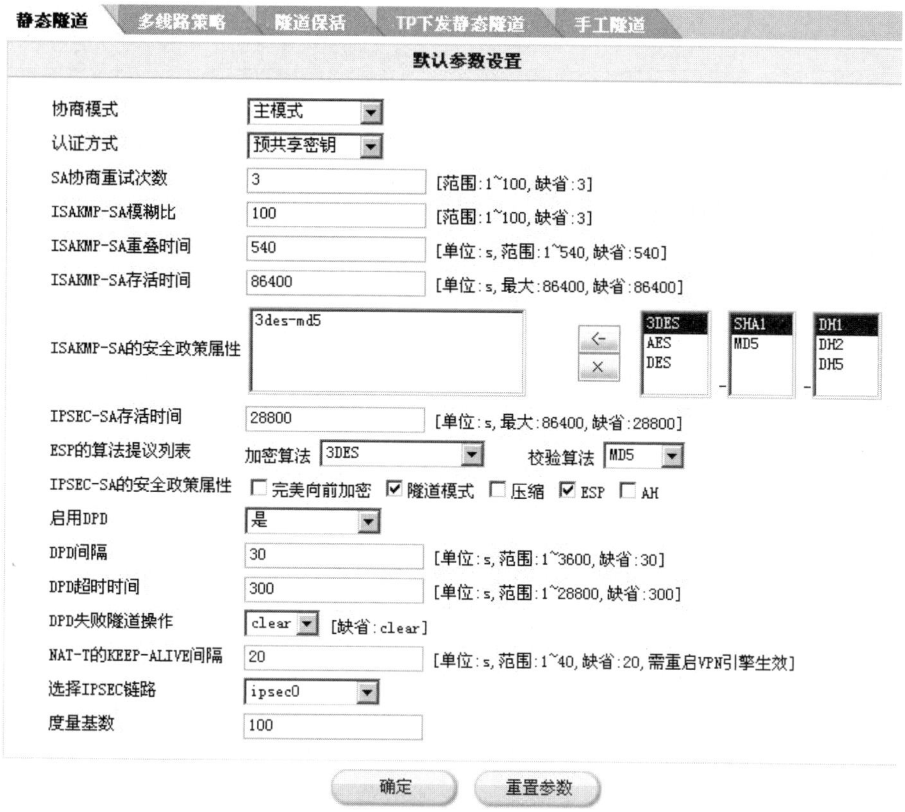

静态隧道 多线路策略 隧道保活 TP下发静态隧道 手工隧道

默认参数设置

协商模式 主模式
认证方式 预共享密钥
SA协商重试次数 3 [范围:1~100,缺省:3]
ISAKMP-SA模糊比 100 [范围:1~100,缺省:3]
ISAKMP-SA重叠时间 540 [单位:s,范围:1~540,缺省:540]
ISAKMP-SA存活时间 86400 [单位:s,最大:86400,缺省:86400]
ISAKMP-SA的安全政策属性 3des-md5 3DES AES DES SHA1 MD5 DH1 DH2 DH5
IPSEC-SA存活时间 28800 [单位:s,最大:86400,缺省:28800]
ESP的算法提议列表 加密算法 3DES 校验算法 MD5
IPSEC-SA的安全政策属性 完美向前加密 隧道模式 压缩 ESP AH
启用DPD 是
DPD间隔 30 [单位:s,范围:1~3600,缺省:30]
DPD超时时间 300 [单位:s,范围:1~28800,缺省:300]
DPD失败隧道操作 clear [缺省:clear]
NAT-T的KEEP-ALIVE间隔 20 [单位:s,范围:1~40,缺省:20,需重启VPN引擎生效]
选择IPSEC链路 ipsec0
度量基数 100

确定 重置参数

图7.13

协商模式:设置在IKE协商时采用的协商模式。可选项包括主模式、野蛮模式、IKEV2。

主模式和野蛮模式是属于IKE协议的第一阶段协商的两种不同模式。而IKEV2则是IKE的第二版协议,实现了更高效的密钥交换过程,通过较少的交互即可快速协商出IPSec-SA。与IKEV1相比更易于理解和使用,也更安全。

主模式交换的消息为6个,占用更多的资源和时间。但它对身份信息的交换进行了加密,安全性比野蛮模式高。野蛮模式交换的消息为3个,占用资源少,协商速度快。它相对于主模式来说更灵活,能支持协商发起端为动态IP地址的情况。但它以明文的方式传输身份信息,安全性不及主模式。用户可以根据自己的实际情况选择采用何种协商模式建立隧道。

认证方式:进行隧道协商时的身份认证方式。目前支持预共享密钥和数字证书两种认证方式。

预共享密钥认证方式是指隧道两端的网关通过口令密码来确认对方身份,因此隧道两端必须配置相同的预共享密钥;数字证书认证方式是指隧道两端的网关通过网关证书来确认对方身份。

4. 配置静态隧道

(1) 点击导航树“虚拟专网”→“静态隧道”,然后激活“静态隧道”页签,点击静态隧道列表左上方的“添加隧道”,弹出隧道设置页面,如图7.14所示。

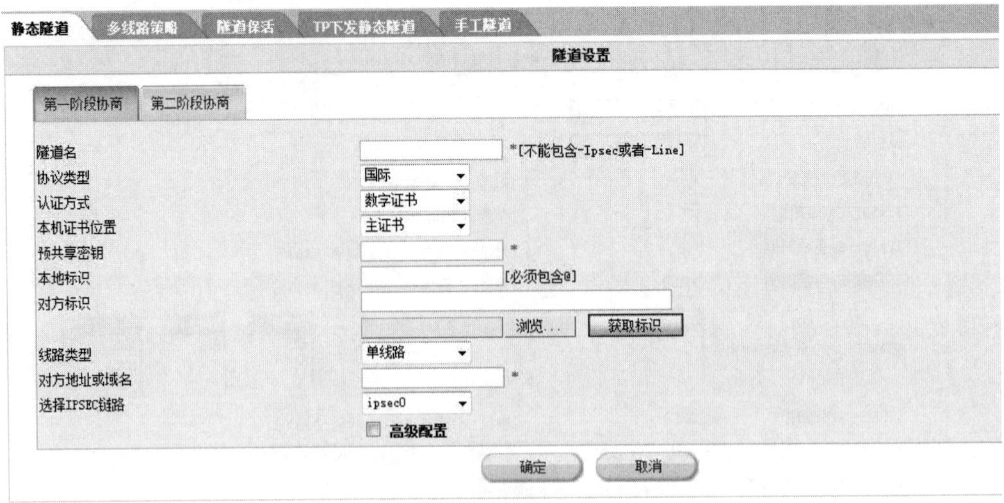

图7.14

(2) 设置分为“第一阶段协商”和“第二阶段协商”两部分。

7.2.4 SSL VPN

天融信SSL VPN网关提供了4种SSL VPN接入方式，包括：Web转发方式、端口转发方式、全网接入方式、应用Web化方式，接入功能分别由相应的功能模块完成。

使用Windows操作系统中的IE浏览器或火狐浏览器可以访问Web转发、端口转发、全网接入、应用Web化和TopConnect五种资源，使用Linux操作系统中的火狐浏览器可以访问Web转发、全网接入、应用Web化和TopConnect 4种资源。

1. Web转发模块

Web转发模块能够为移动用户提供通过IE浏览器或火狐浏览器安全访问内部B/S结构应用的服务。使用Web转发功能时，无需在客户端的IE或火狐浏览器上安装任何客户端软件(除了端点安全控件)，也无需修改浏览器的任何设置，是真正的无客户端VPN应用。

Web转发模块在接收到用户端浏览器通过SSL协议发来的请求后，对其进行解密，然后将请求转发到后台Web应用服务器。在接收到Web服务器返回的Web页面后，通过智能替换技术，将原始页面中内部URL替换为请求SSL VPN网关代理的URL，然后将替换后的页面加密通过SSL通道送到用户端，从而确保用户后续的访问请求仍然能够通过Web转发模块进行安全代理。

2. 端口转发模块

端口转发是SSL VPN的实现方式之一，提供第四层的SSL VPN接入方式。SSL VPN网关的端口转发模块可以为移动用户提供通过浏览器远程安全访问内部应用的服务。端口转发系统总体上可以分为两部分：端口转发客户端和服务器(即天融信SSL VPN网关)。端口转发客户端负责截获TCP/UDP应用程序的数据，并通过加密的SSL/TLS会话隧道将这些数据发送给服务器，服务器收到数据后再转发到真正的目的地，同时将目的地返回的数据使用同样的安全隧道发送给端口转发客户端，进而返回给应用程序。

目前，用户可以通过两种方式访问“端口转发”资源：① 在Windows系统下通过IE或火狐浏览器登录网关,然后安装端口转发客户端组件;② 在Windows系统下通过运行端口转发独立客户端安装"SVClientSetup.exe",在用户系统中安装该独立客户端,以便使用SSL VPN网关提供的端口转发服务,访问可用资源。

3. 全网接入模块

SSL VPN网关提供了全网接入功能,实现了用户通过SSL VPN隧道与内网主机进行IP层的通讯,支持所有的基于IP协议的C/S或者B/S应用,使远程用户成为企业内网中的成员,可以安全地访问企业内网的各种资源。如果用户采用全网接入方式,则需要在IE或火狐浏览器里安装一个全网接入客户端,该客户端将负责与SSL VPN网关建立SSL隧道,对本机与远程网络之间传送的IP报文进行加密和解密。全网接入分为客户端和服务器端,服务器端即天融信SSL VPN网关。在Windows系统下,全网接入客户端通过系统内置PPTP客户端实现拨号功能,浏览器插件驻留在当前的浏览器中,负责控制服务程序完成数据转发工作;在Linux系统下,全网接入客户端通过直接控制PPP适配器实现数据包的转发工作,服务程序的控制工作同样由浏览器插件完成。

目前,用户可以通过四种方式访问"全网接入"资源:① 在Windows系统下,通过IE浏览器或Firefox浏览器登录网关,然后安装全网接入客户端组件;② 在Windows系统下通过运行全网接入独立客户端安装程序"SVClientSetup.exe",在用户系统中安装该独立客户端,以便使用SSL VPN网关提供的全网接入服务,访问可用资源;③ 通过在Windows Mobile 个人数码助理(Personal Digital Assistant,PDA)的页面中下载全网接入客户端,然后根据页面提示进行安装,继而该用户可以使用全网接入服务,访问可用资源;④ 在Linux系统下,通过Firefox浏览器登录网关,然后安装全网接入客户端组件。

4. 应用Web化模块

该模块可以提供两种方式的文件共享,一种是网上邻居式的文件共享服务;另一种是FTP式的文件共享服务。通过SSL VPN网关提供的网上邻居式的文件共享服务或者FTP式的文件共享服务,用户可以安全地访问内网的文件共享资源。用户登录后无需安装任何客户端组件,即可使用应用Web化功能,浏览并操作内网中主机上的共享文件资源。

应用Web化模块在接收到用户端IE或火狐浏览器通过SSL通道发来的请求后,通过解密、解析用户请求,获取用户将要进行的操作,然后连接内网的文件共享服务器或FTP服务器并将该操作命令转发到该内网服务器,获取到该内网服务器的返回信息后,再通过SSL通道将执行结果反馈到用户端浏览器。

用户对内网共享文件的操作权限取决于两个因素:首先是管理员在VPN网关上为用户指定的访问控制规则,其次是文件共享主机上对用户的访问权限控制。在上述的授权控制下,用户可以对共享文件和文件夹进行添加、删除、重命名等操作。

目前,用户可以通过两种方式访问"应用Web化"资源:① 在Windows系统下通过IE或火狐浏览器登录网关;② 在Linux系统下通过火狐浏览器登录网关。下面具体介绍常用的Web转发、端口转发和全网接入3种方式。

7.2.4.1 Web转发模块

1. 配置Web转发备用机制

Web转发备用机制是Web转发模块的一种纠正机制。当用户访问Web转发资源时,可能产生一些不符合Web转发模块URI格式的请求,Web转发备用机制可以自动把不合法的Web转发模块URI格式纠正为合法的URI格式。该功能默认是启用的。配置该功能的步骤如下:

(1) 在左侧导航树中选择"SSL VPN"→"模块管理",点击"Web转发"条目后的"模块设置"图标,如图7.15所示。

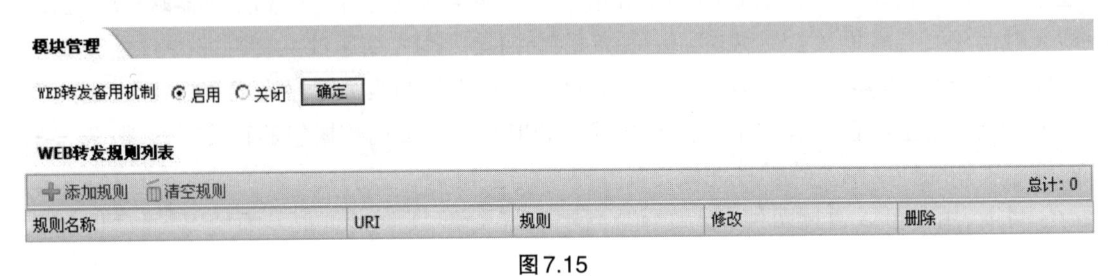

图7.15

(2) 选择"启用"或"关闭"左侧的单选按钮,然后点击"确定"按钮即可。

2. 添加Web转发规则

通过Web转发模块内置的智能替换算法就可以自动完成对返回用户页面中某些规则URI里的内容的替换工作。添加Web转发规则的具体操作如下:

(1) 在左侧导航树中选择"SSL VPN"→"模块管理",点击"Web转发"条目后的"模块设置"图标,点击"添加规则",进入添加规则界面,如图7.16所示。

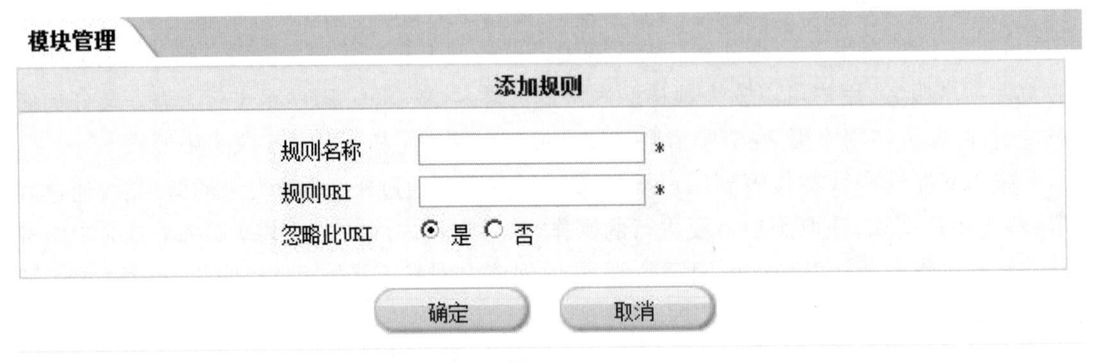

图7.16

(2) 参数设置完成后,点击"确定"按钮即可完成规则的添加。

7.2.4.2 端口转发模块

端口转发模块可以配置工作模式,对用户的网络访问进行控制。通过端口转发模块的资源智能递推功能,用户主机安装并加载端口转发控件后,除了能访问授权的Web资源外,还能访问该资源上存在的其他资源的链接,并进一步访问该链接页面中存在的其他资源链接,如此递推下去。配置的具体操作步骤如下:

在左侧导航树中选择"SSL VPN"→"模块管理",点击"端口转发"条目后的"模块设置"

图标,如图7.17所示。

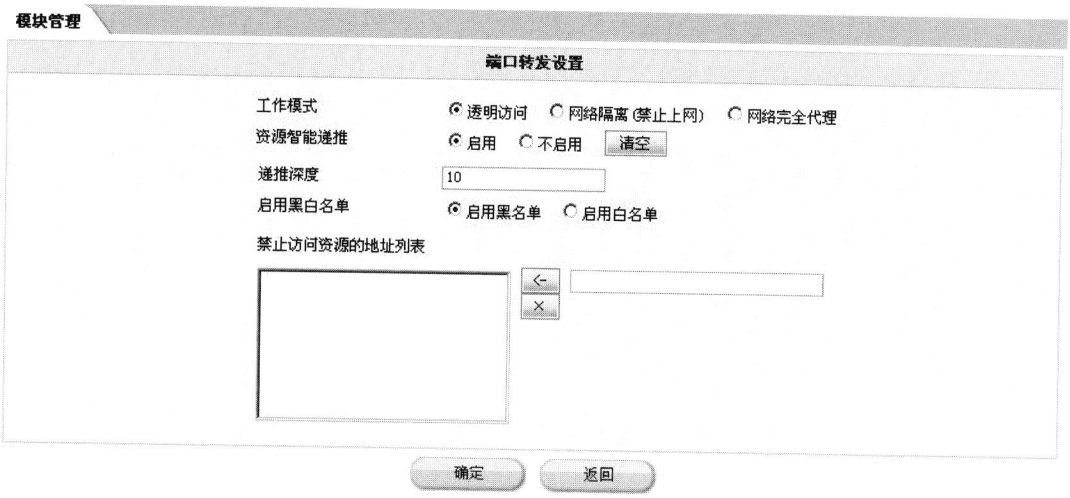

图7.17

在设置端口转发时,各项参数的具体说明如表7.3所示。

表7.3

参数	说明
工作模式	可选项:透明访问、网络隔商、网络完全代理。 选择“透明访问”表示用户除可以通过SSL VPN网关访问授权资源以外,其他的网络访问不受影响;选择“网络隔离”表示用户只能通过网关访问授权资源,不能进行其他的网络访问;选择“网络完全代理”表示用户访问的所有网络资源都要通过SSL VPN隧道,相当于SSL VPN网关代理了用户所有的网络访问
资源智能递推	该参数仅对Web资源有效。 可选项:启用、不启用。 选择“启用”表示用户主机安装并加载端口转发控件后,除了能访问授权Web资源外,还能访问该资源上存在的其他资源的链接,并进一步访问该链接页面中存在的其他资源链接,如此递推下去;选择“不启用”则表示用户主机安装并加载端口转发控件后,只能访问授权的Web资源
递推深度	用户主机安装并加载端口转发控件后,可访问Web资源递推的级数。仅当启用“资源智能递推”时,该参数可设置。 取值范围:0~100之间的整数;默认值:10
启用黑白名单	“启用黑名单”表示禁止访问地址列表中存在的地址;“启用白名单”表示允许访问地址列表中存在的地址。黑白名单可为IPv4地址或其对应的域名,也可为IPv6地址。 缺省值:启用黑名单。 仅当启用“资源智能递推”时,该参数可设置

7.2.4.3 全网接入模块

配置全网接入基本信息的具体操作步骤如下：

(1) 在左侧导航树中选择“SSL VPN”→“模块管理”，点击“全网接入”条目后的“模块设置”图标，如图7.18所示。

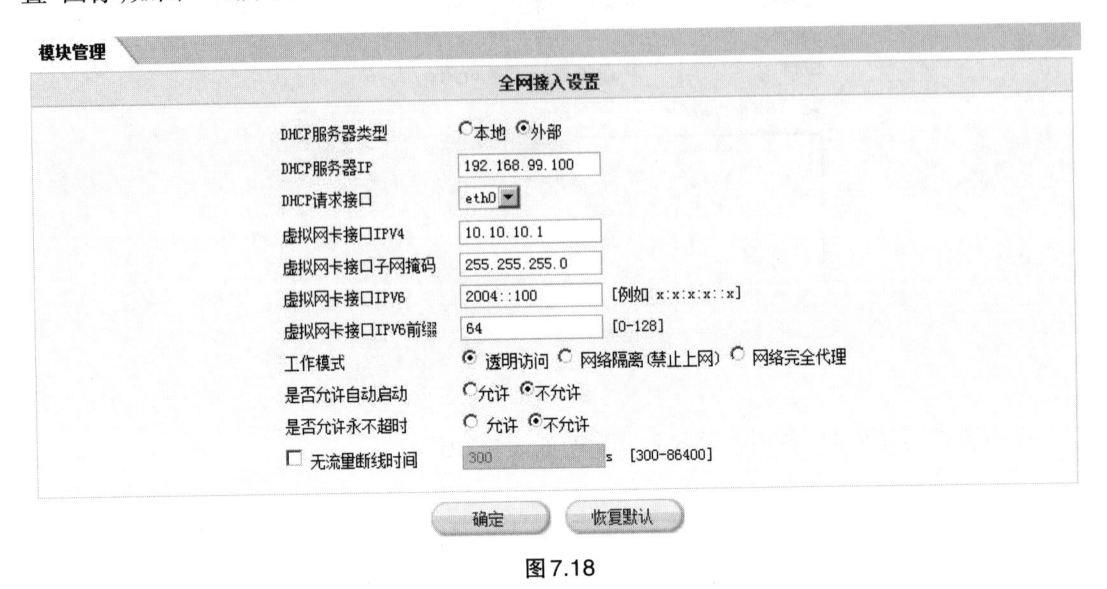

图7.18

(2) 参数设置完成后，点击“确定”按钮即可完成全网接入设置。

7.3 典型应用

7.3.1 移动用户远程接入解决方案

目前移动接入和远程办公的应用需求增长迅速，已成为新的应用热点和趋势。很多单位和企业都建有自己的内部业务办公系统，如OA、ERP系统等。由于业务的扩展，很多出差人员和在外的业务人员需要能随时使用笔记本电脑或各种移动终端接入内网进行远程办公。因此，需要提供一种安全、便捷的远程接入方案，让这些移动用户能访问到内网应用系统，并同时能对这些用户进行有效管理。

通过天融信VONE产品(IPSec/SSL VPN多合一网关)能为远程和移动用户接入提供完善的远程安全接入解决方案，具体部署方案和网络拓扑结构图如图7.19所示。

具体解决方案如下：

(1) 在总部信息中心部署一台天融信VONE(IPSec/SSL一体化VPN)作为安全接入网关，负责对所有接入移动用户的身份认证、接入和安全策略控制。

(2) 在总部内网部署一台虚拟化服务器，为移动终端用户提供虚拟桌面与虚拟应用发布服务，使移动用户通过RDP终端服务发布的应用即可访问内网的各种应用系统。

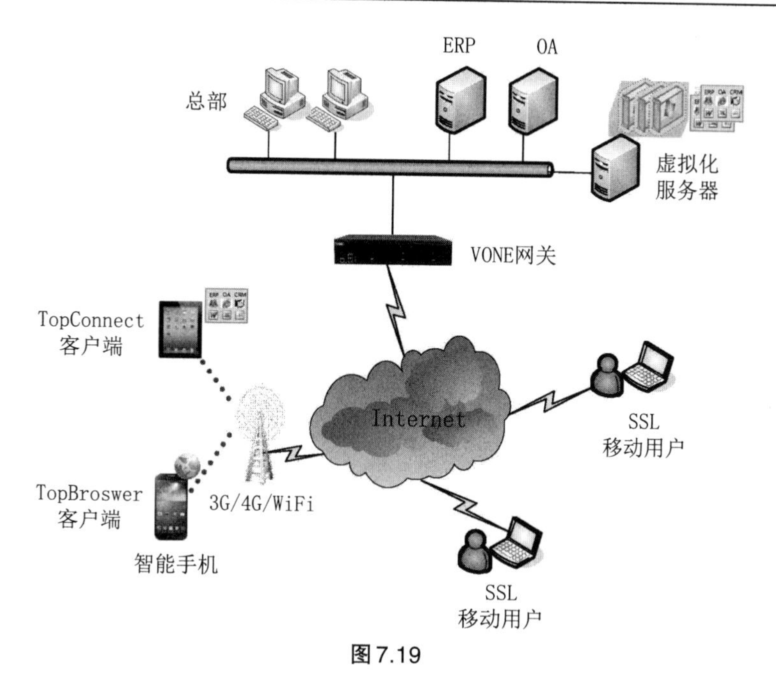

图7.19

(3) 对于iOS、Android终端可通过在线下载安装天融信TopConnect客户端,采用虚拟应用发布方式即可方便进行移动应用;另外,对于一些内网的Web类型应用,还可直接安装TopBrowser安全浏览器进行更快捷的访问;对于Android 4.0以上版本终端还可采用安装SSL全网接入客户端方式,为移动访问提供一个的后台VPN通道,支持各种基于B/S、C/S的移动应用。

(4) 对移动用户的身份认证能支持多种方式,如"用户名+口令"认证、"证书"认证及"证书+口令"的双因子认证、动态口令认证、硬件特征码认证等。

7.3.2 VPN双机双线路负载均衡应用

VPN网络中往往会承载用户的业务数据流,网络的可用性是用户选择VPN产品非常重要的一个的因素。VONE多合一网关产品是在天融信统一的安全产品软件系统平台TOS上开发完成的,与天融信的防火墙产品一样具有非常丰富的网络冗余备份功能,支持完善的双机热备份与负载均衡功能,而且能与双线路结合应用,为用户VPN接入的关键业务节点提供高效率、高可靠的网络接入方案。

图7.20为VONE在双机双线路负载均衡模式下的VPN应用拓扑结构图。

习　　题

1. IPSec协议中的3个主要协议及其作用是什么?
2. 列出常见的3种算法类型并举例。
3. 国密局允许在VPN中使用的非对称密码算法是什么?
4. 国密局允许在VPN中使用的摘要密码算法是什么?
5. SM1、SM2、SM3的区别有哪些?
6. 简述VPN多机多线路负载均衡应用的特点及主要能解决何种网络问题。

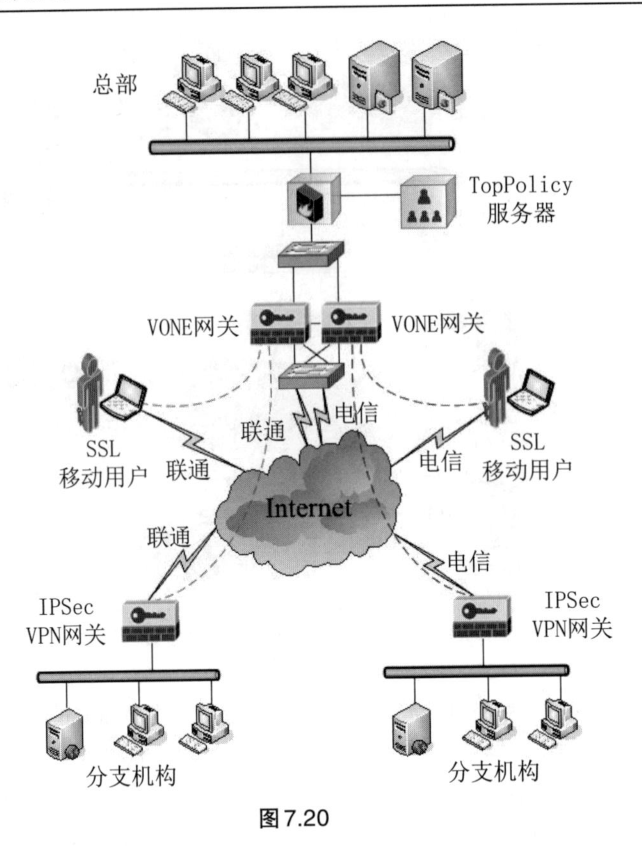
总部
TopPolicy
服务器
VONE网关
VONE网关
联通
电信
SSL
移动用户
联通
电信
SSL
移动用户
Internet
联通
电信
IPSec
VPN网关
IPSec
VPN网关
分支机构
分支机构

图7.20

第8章　漏洞扫描原理与应用

通过本章的学习使学员掌握漏洞扫描器的技术实现原理，了解网络常见的漏洞类型，掌握几款流行的开源扫描器和天融信脆弱性扫描系统的使用方法。

目前，对付破坏系统企图的理想方法是建立一个完全安全的没有漏洞的系统。但从实际上看，这根本是不可能的。美国Wisconsin大学的Miller给出一份有关现今流行操作系统和应用程序的研究报告，指出软件中不可能没有漏洞和缺陷。因此，一个实用的方法是，建立比较容易实现的安全系统，同时按照一定的安全策略建立相应的安全辅助系统，漏洞扫描器就是这样一类系统。就目前系统的安全状况而言，系统中存在着一定的漏洞，因此也就存在着潜在的安全威胁，但是，如果我们能够根据具体的应用环境，尽可能早地通过网络扫描来发现这些漏洞，并及时采取适当的处理措施进行修补，就可以有效地阻止入侵事件的发生。因此，网络扫描是非常重要和必要的。

8.1　漏洞扫描的技术原理

8.1.1　扫描器的定义

扫描器是一种自动检测远程或本地主机安全性弱点的程序，通过使用扫描器可发现远程服务器的各种TCP端口的分配、提供的服务和它们的软件版本，这就能让我们间接地或直观地了解到远程主机所存在的安全问题。

漏洞扫描器是一种自动检测远程或本地主机安全性弱点的程序。通过使用漏洞扫描器，系统管理员能够发现所维护的Web服务器的各种TCP端口的分配、提供的服务、Web服务软件版本和这些服务及软件呈现在Internet上的安全漏洞。从而在计算机网络系统安全保卫战中做到有的放矢，及时修补漏洞，构筑坚固的安全长城。按常规标准，可以将漏洞扫描器分为两种类型：主机漏洞扫描器(Host Scanner)和网络漏洞扫描器(Network Scanner)。主机漏洞扫描器是指在系统本地运行检测系统漏洞的程序。网络漏洞扫描器是指基于Internet远程检测目标网络和主机系统漏洞的程序。

漏洞扫描器的主要功能如下：

(1) 扫描目标主机识别其工作状态(开机/关机)。

(2) 识别目标主机的端口状态(监听/关闭)。

(3) 识别目标主机系统和服务程序的类型和版本。

(4) 根据已知漏洞的信息,分析系统的弱点。

(5) 生成扫描结果报告。

8.1.2 网络漏洞扫描原理

网络漏洞扫描器通过远程检测目标主机TCP/IP不同端口的服务,记录目标给予的回答。通过这种方法,可以搜集到很多目标主机的各种信息,例如是否能用匿名登录,是否有可写的FTP目录,是否能用Telnet,httpd是否是以root身份运行。在获得目标主机TCP/IP端口和其对应的网络访问服务的相关信息后,与网络漏洞扫描系统提供的漏洞库进行匹配,如果满足匹配条件,则视为漏洞存在。此外,通过模拟黑客的进攻手法,对目标主机系统进行攻击性的安全漏洞扫描,如测试弱势口令等,也是扫描模块的实现方法之一。如果模拟攻击成功,则视为漏洞存在。在匹配原理上,该网络漏洞扫描器采用的是基于规则的匹配技术,即根据安全专家对网络系统安全漏洞、黑客攻击案例的分析和系统管理员关于网络系统安全配置的实际经验,形成一套标准的系统漏洞库,然后再在此基础之上构成相应的匹配规则,由程序自动进行系统漏洞扫描的分析工作。所谓基于规则,是基于一套由专家经验事先定义的规则的匹配系统。例如,在对TCP80端口的扫描中,如果发现/cgi-bin/phf或/cgi-bin/Count.cgi,根据专家经验以及CGI程序的共享性和标准化,可以推知该WWW服务存在两个CGI漏洞。但是,基于规则的匹配系统也有其局限性,因为作为这类系统的基础的推理规则一般都是根据已知的安全漏洞进行安排和策划的,而对网络系统的很多危险的威胁是来自未知的安全漏洞,这一点和PC杀毒很相似。

网络扫描器的工作原理是:当用户通过控制平台发出了扫描命令之后,控制平台即向扫描模块发出相应的扫描请求,扫描模块在接到请求之后立即启动相应的子功能模块,对被扫描主机进行扫描。通过对从被扫描主机返回的信息进行分析判断,扫描模块将扫描结果返回给控制平台,再由控制平台最终呈现给用户。

8.1.3 漏洞库简介

一个网络漏洞扫描系统的灵魂就是它所使用的系统漏洞库,漏洞库信息的完整性和有效性决定了扫描系统的功能,漏洞库的编制方式决定了匹配原则,以及漏洞库的修订、更新的性能,同时影响扫描系统的运行时间。

在对黑客攻击行为分析的基础上,我们借助了一些资深的系统管理员的经验,对漏洞进行了比较粗略的分级。将漏洞按其对目标主机的危险程度分为三级,即高危、中危和低危。高危漏洞是指允许恶意入侵者访问并可能会破坏整个目标系统的漏洞,如允许远程用户未经授权访问的漏洞。高危漏洞是威胁最大的一种漏洞,大多数高危漏洞是由于较差的系统管理或配置有误造成的。同时,几乎可以在不同的地方,在任意类型的远程访问软件中都可以找到这样的漏洞。如FTP、gopher、Telnet、Sendmail、finger等一些网络程序常存在一些严重的高危漏洞。中危漏洞是允许本地用户提高访问权限,并可能允许其获得系统控制的漏洞,如允许本地用户非法访问的漏洞。网络上大多数中危漏洞是由应用程序中的一些缺陷或代码错误引起的。Sendmail和Telnet都是典型的例子。此外,因编程缺陷或程序设计语言的问题造成的缓冲区溢出问题也是一类典型的中危安全漏洞。低危漏洞是任何允许用户中断、降低或阻碍系统操作的漏洞,如拒绝服务漏洞。最典型的一种拒绝服务攻击是SYNFLOOD,即入侵者将大量的连接请求发往目标服务器,目标主机不得不处理这些半开的SYN,然而并不能得到ACK回答,很快服务器将用完所有的内存而挂起,任何用户都不能再从服务器上获得服务。

国内的主要漏洞发布平台包括:CNNVD:中国国家漏洞库(中国国家信息安全漏洞库);CNVD:中国国家信息安全漏洞共享平台(国家信息安全漏洞共享平台);WooYun:乌云安全漏洞报告平台;SCAP中文社区:安全内容自动化协议;Sebug漏洞库;金山互联网实验室(2010年前由于其是国内数一数二的安全类的实验室而出名)。

国外的主要漏洞发布平台主要有:CVE、NVD、SecurityFocus、Secunia、OSVDB、Metasploit(官网的以及在Exploit-db上发布的一些漏洞)、PacketStorm及SecurityReason。

8.2 操作使用

8.2.1 Nmap

Nmap是在网络安全渗透测试中经常会用到的强大的扫描器,功能强大,使用简单而且支持扩展。

Nmap英文全称为"Network mapper",中文为网络映射器,是一款开放源代码的网络探测和安全审核工具。其设计目标是快速扫描大型网络,当然它也可以扫描单个主机。其基本功能主要有3个:

① 探测一组主机是否在线。

② 扫描主机端口,嗅探所提供的网络服务。

③ 可推断主机所用操作系统。

8.2.1.1 工作原理

Nmap对目标主机进行一系列测试,利用测试结果监理相应目标主机的Nmap指纹,然后对其进行匹配,最终输出相应的结果。

Nmap TCP/IP协议栈指纹如表8.1所示。

表8.1

测试	描述
T1	发送TCP数据包(flag=SYN)到开放TCP端口
T2	发送空的数据包到开放TCP端口
T3	发送TCP数据包(flag=SYN,URG,PSH,FIN)到开放TCP端口

续表

测试	描述
T4	发送TCP数据包(flag=ACK)到开放TCP端口
T5	发送TCP数据包(flag=SYN)到关闭TCP端口
T6	发送TCP数据包(flag=ACK)到关闭TCP端口
T7	发送TCP数据包(flag=SYN,URG,PSH,FIN)到关闭TCP端口

8.2.1.2 常用扫描方式

1. 全面扫描

-A表示全面扫描或综合扫描。用"-"进行连接,表示扫描一个段,例如:

Nmap-A 192.168.1-254

2. TCP SYN扫描

Nmap工作流程:向目标主机发送SYN包请求连接,如果收到RST包则表明无法连接主机,端口关闭。如果目标主机端口是开放的,目标主机会响应1个SYN/ACK包,当Nmap收到目标主机响应后,则目标发送1个RST替代ACK包,3次握手没有完成。

SYN扫描过程:

端口开放:① Client发送SYN;② Server端发送SYN/ACK;③ Client发送RST断开(只需要前两步就可以判断端口开放)。

端口关闭:① Client发送SYN;② Server端回复RST(表示端口关闭)。

SYN扫描要比全面扫描隐蔽一些,SYN仅仅需要发送初始的SYN数据包给目标主机,如果端口开放,则响应SYN-ACK数据包;如果关闭,则响应RST数据包。具体操作结果如图8.1所示。

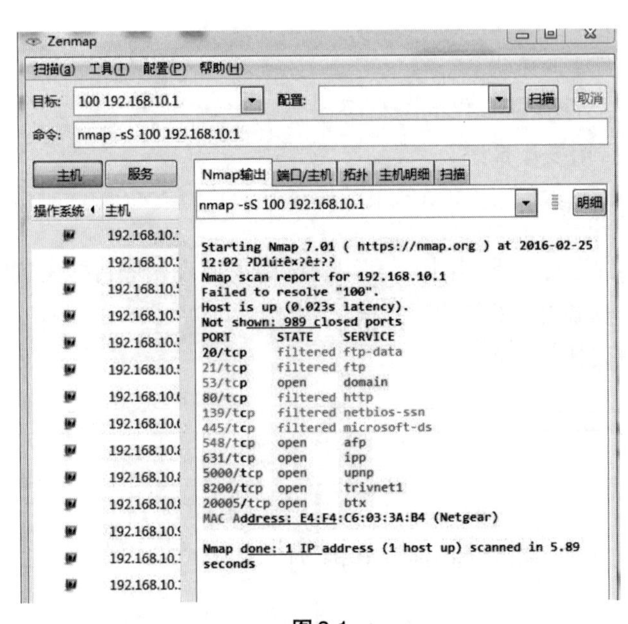

图8.1

3. UDP扫描

发送一个空的UDP报文到目标端口，如果返回ICMP端口不可达，则认定端口关闭，其他被认定是被过滤的，如果被响应了，则判定端口是开放的。UDP扫描非常慢，因此很容易被审核人员忽略。具体操作如图8.2所示。

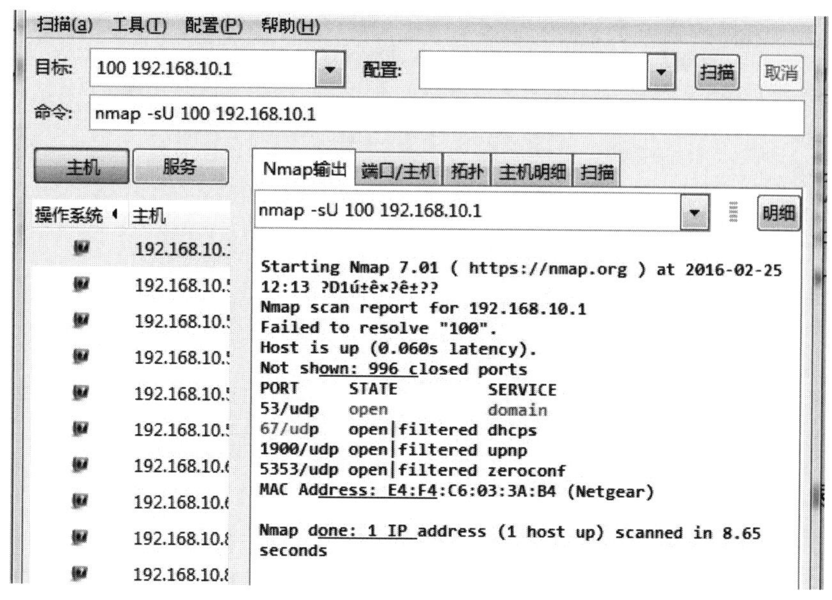

图8.2

4. 隐蔽扫描

-sN是隐蔽扫描通过发送常规的TCP通信数据包对计算机进行探测。隐蔽扫描不会标记任何数据，如果主机端口关闭，会响应RST数据包，端口开放不会响应任何数据包。具体操作如图8.3所示。

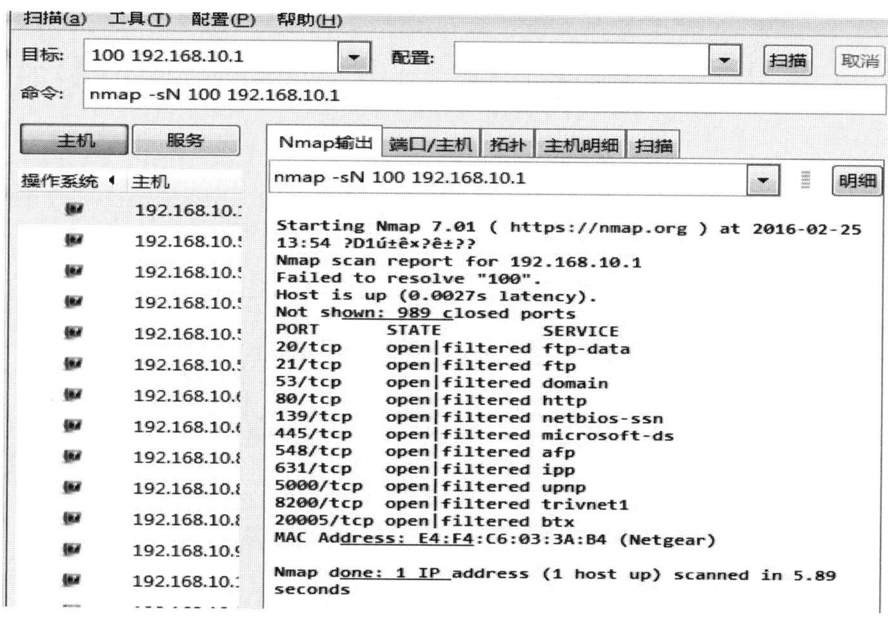

图8.3

-sF是Fin扫描，向目标端口发送一个Fin包，如果回复RST包，端口开放。如果没有收到RST，说明端口关闭，具有很好的穿透效果。具体操作如图8.4所示。

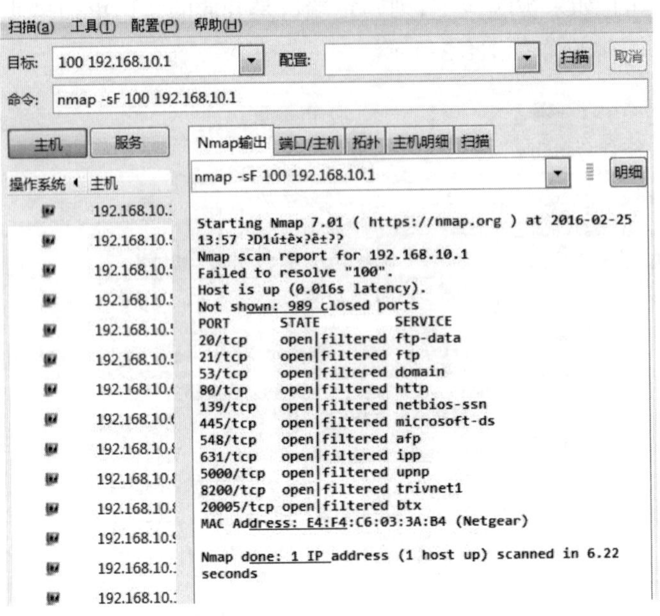

图8.4

-sX是Xmas扫描，数据包的FIN，PSH和URG标记位置打开，即标志1，根据RFC793规定，如果目标主机端口是开放的，则会响应一个RST标志位。

5. 服务识别及版本探测

使用-sV获取对应端口的相应服务指纹识别相应的版本，也可以借助-A同时打开版本探测和操作系统探测。具体操作如图8.5所示。

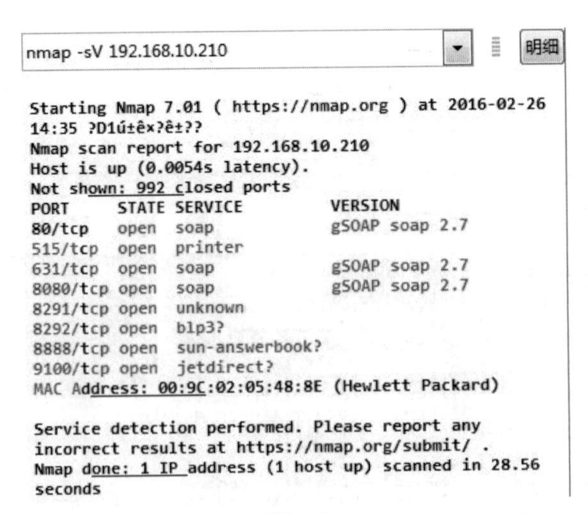

图8.5

8.2.2 天融信脆弱性扫描系统

天融信脆弱性扫描与管理系统（以下简称TopScanner）是天融信自主研发的基于最新

Tos操作系统的综合漏洞发现与评估系统。TopScanner的作用是模拟扫描攻击,通过对系统漏洞、服务后门等攻击手段多年的研究积累,总结出了智能主机服务,发现可以通过智能遍历规则库和多种扫描选项的组合手段,深入检测出系统中存在的漏洞和弱点,最后根据扫描结果,提供测试用例来辅助验证漏洞的准确性,同时提供整改方法和建议,帮助管理员修补漏洞,全面提升整体安全性。

TopScanner以综合的漏洞规则库为基础,采用深度主机服务探测、口令猜解等方式相结合的技术,实现了业界首款集系统漏洞扫描、Web漏洞扫描、数据库漏洞扫描于一体的综合漏洞评估系统。

8.2.2.1 安装配置

通过Web方式配置硬件的具体操作步骤如下:

(1) 将设备的任一网口用一根网线连到本地的交换机上,或者直接连到一台普通PC的网口上。默认登录IP为192.168.1.254。明确好管理IP后,即可进行首次登录。

(2) 在浏览器的地址栏输入https://192.168.1.254,打开管理界面登录。

(3) 在进入登录界面前会弹出安全警报对话框,如图8.6所示。

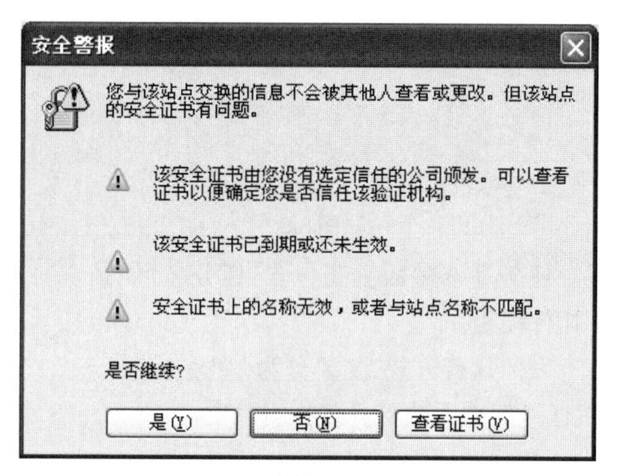

图8.6

(4) 点击“是”,即可进入登录界面,如图8.7所示.

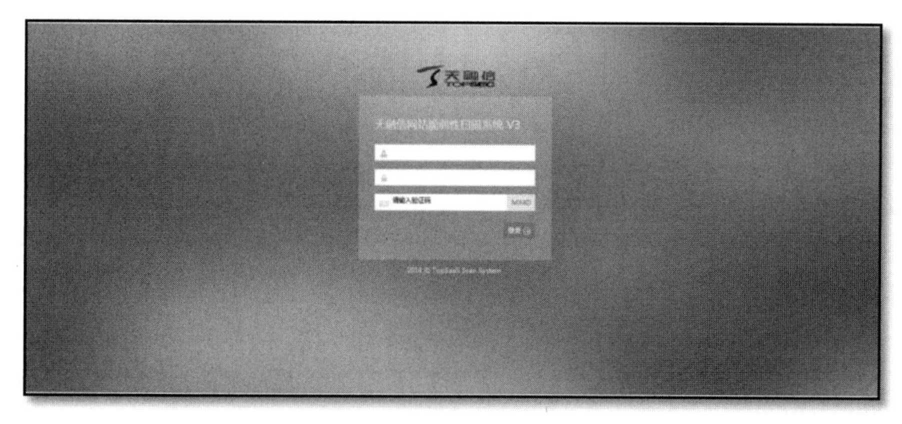

图8.7

通过输入具有不同权限的用户名以及相应的密码便可以进入系统的主界面，登录用户可参照天融信脆弱性扫描与管理系统（Web扫描）中的用户手册设置默认管理账户。

8.2.2.2 任务管理

天融信脆弱性扫描与管理系统（Web扫描）提供任务管理功能，是整个系统的核心模块，主要功能是进行网站扫描任务的管理和执行以及任务报告的生成。具体操作步骤如下：

1. 新建任务

以admin用户登录，展开功能模块“任务管理”，点击子节点“新建任务”得到任务显示主界面，如图8.8所示。

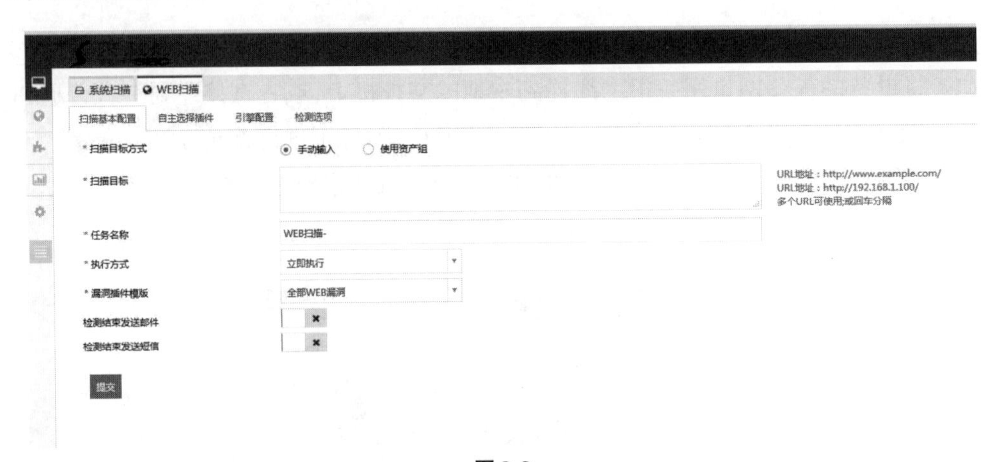

图8.8

(1) 任务基本设置。任务基本参数主要包含：任务名称（必填项）、执行方式、扫描目标方式、扫描目标、漏洞库插件模板。

在执行方式中选择下发的执行方式，主要分为3种：

① 立即执行。下发任务后立即执行且仅执行一次。

② 定时执行。下发任务后到预定时间时执行任务。

③ 周期任务。也可称为“计划任务”，可细分为“每天”“每周”和“每月”三种执行方式，通过设置执行任务的起始日期和结束日期与时间，可令任务自动执行从而简化用户操作提高执行效率。

(2) 任务目标设置。系统提供两种添加任务目标的方式：手工输入和使用资产组加载。如图8.9所示。

“手动输入”添加方式是指用户通过手动输入域名地址。“使用资产组”添加方式是指用户通过预先维护好的资产组来选择。

(3) 扫描策略设置。用户可选择默认的全策略模板或自定义扫描策略来进行任务扫描。具体操作如图8.10所示。

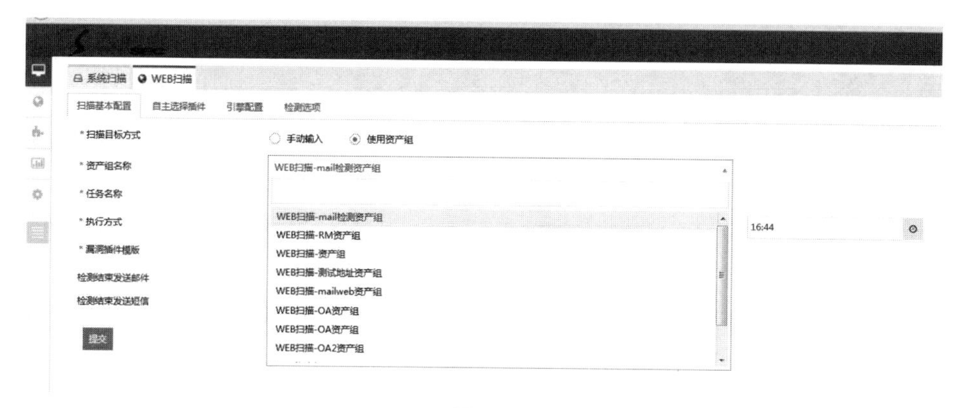

图8.9

图8.10

设置完下发任务的相关参数值后，点击“新建”按钮，提示下发任务成功。

2. 查看任务

扫描任务进度在任务列表显示，如图8.11所示。

图8.11

用鼠标双击某一正在执行的扫描任务列表项，弹出该任务的扫描详情。如图8.12所示。

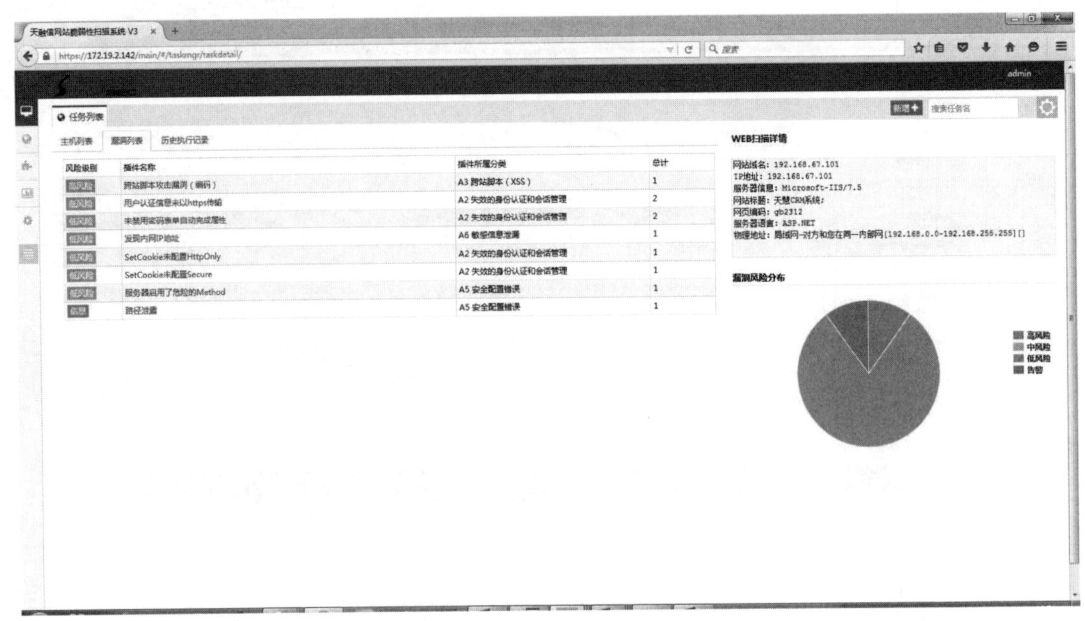

图8.12

3. 生成报告

在日志分析中，可在线查询、对比分析扫描任务结果，也可导出扫描报告，目前报告支持HTML、Word、Excel等格式。如图8.13所示。

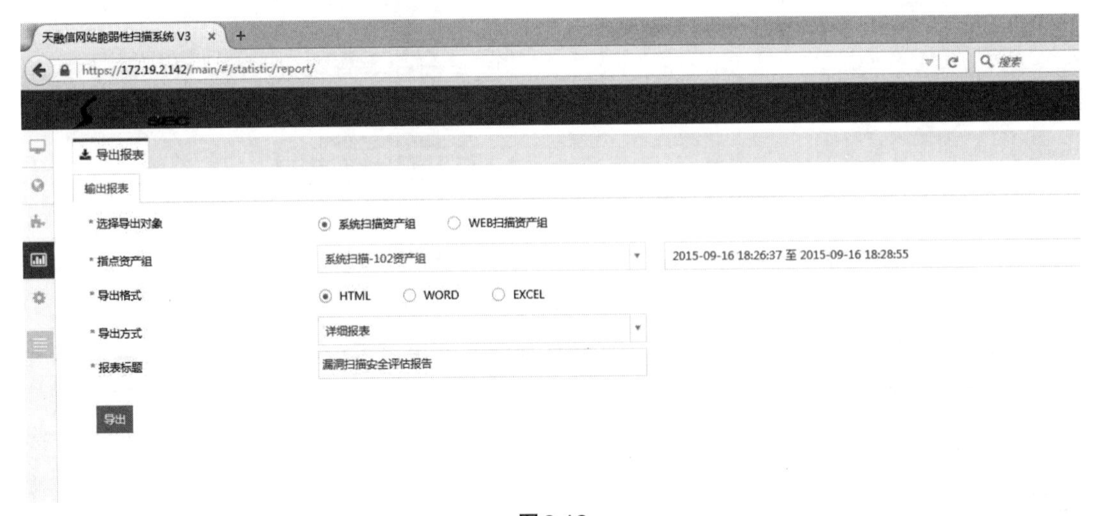

图8.13

在对比分析中，可选择扫描任务不同的时间段的结果来进行对比分析，如图8.14所示。

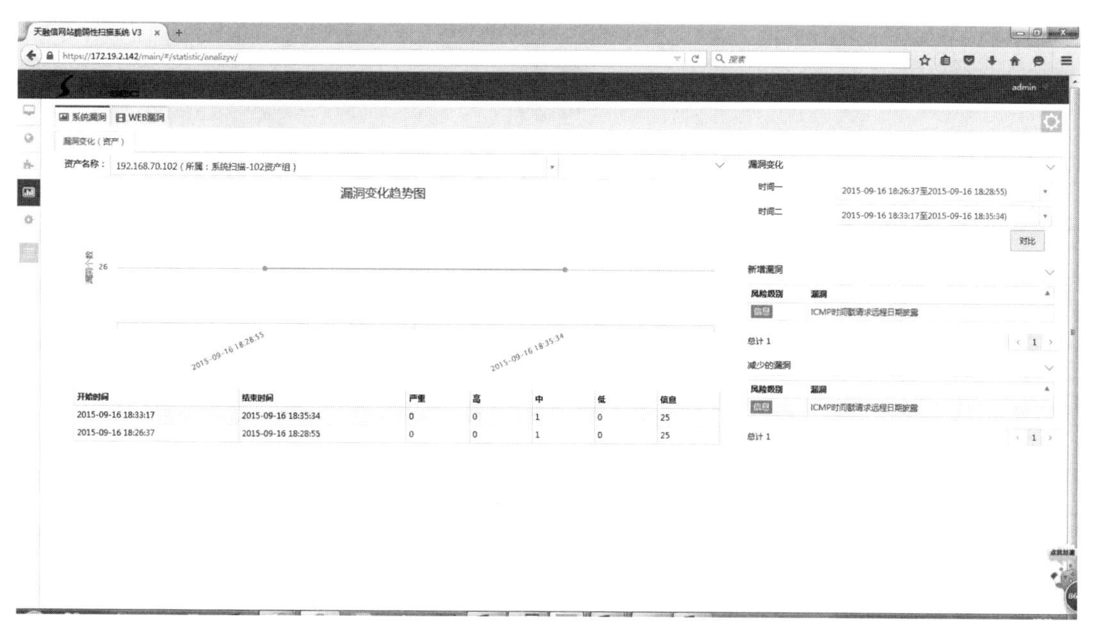

图8.14

8.3 典型应用

天融信脆弱性扫描与管理系统使用简单,操作方便。用户只要将天融信脆弱性扫描与管理系统接入网络进行简单的网络配置等即可正常使用,其可扫描范围为授权IP地址范围。

8.3.1 独立式部署

对于电子商务、电子政务、教育行业、中小型企业和独立的IDC等用户,由于其数据相对集中,并且网络结构较为简单,建议使用独立式部署方式。独立式部署就是在网络中只部署一台TopScanner设备,接入网络并进行正确的配置即可正常使用,其工作范围通常包含用户企业的整个网络地址。用户可以从任意地址登录TopScanner系统并下达扫描评估任务,检查任务的地址必须在产品和分配给此用户的授权范围内。

图8.15为典型的天融信脆弱性扫描与管理系统独立式部署模式。

8.3.2 分布式部署

对于政府行业、军工行业、电力行业、电信运营商、金融行业、证券行业和一些规模较大的传统企业,由于其组织结构复杂、分布点多、数据相对分散等原因,采用的网络结构较为复杂。对于一些大规模和分布式网络用户,建议使用分布式部署方式。在大型网络中采用多台TopScanner系统共同工作,可对各系统间的数据共享并汇总,方便用户对分布式网络进行集中管理。TopScanner支持用户进行两级和两级以上的分布式、分层部署。

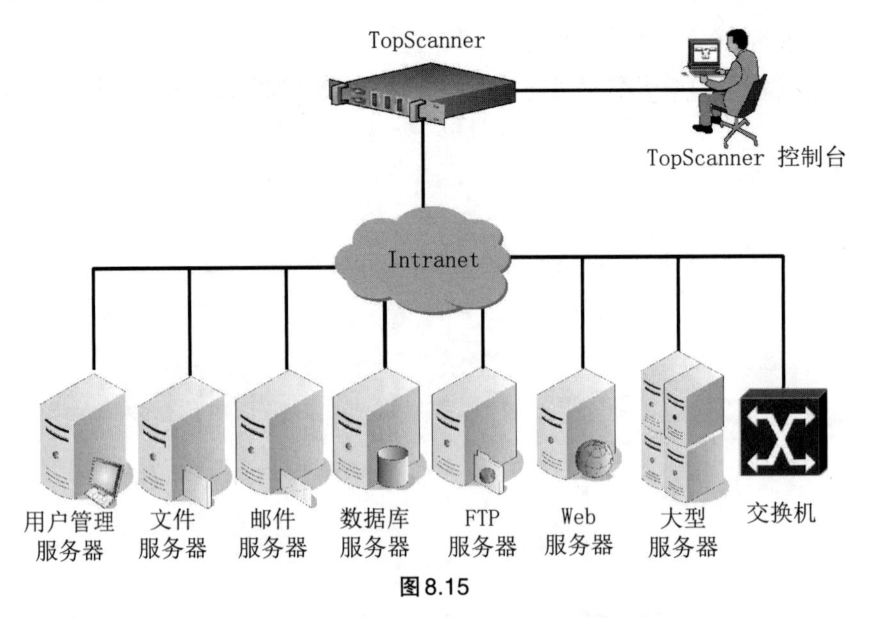

图8.15

图8.16为典型的天融信脆弱性扫描与管理系统分布式部署模式。

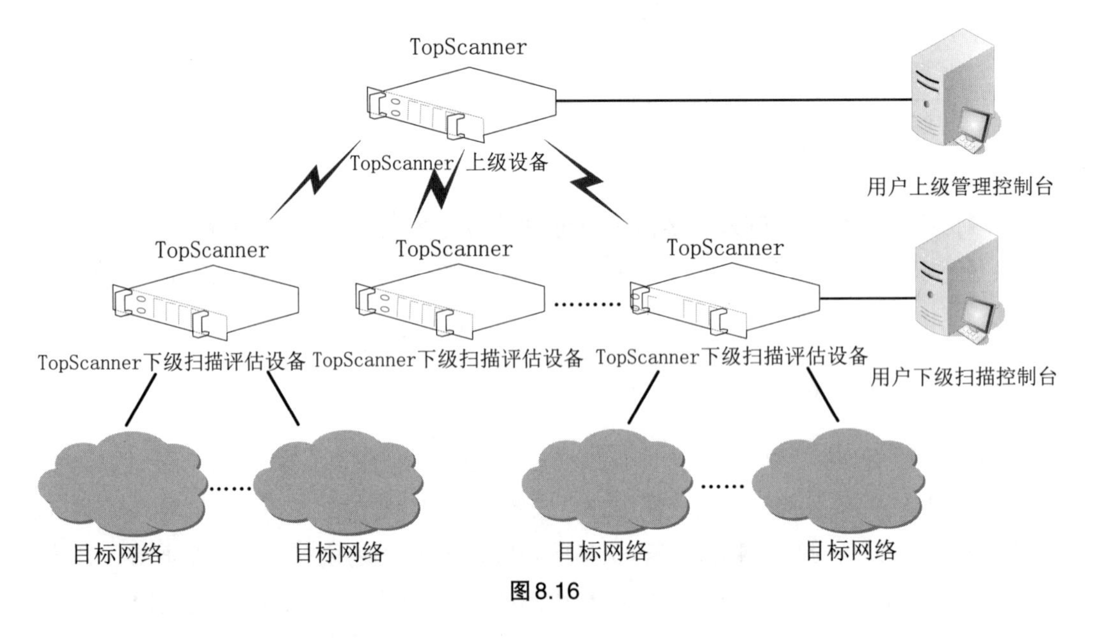

图8.16

8.3.3 综合应用案例

在核心交换机上部署一台天融信脆弱性扫描与管理系统(图8.17),对应不同的网络分配系统网口地址,或在不同网络单独配置分布式漏洞扫描系统,定期地对网络中多个不同网段的主机进行检测,同时给出相应的解决建议,用户根据这些解决建议来做出相应的防护。

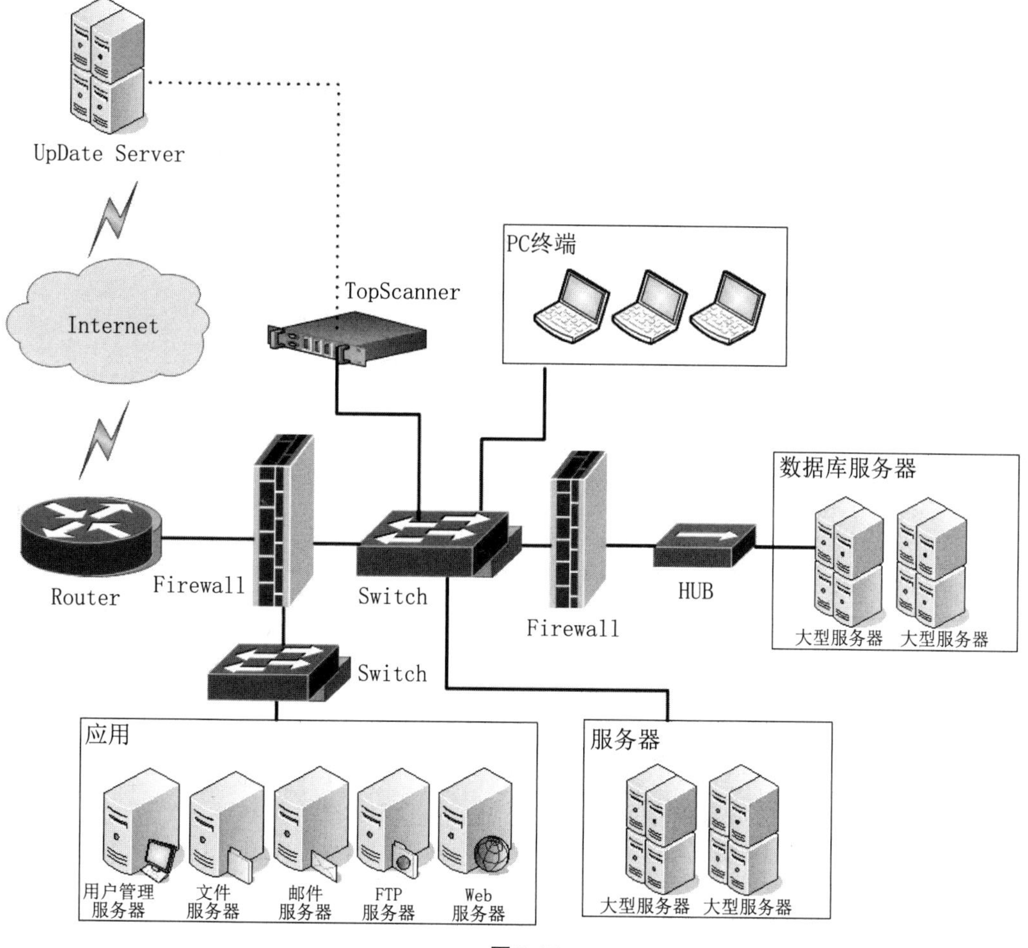

图8.17

习　　题

1. 漏洞扫描系统不能应用的场景为(　　)。

A. 定期的网络安全自我检测、评估

B. 安装新软件、启动新服务后的检查

C. 网络建设和网络改造前后的安全规划评估和成效检验

D. 阻断黑客攻击,进行全球打击

2. 安全漏洞扫描技术是一类重要的网络安全技术。当前,网络安全漏洞扫描技术的两大核心技术是(　　)。

A. PINC扫描技术和端口扫描技术

B. 端口扫描技术和漏洞扫描技术

C. 操作系统探测和漏洞扫描技术

D. PINC扫描技术和操作系统探测

3. 下面关于漏洞扫描系统的叙述,错误的是(　　)。

A. 漏洞扫描系统是一种自动检测目标主机安全弱点的程序

B. 黑客利用漏洞扫描系统可以发现目标主机的安全漏洞

C. 漏洞扫描系统可以用于发现网络入侵者

D. 漏洞扫描系统的实现依赖于系统漏洞库的完善

4. 以下有关于漏洞扫描的说法中,错误的是(　　)。

A. 漏洞扫描技术是检测系统安全管理脆弱性的一种安全技术

B. 漏洞扫描分为基于主机和基于网络的两种扫描器

C. 漏洞扫描功能包括:扫描、生成报告、分析并提出建议等

D. 漏洞扫描能实时监视网络上的入侵

第9章　日志收集与分析的原理与应用

掌握日志收集与分析的工作原理和实现机制，能熟练安装和使用日志收集与分析系统。

在计算机中，日志文件是记录在操作系统或其他软件运行中发生的事件或在通信软件的不同用户之间的消息的文件。记录是保持日志的行为。在最简单的情况下，消息被写入单个日志文件。

许多操作系统，软件框架和程序包括日志系统。广泛使用的日志记录标准是在因特网工程任务组（IETF）RFC5424中定义的syslog。syslog标准使专用的标准化子系统能够生成、过滤、记录和分析日志消息。

9.1　日志分析的技术原理

9.1.1　日志分析流程

日志分析的目的是通过对客户特定日志的分析，发现客户IT环境可能面临的安全威胁，帮助用户尽早发现问题并提出建议，以降低用户IT环境风险。

日志的分析主要涉及操作系统、数据库系统、应用系统和安全设备四大部分，其中操作系统主要包括Windows系统、Unix系统、HPUNIX系统、AIX系统、RedHat系统和Solaris系统，数据库系统主要包括Oracle、MSSQLServer和MySQL，应用系统主要包括IIS、Apache和Tomcat，安全设备主要包括主流防火墙、IDS/IPS、防病毒网关和VPN等。

如图9.1所示，日志分析过程主要包括日志类型判断、日志获取、日志分析、日志整理及归档4个过程。

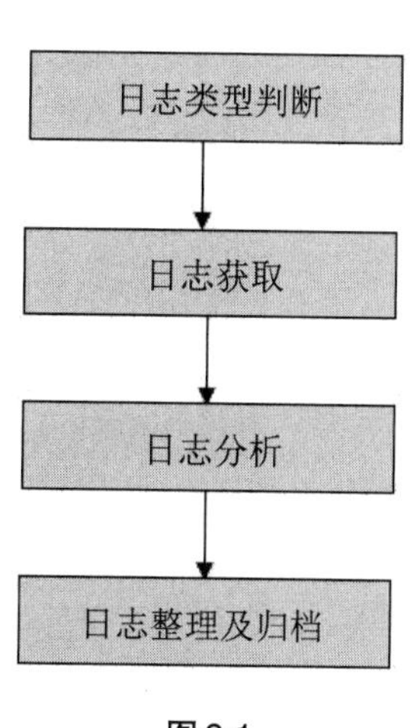

图9.1

日志类型判断过程：指对指定的巡检对象进行分析，确定巡检对象中需要进行日志分析的设备、操作系统、数据库系统、应用系统以及它们的日志格式，如Windows操作系统日志、Unix操作系统日志、防火墙日志、Apache日志等。

日志获取过程：根据日志类型，分别采取不同的方法获取巡检对象的日志，获取日志的方法主要包括手工获取和工具获取，一般情况下安全设备、类Unix系统、MySQL数据库、应用系统采用手工获取，Windows系统、MSSQLServer等采用工具获取，有时需要采用两种方式相结合，实际过程中根据具体情况进行灵活处理。

日志分析过程：对获取的日志按照不同日志格式进行分析，分析方法包括人工分析和工具自动分析。一般情况下，安全设备、类Unix系统和应用系统采用手工分析方法，Windows系统、MSSQLServer、IIS、Apache和MySQL需要借助工具进行分析，为了确保分析的准确性，建议采用人工分析和工具分析相结合的方法分析。

日志整理及归档过程：根据日志分析结果，将可疑日志、问题日志进行统一整理，以图文并茂的形式形成日志分析报告，并对于问题提出建议。

注意事项：

(1) 日志分析的四个过程中，禁止在用户业务主机上安装任何日志获取、日志分析软件，禁止为获取日志、分析日志，而修改、调整用户系统主机环境。

(2) 手工获取和手工分析日志过程中，需要登录用户主机系统、设备时，一定要得到用户相关管理员的许可，并建议用户陪同获取及分析过程。

9.1.2 Windows 日志

9.1.2.1 日志说明

事件日志说明的格式和内容可能会根据事件类型的不同而有所变化。说明通常是最有用的信息，它指出发生了什么事情，或事件的重要性。事件日志记录主要包括五类事件，如表9.1所示。

表9.1

事件类型	说明
错误	重要的问题，如数据丢失或功能丧失。例如，如果在启动过程中某个服务加载失败，这个错误将会被记录下来
警告	并不是非常重要，但有可能说明将来的潜在问题的事件。例如，当磁盘空间不足时，将会记录警告
信息	描述了应用程序、驱动程序或服务的成功操作的事件。例如，当网络驱动程序加载成功时，将会记录一个信息事件
成功审核	成功的审核安全访问尝试。例如，用户试图登录系统并成功了，则会被作为成功审核事件记录下来
失败审核	失败的审核安全登录尝试。例如，如果用户试图访问网络驱动器并失败了，则该尝试将会作为失败审核事件记录下来

9.1.2.2 日志收集/查看

1. Windows本地事件查看器

在事件查看器中使用事件日志，用户可收集到关于硬件、软件和系统问题的信息，还可以监视系统的安全事件，如图9.2所示。

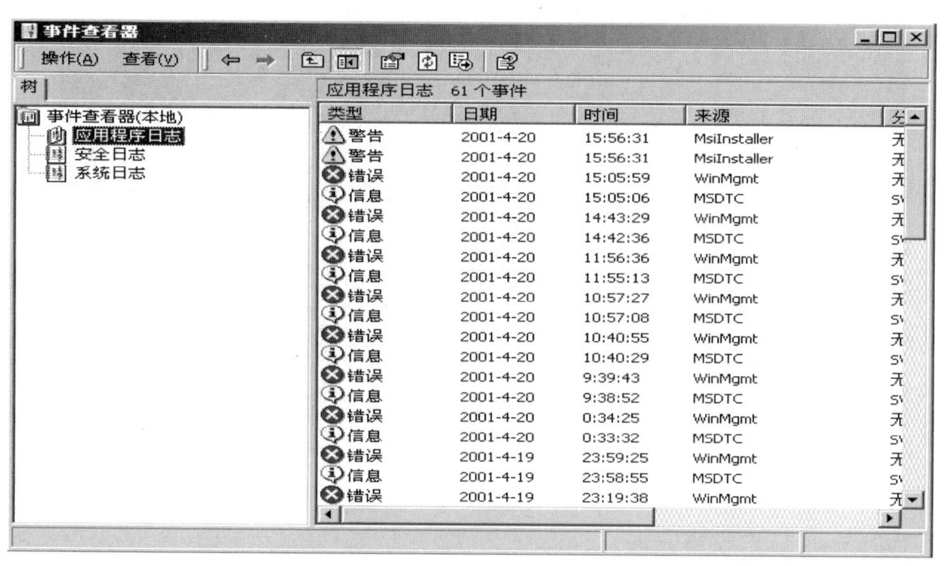

图9.2

启动Windows系统时，EventLog服务会自动启动。Windows日志有三种类型：应用程序日志、系统日志和安全日志，如表9.2所示。所有用户都可以查看应用程序和系统日志，但只有管理员才能访问安全日志。在默认情况下，安全日志是关闭的。可以使用组策略来启用安全日志。管理员也可在注册表中设置审核策略，以便当安全日志满出时使系统停止响应。

表9.2

日志类型	说明
应用程序日志	应用程序日志包含由应用程序或系统程序记录的事件。例如，数据库程序可在应用日志中记录文件错误。程序开发员决定记录哪一个事件
系统日志	系统日志包含系统组件记录的事件。例如，在启动过程将加载的驱动程序或其他系统组件的失败记录在系统日志中。Windows 2000预先确定由系统组件记录的事件类型
安全日志	安全日志可以记录安全事件，如有效的和无效的登录尝试，以及与创建、打开或删除文件等资源使用相关联的事件。管理器可以指定在安全日志中记录什么事件。例如，如果用户已启用登录审核，登录系统的尝试将被记录在安全日志里

2. Windows日志存放位置

Windows系统的日志一般位于系统目录下的windows\system32\config目录中，SecEvent.Evt为安全日志，AppEvent.Evt为应用日志，SysEvent.Evt为系统日志，如图9.3所示。

```
C:\WINDOWS\system32\cmd.exe

C:\WINDOWS\system32\config>dir *.evt
 驱动器 C 中的卷没有标签。
 卷的序列号是 2001-A169

 C:\WINDOWS\system32\config 的目录

2010-04-11  22:01            65,536 ACEEvent.evt
2010-04-02  22:32            65,536 Antiviru.evt
2010-04-11  22:01            65,536 Antivirus.Evt
2010-04-14  22:21            65,536 AppEvent.Evt
2010-04-03  15:46            65,536 Internet.evt
2010-04-05  22:05            65,536 ODiag.evt
2010-04-14  22:21            65,536 OSession.evt
2010-04-11  22:01           524,288 SecEvent.Evt
2010-04-14  22:21            65,536 SysEvent.Evt
               9 个文件      1,048,576 字节
               0 个目录 15,742,459,904 可用字节

C:\WINDOWS\system32\config>_
```

图9.3

3. Windows日志收集方法

方法一:登录Windows系统,直接从日志存放目录获取。

方法二:鼠标右击"我的电脑"选择"管理"进入"计算机管理",选择"事件查看器",如图9.4所示。

然后,分别右击选择安全日志、应用日志等,选择"另存日志文件",导出分析所需文件,日志导出格式为.Evt格式。

需要注意的是,不同的Windows系列可能会稍有不同,处理时需要根据实际情况进行简单调整。

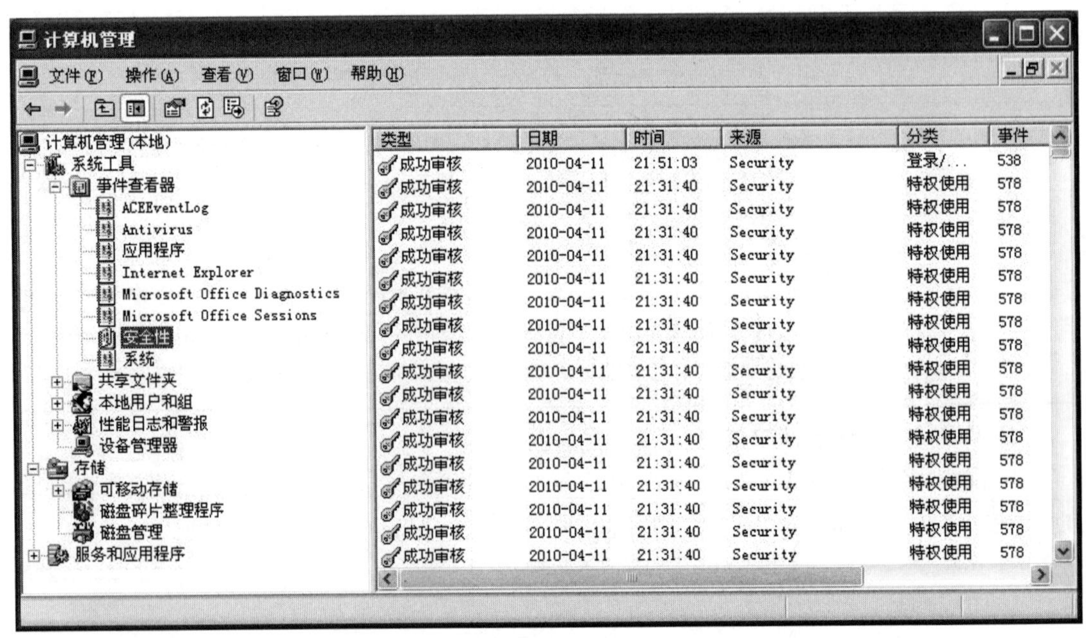

图9.4

9.1.2.3 日志分析

1. 日志分析关注点

3种日志类型及其相关说明如表9.3所示。

表9.3

日志类型	适用类型	说明	日志记录检查点	范例
应用程序日志	错误、警告、失败审核信息	应用程序日志包含由应用程序或系统程序记录的事件。例如，数据库程序可在应用日志中记录文件错误。程序开发员决定记录哪一个事件	① 防病毒软件等关键应用程序的错误信息；② 应用系统加载或审核失败信息	防病毒软件加载失败
系统日志	错误、警告、失败审核	系统日志包含系统组件记录的事件。例如，在启动过程中加载驱动程序或其他系统组件失败将记录在系统日志中。Windows 2000预先确定由系统组件记录的事件类型	① 系统服务加载失败；② 系统驱动程序加载失败信息；③ 进程变更信息；④ 网络连接错误信息；⑤ 日志审核策略变更	时钟NTP服务错误信息
安全日志	错误、警告、失败审核	安全日志可以记录安全事件，如有效的和无效的登录尝试，以及与创建、打开或删除文件等资源使用相关联的事件。管理器可以指定在安全日志中记录什么事件。例如，如果用户已启用登录审核，登录系统的尝试将记录在安全日志里	① 登录失败信息；② 账户权限变更信息；③ 账号特权使用/变更信息；④ 账号变更/增加信息；⑤ 安全策略变更信息	大量登录行为审核失败行为

2. 日志分析方法

将收集过来的日志，一个主机系统对应一个日志文件夹，并以主机名或IP地址命名。将需要分析的日志导入到日志分析服务器的Windows日志查看器中，通过日志查看器的筛选功能，根据日志关注点进行筛选，并把可疑的、危险的、存在问题的日志信息记录下来同时附以抓屏图。

9.1.3 Linux 日志

9.1.3.1 日志说明

Linux事件日志记录主要包括3类事件，如表9.4所示。

表9.4

事件类型	说　明
错误	重要的问题，重要服务启动错误。例如，Rsyslogd服务启动失败
警告	并不是非常重要，但有可能说明将来的潜在问题的事件。例如，服务以root权限启动，未做chroot
信息	描述了应用程序、驱动程序或服务的成功操作的事件。例如，用户登录成功

9.1.3.2　日志收集/查看

1. Redhat本地日志查看

Linux日志一般可以分为两种格式，一种是文本文件，另一种是二进制文件。文本日志文件可以直接通过Linux系统自带的工具，如vi、vim、cat等进行查看；二进制日志文件只能通过系统自带的对应工具进行查看，如utmp日志文件，只能通过w或者who查看，每个版本的系统可能不尽相同，需要根据实际情况灵活处理。

vi、vim、w、who、last等命令，请查看系统在线帮助，方法是：命令名--help或man命令名，例如：who--help或man who。

2. Linux日志存放位置

如图9.5所示，Linux系统日志默认存放在/var/log目录，但是对于不同版本的系统，可能存在不同的日志存放路径，而且这与用户本身的配置习惯相关，一般可以通过/etc/syslog.conf来查看相应日志存放位置，可根据实际情况灵活对待。

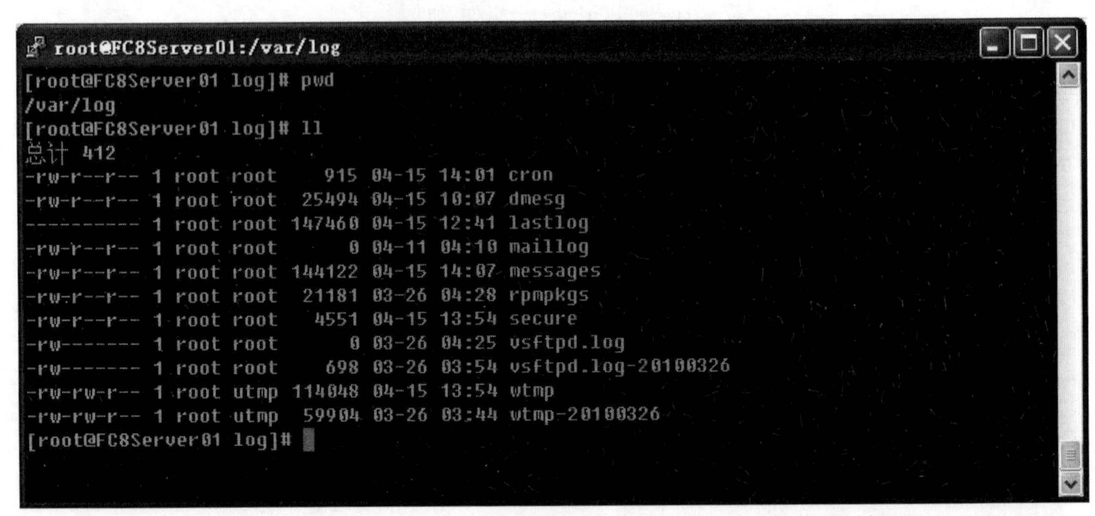

图9.5

重要的日志文件内容描述如表9.5所示。

表9.5

日志文件	说明	存放位置
/var/log/boot.log /var/log/dmesg	记录了系统在引导过程中发生的事件，就是Linux系统开机自检过程显示的信息	/var/log/

续表

日志文件	说明	存放位置
/var/log/cron	记录crontab守护进程crond所派生的子进程的动作，列出了要周期性执行的任务调度	/var/log/
/var/log/lastlog	记录最近成功登录的事件和最后一次不成功的登录事件，用lastlog命令查看	/var/log/
/var/log/maillog	记录了每一个发送到系统或从系统发出的电子邮件的活动	/var/log/
/var/log/messages	messages记载来自系统核心的各种运行日志，包括各种精灵，如认证，inetd等进程的消息及系统特殊状态，如温度超高等的系统消息	/var/log/
/var/log/secure	记录与系统安全相关的日志	/var/log/
/var/log/xferlog	记录FTP会话，可以显示出用户向FTP服务器或从服务器拷贝了什么文件	/var/log/
/var/log/wtmp	永久记录每个用户登录、注销及系统的启动、停机的事件，用last命令查看	/var/log/
/var/log/utmp	记录有关当前登录的每个用户的信息，可用w、who等命令来看	/var/log/

3. 日志收集方法

远程登录Linux系统，直接从日志存放目录，将文本格式日志通过FTP或SCP等方式传输到天融信日志服务器。注意将日志文件按照主机进行归类存放。二进制日志可以通过系统本地的工具查看后导出为文本文件，然后上传至天融信日志服务器。

对于二进制日志文件收集方法，以通过本地工具w获取wtmp日志为例介绍，具体操作步骤如下：

（1）通过本地工具查看并存放到本地临时目录，命令为：w>/tmp/wtmp。此时，在/tmp目录下生成了明文的wtmp.txt。如图9.6所示。

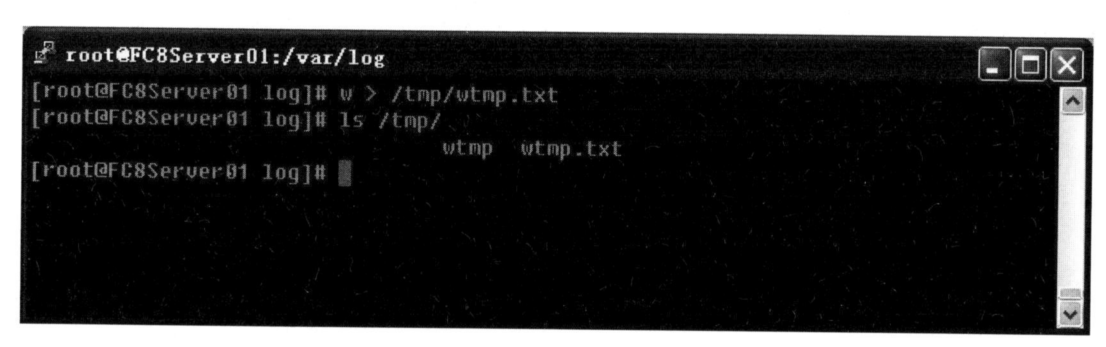

图9.6

（2）将/tmp/wtmp.txt上传到日志服务器。

9.1.3.3　日志分析

1. Linux日志关注点

Linux日志文件及相关说明如表9.6所示。

表9.6

日志文件	说明	检查点	示例
/var/log/boot.log /var/log/dmesg	记录了系统在引导过程中发生的事件，就是Linux系统开机自检过程显示的信息	① 异常启动时间； ② 关键硬件错误信息	
/var/log/cron	记录crontab守护进程crond所派生的子进程的动作，列出了要周期性执行的任务调度	定时执行的危险命令	
/var/log/lastlog	记录最近成功登录的事件和最后一次不成功的登录事件，用lastlog命令查看	① 异常时间登录； ② 异常用户登录； ③ 来自于异常IP的登录	如bin、daemon、adm、uucp、mail等用户不允许登录
/var/log/maillog	记录了每一个发送到系统或从系统发出的电子邮件的活动	① 异常程序发送本地系统； ② 核心关键信息发送出去； ③ 异常通信IP地址信息	
/var/log/secure	记录与系统安全相关的日志	① 连续的登录认证失败信息； ② 异常IP地址登录系统服务信息； ③ 系统核心服务侦听地址及开发端口信息； ④ 核心服务通信错误信息； ⑤ 反复执行su失败的用户； ⑥ 异常时间连接信息	口令猜测
/var/log/xferlog	记录FTP会话，可以显示出用户向FTP服务器或从服务器拷贝了什么文件	① 异常时间发起FTP连接； ② 传入系统的异常程序； ③ 核心关键信息的传出	
/var/adm/wtmp	记录着所有登录过主机的用户、时间、来源等内容，用last命令查看	① 异常时间的登录； ② 来自异常IP地址的登录	
/var/adm/utmp	记录着当前登录在主机上的用户，管理员可以用w、who等命令来看	① 异常时间的登录； ② 来自异常IP地址的登录	
/var/adm/messages	用于记录syslog进程的日志	① 核心服务的错误信息； ② 核心服务的启停信息； ③ 硬件错误信息	

2. Linux日志分析方法

将收集过来的日志，一个主机系统对应一个日志文件夹，并以主机名或IP地址命名。先人工快速浏览各个日志文件，然后通过搜索工具或者带有文件查找功能的文本编辑工具，如editplus，根据日志关注点进行筛选，并把可疑的、危险的及存在问题的日志信息记录下来同时附以抓屏图。

对于此类日志文件的分析，如果用户允许通过远程ssh终端连接主机在线分析，则可以通过在线分析。需要注意的是，如果是手动在线分析，请务必记住不要对用户系统进行任何写操作。

9.1.4 IIS日志

9.1.4.1 日志说明

IIS是Internet Information Server的缩写，意思是英特网信息服务，日志就是服务运行的记录。

日志格式：ex+年份的末两位数字+月份+日期。

文件后缀：.log，如2010年9月30日的日志生成文件是ex300910.log。

IIS日志是每个服务器管理者都必须学会查看的，服务器的一些状况和访问IP的来源都会记录在IIS日志中，所以IIS日志对每个服务器管理者都是非常重要的。

IIS会忠诚地记录下所有访问Web服务的相关记录。日志的前几行及IIS字段描述如下：

```
#Software: Microsoft Internet Information Services 5.1    //IIS版本
#Version: 1.0    //版本
#Date: 2010-09-30 00:53:58    //创建时间
#Fields: date time c-ip cs-username s-sitename s-computername s-ip s-port cs-method
cs-uri-stem cs-uri-query sc-status sc-win32-status sc-bytes cs-bytes time-taken cs-ver
sion cs-host cs(User-Agent) cs(Cookie) cs(Referer)    //日志格式
```

9.1.4.2 日志收集/查看

IIS自身日志与Windows系统日志相同，可以于事件查看器或文本中浏览。而Web 日志默认位于：\WINDOWS\system32\LogFiles\。

9.1.5 Apache日志

9.1.5.1 日志说明

在采用默认安装方式时，Apache的日志文件可以在/usr/local/apache/logs下找到。对于Windows系统，这些日志文件将保存在Apache安装目录的logs子目录。

日志文件是Apache工作的记录，Apache包括了mod_log_config模块，它用来记录日志。在缺省情况下，它用通用日志格式CLF规范来写。CLF日志文件内对每个请求均有一个单独行。

1. 访问日志

访问日志是Apache的标准日志，也是进行Apache日志分析的主要内容。Apache一般有两个默认的日志文件，这两个文件在Linux/Unix系统是access_log（在Windows上是access.log）和error_log（在Windows上是error.log）。采用默认安装方式时，这些文件可以在/usr/local/apache/logs下找到；对于Windows系统，这些日志文件将保存在Apache安装目录的logs子目录。

日志access_log记录了所有对Web服务器的访问活动。下面是访问日志中一个典型的记录：

216.35.116.91--[19/Feb/2010:14:47:37-0400]"GET/HTTP/1.0"200654

这行内容由7项构成，上面的例子中有两项空白，但整行内容仍旧分成了7项。它的语法为：host ident anthuser date request status bytes，其含义如表9.7所示。

表9.7

名称	含义
host	客户端主机的全称域名或IP地址
ident	存放客户端报告的识别信息
authuser	如果是基于用户名认证的话，值为用户名
date	请求的日期与时间
request	客户端的请求对象地址
status	返回到客户端的3位数字的HTTP状态码
bytes	除去HTTP头标外，返回给客户端的字节数

注：如对应内容为空，则表示为“-”。

2. 错误日志

错误日志和访问日志一样，也是Apache的标准日志。正如其名字所示，错误日志记录了服务器运行期间遇到的各种错误，以及一些普通的诊断信息，如服务器何时启动、何时关闭等。

错误日志无论在格式上还是在内容上都和访问日志不同。然而，错误日志和访问日志一样也提供丰富的信息，我们可以利用这些信息分析服务器的运行情况以及哪里出现了问题。错误日志的文件名字是error_log，但在Windows平台错误日志的文件名字是error.log。以下范例为网站出现404错误时的错误日志信息：

[Fri Aug 18 22:36:26 2000][error][client 192.168.1.6]File does not exist:/usr/local/apache/bugletdocs/Img/south-korea.gif

正如访问日志access_log文件一样，错误日志记录也分成多个项。错误记录的开头是日期/时间标记，注意它们的格式和access_log中日期/时间的格式不同。错误记录的第二项是当前记录的级别，它表明了问题的严重程度。错误记录的第三项表示用户发出请求时所用的IP地址。记录的最后一项才是真正的错误信息。对于404错误，它还给出了完整路径指示服务器试图访问的文件。

9.1.5.2 日志查看

此类日志文件在Linux/Unix环境下,一般通过syslog进行管理和配置,并记录在相关目录下。如位于Linux/Unix环境下,则参照Linux/Unix系统日志收集方式进行收集。

9.1.6 防火墙日志

9.1.6.1 日志说明

防火墙的日志类型主要包括错误、信息、警告、告警等,具体如表9.8所示。

表9.8

日志类型	说明
错误	记录系统、服务组件运行发生错误时的日志
信息	记录系统、服务组件运行的正常执行信息
警告	记录系统、服务组建运行时,可能导致问题或潜在问题的信息
告警	记录达到策略规则门限、流量阀值或者违规操作时产生的信息,此类信息需要重点关注

9.1.6.2 日志收集/查看

防火墙日志收集一般建议通过防火墙的管理控制台或者日志服务器以日志导出的方式来收集。

9.1.6.3 日志分析

1. 防火墙日志关注点

防火墙日志关注点包括:

(1) 管理员登录失败尝试信息;

(2) 管理账户增、删、改信息;

(3) 账户授权、口令变更信息;

(4) 资源分配、变更信息;

(5) 配置导入、导出信息;

(6) 系统组建及规则库升级信息;

(7) 服务开放、变更信息;

(8) 规则策略变更信息;

(9) 流量阀值告警信息;

(10) 内容过滤策略匹配信息;

(11) 异常时间登录操作信息;

(12) 审计日志删除、清除信息;

(13) 异常时间通过本系统访问信息;

(14) 磁盘容量告警信息。

2. 防火墙日志分析方法

防火墙提供日志查看功能，可在设备上查看，根据日志关注点进行筛选，并把可疑的、危险的及存在问题的日志信息记录并附以抓屏图。

9.2 建立自动化日志收集与分析系统

9.2.1 背景概述

目前各行业用户的行政组织结构、网络结构都比较复杂，在数据大集中的背景下，业务的集中带动数据和应用的集中，总部数据中心及各分支数据中心应用系统越来越庞大，管理复杂度越来越高。尤其是对于安全管理人员来说，需要定期分析各种设备、应用系统所产生的日志，在实际工作中，仅靠人力已经无法完成海量日志的统一管理，主要体现在以下几方面：

(1) 日志采集问题。信息系统中设备种类众多，每天产生大量的日志，且分散在各地网络与信息系统中，如何有效采集这些原始日志数据并进行集中管理、分析？

(2) 日志格式转换问题。信息系统由不同的厂家提供，日志格式各异，如何对原始的日志数据格式进行统一？

(3) 日志数据深度挖掘问题。信息系统每天产生的大量原始日志数据中，大部分是一些非关键信息，如何对信息进行整理过滤并提取出有价值的事件信息，并以标准的格式进行汇总？

(4) 日志集中汇总问题。如何将全网范围的日志数据进行集中的汇总分析，从而知晓全网的安全态势，总体把控网络安全事件的发展动态？

(5) 安全决策问题。对于众多的日志信息，除了进行如实的记录汇总外，如何对日志信息进行深入分析、挖掘，并在此基础上建立KPI指标，辅助决策？

(6) 满足外部合规问题。如何对海量的日志数据进行有效管理，以利于事后事件分析、审计取证，并满足行业监管的合规要求？

因此，建设一个统一日志收集与分析平台对网络、应用、设备、安全、操作等所产生的海量日志进行统一安全管理与深度分析成为各行业IT管理者当务之急。

9.2.2 日志收集与分析系统

天融信日志收集与分析系统V3.1(TA-L)是一个跨平台的日志审计系统。该系统通过收集网络中的各种网络设备、安全设备(包括但不限于防火墙、IDS系统、VPN和防病毒系统)、主机系统(即Windows和Unix/Linux)及应用服务(包括但不限于Email、WWW、FTP和DNS)等产生的大量日志数据，进行集中管理和全面、有效的综合统计，为用户提供了一个方便、高效、直观的日志安全审计平台，能够帮助用户及时发现网络中存在的安全风险，准确地进行事后取证，进而可以更加有效地保障自身网络的安全运行。

9.2.2.1 初始化安装

用户在登录系统前应首先在网络中部署和安装天融信日志收集与分析系统服务器，安装并启动成功后，才能正常登录和管理系统。日志收集与分析系统的安装请参见《天融信日志收集与分析系统安装手册》。

管理员可以通过Web浏览器管理日志收集与分析系统，访问时使用如下URL：http:/IP，其中的IP换成服务器对应的IP，如图9.7所示。

图9.7

对应系统的三类管理员角色，系统预置了三个管理员，包括：审计管理员auditor、操作管理员operator和账户管理员admin（密码均为talent123），初次登录系统时可使用这3个账号进行相应权限的操作。

9.2.2.2 日志源添加

日志收集与分析系统将日志源分为两类：一类可以主动向日志收集与分析系统发送日志，称为主动型日志源；另一类日志源称为被动日志源，这类日志源不主动向外发送日志，需要主动去获取。

操作管理员可以对日志源进行查看、添加、编辑、删除以及启\禁用的操作，下面介绍详细的操作步骤。

（1）选择“日志源”→“日志源管理”，进入日志源管理界面，界面中显示已有的日志源列表，在列表中操作管理员可以查看日志源的名称、IP地址、日志源类型、保存时间、状态及节点等信息，如图9.8所示。

新建 禁用 全部

□	名称	IP地址	日志源类型	保存时间	状态	节点	操作
□	2	192.168.73.2	天融信TOS防火墙V005	3月	启用	127.0.0.1	
□	os	192.168.73.191	微软Windows系列服务器	3月	启用	127.0.0.1	

图9.8

(2) 新建日志源。由于日志源设备类型多样，这里以新建设备类型为防火墙/天融信/NGFW4000的日志源为例加以说明，其他设备类型的日志源添加类似，不再赘述。

点击日志源列表左上方的“新建”，进入新建日志源界面，如图9.9所示。界面中各参数的说明如表9.9所示。参数设置完成后，点击“应用”按钮完成日志源添加。

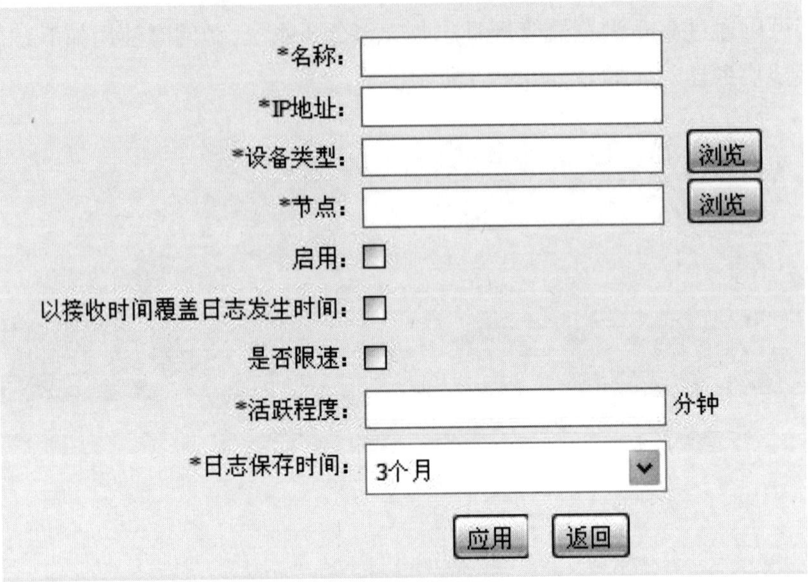

*名称：
*IP地址：
*设备类型： 浏览
*节点： 浏览
启用：
以接收时间覆盖日志发生时间：
是否限速：
*活跃程度： 分钟
*日志保存时间： 3个月
应用 返回

图9.9

表9.9

参数	说明
名称	作为日志源的名称
IP地址	作为日志源的设备或系统的IP地址
设备类型	日志源的设备类型。 点击“浏览”按钮选择，可选项有Firewall、Web、OS、OA、IDS、Antivirus、Router、VPN、AVG、SPS、AppServer、IPS、Switch、Flow、Audit、UTM、DB、VPN以及以上设备类型中的各品牌设备
节点	日志源由哪个节点收集。 点击“浏览”按钮选择，可选项是当前系统中的所有服务器和Agent设备
启用	是否启用该日志源
以接收时间覆盖日志发生时间	是否以接收日志的天融信日志收集与分析系统的系统时间覆盖日志在日志源设备中的发生时间。 该参数主要用于解决天融信日志收集与分析系统时间与日志源设备时间不同步而造成的日志存储和报表问题

续表

参数	说明
是否限速	是否限制日志源向网络卫士日志收集与分析系统传输日志的速度。 若选择限制,则还需要配置参数“限制速度”
限制速度	设置日志源向网络卫士日志收集与分析系统传输日志的速度,单位:条/秒
活跃程度	日志源的活跃程度。单位:分钟
日志保存时间	日志源传输到天融信日志收集与分析系统中的日志数据的保存时间。 在下拉框中选择,可选项有:1个月、2个月、3个月、6个月、1年以及永远保存
编码	日志文件保存的编码格式。 在下拉框中选择,可选项有:默认、GB 2312和UTF-8

(3) 修改日志源。在日志源列表中选择需要修改的日志源,点击相应操作栏中的编辑图标“”,进入日志源修改页面,如图9.10所示。修改日志源的参数后,点击“应用”按钮完成修改操作。注意:日志源的名称和IP不能修改。

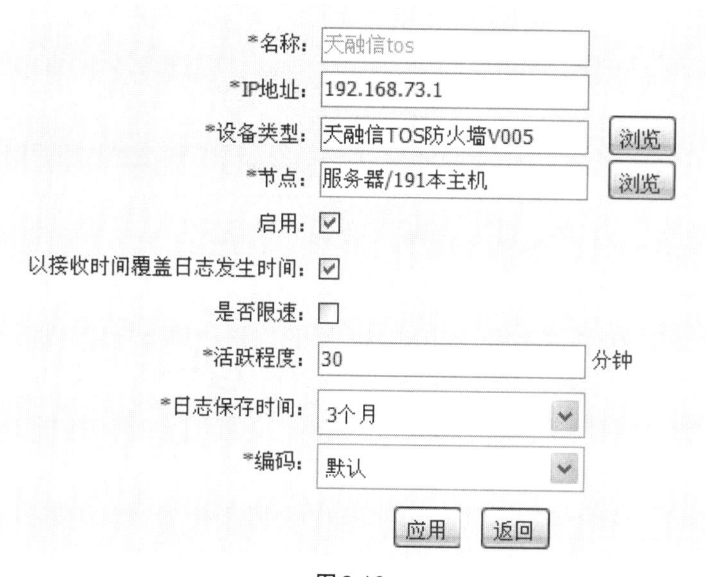

图9.10

(4) 启用/禁用日志源。在日志源列表中找到要启用\禁用的日志源,点击相应操作栏中的启用图标和禁用图标即可对日志源进行启用和禁用操作。也可以在日志源列表中选择多个日志源,点击列表上方的禁用图标“”对日志源设备进行批量禁用操作。

(5) 删除日志源。在日志源列表中找到要删除的日志源,点击相应操作栏中的删除图标“”,弹出确认删除提示框,如图9.11所示。点击“确定”按钮即可将日志源删除,点击“取消”按钮可取消删除操作。

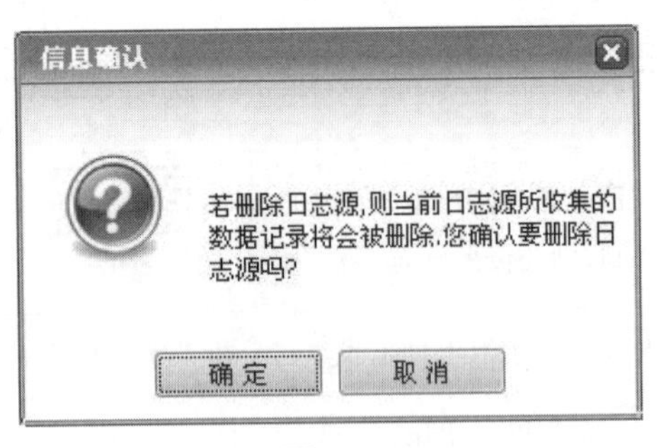

图9.11

9.2.2.3 日志查询

通过配置日志源和日志代理,TA-L系统能够收集到安全设备、网络设备、主机及应用系统的日志数据。同时,TA-L系统还提供了多样、灵活的日志信息查询功能,支持按用户设定的条件进行不同日志的查询。进而帮助管理员全面、深入地分析事件。

TA-L系统的日志查询功能能够及时有效地查询系统收集到的所有日志。管理员可以通过设置条件,对日志进行查询。

进行日志查询的具体操作如下:

(1) 选择“日志”→“日志查询”,进入事件查询窗口,如图9.12所示。

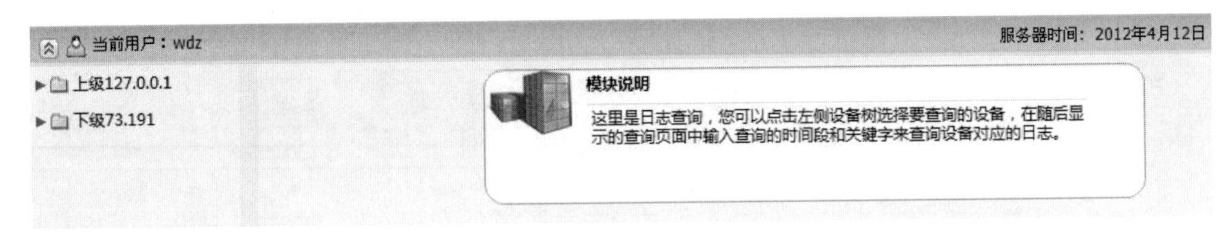

图9.12

(2) 在左侧窗口中选择要查询日志源或者设备类型,右侧窗口便会显示设置查询条件的页面。不同类型需要设置不同的查询条件,但所有类型的操作是类似的。下面将以审计系统为例,来说明查询操作。

选择审计系统后的查询页面,如图9.13所示。

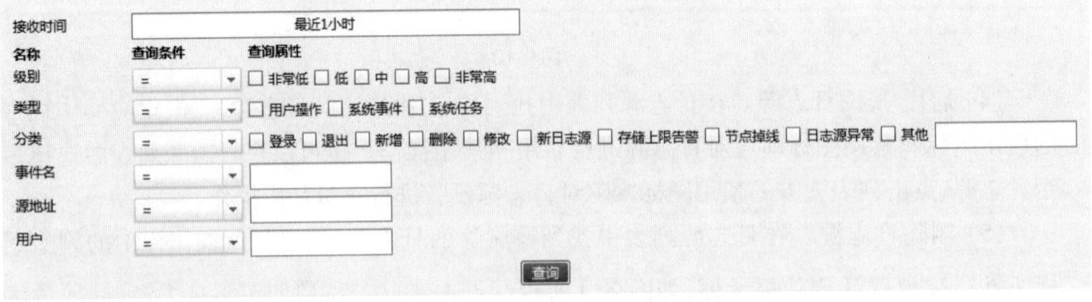

接收时间 最近1小时
名称 查询条件 查询属性
级别 = 非常低 低 中 高 非常高
类型 = 用户操作 系统事件 系统任务
分类 = 登录 退出 新增 删除 修改 新日志源 存储上限告警 节点掉线 日志源异常 其他
事件名 =
源地址 =
用户 =
查询

图9.13

(3) 设置查询条件。点击“接收时间”右侧的文本框,设置接收日志的时间,如图9.14所示。

图9.14

管理员可以通过下拉框选择日志接收时间(可选项有今天、昨天、最近1小时、最近2小时、最近6小时、最近15分钟、最近30分钟),也可通过设置具体的开始时间和结束时间来限定时间段。设置完成时间后,点击“确定”按钮。

其他查询条件,TA-L系统都以表达式的形式设置,即在名称字段后,设置查询条件(“=”“<>”或“like”)和查询属性(属性值或关键字)。

(4) 设置完成查询条件后,点击“查询”按钮,即可显示查询结果,如图9.15所示。

设备类型： 审计系统 IP： 127.0.0.1

格式化日志

每页 10 共 29 条 当前第 1 页/总计 3 页

	日志时间	级别	事件名	源地址	用户	详情
1	2012-02-10 10:1	中	添加新用户	192.168.73.191	admin	添加新用户name: djq
2	2012-02-10 10:1	高	主动日志源异常	192.168.73.2		主动日志源异常，ip为：192.168.73.2
3	2012-02-10 10:1	非常低	系统登录	192.168.73.78	admin	系统登录时间: 2012-02-10 10:13:35 用户：admin
4	2012-02-10 10:(	高	主动日志源异常	192.168.73.2		主动日志源异常，ip为：192.168.73.2
5	2012-02-10 10:(	高	主动日志源异常	192.168.73.2		主动日志源异常，ip为：192.168.73.2
6	2012-02-10 09:5	高	主动日志源异常	192.168.73.2		主动日志源异常，ip为：192.168.73.2
7	2012-02-10 09:5	高	主动日志源异常	192.168.73.2		主动日志源异常，ip为：192.168.73.2
8	2012-02-10 09:5	非常低	系统登录	192.168.74.158	auditor	系统登录时间: 2012-02-10 09:51:33 用户：auditor
9	2012-02-10 09:4	高	主动日志源异常	192.168.73.2		主动日志源异常，ip为：192.168.73.2
10	2012-02-10 09:4	低	添加日志源	192.168.73.191	nj	添加日志源,名称:111,IP:192.168.73.111,类型:OS/Microsoft/WindowsEventLog,绑定节点:4529392f-fab8-45c5-a6c4-f959434c

图9.15

查询结果会同时显示格式化的日志和原始日志,默认显示格式化日志。管理员可通过选择“源日志”页签,查看源日志。

在查询结果页面鼠标右键菜单中,支持复制列、复制行、导出当前页、导出所有功能,如图9.16所示。

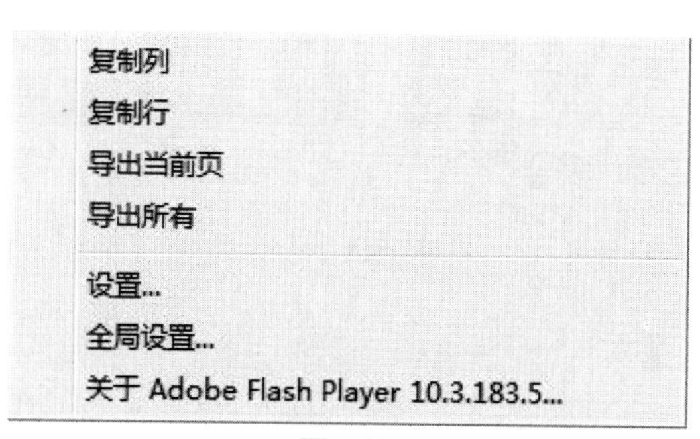

图9.16

复制列是指把当前选中列的内容复制到剪贴板;复制行是指把当前选中行的内容复制到剪贴板;导出当前页是指把当前页的查询结果导出到文件;导出所有是指把所有查询结果导出到文件(最多允许导出5000条)。

管理员可在“每页”下拉框中选择每页显示的日志数量,也可进行翻页查看。另外,管理员可以通过查询结果页面上方的“🔍”图标返回查询条件设置页面。

9.3 典型应用

9.3.1 单点部署

单点部署是最常见的部署方式,适用于网络环境相对简单的中小企业,只需将本系统服务器部署与核心交换机上即可。对于特殊日志源,还需要在该日志源上部署本系统的日志收集Agent。部署示意图如图9.17所示。

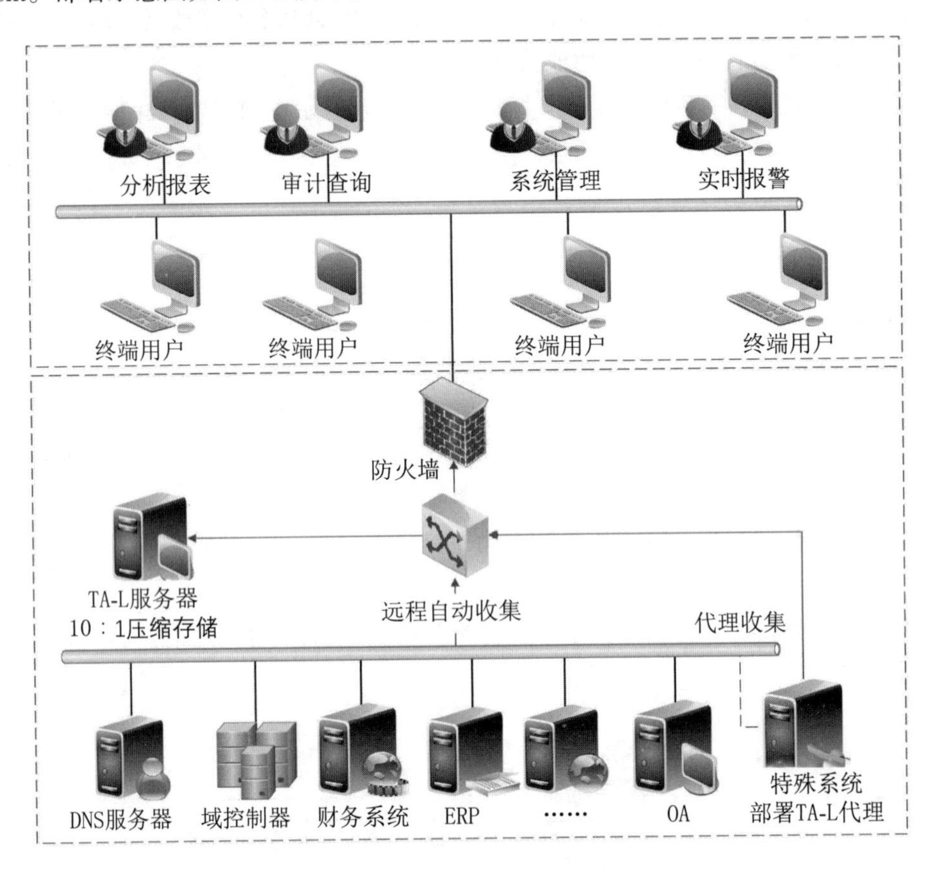

图9.17

9.3.2 多点部署

多点多级部署适合网络环境相对复杂、具有多个工作域或者具有多个分支机构等需要进行统一日志安全管理的大中型企业。将本系统的核心服务器部署在上级节点,各分支机构分别部署在本系统的下级服务器即可。部署示意图如图9.18所示。

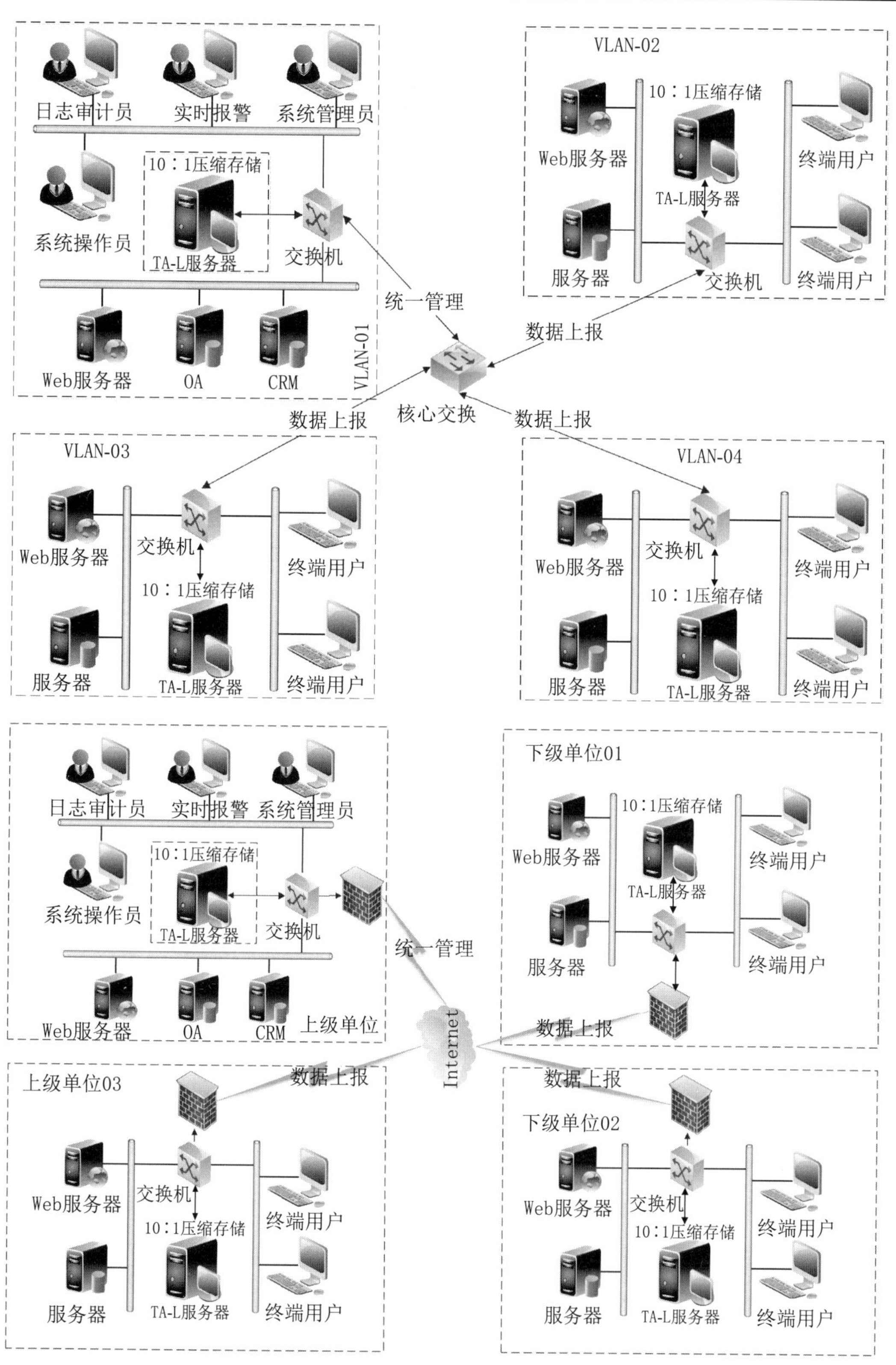
日志审计员
实时报警
系统管理员
10：1压缩存储
系统操作员
TA-L服务器
交换机
Web服务器
OA
CRM
VLAN-01
统一管理
VLAN-02
10：1压缩存储
Web服务器
终端用户
TA-L服务器
服务器
交换机
终端用户
数据上报
核心交换
数据上报
数据上报
VLAN-03
Web服务器
交换机
终端用户
10：1压缩存储
服务器
TA-L服务器
终端用户
VLAN-04
Web服务器
交换机
终端用户
10：1压缩存储
服务器
TA-L服务器
终端用户
日志审计员
实时报警
系统管理员
10:1压缩存储
系统操作员
TA-L服务器
交换机
统一管理
Web服务器
OA
CRM
上级单位
下级单位01
Web服务器
10:1压缩存储
终端用户
TA-L服务器
服务器
终端用户
数据上报
Internet
上级单位03
数据上报
Web服务器
交换机
终端用户
10:1压缩存储
服务器
TA-L服务器
终端用户
数据上报
下级单位02
Web服务器
交换机
终端用户
10:1压缩存储
服务器
TA-L服务器
终端用户

图9.18

习　　题

实践题:在虚拟机中安装天融信日志收集与分析系统,收集Windows、Linux和防火墙等安全设备日志,并分析高危事件日志。

第10章　DoS/DDoS原理与应用

了解常用DoS/DDoS攻击方法和原理，掌握DoS/DDoS攻击工具和防护工具使用。能对常用DoS/DDoS攻击部署有效的防护方案。

互联网诞生20多年来，已经完全改变了我们的生活，而云计算、移动互联网和物联网的发展，更使得现实世界和虚拟世界的界限不复存在。

互联网和企业网中的流量有正常流量，也有所谓的异常流量。异常流量是指在有限的带宽资源承载着非预期的流量。这些非预期的流量，可能是DoS/DDoS攻击、端口扫描、SPAM等恶意流量等。

拒绝服务攻击(Denial of Service，DoS)，即拒绝服务，造成DoS的攻击行为被称为DoS攻击，其目的是使计算机或网络无法提供正常的服务。最常见的DoS攻击有计算机网络带宽攻击和连通性攻击。带宽攻击指以极大的通信量冲击网络，使得所有可用网络资源都被消耗殆尽，最后导致合法的用户请求无法通过。连通性攻击指用大量的连接请求冲击计算机，使得所有可用的操作系统资源都被消耗殆尽，最终计算机无法再处理合法用户的请求。如图10.1所示。

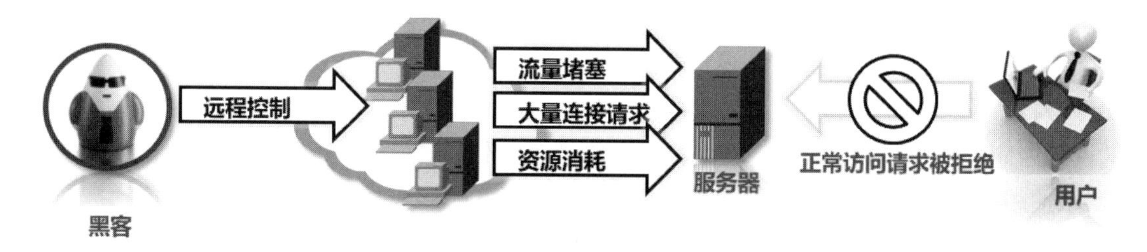

图10.1

分布式拒绝服务(Distributed Denial of Service，DDoS)攻击指借助于客户/服务器技术，将多个计算机联合起来作为攻击平台，对一个或多个目标发动DDoS攻击，从而成倍地提高拒绝服务攻击的威力。

随着网络上各种业务的普遍展开，DoS/DDoS攻击所带来的损失也愈益严重。当前运营商、企业及政府机构的各种用户时刻都面临着攻击的威胁，而可预期的更加强大的攻击工具也会成批出现，此种攻击只会数量更多、破坏力更强大，更加难以防御。

为了提高网络的使用效率，提升信息系统的安全性，需要采用完善的手段对这些异常流量进行检测,对危害性最大的DoS和DDoS攻击更要实现准确的清洗。因为DoS/DDoS攻击难于防御,危害严重,所以如何有效的应对DoS攻击就成为对网络安全工作者的严峻挑战。传统网络设备或者边界安全设备,如防火墙、入侵检测系统,是整体安全策略中不可缺少的重要模块,但是它们都不能针对DoS攻击有效地提供完善的防御能力。因此必须采用专门的机制,对攻击进行检测、防护,进而遏制这类不断增长的、复杂的且极具隐蔽性的攻击形为。

10.1 DoS/DDoS技术原理

在互联网的各种安全威胁中,拒绝服务攻击威胁性强,而分布式拒绝服务攻击所带来的安全威胁程度更高,其造成的损失更加严重。从广义上来说,拒绝服务攻击指任何导致网络系统不能正常为用户提供服务的攻击手段,主要包含漏洞利用型攻击和资源消耗型攻击两类。

漏洞利用型攻击针对被攻击的系统或软件漏洞,精心设计特殊的报文,使得目标系统、软件崩溃或者重启。目前这类攻击的危害不是非常大,在防火墙及各种检测机制的保护下,能够有效避免。

资源消耗型攻击也称泛洪攻击,它的攻击方式是在短时间内发送大量的报文来对目标进行攻击,使得目标机器的计算能力和处理能力大幅度降低,从而造成目标服务器的服务质量下降甚至停止服务。

相较于漏洞利用型攻击方式,资源消耗型攻击方式更依赖于对目标主机性能的干扰,由此也产生了后来的分布式拒绝服务攻击。

10.1.1 DDoS 攻击技术原理

10.1.1.1 攻击网络带宽

1. 直接攻击

直接攻击是指攻击者利用控制的大量主机对受害者发送大量的数据流量,使得受害者的网络带宽被占据,并大量消耗服务器和网络设备的处理能力,达到拒绝服务攻击的目的。例如,ICMP/IGMP洪水攻击、UDP洪水攻击等都是典型的DDoS直接攻击方式。

2. 反射和放大攻击

直接攻击不仅效率低而且容易被追踪,所以攻击者更多地选择反射攻击。反射攻击又称分布式反射拒绝服务(Distributed Reflection Denial of Service,DRDoS),是指攻击者利用路由器、服务器等设施对请求产生应答,从而反射出大量的流量对受害者进行攻击的一种DDoS攻击方式。这种攻击方式隐蔽,更大危害还来自于使用反射过程的放大。放大是一种特殊的反射攻击,其特殊之处在于反射器对网络流量具有放大作用,可以将攻击者较小的流量放大成较大流量,从而造成更加严重的带宽消耗。

3. 攻击链路

攻击链路与前面提到的攻击方法不同,攻击对象不是服务器而是骨干网络上的带宽资源。一种典型的链路攻击方式是Coremelt攻击。首先,攻击者通过traceroute等手段确定各个僵尸主机与攻击链路之间的位置关系。然后,由攻击者将僵尸网络分成两部分,并控制这两部分之间通过骨干网络进行通信。大量的数据包通过骨干网络,将会造成骨干网络的拥堵和延时。从骨干网络上来看,通过网络的数据包是真实存在的,并没有任何有效的方式可以将真正的数据包与拒绝服务攻击的数据区分开,这样使得这种攻击方式更加隐蔽和难以防范。

10.1.1.2 攻击系统资源

1. 攻击TCP连接

TCP是一种面向连接的、可靠的、基于字节流量的传输层控制协议。由于在设计之初考虑更多的是协议的可用性,缺乏对协议的安全性进行周密比较和详细描述,因此TCP协议存在许多安全缺陷和安全问题。TCP连接洪水攻击的原理就是在建立三次握手过程中,服务器会创建并保存TCP连接信息,该信息会被保存在连接表中。但是,连接表中的空间是有限的,一旦连接表中存储的数据超过了其最大数目,服务器就无法创建新的TCP连接。攻击者利用大量的受控主机,占据连接表中所有空间,使得目标无法建立新的TCP连接。当大量的受控主机进行攻击时,其攻击效果非常明显。攻击手段主要有SYN洪水攻击、PSH+ACK洪水攻击、RST攻击、Sockstress攻击等。

2. 攻击SSL连接

安全套接层(Secure Sockets Layer,SSL)协议是为网络通信协议提供安全及数据完整性的一种安全协议。其在传输层对数据进行加密,然而SSL协议在加密、解密和密钥协商的过程中会消耗大量的系统资源。SSL洪水攻击的原理就是在SSL握手过程中,无论接收的数据是否有效,只能先进行解密才能进行验证,所以攻击者利用这个特性,向被攻击者发送大量的无用数据,消耗目标大量的计算资源。

10.1.1.3 攻击应用资源

1. 攻击DNS服务器

DNS服务是网络服务中一项核心服务,对DNS服务器攻击造成的影响更具威胁性。针对DNS服务器的攻击,主要有DNS Query洪水攻击和DNS NXDOMAIN攻击两类。DNS Query洪水攻击是利用大量的查询请求,使得DNS服务器进行大量查询,消耗其大量的计算和存储资源,使得DNS服务器的服务质量下降,甚至完全停止服务。在发起该攻击方式时,考虑到DNS服务器的查询方式,需要发送大量的不同域名的地址查询,而且尽量不要选择存储在DNS缓存记录里面的域名。DNS NXDOMAIN攻击是DNS Query洪水攻击的一种变种,后者攻击时发送的是真实的域名地址,前者则发送大量不存在的域名地址,使得DNS服务器进行大量递归查询,从而使得正常的请求速度变慢,甚至是拒绝服务。

2. 攻击Web服务器

随着Web的迅速发展,人们的生活因此而变得方便快捷,大量的商务也因此更加方便。所以一旦Web服务器遭到拒绝服务攻击,那么就会对其承载的大量服务造成巨大的影响。攻击Web服务器常用的手段包括HTTP(s)洪水攻击、Slowloris攻击、慢速POST请求攻击、数据处理过程攻击等。

10.1.1.4 混合攻击

攻击者在实施攻击过程中,并不在意使用了哪种攻击手段,而更加在意是否能够达到拒绝服务攻击的效果。所以攻击者常常使用其能够使用的所有攻击手段进行攻击,这种攻击称为混合攻击。这些攻击方式是相辅相成、互相补充的,对于受害者来说,要面对不同协议、不同资源的攻击,更加难以防范,其处理拒绝服务攻击的成本也会大幅提高,这种攻击更加具有针对性。

除上述提到的攻击方式外,拒绝服务攻击还可与其他攻击方式相互混合使用,以达到混淆视听、难以防范的目的。

10.1.2 DDoS 攻击检测技术

10.1.2.1 基本方法

常见的入侵检测方法分为误用检测和异常检测两种。误用检测通过匹配攻击基本特征库检测攻击,一旦发生攻击,系统能够快速作出判断,且误报率低。异常检测则通过发现当前网络状态明显偏离正常状态检测攻击。由于误用检测只能检测攻击类型已知、攻击报文具有明显误用特征的入侵行为,因此对系统漏洞型的DDoS攻击有较好的作用。随着DDoS攻击的日益发展,越来越多的攻击者通过操纵大量的傀儡机来达到攻击目标。在原来伪造大量虚假报文的基础上,改进到可以发送大量的真实报文。所以误用检测已经不能有效地阻止DDoS攻击了,异常检测在防御DDoS攻击中发挥着日益重要的作用。

10.1.2.2 基于流量特征的攻击检测

基于流量特征的攻击检测是一种基于知识的检测方法。首先收集已知的DDoS攻击的各种特征,然后将当前网络中的数据包与收集到的各种数据特征进行比较。如果特征与DDoS攻击的特征匹配,则可以检测出遭受了DDoS攻击。这种检测方法能够准确地检测攻击行为,辨别攻击的类型,可以采用相应措施来阻止攻击。但缺点是不能检测未知的入侵,总是滞后于新出现的攻击方式,需要不断更新特征库,对系统依赖性较大,不但系统移植性差,而且维护工作量也大。基于流量特征的攻击检测主要使用了特征匹配、模型推理、状态转换和专家系统的方法,一般用于检测利用漏洞型的DDoS攻击。

10.1.2.3 基于流量异常的攻击检测

基于流量异常的攻击检测是目前常用的方法。基于流量的攻击方法必然会带来流量异常变化。因此,通过建立模型来判断流量是否异常,就可以知道服务器是否被攻击。流量异常检测可以检测到未知类型的攻击,然而仅仅通过流量的异常变化并不能判断是否是因为流量攻击而导致的流量异常变化。例如,正常上班时间周一到周五,公司服务器的访问数量是一定的,但是流量异常变化可能是由于人员突然集中或者发生紧急情况人员突然撤离。由此可知流量导致的变化不只是由于攻击造成的,还有种种可能的原因,要从中将正常的流量变化与遭受攻击时的流量变化进行区分,需要确定正常流量是如何变化的。这是确定遭到攻击所必须解决的问题。

已有研究中,大量异常流量是通过检测时的流量特征进行建模来识别攻击的。这种单纯依靠检测时的流量进行区分攻击的方式是不准确的。一旦出现与攻击类似的异常流量变化就会导致检测结果出错,所以这种检测方式是不完善的。

10.2 常见的DoS/DDoS攻击

10.2.1 TCP SYN Flood攻击基本原理

要明白这种攻击的基本原理,就要从TCP连接建立的过程开始说起,大家都知道,TCP与UDP不同,它是基于连接的,也就是说,为了在服务端和客户端之间传送TCP数据,必须先建立一个虚拟电路,也就是TCP连接,建立TCP连接的标准过程如下:

(1) 请求端(客户端)发送一个包含SYN标志的TCP报文,SYN即同步,同步报文会指明客户端使用的端口以及TCP连接的初始序号。

(2) 服务器在收到客户端的SYN报文后,将返回一个SYN+ACK的报文,表示客户端的请求被接受,同时TCP序号被加1,ACK即确认。

(3) 客户端也返回一个确认报文ACK给服务器端,同样TCP序列号被加1,至此一个TCP连接完成。

以上的连接过程在TCP协议中被称为3次握手。

如图10.2所示,问题就出在TCP连接的3次握手中,假设一个用户向服务器发送了SYN报文后突然死机或掉线,那么服务器在发出SYN+ACK应答报文后是无法收到客户端的ACK报文的(第3次握手无法完成),这种情况下服务器端一般会重试(再次发送SYN+ACK给客户端)并等待一段时间后丢弃这个未完成的连接,这段时间的长度我们称为SYN Timeout,一般来说这个时间是分钟的数量级(30 s～2 min)。一个用户出现异常导致服务器的一个线程等待1 min并不是什么很大的问题,但如果有一个恶意的攻击者大量模拟这种情况,服务器端将为了维护一个非常大的半连接列表而消耗非常多的资源,即使是简单的保存并遍历也会消耗非常多的CPU时间和内存,何况还要不断对这个列表中的IP进行SYN+ACK的重试。实际上如果服务器的TCP/IP栈不够强大,最后的结果往往是堆栈溢出崩溃,即使服务器端的系统足够强大,服务器端也将忙于处理攻击者伪造的TCP连接请求而无暇理睬客户的正常请求(毕竟客户端的正常请求比率非常之小),此时从正常客户的角度看来,服务器失去响应,这种情况我们称作服务器端受到了SYN Flood攻击。

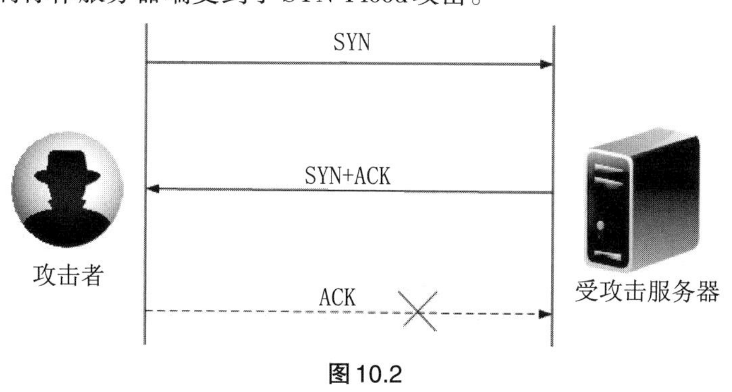

图10.2

10.2.2 TCP全连接攻击基本原理

对于TCP服务来说，还有一种可以称为全连接攻击的攻击类型，如图10.3所示。这种攻击是针对用户态运行的TCP服务器的，当然，它可能间接地导致主机瘫痪。所谓的全连接攻击意思就是客户端仅仅连接到服务器，然后再也不发送任何数据，直到服务器超时后处理或者耗尽服务器的处理进程。为何不发送任何数据呢？因为一旦发送了数据，服务器检测到数据不合法后就可能断开此次连接，如果不发送数据的话，很多服务器只能阻塞在recv或者read调用上。很多的服务器架构都采用每连接一个进程的方式，这种服务器更容易受到全连接攻击，即使是进程池/线程池的方式也不例外，表现就是服务器主机建立了大量的客户端处理进程，然后阻塞在recv/read而无所事事，大量的这种连接会耗尽服务器主机的处理进程。如果处理进程数量达到了主机允许的最大值，那么就会影响到该主机的正常运作，比如再也无法ssh到该主机上了。

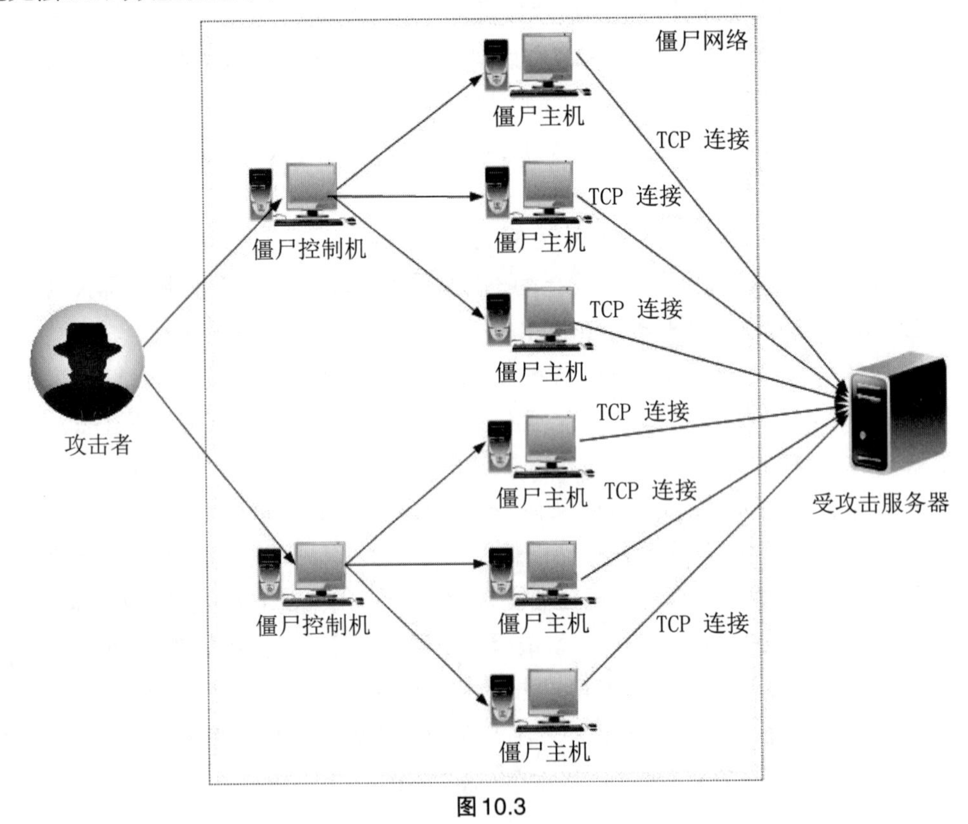

图10.3

10.2.3 CC攻击基本原理

CC（Challenge Collapsar）攻击可以归为DDoS攻击的一种。它们之间的原理都是一样的，即发送大量的请求数据来导致服务器拒绝服务，是一种连接攻击，如图10.4所示。CC攻击又可分为代理CC攻击和肉鸡CC攻击。代理CC攻击是黑客借助代理服务器生成指向受害主机的合法网页请求，实现DoS和伪装，就叫CC。而肉鸡CC攻击是黑客使用CC攻击软件，控制大量肉鸡，发动攻击，后者比前者更难防御，因为肉鸡可以模拟正常用户访问网站的请求,伪造成合法数据包。

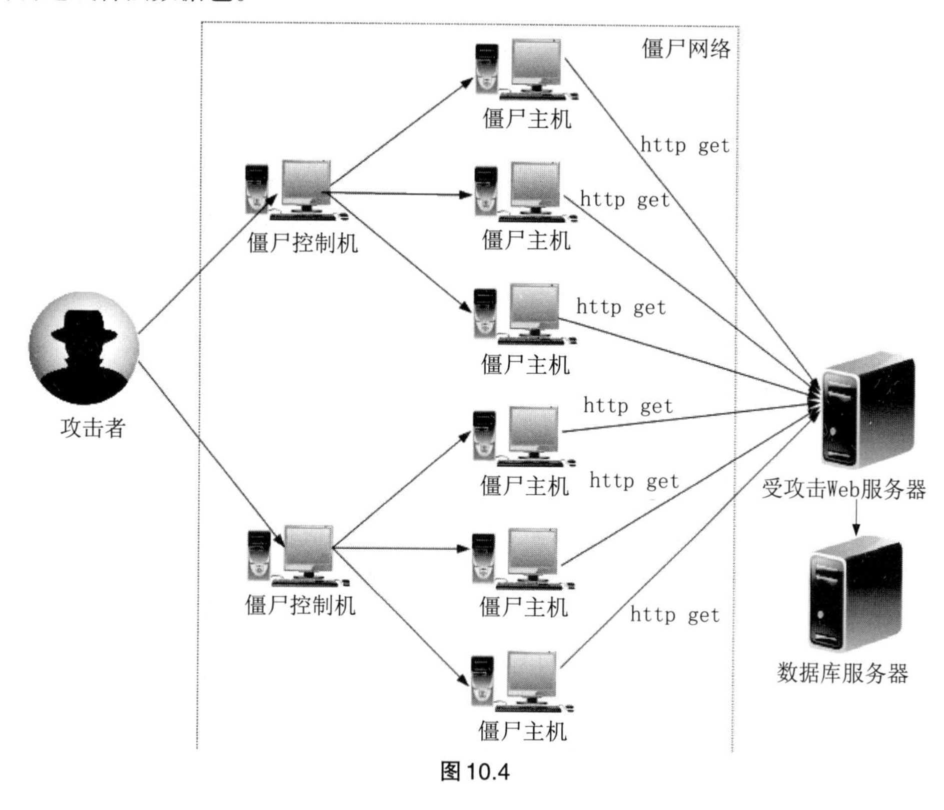

图10.4

10.2.4 DNS反射攻击基本原理

这种攻击技术的特点就是利用互联网上大量开放的DNS递归服务器作为攻击源,利用“反弹”手法攻击目标机器。攻击原理如图10.5所示。

在DNS反射攻击手法中,假设DNS请求报文的数据部分长度约为40字节,而响应报文数据部分的长度可能会达到4000字节,这意味着利用此手法能够产生约100倍的放大效应。因此,对于.CN遇袭事件,攻击者只需要控制一个能够产生150M流量的僵尸网络就能够进行如上规模(15G)的DDoS攻击。据不完全统计,国内外总计有超过250万台开放的DNS服务器可以充当这种“肉鸡”,开放的DNS服务器简直是互联网上无处不在的定时炸弹。

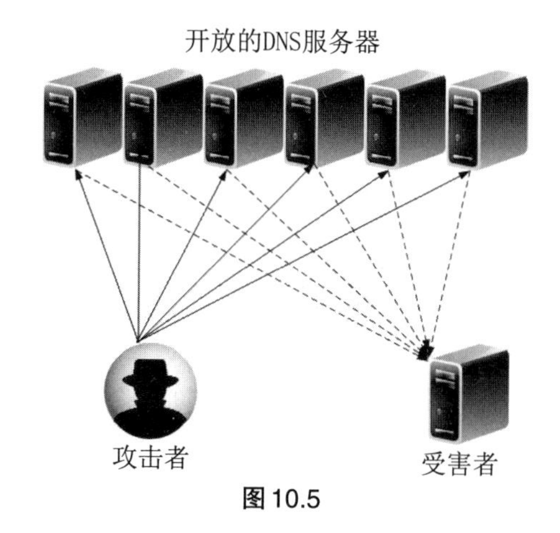

图10.5

10.3 安全防护

一般认为,除非修改TCP/IP的内核,否则,从理论上没有办法彻底解决拒绝服务攻击,但可以通过一些技术手段有效阻止部分DDoS攻击,降低攻击的危害。

10.3.1 攻击源消除

DDoS攻击需要大量的傀儡机才能完成,离开了傀儡机攻击者就不能实施攻击了。因此,可以采取各种措施防止攻击者获得大量傀儡机,从攻击源头上消除攻击。攻击者能够控制的傀儡机大多是系统存在严重安全漏洞的计算机,所以要防范计算机成为傀儡机就必须对主机的硬件或软件系统存在的安全漏洞进行全面检测,及时打补丁、修补漏洞。当然在当前的网络体系中,还可以通过破坏DDoS攻击形成的条件来对该攻击进行防范。当前网络架构下,接收端被动接收报文,而对于发送端没有约束。基于授权的攻击预防技术可以控制发送端的流量,从而从源头上解决DDoS攻击问题。对于一部分不需要向外提供服务的对象,也可以通过隐藏自己在网络上的存在,从而达到防范DDoS攻击的效果。

10.3.2 攻击缓解

攻击缓解是在DDoS攻击发生后,通过对网络流量的过滤或限制,削弱攻击者攻击的流量,尽可能地减少DDoS攻击带来的影响。攻击缓解的基本手段包括报文过滤和速率限制。

1. 报文过滤

针对源地址进行欺骗的DDoS攻击可以通过对报文源IP地址进行检测,根据IP地址的真假对报文进行过滤防御。入口过滤在攻击源端的边界路由上起作用,当数据包进入到网络时,检查报文IP地址是否符合通告的网络标准,如果不满足就丢弃这个数据包。

2. 速率限制

当服务器遭受严重DDoS攻击时,由于边界路由器出现拥塞,会出现大量的丢包现象。速率限制的核心就是从被丢弃的数据包中寻找信息,把这些丢弃包中的流量特征进行汇总,将符合特征的数据包提炼成有价值的数据流,并通过限制这些数据流从而达到组织DDoS攻击的目的。

10.3.3 攻击预防

1. 减少公开暴露

对于企业而言,减少不必要的公开曝光是十分有效的防御DDoS攻击的一种方式,通过及时关闭不必要的服务、设置安全群组和私有网络、禁止对主机的非开放服务、限制打开最大SYN连接数、限制特定IP地址的访问这些方式,可以减少受到攻击的可能性。

2. 利用扩展和冗余

DDoS攻击对不同的协议层具有多种攻击方式,因此应尽可能采取多种手段进行防范。

利用扩展和冗余是在受到攻击前做好防范。它能使得系统在遭受攻击时具有一定的可扩展性,不至于一旦受到攻击就将完全暂停服务,可以尽可能减少DDoS攻击带来的危害。

3. 提升网络带宽保证能力

网络带宽直接决定抗DDoS攻击的能力,如果带宽仅仅只有10 M,无论如何都不能抵御DDoS攻击。理论上讲网络带宽越大越好,但是考虑到经济因素,不可能无限制地将网络带宽提高,应该在经济能力允许的范围内尽量提高网络带宽。

4. 分布式资源共享服务器

将数据和程序分布在多个服务器上,建立分布式资源共享服务器。分布式资源共享服务器有利于协调整个系统共同解决问题,进行更加优化资源分配。能够克服传统的资源紧张与响应瓶颈的缺陷,分布式规模越大,防御攻击也就更加容易。

5. 监控系统性能

对系统性能进行监控也是预防DDoS攻击的一种重要方式,因为不合理的服务器配置会使得系统容易被DDoS攻击,所以需要对API、CDN和DNS等第三方服务进行监控,对网络节点进行监视,及时发现并清理可能出现的漏洞。当这些性能出现异常后,应及时进行维护。对网络日志进行定期查阅,看是否有异常入侵,应及时做好防范工作。

10.4 异常流量管理与抗拒绝服务系统安装配置

天融信公司自主研发的天融信异常流量管理与抗拒绝服务系统(Topsec Anti-DDOS System,TopADS)是专业的抗拒绝服务攻击产品,它能够从纷杂的网络背景流量中精准地识别出各种已知和未知的拒绝服务攻击流量,并能够实时过滤和清洗,确保网络正常访问流量通畅,是保障服务器数据可用性的安全产品。

TopADS的部署方式主要分两种:直路部署和旁路部署。在城域网入口及企业或IDC网络出口部署TopADS清洗设备,或选用双机模式进行DDoS攻击防护,可直接过滤攻击流量,放行正常流量,缓解DDoS攻击对内部网络基础设施或服务造成的损害,保障网络或服务的可用性。当用户不想改变原有的网络拓扑时,可采用旁路部署方式,该方式中可监听流入内网的所有流量,牵引可疑流量,回注正常流量。

10.4.1 直路部署

10.4.1.1 基本需求

在城域网入口及企业或IDC网络出口部署TopADS清洗设备,用于缓解DDoS攻击对内部网络基础设施或服务造成的损害,保障网络或服务的可用性,如图10.6所示。

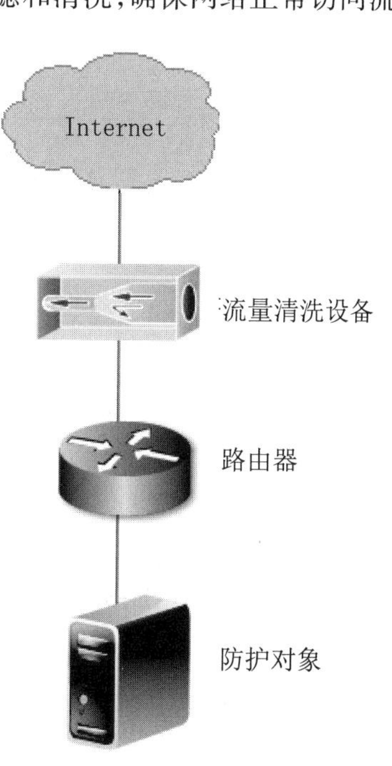

图10.6

10.4.1.2 配置要点

直路部署的配置要点如下：

(1) 在TopADS设备上配置网络层基础转发配置。

(2) 在TopADS设备上配置保护组，将所要保护的服务器加入保护组，并配置防护属性。

(3) 根据用户业务需求配置DDoS防护策略。

(4) 验证，即在线一段时间后，登录设备WebUI界面中的监控页面，查看防护对象的流量信息。

10.4.1.3 WebUI配置步骤

步骤1 在TopADS设备上配置网络层基础转发配置。

(1) 选择"网络管理"→"接口"→"物理接口"，如图10.7所示。

物理接口

	名称	描述	接口模式	地址/掩码	MTU	状态	链路状态	双工模式	速率	操作
1	feth0		路由	IPv4:192.168.94.77/255.255.255.0	1500	启用		Half-duplex	1000Mb/s	
2	feth1		路由	IPv4:12.168.2.2/255.255.255.0	1500	启用		Full-duplex	1000Mb/s	

图10.7

(2) 点击物理接口"操作"栏对应的修改图标"　"，如图10.8所示。

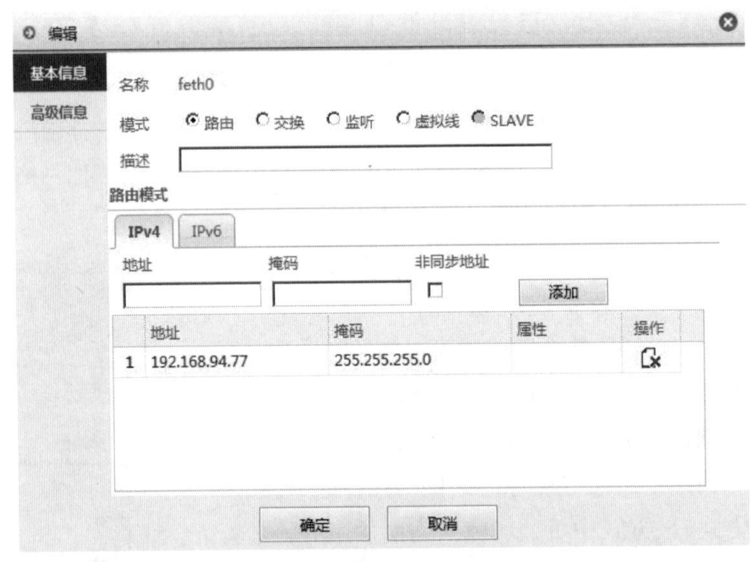

图10.8

(3) 设置接口的工作模式，路由模式下配置接口IP地址；交换模式下配置接口所属VLAN，点击"确定"按钮完成参数的设置。

步骤2 在TopADS设备上配置保护组，将所要保护的目的IP地址加入保护组，并配置防护属性。

(1) 选择"防护策略"→"防护对象"，如图10.9所示。

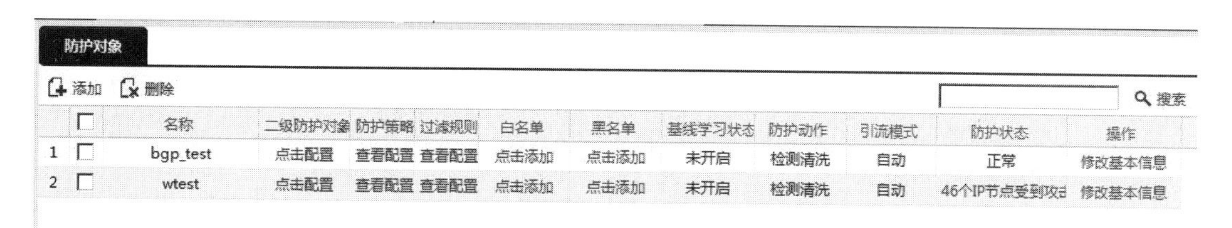

防护对象

添加 删除 搜索

		名称	二级防护对象	防护策略	过滤规则	白名单	黑名单	基线学习状态	防护动作	引流模式	防护状态	操作
1		bgp_test	点击配置	查看配置	查看配置	点击添加	点击添加	未开启	检测清洗	自动	正常	修改基本信息
2		wtest	点击配置	查看配置	查看配置	点击添加	点击添加	未开启	检测清洗	自动	46个IP节点受到攻击	修改基本信息

图10.9

（2）点击“添加”，弹出如图10.10所示窗口。

（3）在弹出窗口中输入防护对象名称、配置将被保护的目标服务器IP地址，并对防护属性、基线学习配置和自动抓包配置进行配置，可采用默认属性。

防护动作：“检测清洗”表示所有防范都在检测到异常或者攻击之后进行；“强制防御”表示强制防御，不需要检测，直接进入防范流程。

引流模式：对于直路模式，该参数无需配置。

攻击告警：是否开启该防护对象下任何节点检测到异常后的告警，默认关闭。

添加防护对象

基本信息

防护对象名称

IP/网段 (X.X.X.X/X.X.X.X-X.X.X.X)

参考模板 请选择

防护属性

单包攻击阈值 100 1-20000000

防护动作 检测清洗 强制防御

引流模式 自动牵引 手工牵引

攻击告警

基线学习配置

基线学习开关

学习结果立即生效

是否周期性学习

学习周期（min）

确定 取消

图10.10

（4）设置完成后点击“确定”按钮完成基本信息和防护属性的配置。

步骤3 根据用户业务需求，配置DDoS防护策略。

（1）选择“防护策略”→“防护对象”，点击防护对象列表中“防护策略”栏的“查看配置”，弹出防护策略配置窗口，如图10.11所示。

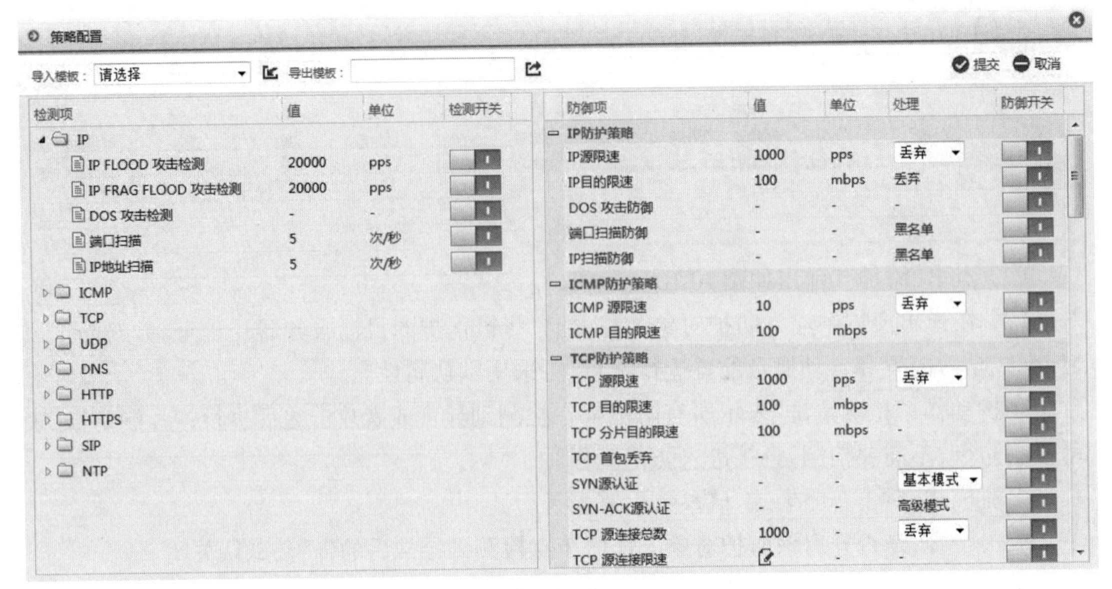

图10.11

(2) 点击检测项名称，右侧区域会高亮显示相应的防御项，配置相应参数即可。配置完成后，点击“提交”按钮，然后在弹出的“提示信息”确认窗口中点击“确定”按钮完成参数的配置。

步骤4 验证，即在线一段时间后，登录设备WebUI界面中监控页面，查看防护对象的流量信息，如果有攻击还会存在攻击日志信息。

(1) 无攻击的情况。

① 选择“实时监控”，在监控面板的最下方配置监控窗口所统计的“保护对象”，在“流量监控”窗口可以看到出口流量和入口流量一致，如图10.12所示。

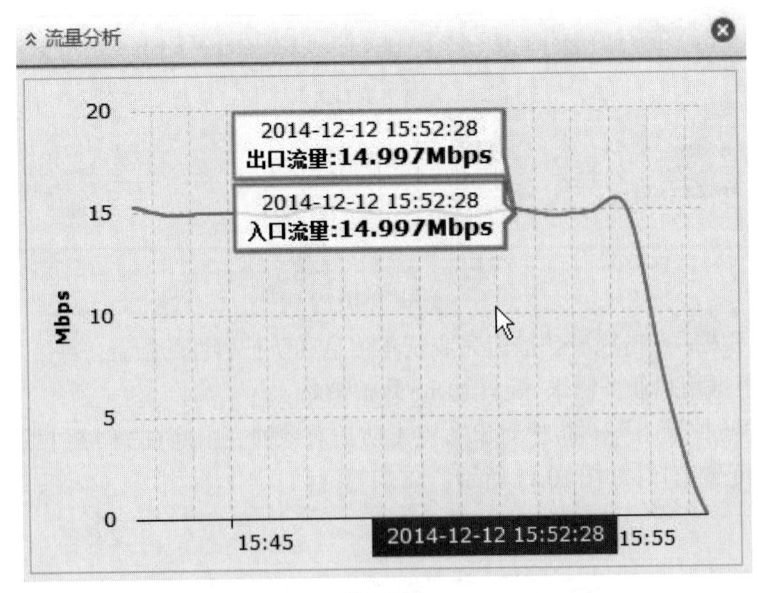

图10.12

② 选择“日志报表”→“日志查看”→“流量日志”，可以看到防护对象的流量日志信息，

如图10.13所示。

流量日志

导出CSV　导出XML　导出HTML　清空　查询

防护对象：请选择　二级防护对象：请选择　目的IP：

时间范围：最近1天　开始时间：2014-12-11 16:36:39　结束时间：2014-12-12 16:36:39

	防护对象	二级防护对象	目的地址	时间	总流量(bps)	丢弃流量(bps)
1	zone1	zone1	1.1.1.1	2014-12-12 15:13:28	7290568	0
2	zone1	zone1	1.1.1.2	2014-12-12 15:13:28	7290568	0
3	zone1	zone1	1.1.1.1	2014-12-12 15:12:28	7313984	0
4	zone1	zone1	1.1.1.2	2014-12-12 15:12:28	7313984	0
5	zone1	zone1	1.1.1.1	2014-12-12 15:11:28	7419352	0
6	zone1	zone1	1.1.1.2	2014-12-12 15:11:28	7419352	0
7	zone1	zone1	1.1.1.1	2014-12-12 15:10:28	7245408	0
8	zone1	zone1	1.1.1.2	2014-12-12 15:10:28	7245408	0
9	zone1	zone1	1.1.1.1	2014-12-12 15:09:28	11570584	0
10	zone1	zone1	1.1.1.2	2014-12-12 15:09:28	11570584	0
11	zone1	zone1	1.1.1.1	2014-12-12 15:07:55	7788984	0
12	zone1	zone1	1.1.1.2	2014-12-12 15:07:55	7788984	0

图10.13

（2）有攻击的情况。

① 选择“防护策略”→“防护对象”，进入防护对象界面，可以看到该防护对象受到攻击，如图10.14框内所示。

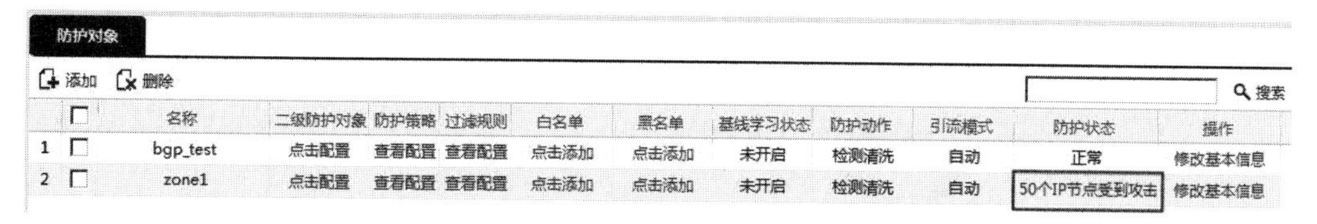

防护对象

添加　删除　搜索

		名称	二级防护对象	防护策略	过滤规则	白名单	黑名单	基线学习状态	防护动作	引流模式	防护状态	操作
1	☐	bgp_test	点击配置	查看配置	查看配置	点击添加	点击添加	未开启	检测清洗	自动	正常	修改基本信息
2	☐	zone1	点击配置	查看配置	查看配置	点击添加	点击添加	未开启	检测清洗	自动	50个IP节点受到攻击	修改基本信息

图10.14

② 选择“日志报表”→“日志查看”→“攻击日志”，可以查看该防护对象受攻击的具体日志信息，如图10.15所示。

攻击日志

导出CSV　导出XML　导出HTML　清空　查询

防护对象：请选择　二级防护对象：请选择　目的IP：　攻击类型：请选择

攻击状态：请选择　时间范围：最近1天　开始时间：2014-12-11 16:33:11　结束时间：2014-12-12 16:33:11

	防护对象	二级防护对象	目的地址	时间	攻击类型	攻击状态	阈值	攻击流量(bps)	防御方式	防御动作
1	zone1	zone1	1.1.1.2	2014-12-12 15:14:14	ip flood	end	0	0		
2	zone1	zone1	1.1.1.2	2014-12-12 15:14:14	icmp flood	end	0	0		
3	zone1	zone1	1.1.1.1	2014-12-12 15:14:14	icmp flood	end	0	0		
4	zone1	zone1	1.1.1.1	2014-12-12 15:14:14	ip flood	end	0	0		
5	zone1	zone1	1.1.1.1	2014-12-12 15:13:54	ip flood	continue	2	0		detect
6	zone1	zone1	1.1.1.1	2014-12-12 15:13:54	icmp flood	continue	2	0		detect
7	zone1	zone1	1.1.1.2	2014-12-12 15:13:54	ip flood	continue	2	0		detect
8	zone1	zone1	1.1.1.2	2014-12-12 15:13:54	icmp flood	continue	2	0		detect
9	zone1	zone1	1.1.1.1	2014-12-12 15:12:54	ip flood	continue	2	0		detect
10	zone1	zone1	1.1.1.1	2014-12-12 15:12:54	icmp flood	continue	2	0		detect
11	zone1	zone1	1.1.1.2	2014-12-12 15:12:54	ip flood	continue	2	0		detect
12	zone1	zone1	1.1.1.2	2014-12-12 15:12:54	icmp flood	continue	2	0		detect

图10.15

10.4.1.4 注意事项

(1) 直路单机情况下,需要配置带有bypass功能的接口卡,以免设备故障时影响正常业务转发。

(2) 如果不清楚攻击检测基线如何配置,可先按链路带宽的80%~100%配置,同时开启设备动态基线学习功能,学习完成后,可根据给出的建议值重新设定检测基线。

(3) 直路部署时,推荐接口按虚拟线方式配置,这样部署简单,同时不会改变用户网络原有的配置。

10.4.2 旁路部署

10.4.2.1 基本需求

旁路用户可以配置一台topsec类型旁路检测设备,利用交换机的镜像功能或通过链路分光,将流量切入旁路检测设备进行检测、判定,并发起引流请求通告。旁路动态引流部署如图10.16所示。

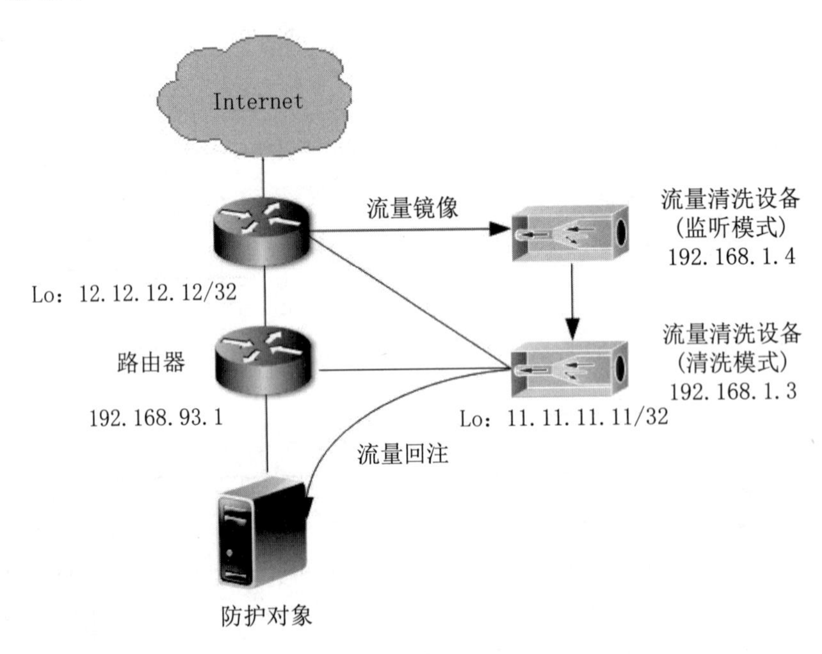

图10.16

10.4.2.2 配置要点

旁路部署的配置要点如下:

(1) 将与交换机镜像端口连接的接口设置为监听模式。

(2) 添加至少一个清洗设备地址。

(3) 选择一个联动日志发送接口及其使用的地址协议类型。

(4) 将该检测设备加入旁路清洗设备可信检测设备列表。

(5) 进行流量动态牵引配置。

（6）进行正常流量回注相关的配置。

（7）配置保护对象，将所要保护的目的IP地址加入保护对象，并配置防护属性。

（8）根据用户业务模型配置DDoS防护策略。

10.4.2.3 配置步骤

1. 配置TopADS检测设备

步骤1 设置与交换机镜像端口连接的接口为监听模式。

选择“网络管理”→“接口”，点击无交换机物理连接的接口对应的“ ”图标，进入“接口配置”页面，设置为“监听”模式，如图10.17所示。

编辑
基本信息
高级信息
名称 feth1
状态 启用 停用
模式 路由 交换 监听 虚拟线 SLAVE
描述
确定
取消

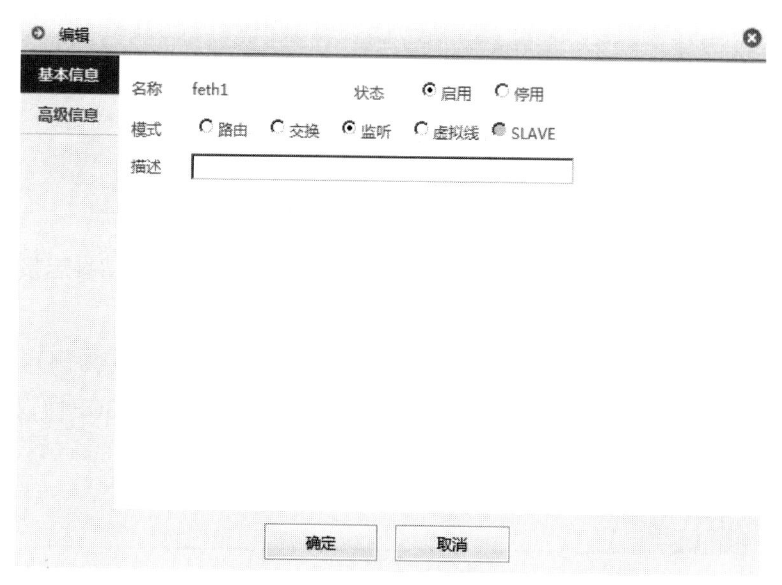

图10.17

步骤2 配置联动日志接口，添加清洗设备。

（1）选择“防护策略”→“全局配置”，激活“联动配置”页签，如图10.18所示。

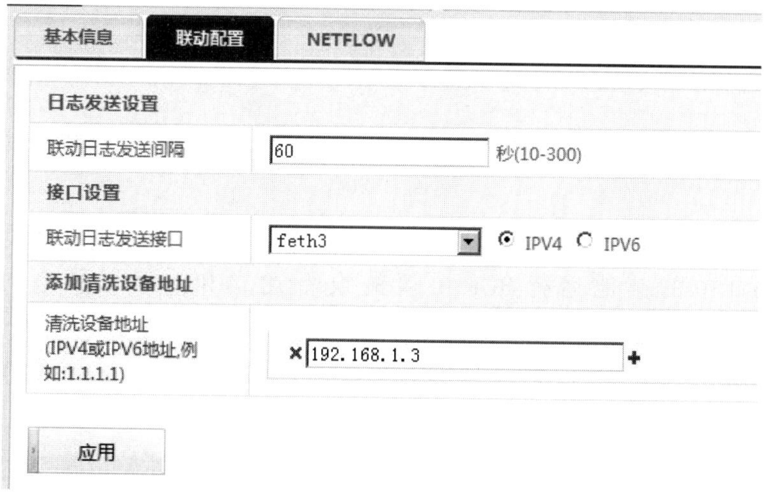

基本信息
联动配置
NETFLOW
日志发送设置
联动日志发送间隔
60
秒(10-300)
接口设置
联动日志发送接口
feth3
IPV4 IPV6
添加清洗设备地址
清洗设备地址
(IPV4或IPV6地址,例
如:1.1.1.1)
192.168.1.3
应用

图10.18

(2) 选择联动日志发送接口,配置正确的目的可达的清洗设备地址。若需要添加多条,则可点击输入栏右边的"✚"展开多栏,设置完成后点击"应用"按钮生效。

2. 配置TopADS清洗设备

步骤1 在联动清洗设备上添加可信TopADS检测设备。

(1) 选择"防护策略"→"全局配置",激活"联动配置"页签,点击"添加",进入"添加可信检测设备"界面,如图10.19所示。

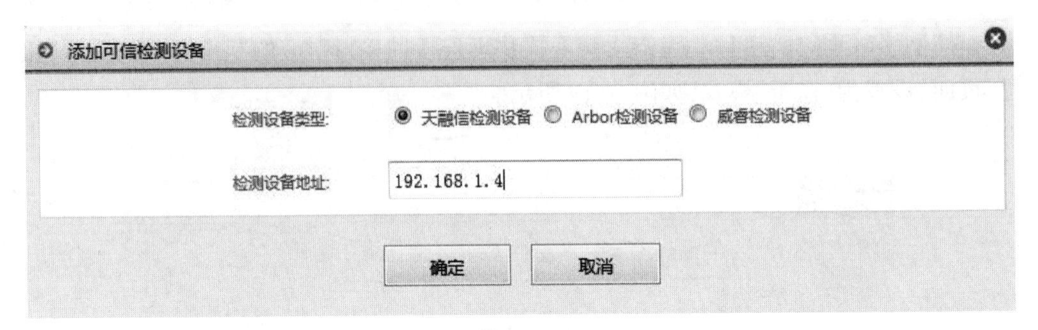

图10.19

(2) 检测设备类型选择"天融信检测设备",并输入检测设备的联动日志接口IP地址,然后点击"确定"按钮。

步骤2 进行流量动态牵引配置(以回环口与对等体建立BGP邻居为例)。

(1) 选择"网络管理"→"BGP"→"基本配置",配置清洗设备运行BGP协议时,标志其本身的基本参数,如图10.20所示。

基本配置

AS号:	7675	* [1-65535]
Route ID:	192.168.92.227	*
LOOPBACK地址配置		
IPV4 IP/掩码:	11.11.11.11	/ 32
IPV6 IP/掩码:		/

应用

图10.20

设置TopADS清洗设备运行BGP协议时,标志其本身的自治系统号为7675(公有AS号,可以与Internet中的其他运行BGP协议的设备建立BGP邻居关系),IP地址为192.168.92.227,配置回环口IP地址为11.11.11.11/32。

(2) 选择"网络管理"→"BGP"→"邻居配置",点击"添加",配置与清洗设备建立BGP邻居的邻居信息,如图10.21所示。

查看清洗设备与对等体的建立BGP邻居情况,"状态/接收发布路由条目"栏显示为数字表示清洗设备与对等体已成功建立邻居,如图10.22所示。

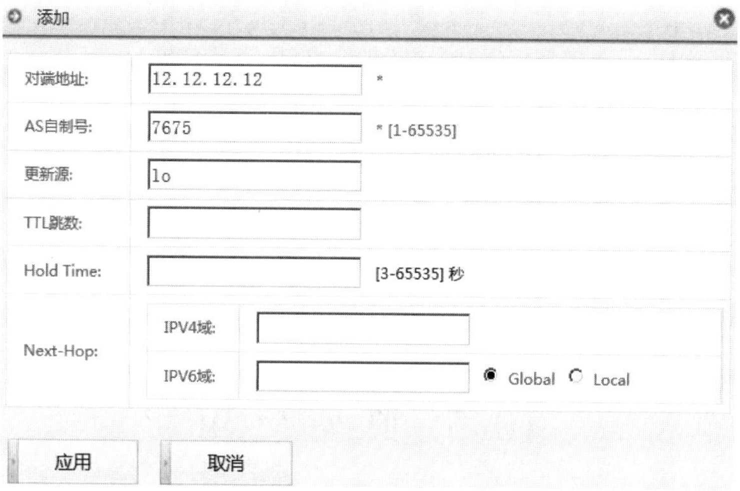

图10.21

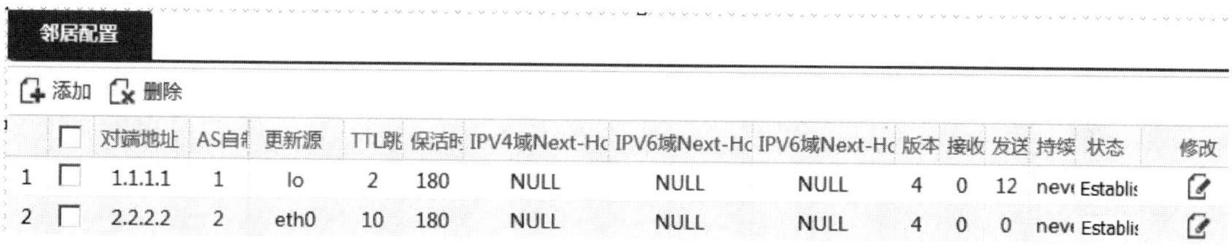

邻居配置

添加 删除

		对端地址	AS自‹	更新源	TTL跳	保活时	IPV4域Next-Hc	IPV6域Next-Hc	IPV6域Next-Hc	版本	接收	发送	持续	状态	修改
1		1.1.1.1	1	lo	2	180	NULL	NULL	NULL	4	0	12	nev‹	Establi‹	
2		2.2.2.2	2	eth0	10	180	NULL	NULL	NULL	4	0	0	nev‹	Establi‹	

图10.22

步骤3 进行正常流量回注相关的配置。

当前设备支持的回注方式有静态路由回注、二层回注、GRE回注和MPLS回注，具体可以根据部署场景的需要，灵活选择一种回注方式进行配置，下面以静态路由回注方式为例。

选择“网络管理”→“路由”，点击“添加”，配置去往保护对象的下一跳为核心路由器下游路由设备的IP地址，如图10.23所示。

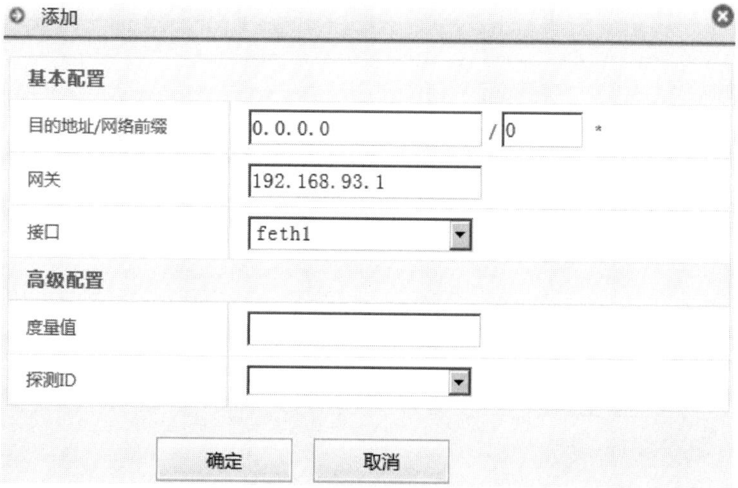

图10.23

步骤4 配置保护对象，将所要保护的目的IP地址加入保护对象，并配置防护属性（同直路部署)。

步骤5 根据用户业务模型配置DDoS防护策略(同直路部署)。

10.4.2.4 注意事项

(1) 内部通告接口只是用来发送联动日志,每台设备最多配置一个。

(2) 检测清洗的联动需要双方认证,所以对端清洗设备需要将检测设备联动接口的IP地址加入可信检测设备,关于该配置具体请参见《TopADS管理手册》清洗设备配置部分内容。

10.5 典型应用

TopADS产品有两种最基本的部署方式:在线串接部署和旁路部署。

10.5.1 在线串接部署

针对服务器较少或出口带宽较小的网络环境(如企业内部网),TopADS产品提供在线串接部署方式,TopADS产品以虚拟线模式"串接"在网络入口端,对DDoS攻击进行检测、分析和阻断。部署拓扑图如图10.24所示。

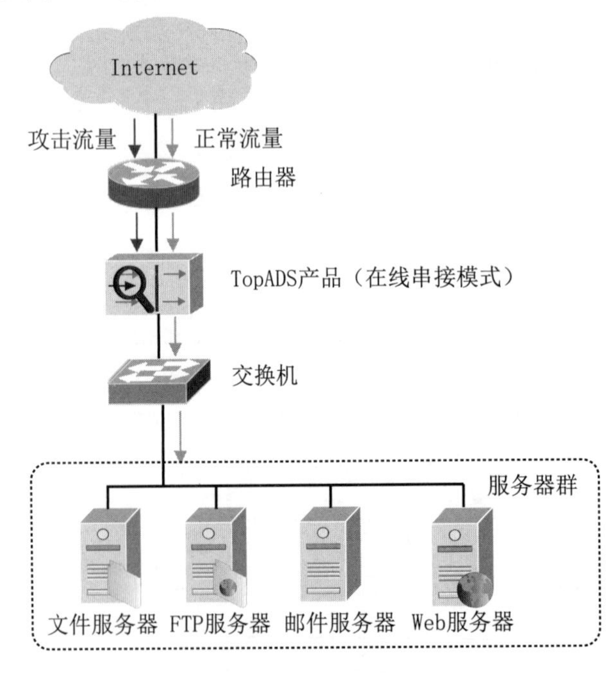

图10.24

10.5.2 旁路部署

针对运营商、IDC数据中心、云计算中心等关键业务系统,TopADS产品提供了基于流量牵引技术的旁路部署方式。通常将一台TopADS产品设备(工作在检测模式)旁路部署在核心路由器端,接收并分析核心路由器发出的Netflow数据,另一台TopADS产品设备(工作在清洗模式)旁路部署在核心路由器端,以BGP邻居方式准备牵引和清洗攻击流量。当检测设备发现DDoS攻击时,会将受攻击服务器的IP地址等信息传送给清洗设备,由清洗设备进行流量牵引并清洗,清洗后的干净流量再回注回网络。部署拓扑图如图10.25所示。

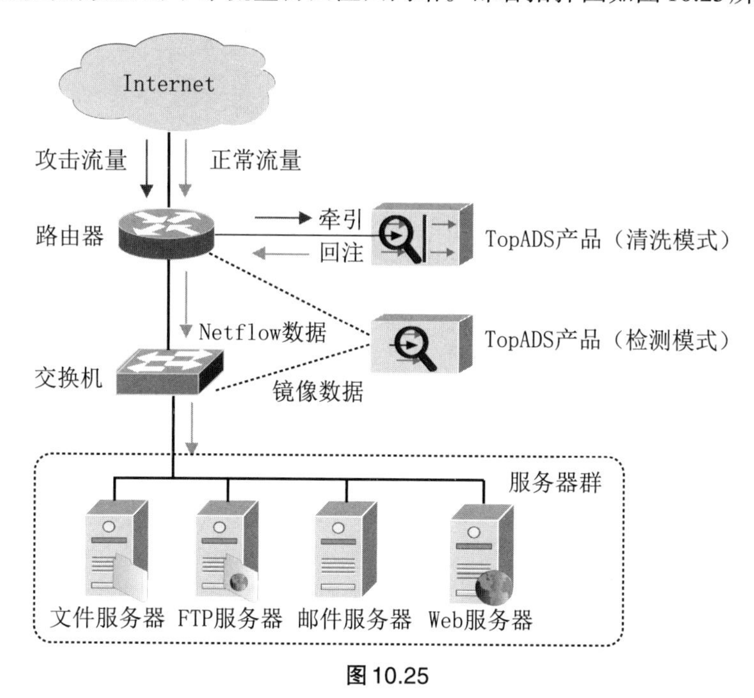

图10.25

习　　题

1. 拒绝服务与分布式拒绝服务攻击有什么联系和区别?

2. DDoS攻击的后果是(　　)。

A. Web网站无法打开或打开很慢

B. 被攻击主机的CPU、内存等资源占用率特别高

C. 系统宕机

D. 以上都是

3. 天融信TopADS是(　　)产品,它的核心功能是(　　)。

A. 硬件、实时阻止网络入侵行为

B. 软件、实时阻止网络入侵行为

C. 硬件、防范各种类型的DDoS攻击

D. 软件、防范各种类型的DDoS攻击

4. DDoS攻击是利用(　　)进行攻击的。

A. 其他网络

B. 通讯握手过程问题

C. 中间代理

5. DDoS攻击破坏了(　　)。

A. 完整性

B. 保密性

C. 可用性

D. 真实性

6.(多选)对于DDoS攻击的描述错误的是(　　)。

A. DDoS攻击和DoS攻击毫无关系

B. DDoS攻击只消耗目标网络的带宽,不会导致目标主机死机

C. SYN Flood是典型的DDoS攻击方式

D. DDoS攻击采用一对一的攻击方式

第三部分　安 全 管 理

第11章　网络安全法规标准

网络安全工程师应具备充分的信息安全法律法规意识，掌握必要的信息安全法律法规知识，熟悉我国已经制定的信息安全方面的法律、法规和重要的规章。

11.1　网络安全法律法规

11.1.1　立法现状

我国国务院于1994年2月18日颁布了《中华人民共和国计算机信息系统安全保护条例》，这是一个标志性的、基础性的法规。到目前为止，我国信息安全的法律体系可分为四个层面：

(1) 一般性法律规定。如宪法、国家安全法、国家秘密法、治安管理处罚条例等法律法规并没有专门对信息安全进行规定，但是这些法律法规所规范和约束的对象包括涉及信息安全的行为。

(2) 规范和惩罚信息网络犯罪的法律。这类法律包括《中华人民共和国刑法》《全国人大常委会关于维护互联网安全的决定》等。

(3) 直接针对信息安全的特别规定。这类法律法规主要有《中华人民共和国计算机信息系统安全保护条例》《中华人民共和国计算机信息网络国际联网管理暂行规定》《计算机信息网络国际联网安全保护管理办法》《中华人民共和国电信条例》等。

(4) 具体规范信息安全技术、信息安全管理等方面的法律法规。这类法律法规主要有《商用密码管理条例》《计算机病毒防治管理办法》《计算机软件保护条例》《计算机信息系统国际联网保密管理规定》《中华人民共和国电子签名法》《金融机构计算机信息系统安全保护工作暂行规定》等。此外还有一些地方性法规和规章。

党的十八大以来，我国网络空间法律体系进入基本形成并飞速发展的新阶段。伴随着我国互联网走向广泛应用、深度融合的新阶段，一方面全局性、根本性的立法开始启动，国家网信办牵头编制了立法规划，将《网络安全法》《电信法》《电子商务法》统筹考虑并积极推进立法进程。另一方面，相关法律法规和司法解释加快出台，如《刑法修正案(九)》《中华人民共和国电信条例》《信息网络传播权保护条例》等。

11.1.1.1 计算机犯罪的刑法规定

计算机犯罪是指利用信息科学技术且以计算机为犯罪对象的犯罪行为。具体可以从犯罪工具角度、犯罪关系角度、资产对象角度、信息对象角度等方面定义。

根据计算机犯罪定义为“以计算机资产(包括硬件资产,计算机信息系统及其服务)为犯罪对象的具有严重社会危害性的行为”,可将计算机犯罪分为以下六类:

(1) 窃取和破坏计算机资产。

(2) 未经批准使用计算机信息系统资源。

(3) 批准或超越权限接受计算机服务。

(4) 篡改或窃取计算机中保存的信息或文件。

(5) 计算机信息系统装入欺骗性数据和记录。

(6) 窃取或诈骗系统中的电子钱财。

根据侵害计算机信息结果发生的过程,对计算机信息的法律保护是在禁止非法接触、破坏和滥用计算机信息这三个环节的。中国刑法在这三个方面对计算机犯罪也作了具体的规定。我国刑法关于计算机犯罪的规定主要体现在以下三条中:

(1) 第二百八十五条(非法侵入计算机信息系统罪) 违反国家规定,侵入国家事务、国防建设、尖端科学技术领域的计算机信息系统的,处三年以下有期徒刑或者拘役。

(2) 第二百八十六条(破坏计算机信息系统罪) 违反国家规定,对计算机信息系统功能进行删除、修改、增加、干扰,造成计算机信息系统不能正常运行,后果严重的,处五年以下有期徒刑或者拘役;后果特别严重的,处五年以上有期徒刑。违反国家规定,对计算机信息系统中存储、处理或者传输的数据和应用程序进行删除、修改、增加的操作,后果严重的,依照前款的规定处罚。故意制作、传播计算机病毒等破坏性程序,影响计算机系统正常运行,后果严重的,依照第一款的规定处罚。

(3) 第二百八十七条(利用计算机实施的各类犯罪) 利用计算机实施金融诈骗、盗窃、贪污、挪用公款、窃取国家秘密或者其他犯罪的,依照本法有关规定定罪处罚。

在禁止非法接触计算机信息方面,中国刑法除在第二百八十五条非法侵入计算机信息系统罪中规定之外,第二百八十四条非法使用窃听、窃照专用器材罪之中,对这个方面的行为也作了禁止性的规定。

在禁止非法滥用计算机信息方面,中国刑法对于为了自己或者他人谋取经济利益或者其他利益而非法利用计算机信息的行为,采用两种办法进行规定。一方面,规定了使用现有刑法条款打击计算机犯罪的方法(如刑法第二百八十七条);另一方面,明示或者默示地在其他法律条文中规定了这类计算机犯罪行为。

中国刑法对计算机犯罪作这样的规定,基本上符合了中国目前打击计算机犯罪实际斗争的需要,反映了中国对计算机犯罪进行严厉打击的立法态度,保持了与中国目前经济技术的发展阶段相称的刑事保护水平。

此外,在2005年颁布的《中华人民共和国治安管理处罚法》中,对未构成犯罪的破坏计算机信息系统的行为也作了处罚规定,可被处十日以下拘留。

11.1.1.2 互联网安全的刑事责任

第九届全国人民代表大会常务委员会第十九次会议通过了《全国人民代表大会常务委员会关于维护互联网安全的决定》。该决定明确了以下四类行为构成犯罪的,可依照刑法有关规定追究刑事责任。

1. 威胁互联网运行安全的行为

(1) 侵入国家事务、国防建设、尖端科学技术领域的计算机信息系统。

(2) 故意制作、传播计算机病毒等破坏性程序,攻击计算机系统及通信网络,致使计算机系统及通信网络遭受损害。

(3) 违反国家规定,擅自中断计算机网络或者通信服务,造成计算机网络或者通信系统不能正常运行。

2. 威胁国家安全和社会稳定的行为

(1) 利用互联网造谣、诽谤或者发表、传播其他有害信息,煽动颠覆国家政权、推翻社会主义制度,或者煽动分裂国家、破坏国家统一。

(2) 通过互联网窃取、泄露国家秘密、情报或者军事秘密。

(3) 利用互联网煽动民族仇恨、民族歧视,破坏民族团结。

(4) 利用互联网组织邪教组织、联络邪教组织成员,破坏国家法律、行政法规实施。

3. 威胁社会主义市场经济秩序和社会管理秩序的行为

(1) 利用互联网销售伪劣产品或者对商品、服务作虚假宣传。

(2) 利用互联网损坏他人商业信誉和商品声誉。

(3) 利用互联网侵犯他人知识产权。

(4) 利用互联网编造并传播影响证券、期货交易或者其他扰乱金融秩序的虚假信息。

(5) 在互联网上建立淫秽网站、网页,提供淫秽站点链接服务,或者传播淫秽书刊、影片、音像、图片。

4. 威胁个人、法人和其他组织的人身、财产等合法权利的行为

(1) 利用互联网侮辱他人或者捏造事实诽谤他人。

(2) 非法截获、篡改、删除他人电子邮件或者其他数据资料,侵犯公民通信自由和通信秘密。

(3) 利用互联网进行盗窃、诈骗、敲诈勒索。

11.1.2 计算机与网络安全法规章

11.1.2.1 中华人民共和国网络安全法

当前,网络和信息技术迅猛发展,它已经深度融入我国经济社会的各个方面,极大地改变和影响着人们的社会活动和生活方式,在促进技术创新、经济发展、文化繁荣、社会进步的同时,网络安全问题也日益凸显。一是,网络入侵、网络攻击等非法活动,严重威胁着重要领域的信息基础设施的安全,云计算、大数据、物联网等新技术、新应用面临着更为复杂的网络安全环境。二是,非法获取、泄露甚至倒卖公民个人信息,侮辱诽镑他人、侵犯知识产权等违法活动在网络上时有发生,严重损害公民、法人和其他组织的合法权益。三是,宣扬恐怖主义、极端主义,煽动颠覆国家政权、推翻社会主义制度,以及淫秽色情等违法信息,借助网络传播、扩散,严重危害国家安全和社会公共利益。网络安全已成为关系国家安全和发展,关系人民群众切身利益的重大问题。

为适应目前形势,2015年6月,第十二届全国人大常委会第十五次会议初次审议了《中华人民共和国网络安全法(草案)》。制定本法是为了保障网络安全,维护网络空间主权和国家安全、社会公共利益,保护公民、法人和其他组织的合法权益,促进经济社会信息化健康发展。在中华人民共和国境内建设、运营、维护和使用网络,以及网络安全的监督管理,适用该法。该法主要对网络安全战略、规划与促进,网络运行安全,网络信息安全,监测预警与应急处理以及法律责任方面进行了规定。

该法提出国家坚持网络安全与信息化发展并重,遵循积极利用、科学发展、依法管理、确保安全的方针,推进网络基础设施建设,鼓励网络技术创新和应用,建立健全网络安全保障体系,提高网络安全保护能力;倡导诚实守信、健康文明的网络行为,采取措施提高全社会的网络安全意识和水平,形成全社会共同参与促进网络安全的良好环境;积极开展网络空间治理、网络技术研发和标准制定、打击网络违法犯罪等方面的国际交流与合作,推动构建和平、安全、开放、合作的网络空间。该法规定了国家网信部门负责统筹协调网络安全工作和相关监督管理工作。国务院工业和信息化、公安部门和其他有关部门依照本法和有关法律、行政法规的规定,在各自职责范围内负责网络安全保护和监督管理工作。

同时,任何个人和组织使用网络应当遵守宪法和法律,遵守公共秩序,尊重社会公德,不得危害网络安全,不得利用网络从事危害国家安全、宣扬恐怖主义和极端主义、宣扬民族仇恨和民族歧视、传播淫秽色情信息、侮辱诽谤他人、扰乱社会秩序、损害公共利益、侵害他人知识产权和其他合法权益等活动。任何个人和组织都有权对危害网络安全的行为向网信、工业和信息化、公安等部门举报。收到举报的部门应当及时依法作出处理;不属于本部门职责的,应当及时移送有权处理的部门。

国家制定网络安全战略,明确保障网络安全的基本要求和主要目标,提出完善网络安全保障体系、提高网络安全保护能力、促进网络安全技术和产业发展、推进全社会共同参与维护网络安全的政策措施等。

在网络运行安全方面,该法提出国家实行网络安全等级保护制度。网络运营者应当按照网络安全等级保护制度的要求,履行下列安全保护义务,保障网络免受干扰、破坏或者未经授权的访问,防止网络数据泄露或者被窃取、篡改:

(1) 制定内部安全管理制度和操作规程,确定网络安全负责人,落实网络安全保护责任。

(2) 采取防范计算机病毒和网络攻击、网络入侵等危害网络安全行为的技术措施。

(3) 采取记录、跟踪网络运行状态,监测、记录网络安全事件的技术措施,并按照规定留存网络日志。

(4) 采取数据分类、重要数据备份和加密等措施。

(5) 法律、行政法规规定的其他义务。

网络安全等级保护的具体办法由国务院规定。

对于网络运行安全中的关键信息基础设施的运行安全方面，国家对提供公共通信、广播电视传输等服务的基础信息网络，能源、交通、水利、金融等重要行业和供电、供水、供气、医疗卫生、社会保障等公共服务领域的重要信息系统、军事网络、社区的市级以上国家机关等政务网络，用户数量众多的网络服务提供者所有或者管理的网络和系统(以下称关键信息基础设施)，实行重点保护。关键信息基础设施安全保护办法由国务院制定。

11.1.2.2 其他法律法规

1. 互联网络安全管理相关法律法规

1997年5月20日国务院令第218号发布了修订后的《中华人民共和国计算机信息网络国际联网管理暂行规定》。该规定明确了互联网的宏观管理主体和政策、域名管理机构、现有互联网的管理单位、新建互联网的审批程序、互联网的经营及使用应履行的手续和程序以及相关违法责任，同时还对国际出入口信道进行了明确规定。

1998年3月6日国务院信息办发布了《中华人民共和国计算机信息网络国际联网管理暂行规定实施办法》，对《中华人民共和国计算机信息网络国际联网管理暂规定》作出了详细的程序性规定。

2000年1月25日，国家保密局颁布了《计算机信息系统国际联网保密管理规定》。

计算机信息系统国际联网是指中华人民共和国境内的计算机信息系统为实现信息的国际交流，同外国的计算机信息网络相连接。计算机信息系统国际联网的保密管理，实行控制源头、归口管理、分级负责、突出重点、有利发展的原则。本管理规定主要做出了以下规定：涉及国家秘密的计算机信息系统不得直接或间接地与国际互联网或其他公共信息网络相连接，必须对其实行物理隔离；涉及国家秘密的信息包括在对外交往与合作中经审查、批准与境外特定对象合法交换的国家秘密信息不得在国际联网的计算机信息系统中存储、处理、传递。

2. 商用密码和信息安全产品的相关法律法规

我国有明确的法规规章对信息安全产品的研发、生产和销售进行规范。1997年6月，公安部颁布了《计算机信息系统安全专用产品检测和销售许可证管理办法》，以加强对用于保护计算机信息系统安全的专用硬件和软件产品的管理，保证安全专用产品的安全功能。防病毒卡、防病毒软件、清病毒软件等防止计算机病毒传播保护计算机信息系统安全的软、硬件，也都属于计算机信息系统安全专用产品。

安全专用产品的生产者应当向经公安部计算机管理监察部门批准的检测机构申请安全功能检测。在送交安全专用产品检测时，要向检测机构提交产品样品、功能及性能的中文说明、证明材料等，用到密码技术的还需要有国家密码管理部门的审批文件。中华人民共和国境内的安全专用产品进入市场销售，实行销售许可制度。获得《安全专用产品检测结果报告》之后，安全专用产品的生产者方可申领《计算机信息系统安全专用产品销售许可证》，防治计算机病毒的安全专用产品还要提交公安机关颁发的计算机病毒防治研究的备案证明，获得该许可证的产品方可进入市场销售。

我国对于商用密码的管理非常严格，1999年10月国务院发布了《商用密码管理条例》，管理对象是不涉及国家秘密内容的信息进行加密保护或者安全认证所使用的密码技术和密码产品,而商用密码技术本身则属于国家秘密。国家对商用密码产品的科研、生产、销售和使用实行专控管理。商用密码的科研、生产由国家密码管理机构指定的单位承担,商用密码产品的销售则必须经国家密码管理机构许可,拥有《商用密码产品销售许可证》才可进行。而从事商用密码产品的科研、生产和销售以及使用商用密码产品的单位和人员,必须对所接触和掌握的商用密码技术承担保密义务。

国务院制定并颁布《商用密码管理条例》,以国务院第273号令发布施行,这是我们党和国家密码工作历史上的一件具有里程碑意义的大事。它标志着我国的密码工作开始走向社会,密码应用的范围进一步拓宽,同时也标志着我国密码工作的管理,从过去的政策管理开始步入法制轨道。

3. 计算机病毒防治相关管理办法

公安部第151号令于2000年4月26日颁布了《计算机病毒防治管理办法》。所谓的计算机病毒,是指编制或者在计算机程序中插入的破坏计算机功能或者毁坏数据,影响计算机使用,并能自我复制的一组计算机指令或者程序代码。计算机病毒疫情是指某种计算机病毒爆发、流行的时间、范围、破坏特点、破坏后果等情况的报告或者预报。

《计算机病毒防治管理办法》明确由公安部公共信息网络安全监察部门主管全国的计算机病毒防治管理工作,地方各级公安机关具体负责本行政区域内的计算机病毒防治管理工作。

4. 电子签名法

2005年4月,《中华人民共和国电子签名法》正式施行。《中华人民共和国电子签名法》主要规定了关于数据电文、电子签名与认证及相关的法律责任。所谓电子签名,是指数据电文中以电子形式所含、所附用于识别签名人身份并表明签名人认可其中内容的数据。数据电文是指以电子、光学、磁或者类似手段生成、发送、接收或者储存的信息。《中华人民共和国电子签名法》规范了法律认可的数据电文、数据电文的书面形式和原件形式的概念,同时解释了数据电文的文件保存以及作为证据的条件,明确了对数据电文的发送和收到的概念。

5. 电子政务法

电子政府是指通过整合运用包括互联网等IT技术,实现迅速、透明、方便和高效的处理行政机关之间、行政机关与公民之间以及行政机关与企业之间的全部业务的电子化的政府。电子政府的目的是政府利用IT技术实现信息和服务的电子化,使全社会得到更充分、快捷、高效的信息和服务。

狭义地讲,电子政务法是国家颁布实施的命名为《电子政务法》的单行法,现已制定《电子政务法》单行法的主要国家有美国、韩国等。广义地说,电子政务法是为了实现电子政府的业务内容,促进行政业务等的电子化的各种#律规范的总称。

我国电子政务发展起步较晚,其相应的立法还处于探索发展阶段,已经先后出台了一些与规范电子政务发展有关的法律法规。1995年颁布实施的《政务信息工作暂行办法》,初步将政务法的重要性引入公众面前。2008年5月1日正式施行的《中华人民共和国政府信息公开条例》进一步规范了政府信息公开的范围。目前,我国电子政务立法的工作虽然已经取得了很大的进展，但仍然存在着一定问题，主要表现在立法不统一规范，结构不清晰及立法层次不高等。

11.2 等级保护

信息系统安全等级保护分为五个等级，如图11.1所示。等级保护是对涉及国计民生的基础信息网络和重要信息系统按其重要程度及实际安全需求，合理投入，分级进行保护，分类指导，分阶段实施，保障信息系统安全正常运行和信息安全，提高信息安全综合防护能力，保障国家安全，维护社会秩序和稳定，保障并促进信息化建设健康发展，拉动信息安全和基础信息科学技术发展与产业化的国家层面的信息安全制度。进而牵动经济发展，提高综合国力。针对等级保护，国家陆续出台了一系列的标准、制度，使其作为国家层面的信息安全保障基本制度在全社会广泛执行。

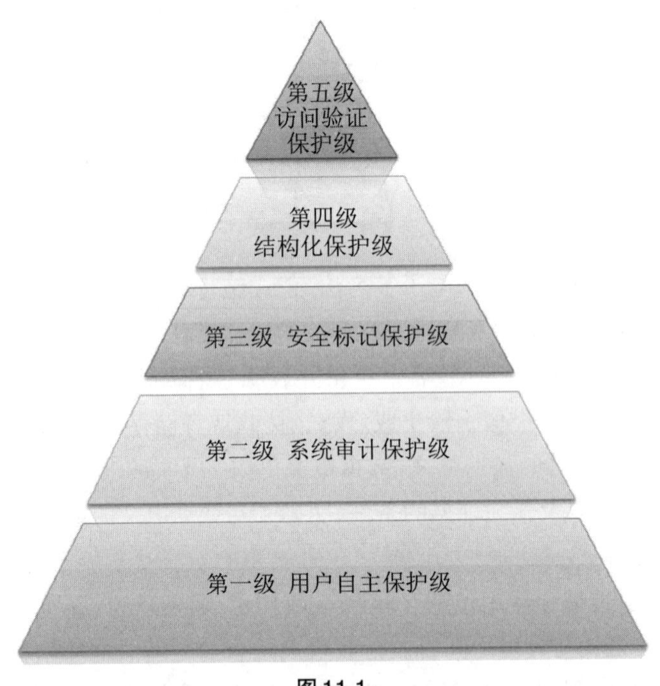

图11.1

等级保护的核心思想为"分级别适度保护"，各机构信息系统实行等级保护的益处在于：

① 实行等级保护，是一种遵循客观规律的建设方法，信息安全的等级是客观存在的，不以个人意志而转移，重要的信息系统受到重点保护，也是符合一般事物的客观发展规律的。

② 实行等级保护，是符合国家政策要求，是大势所向。

③ 实行等级保护，有利于平衡安全与成本。

④ 实行等级保护，有助于突出重点，加强安全建设和管理，等级保护强调在安全建设中必须做到"技管并重"，并提出了具体的指标要求，按照等级保护的标准进行建设，将大大提升安全保障体系的广度和深度。

信息安全等级保护制度是提高信息安全保障能力和水平,维护国家安全、社会稳定和公共利益,保障和促进信息化建设健康发展的一项基本制度。信息系统安全等级保护的核心是对信息系统分等级、按标准进行建设、管理和监督。开展等级保护工作的驱动力主要来自四个方面:一是网络安全法的要求,二是国家政策要求和行业主管部门监管要求,三是业务安全保障的需要,四是信息安全风险管理的需要。

2017年6月1日开始正式执行《中华人民共和国网络安全法》,其中第二十一条、第三十八条和第五十九条明确规定了等级保护工作的必要性和重要性,阐明了等级保护作为网络安全保障工作的基础性工作,网络运营单位有责任、有义务按照等级保护要求对自身网络安全进行安全基本保障,否则,公安机关可依法对违法者进行相关经济和行政处罚。可以看出,网络安全法执行后等级保护相关工作在朝着规范化和法制化方向有序推进,执行力度和处罚措施都在不断加大。

11.3 信息安全标准

11.3.1 技术标准的基础知识

标准是人们为某种目的和需要而提出的统一性要求,是对一定范围内的重复性事务和概念所做的统一规定。标准又是一种特殊的文件,它是为在一定的范围内获得最佳秩序,对活动及其结果规定共同重复使用的规则、指导原则或特性要求。

在我国,将标准级别依据《中华人民共和国标准化法》划分为国家标准、行业标准、地方标准和企业标准等4个层次。各层次之间有一定的依从关系和内在联系,形成一个覆盖全国又层次分明的标准体系。此外,为适应某些领域标准快速发展和快速变化的需要,于1998年规定的四级标准之外,增加了一种"国家标准化指导性技术文件"作为对国家标准的补充,其代号为"GB/Z"。符合下列情况之一的项目,可以制定指导性技术文件:① 技术尚在发展中,需要有相应的文件引导其发展或具有标准化价值,尚不能制定为标准的项目;② 采用国际标准化组织、国际电工委员会及其他国际组织(包括区域性国际组织)的技术报告的项目。指导性技术文件仅供使用者参考。

依据《中华人民共和国标准化法》的规定,国家标准、行业标准均可分为强制性和推荐性两种属性的标准。保障人体健康、人身、财产安全的标准和法律、行政法规规定强制执行的标准是强制性标准,其他标准是推荐性标准。省、自治区、直辖市标准化行政主管部门制定的工业产品安全、卫生要求的地方标准,在本地区域内是强制性标准。

强制性标准是由法律规定必须遵照执行的标准。强制性标准以外的标准是推荐性标准,又叫非强制性标准。推荐性国家标准的代号为"GB/T",强制性国家标准的代号为"GB"。行业标准中的推荐性标准也是在行业标准代号后加个"T"字,如"JB/T"即机械行业推荐性标准,不加"T"字即为强制性行业标准。

制定标准一般指制定一项新标准,是指制定过去没有而现在需要进行制定的标准。它是根据生产发展的需要和科学技术发展的需要及其水平来制定的,因而它反映了当前的生产技术水平。制定这类标准的工作量最大,工作要求最高,所用的时间也较多。它是一个国家的标准化工作的重要方面,反映了这个国家的标准化工作面貌和水平。

一个新标准制定后,由标准批准机关给一个标准编号(包括年代号),同时标明它的分类号,以表明该标准的专业隶属和制定年代。

修订标准则是指对一项已在生产中实施多年的标准进行修订。修订部分主要是生产实践中反映出来的不适应生产现状和科学技术发展的那一部分,或者修改其内容,或者予以补充,或者予以删除。修订标准不改动标准编号,仅将其年代号改为修订时的年代号。

11.3.2 标准化组织

为适应信息技术的迅猛发展,国际上成立了许多标准化组织。目前国际上有两个重要的标准化组织,即国际标准化组织(ISO)和国际电工委员会(IEC)。

ISO和IEC成立了第一联合技术委员会JTC1制定信息技术领域国际标准,下辖19个分技术委员会SC和功能标准化专门组SGFS等特别工作小组,还有4个管理机构,即一致性评定特别工作小组、信息技术任务组、注册机构特别工作组和业务分析与计划特别小组。

11.3.3 信息安全标准

信息安全标准是我国信息安全保障体系的重要组成部分,是政府进行宏观管理的重要依据。从国家意义上来说,信息安全标准关系到国家的安全及经济利益,标准往往是保护国家利益、促进产业发展的一种重要手段。

截至目前,国际上已制定了大量有关信息安全管理的国际标准,主要可分为信息安全管理与控制类标准和技术与工程类标准。

11.3.3.1 信息安全管理体系标准BS7799

BS 7799标准是英国标准协会(British Standards Institution,BSI)制定的信息安全管理体系标准。它包括两部分,第一部分《信息安全管理实施指南》于2001年2月被国际标准化组织(ISO)采纳为国际标准ISO/IEC 17799,并于2005年6月15日发布了最新版本。我国也于2004年完成该标准的转化工作。这一部分主要提供了信息安全管理的一些通常做法,用于指导企业信息安全管理体系的建设。第二部分BS 7799-2《信息安全管理体系规范和应用指南》是一个认证标准,描述了信息安全管理体系各个方面需要达到的一些要求,可以以此为标准对机构的信息安全管理体系进行考核和认证。

实施IS0/IEC 17799的目的是为信息安全管理提供建议,旨在为一个机构提供用来制定安全标准、实施有效的安全管理时的通用要素,并得以使跨机构的交易得到互信。

实施BS 7799的目的是按照先进的信息安全管理标准建立完整的信息安全管理体系,达到动态的、系统的、全员参与的、制度化的、以预防为主的信息安全管理方式,用最低的成本,获得较高的信息安全水平,从根本上保证业务的连续性。

BS 7799作为信息安全管理领域的一个权威标准,是全球业界一致公认的辅助信息安全治理手段,该标准的最大意义在于可以为管理层提供一套可量体裁衣的信息安全管理要项、一套与技术负责人或组织高层进行沟通的共同语言,以及保护信息资产的制度框架。

11.3.3.2 技术与工程标准

美国于1985年颁布的可信计算机系统评估标准TCSEC(业界通常称为信息安全橘皮书)为计算机安全产品的评测提供了测试内容和方法,指导信息安全产品的制造和应用。

信息安全产品和系统安全性测评标准是信息安全标准体系中非常重要的一个分支,经历了一系列的重要标准,其中,信息安全产品通用测评标准ISO/IEC 15408—1999《信息技术、安全技术、信息技术安全性评估准则》(简称CC)相当于最后的集大成者,是目前国际上最通行的信息技术产品及系统安全性评估准则,也是信息技术安全性评估结果国际互认的基础。

CC标准定义了作为评估信息技术产品和系统安全性的基础准则,提出了目前国际上公认的表述信息技术安全性的结构,即把安全要求分为规范产品和系统安全行为的功能要求以及解决如何正确有效地实施这些功能的保证要求。功能和保证要求又以“类—子类—组件”的结构表述,组件作为安全功能的最小构件块,可以用于“保护轮廓”“安全目标”和“包”的构建,例如由保证组件构成典型的包——“评估保证级”。另外,功能组件还是连接CC与传统安全机制和服务的桥梁,以及解决CC同已有准则如TCSEC的协调关系。

我国在信息安全管理标准的制定方面,主要采取与国际标准靠拢的方式。全国信息安全标准化技术委员会(简称信息安全标委会)自成立以来,在国家标准化管理委员会的指导下,在公安部、国家保密局、中央机要局、安全部、信息产业部(工信部)等各部门的大力支持下,通过多方的协调,研究制定了一批基础的、急需的、关键的信息安全标准,初步缓解了我国信息安全标准的不足,改变了一些信息安全领域无标准可依的状况。

2001年参照国际标准ISO/IEC 15408,制定了国家标准GB/T 18336《信息技术安全性评估准则》,作为评估信息技术产品与信息安全特性的基础准则。

信息安全标委会以工作组为主体开展信息安全标准的研究制定工作,工作组由国内信息安全技术领域的有关部门、研究机构、企事业单位及高等院校等代表组成,是标准研制的技术力量。目前正式成立了以下工作组:

(1) 信息安全标准体系与协调工作组(WG1),主要负责研究信息安全标准体系、跟踪国际信息安全标准发展动态,研究、分析国内信息安全标准的应用需求,研究并提出了新工作项目及设立新工作组的建议、协调各工作组项目。

(2) 涉密信息系统安全保密工作组(WG2)、密码工作组(WG3)和鉴别与授权工作组(WG4)。信息安全评估工作组(WG5),负责调研国内外测评标准现状与发展趋势,研究提出了我国统一测评标准体系的思路和框架,提出了系统和网络的安全测评标准思路和框架,以及急需的测评标准项目和制订计划。信息安全管理工作组(WG7),负责信息安全管理标准体系的研究和国内急需的标准调研,完成一批信息安全管理相关的基础性标准的制定工作。

本着“科学、合理、系统、适用”的原则,在充分借鉴和吸收国际先进信息安全技术标准化成果和认真梳理我国信息安全标准的基础上,经过委员会各工作组和秘书处的认真研究,我国的信息安全标准体系初步形成了。

习　　题

1. 下载并阅读《中华人民共和国网络安全法》和最新网络安全等级保护相关标准。

2. 以下关于信息安全法治建设的意义,说法错误的是(　　)。

A. 信息安全法律环境是信息安全保障体系中的必要环节

B. 明确违反信息安全的行为,并对行为进行相应的处罚,以打击信息安全犯罪活动

C. 信息安全主要是技术问题,技术漏洞是信息犯罪的根源

D. 信息安全产业的逐渐形成,需要成熟的技术标准和完善的技术体系

3. 2005 年 4 月 1 日正式施行的《中华人民共和国电子签名法》,被称为"中国首部真正意义上的信息化法律",自此电子签名与传统手写签名和盖章具有同等的法律效力。以下关于电子签名说法错误的是(　　)。

A. 电子签名是指数据电文中以电子形式所含、所附用于识别签名人身份并表明签名人认可其中内容的数据

B. 电子签名适用于民事活动中的合同或者其他文件、单证等文书

C. 电子签名需要第三方认证的,由依法设立的电子认证服务提供者提供认证服务

D. 电子签名制作数据用于电子签名时,属于电子签名人和电子认证服务提供者共有

第12章 信息安全风险评估

了解信息安全风险评估的基本概念和实施流程，能根据实际环境分析系统面临的各项威胁因素，结合信息系统的现有防火措施，评估信息系统的安全风险，并能运用前面所学知识提出合理的安全策略。

12.1 基本概念

12.1.1 威胁

威胁指可能对信息资产造成不期望事件的主体，一般包括以下5类：

1. 通过网络进入信息系统的行为人

这种威胁在分类上被归为对企业重要资产的基于网络的威胁，是行为人的故意的或是意外的行为。

2. 通过物理方式接近信息系统的行为人

这种威胁在分类上被归为对企业重要资产的物理威胁，是行为人的故意的或是意外的行为。

3. 系统问题

这种威胁在分类上被归为企业信息技术系统的问题，包括硬件缺陷、软件缺陷、相关系统的不可用性、重要基建(远程通信、电力等)的不可用(如电力中断、水管爆裂)等。

4. 自然灾害

这种威胁在分类中属于在组织范围之外的问题和情况，包括自然灾害(如洪水、地震或风暴)。

5. 其他问题

病毒、恶意代码等问题。

12.1.2 脆弱性

系统中存在着的可以被威胁主体所利用造成对系统不期望影响的缺陷或弱点。

技术脆弱性：主要就是信息系统技术方面存在的脆弱点，可以被威胁因素所利用，最终导致对系统产生不良的影响。如操作系统存在漏洞,系统中有多个不受控的外联网络,没有防病毒工具等有可能被病毒所利用导致系统感染。

组织脆弱性:由于组织的问题,导致信息系统被威胁因素所利用,造成对系统的不良影响。如没有人负责防病毒代码库的更新,对系统中介质使用没有任何约束,可能被病毒所利用导致系统感染。

12.1.3 风险

风险是各类威胁事件对系统造成的所有者不期望影响的可能性。威胁事件是由各类威胁因素结合系统存在的脆弱性所产生的。这些事件造成的影响主要包括2个方面,一个是设备或软件被破坏造成的直接损失,另一类是由于信息系统的损失造成对企业的间接损失,如业务中断、声誉破坏等。针对信息系统安全性影响主要有以下3类:

(1) 机密性:信息被未授权者获取。

(2) 完整性:未授权的信息更改或破坏。

(3) 可用性:授权者无法对信息进行访问。

风险评估的目的则是识别出这些可能安全事件及其潜在的影响,为风险降低措施的实施提供依据。

12.1.4 防护措施

防护措施可以采取以下3种方式进行:

1. 降低威胁(规避)

通过管理来控制人员与规范操作,减少威胁因素。

改变系统的所在地点、结构(如网络物理隔离)、网络拓扑,减少威胁因素。

改变环境的方法应当尽量在系统规划时期制定,规避风险因素的方法对系统来说收益会比较高。

2. 弱点弥补(防范)

通过技术的措施修补系统的弱点(如操作系统加固),降低系统脆弱性,继而降低被威胁因素利用的风险。

对重要系统所在机房设置防盗措施,有人进行值守。

通过技术与管理相结合的方式发现运行模式中的弱点(如入侵检测、审计、定期查看,采取对策),修补弱点,降低系统脆弱性继而降低风险。

通过弱点弥补可以对大多数的风险进行有效的防范,但由于防范措施的有效性,以及成本的因素考虑不可能对所有的弱点进行修补。

3. 危害降低(补救)

通过备份与恢复,以及法律诉讼等方式,减少各类威胁事件带来的破坏性的后果。

通过应急响应、外包或保险的方式转移破坏性的后果。

不同的组织信息系统的特点不同,因此对规避各类风险的要求不同,可以采取多种不同的措施,核心的问题是要在成本与收益之间取得平衡。

12.2 风险分析方法介绍

12.2.1 风险分析流程

风险分析实施共分为4个阶段,如图12.1所示。

(1) 前期准备阶段:对项目进行规划,准备调查资料。

(2) 现场调查阶段:信息系统、环境、管理组织、关键资产、安全需求、威胁、脆弱点信息数据收集。

(3) 风险分析阶段:综合分析、评估。

(4) 安全策略阶段:根据分析、评估结果推荐安全策略。

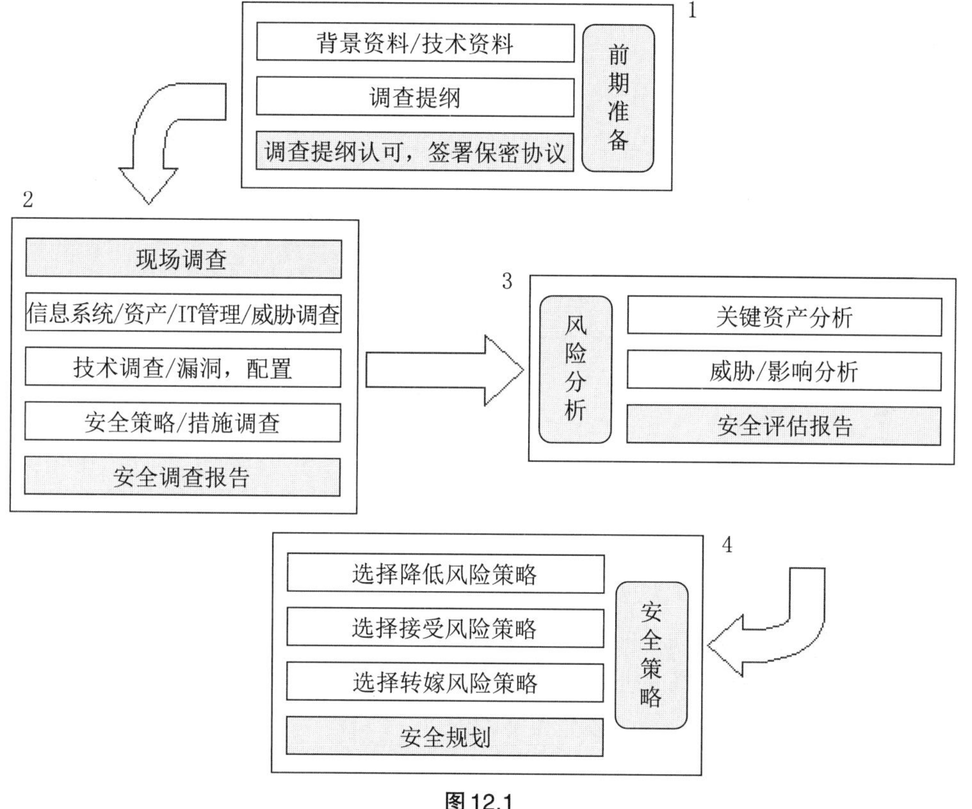

图12.1

12.2.2 关键资产识别

首先需要识别系统中的关键资产,关键资产是指在信息系统中重要的应用系统,相关的组件(如服务器、网络设备、安全设备等)。以信息关键资产可以进行针对性的分析,可以有效提高风险控制的效率,降低成本。

按照资产在信息系统中所处的位置和作用不同,可以将关键资产分为以下4类:

（1）基础设施。保障信息系统正常运行的基础类设施，包括机房、供电系统等。

（2）网络系统。构成整个信息系统的网络部分，包括基础网络设施、交换机、路由器等设备。

（3）安全设施。负责系统信息安全的基础设施，包括防火墙、入侵检测、防病毒等。

（4）应用系统。构成系统应用的所有组件，包括应用程序、系统主机、操作系统、系统数据信息等。

通过对人员访谈调查，结合信息系统结构、操作流程分析，对信息系统中的关键资产分类见表12.1。

表12.1

序号	资产名称	选择原因	相关组件
1	网站应用系统	信息系统的核心系统	Web Server、数据服务器、应用服务器、备份服务器、用户终端、网站数据与信息
2	办公自动化系统	信息系统的业务系统	数据服务器、应用服务器、备份服务器、用户终端、数据与信息
3	其他应用系统	信息系统的业务系统	数据服务器、应用服务器、备份服务器、用户终端、数据与信息
4	安全设施	安全设备，影响到系统的安全运行和网络链路的畅通	防火墙、入侵检测、防病毒系统
5	网络设施	网络设备，构成信息系统的基础	交换机、路由器、线路等

12.2.3 威胁分析

通过威胁调查和威胁分析，可确定组织或信息系统面临的威胁源、威胁方式以及影响，在此基础上，可形成威胁分析报告。威胁分析报告是进行脆弱性识别的重要依据，在进行脆弱性识别时，对于那些可能被严重威胁利用的脆弱性要进行重点识别。根据威胁因素的特点，可以将威胁因素按下述方法进行定性量化：

（1）威胁因素存在但发生的可能性极小。

（2）威胁因素存在且发生的可能性较小。

（3）威胁因素存在且有一定的发生可能性。

（4）威胁因素存在且发生的可能性较大。

（5）威胁因素存在且发生的可能性极大。

12.2.4 脆弱点分析

脆弱性是指针对于特定威胁事件，组织所应对的技术与管理防范措施的脆弱性，威胁因素通过利用相关的脆弱点对系统产生影响。

1. 技术脆弱点

技术脆弱性是指由于采用的技术存在缺陷而导致可能被威胁因素所利用，对资产造成损害。例如,重要的服务器直接暴露在攻击之下,用户没有验证,系统存在高风险漏洞等。

2. 管理脆弱点

管理性是指由于管理体系存在的缺陷导致了可能被威胁因素所利用,对资产造成损害。例如,机房进出没有控制,没有人负责实施系统的加固工作等。

3. 系统脆弱点量化

为便于分析,我们可以将每一类威胁事件相对的脆弱性按照下述的方式进行定性量化。

管理脆弱性按下述方法进行定量分析:

(1) 组织管理中没有相关的薄弱环节,很难被利用。

(2) 组织管理中没有相应的薄弱环节,难以被利用。

(3) 组织管理中没有明显的薄弱环节,可以被利用。

(4) 组织管理中存在着薄弱环节,比较容易被利用。

(5) 组织管理中存在着明显的薄弱环节,并且很容易被利用。

技术脆弱性按下述方法进行定量分析:

(1) 技术方面存在着低等级缺陷,从技术角度很难被利用。

(2) 技术方面存在着低等级缺陷,从技术角度难以被利用。

(3) 技术方面存在着一般缺陷,从技术角度可以被利用。

(4) 技术方面存在着严重的缺陷,比较容易被利用。

(5) 技术方面存在着非常严重的缺陷,很容易被利用。

12.2.5 威胁事件及影响分析

损害是由于由威胁因素引起的安全事件对系统造成的影响,影响主要包括两个方面,一个是设备或软件破坏造成的直接损失,另一类是由于信息系统的损失造成对企业的间接损失,如业务中断、声誉破坏等。

对于损害的量化,我们可以依据评估对象特点,常常将事件影响定义为如下5种:

(1) 事件影响很小,局部业务受到轻微影响。

(2) 事件影响不大,造成轻微的声誉损失、轻微的经济损失,局部业务受到一些影响。

(3) 事件有一定影响,造成一定的声誉损失、一定的经济损失,整体业务受到一些影响。

(4) 事件影响很大,造成很大的声誉损失、很大的经济损失,整体业务受到很大影响。

(5) 事件影响极大,造成重大的声誉损失、巨大的经济损失,整体业务受到严重影响。

12.2.6 风险综合评估

依据上述量化方式,我们将面临的每一类风险进行量化处理,为减少不必要的计算我们仅列出了其中密切相关的内容。为便于理解,我们将一类威胁因素与其脆弱性的乘积表示为威胁的可能性,将其与后果的成绩表示为风险。风险量化方法如下:

$$风险 = 威胁因素频度 \times 脆弱性程度 \times 综合影响$$

具体示例如表12.2所示。

表 12.2

威胁编号	威胁名称	资产编号	资产描述	威胁说明	威胁频度	脆弱性	综合影响
T 6.1	好奇员工通过网络直接入侵	MAN—MAIL—P1	邮件系统应用服务器	未进行安全配置,存在安全漏洞	3	3	3
T 6.1	好奇员工通过网络直接入侵	MAN—MAIL—I1	邮件系统数据与信息	只有口令进行身份鉴别	3	2	5
T 6.1	好奇员工通过网络直接入侵	MAN—OA—P2	数据库服务器	未进行安全配置,存在安全漏洞	3	2	3

习　　题

1. (多选)风险分析阶段主要包括(　　)。

A. 资产分析

B. 脆弱点分析

C. 威胁分析

D. 风险分析

E. 组织能力分析

2. (多选)何时需要进行风险分析?(　　)

A. 在设计规划或升级至新的信息系统时

B. 在与其他组织(部门)进行网络互联时

C. 在发生计算机安全事件之后,或怀疑可能会发生安全事件时

D. 关心组织现有的信息安全措施是否充分或是否具有相应的安全效力时

E. 在需要对信息系统的安全状况进行定期或不定期的评估,以查看是否满足组织持续运营需要时

3. (多选)资产估价的过程也就是对资产(　　)的分析过程。

A. 保密性

B. 完整性

C. 真实性

D. 不可抵赖性

E. 可用性

4. (多选)属于人员恶意攻击的行为是(　　)。

A. 内部人员缺乏责任心

B. 内部人员没有遵循规章制度和操作流程

C. 内部人员对信息系统进行恶意破坏

D. 内部人员采用自主的或内外勾结的方式盗窃机密信息

E. 内部人员对组织内的机密信息进行篡改,获取利益

5. (多选)风险处置的方式包括(　　)。

A. 降低风险

B. 避免风险

C. 转移风险

D. 接受风险

E. 分析风险

6. (多选)威胁来源可以从(　　)等角度来进行分析。

A. 威胁主体

B. 威胁动机

C. 威胁大小

D. 攻击来源

E. 威胁目的

7. (多选)风险分析的主要内容包括(　　)。

A. 识别关键资产

B. 识别威胁

C. 识别脆弱点

D. 已有安全措施的确认

E. 风险计算

8. (多选)信息系统中的关键资产类别一般包括(　　)。

A 数据

B. 软件

C. 硬件

D. 服务

E. 人员

9. (多选)风险处置的策略可以分为(　　)。

A. 降低风险

B. 规避风险

C. 拒绝风险

D. 转嫁风险

E. 接受风险

10. (多选)安全扫描系统作为主要的安全测试工具之一,在风险评估现场扫描中主要应用于(　　)。

A. 网络拓扑发现

B. 主机信息收集及漏洞扫描

C. 基于预定策略模板进行安全配置检查

D. 网络设备、安全设备端口扫描

E. 入侵检测系统有效性测试

第四部分　攻 防 技 术

第13章　渗透测试技术

掌握安全攻防基础；掌握信息收集/漏洞发现技术；掌握漏洞利用和权限提升技术；掌握Web应用攻击方法。

渗透测试并没有一个标准的定义。国外一些安全组织通用的说法是，渗透测试是通过模拟恶意黑客的攻击方法，来评估计算机网络系统安全的一种评估方法，这个过程包括对系统的任何弱点、技术缺陷或漏洞的主动分析。这个分析是从一个攻击者可能存在的位置来进行的，并且从这个位置有条件主动利用安全漏洞。

渗透测试与其他评估方法不同。通常的评估方法是根据已知信息资源或其他被评估对象，去发现所有相关的安全问题。渗透测试是根据已知可利用的安全漏洞，去发现是否存在相应的信息资源。相比较而言，通常的评估方法对评估结果更具有全面性，而渗透测试更注重安全漏洞的严重性。

渗透测试有黑盒和白盒两种测试方法。黑盒测试是指在对基础设施不知情的情况下进行测试。白盒测试是指在完全了解结构的情况下进行测试。不论测试方法是否相同，渗透测试通常具有2个显著特点：① 渗透测试是一个渐进的且逐步深入的过程；② 渗透测试是选择不影响业务系统正常运行的攻击方法进行的测试。

13.1　渗透测试常用工具

了解了渗透测试的概念后，接下来就要学习进行渗透测试所使用的各种工具。在做渗透测试之前，需要先了解渗透所需的工具。

渗透测试所需的工具可以在各种Linux操作系统中找到，然后手动安装这些工具。由于工具繁杂，安装这些工具，会变成一个浩大的工程。为了方便用户进行渗透方面的工作，有人将所有的工具都预装在一个Linux系统。其中，典型的操作系统就是本书所使用的Kali Linux。该系统主要用于渗透测试。它预装了许多渗透测试软件，包括nmap端口扫描器、Wireshark（数据包分析器）、John the Ripper（密码破解）及Aircrack-ng（一套用于对无线局域网进行渗透测试的软件）。用户可通过硬盘、Live CD或Live USB来运行Kali Linux。

Kali Linux的前身是BackTrack Linux发行版。Kali Linux是一个基于Debian的Linux发

行版,包括很多安全和取证方面的相关工具。它由Offensive Security Ltd维护和资助。最先由Offensive Security的MatiAharoni和Devon Kearns通过重写Back Track来完成。Back Track是基于Ubuntu的一个Linux发行版。

Kali Linux有32位和64位的镜像,可用于x86指令集。同时它还有基于ARM架构的镜像,可用于树莓派和三星的ARM Chromebook。

13.2 安装与配置工具箱

Kali可安装至硬盘、USB驱动器、树莓派或VMware Workstation等,安装过程已经非常"傻瓜"化,只需要轻点几下鼠标,就能够完成整个系统的安装。

建议安装至VMware Workstation,具体过程不再赘述。

13.3 搭建测试环境

目前,越来越多的企业利用SAAS(Software as a Service)工具应用在它们的业务中。例如,它们经常使用WordPress作为它们网站的内容管理系统,或者在局域网中使用Drupal框架。从这些应用程序中找到漏洞,是非常有价值的。

13.4 信息收集

渗透测试最重要的阶段之一就是信息收集。为了启动渗透测试,用户需要收集关于目标主机的基本信息。用户得到的信息越多,渗透测试成功的概率也就越高。Kali Linux操作系统上提供了一些工具,可以帮助用户整理和组织目标主机的数据,使用户得到更好的后期侦察。

13.4.1 枚举

枚举是一类程序,它允许用户从一个网络中收集某一类的所有相关信息。本节将介绍DNS枚举和SNMP枚举技术。DNS枚举可以收集本地所有DNS服务和相关条目。DNS枚举可以帮助用户收集目标组织的关键信息,如用户名、计算机名和IP地址等,为了获取这些信息,用户可以使用DNSenum工具。要进行SNMP枚举,用户需要使用SnmpEnum工具。SnmpEnum是一个强大的SNMP枚举工具,它允许用户分析一个网络内SNMP信息传输。

13.4.2 测试范围

测试网络范围内的IP地址或域名也是渗透测试的一个重要部分。通过测试网络范围内的IP地址或域名,确定是否有人入侵自己的网络中并损害系统。不少单位选择仅对局部IP

基础架构进行渗透测试,但从现在的安全形势来看,只有对整个IT基础架构进行测试才有意义。这是因为在通常情况下,黑客只要在一个领域找到漏洞,就可以利用这个漏洞攻击另外一个领域。在Kali中提供了DMitry工具和Scapy工具。其中,DMitry工具用来查询目标网络中IP地址或域名信息,Scapy工具用来扫描网络及嗅探数据包。

13.4.3 识别主机

尝试渗透测试之前,必须先识别在这个目标网络内活跃的主机。在一个目标网络内,最简单的方法将是执行ping命令。当然,它可能被一个主机拒绝,也可能被接收。

13.4.4 系统识别

现在一些便携式计算机操作系统使用指纹识别来验证密码进行登录。指纹识别是识别系统的一个典型模式,包括指纹图像获取、处理、特征提取和对等模块。如果要做渗透测试,需要了解要渗透测试的操作系统的类型才可以。

13.4.5 服务识别

为了确保有一个成功的渗透测试,必须知道目标系统中服务的指纹信息。服务指纹信息包括服务端口、服务名和版本等。在Kali中,可以使用Nmap和Amap工具识别指纹信息。

13.4.6 绘制网络图工具

CaseFile工具用来绘制网络结构图。使用该工具能快速添加和连接,并能以图形界面形式灵活的构建网络结构图。

13.4.7 Maltego收集信息

Maltego是一个开源的漏洞评估工具,它主要用于论证一个网络内单点故障的复杂性和严重性。该工具能够聚集来自内部和外部资源的信息,并且提供一个清晰的漏洞分析界面。

13.4.8 其他收集手段

在Kali中还可以使用一些常规的或非常规方法来收集信息,如Recon-NG框架、Netdiscover工具和Shodan工具等。

Recon-NG是由Python编写的一个开源的Web侦查(信息收集)框架。Recon-NG框架是一个强大的工具,使用它可以自动地收集信息和侦查网络。

Netdiscover是一个主动/被动的ARP侦查工具。该工具在不使用DHCP的无线网络上非常有用。使用Netdiscover工具可以在网络上扫描IP地址,检查在线主机或搜索为它们发送的ARP请求。

Shodan是互联网上最强大的一个搜索引擎工具。该工具不是在网上搜索网址,而是直接搜索服务器。Shodan可以说是一款“黑暗”谷歌,一直在不停地寻找着所有和互联网连接的服务器、摄像头、打印机和路由器等。每个月都会在大约5亿个服务器上日夜不停地搜集信息。

13.5 漏洞扫描

漏洞扫描器是一种能够自动在计算机、信息系统、网络及应用软件中寻找和发现安全弱点的程序。它通过网络对目标系统进行探测,向目标系统发送数据,并将反馈数据与自带的漏洞特征库进行匹配,进而列举目标系统上存在的安全漏洞。漏洞扫描是保证系统和网络安全必不可少的手段,面对互联网入侵,如果用户能够根据具体的应用环境,尽可能早的通过网络扫描来发现安全漏洞,并及时采取适当的处理措施进行修补,就可以有效地阻止入侵事件的发生。由于该工作相对枯燥,所以我们可以借助一些便捷的工具来实施,如Nessus和OpenVAS。

13.5.1 Nessus

Nessus号称是世界上最流行的漏洞扫描程序,全世界有超过75000个组织在使用它。该工具提供完整的电脑漏洞扫描服务,并随时更新其漏洞数据库。Nessus不同于传统的漏洞扫描软件,Nessus可同时在本机或远端上遥控,进行系统的漏洞分析扫描。Nessus也是渗透测试的重要工具之一。

为了定位在目标系统上的漏洞,Nessus依赖feeds的格式实现漏洞检查。Nessus官网提供了两种版本:家庭版和专业版。家庭版是供非商业性或个人使用,比较适合个人使用,可以用于非专业的环境。专业版是供商业性使用,它包括支持或附加功能,如无线并发连接等。

13.5.2 OpenVAS

OpenVAS(开放式漏洞评估系统)是一个客户端/服务器架构(图13.1),它常用来评估目标主机上的漏洞。OpenVAS是Nessus项目的一个分支,它提供的产品都是完全免费的。OpenVAS默认安装在标准的Kali Linux上。

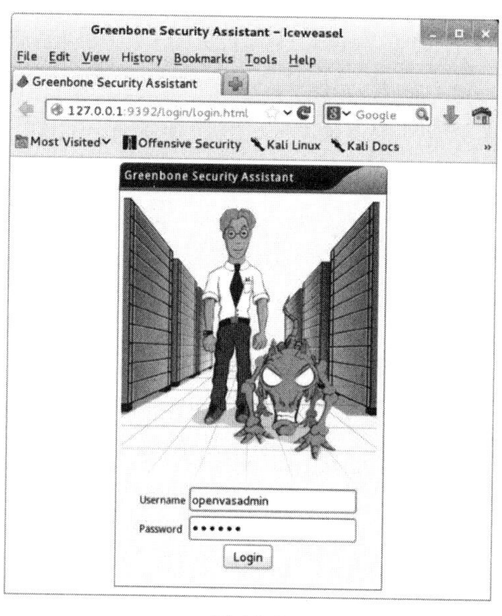

图13.1

13.6 漏洞利用

Metasploitable是一款基于Ubuntu Linux的操作系统。该系统是一个虚拟机文件,从http://sourceforge.net/projects/metasploitable/files/Metasploitable2/网站下载解压之后可以直接使用,无需安装。由于基于Ubuntu,所以Metasploitable使用起来十分得心应手。Metasploitable就是用来作为攻击用的靶机,所以它存在大量未打补丁漏洞,并且开放了无数高危端口。

Metasploit是一款开源的安全漏洞检测工具。它可以帮助用户识别安全问题,验证漏洞的缓解措施,并对某些软件进行安全性评估,提供真正的安全风险情报。Metasploit软件为它的基础功能提供了多个用户接口,包括终端、命令行和图形化界面等。当用户第一次接触Metasploit渗透测试框架软件(MSF)时,可能会被它提供如此多的接口、选项、变量和模块所震撼,而感觉无所适从。

13.6.1 Meterpreter

Meterpreter是Metasploit框架中的一个杀手锏,通常作为利用漏洞后的攻击载荷使用,攻击载荷在触发漏洞后能够返回给用户一个控制通道。当使用armitage、msfcli或msfconsole获取到目标系统上的一个Meterpreter连接时,用户必须使用Meterpreter传递攻击载荷。msfconsole用于管理用户的会话,而Meterpreter则是攻击载荷和渗透攻击交互。

13.6.2 免杀工具Veil

Veil是一款利用Metasploit框架生成相兼容的Payload工具,并且在大多数网络环境中能绕过常见的杀毒软件。

在Kali Linux中,默认没有安装Veil工具。首先需要安装Veil工具,执行如下命令:

```
root@kali:~# apt-get install veil
```

执行以上命令后,如果安装过程没有提示错误,则表示Veil工具安装成功。

13.7 提权方式

权限提升就是将某个用户原来拥有的最低权限提高到最高。通常,我们获得访问的用户可能拥有最低的权限。但是,如果要进行渗透攻击,可能需要管理员账号的权限,所以就需要来提升权限。权限提升可以通过使用假冒令牌、本地权限提升和社会工程学工具包等方法实现。

1. 假冒令牌

使用假冒令牌可以假冒对一个网络中的另一个用户进行各种操作,如提升用户权限、创建用户和组等。令牌包括登录会话的安全信息,如用户身份识别、用户组和用户权限。当一个用户登录Windows系统时,它被给定一个访问令牌作为它认证会话的一部分。例如,一个入侵用户可能需要以域管理员的身份处理一个特定任务,当它使用令牌便可假冒域管理员进行工作。当它处理完任务时,通常会丢弃该令牌权限。这样,入侵者将利用这个弱点,来提升它的访问权限。

2. 本地权限提升

窃取令牌后如何提升在目标系统上的权限?提升本地权限可以使用户访问目标系统,并进行其他操作,如创建用户和组等。

3. 社会工程学工具包

社会工程学工具包(SET)是一个开源的、Python驱动的社会工程学渗透测试工具。这套工具包由David Kenned设计,而且已经成为业界部署实施社会工程学攻击的标准。SET利用人们的好奇心、信任、贪婪及一些愚蠢的错误,攻击人们自身存在的弱点。使用SET可以传递攻击载荷到目标系统,收集目标系统数据,创建持久后门,进行中间人攻击等。

13.8 密码破解

13.8.1 在线破解

为了使用户能成功登录到目标系统,所以需要获取一个正确的密码。在Kali中,在线破解密码的工具很多,其中最常用的两款是Hydra和Medusa。

Hydra是一个相当强大的暴力密码破解工具。该工具支持几乎所有协议的在线密码破解,如FTP、HTTP、HTTPS、MySQL、MS SQL、Oracle、Cisco、IMAP和VNC等。其密码能否被破解,关键在于字典是否足够强大。很多用户可能对Hydra比较熟悉,因为该工具有图形界面,且操作十分简单,基本上可以“傻瓜”操作。

Medusa工具是通过并行登录暴力破解的方法,尝试获取远程验证服务访问权限。Medusa能够验证的远程服务,如AFP、FTP、HTTP、IMAP、MS SQL、NetWare、NNTP、PcAnywhere、POP3、REXEC、RLOGIN、SMTPAUTH、SNMP、SSHv2、Telnet、VNC和Web Form等。

13.8.2 分析密码

在实现密码破解之前,介绍一下如何分析密码。分析密码的目的是通过从目标系统、组织中收集信息来获得一个较小的密码字典。

Ettercap是Linux下一个强大的欺骗工具,也适用于Windows。用户能够使用Ettercap工具快速地创建伪造的包,实现从网络适配器到应用软件各种级别的包,绑定监听数据到一个本地端口等。

使用Metasploit msfconsole的search_email_collector模块分析密码。通过该模块可以搜集一个组织相关的各种邮件信息。这些邮件信息有助于构建用户字典。

13.8.3 破解LM Hash

LM(LAN Manager)Hash是Windows操作系统最早使用的密码哈希算法之一。在Windows 2000、Windows XP、Windows Vista和Windows 7中使用了更先进的NTLMv2之前，这是唯一可用的版本。这些新的操作系统虽然可以支持使用LM Hash,但主要是为了提供向后兼容性。不过在Windows Vista和Windows 7中,该算法默认是被禁用的。

在Kali Linux中,可以使用findmyhash工具破解LM Hash密码。

13.8.4 绕过Utilman登录

Utilman是Windows辅助工具管理器。该程序是存放在Windows系统文件中最重要的文件,通常情况下是在安装系统过程中自动创建的,对于系统正常运行来说至关重要。在Windows下,使用Windows+U组合键可以调用Utilman进程。

13.8.5 破解纯文本密码工具

Mimikatz是一款强大的系统密码破解获取工具。该工具有段时间是作为一个独立程序运行的。现在已被添加到Metasploit框架中,并作为一个可加载的Meterpreter模块。当成功地获取到一个远程会话时,使用Mimikatz工具可以很快地恢复密码。

13.8.6 破解操作系统用户密码

当忘记操作系统的密码或者攻击某台主机时,需要知道该系统中某个用户的用户名和密码。本节将分别介绍破解Windows和Linux用户密码。

1. 破解Windows用户密码

Windows系统的用户名和密码保存在SAM(安全账号管理器)文件中。在基于NT内核的Windows系统中,包括Windows 2000及后续版本,这个文件保存在"C:\Windows\System32\Config"目录下。出于安全原因,微软特定添加了一些额外的安全措施将该文件保护了起来。首先,操作系统启动之后,SAM文件将同时被锁定。这意味着操作系统运行之时,用户无法打开或复制SAM文件。除了锁定,整个SAM文件还经过加密,且不可见。

现在有办法绕过这些限制。在远程计算机上,只要目标处于运行状态,就可以利用Meterpreter和SAM Juicer获取计算机上的散列文件。获得访问系统的物理权限之后,用户就可以在其上启动其他的操作系统,如USB或DVD-ROM设备上的Kali Linux。启动目标计算机进入到其他的操作系统之后,用户可以使用Kali中的John the Ripper工具来破解该Windows用户密码。

2. 破解Linux用户密码

破解Linux的密码基本上和破解Windows密码的方法非常类似,在该过程中只有一点不同,Linux系统没有使用SAM文件夹来保存密码散列。Linux系统将加密的密码散列包含在一个叫做shadow的文件里,该文件的绝对路径为/etc/shadow。不过,在使用John the Ripper破解/etc/shadow文件之前,还需要/etc/passwd文件。这和提取Windows密码散列需要system

文件和SAM文件是一样的道理。Johnthe Ripper自带了一个功能,它可以将shadow和passwd文件结合在一起,这样就可以使用该工具破解Linux系统的用户密码。

13.9 无线网渗透

无线网的渗透工具有如下5种:

1. 无线网络嗅探工具Kismet

要进行无线网络渗透测试,则必须先扫描所有有效的无线接入点。刚好在Kali Linux中,提供了一款嗅探无线网络工具Kismet,使用该工具可以测量周围的无线信号,并查看所有可用的无线接入点。

2. 无线网络破解工具Aircrack-ng

Aircrack-ng是一款基于破解无线802.11协议的WEP及WPA-PSK加密的工具。该工具主要用了两种攻击方式进行WEP破解。一种是FMS攻击,该攻击方式是以发现该WEP漏洞的研究人员名字(Scott Fluhrer、Itsik Mantin及Adi Shamir)命名的;另一种是Korek攻击,该攻击方式是通过统计进行攻击的,并且该攻击的效率要远高于FMS攻击。

3. 无线网络破解工具Gerix Wifi Cracker

Gerix Wifi Cracker是另一个aircrack图形用户界面的无线网络破解工具。

4. 无线网络破解工具Wifite

一些破解无线网络程序使用的是Aircrack-ng工具集,并添加了一个图形界面或使用文本菜单的形式来破解无线网络。

5. 无线网络攻击工具Easy-Creds

Easy-Creds是一个菜单式的破解工具。该工具允许用户打开一个无线网卡,并能实现一个无线接入点攻击平台。Easy-Creds可以创建一个欺骗访问点,并作为一个中间人攻击类型运行,进而分析用户的数据流和账户信息。它可以从SSL加密数据中恢复账户。

13.10 攻击路由器

前面介绍的各种工具都是通过直接破解密码来连接到无线网络。由于在一个无线网络环境的所有设备中,路由器是最重要的设备之一。通常用户为了保护路由器的安全,会设置一个比较复杂的密码。甚至一些用户可能会使用路由器的默认用户名和密码。但是,路由器本身就存在一些漏洞。如果用户觉得对复杂的密码着手可能不太容易。这时候,就可以利用路由器自身存在的漏洞实施攻击。

Routerpwn可能是使用起来最容易的一个工具。它用来查看路由器的漏洞。Routerpwn不包括在Kali中,它只是一个网站。其官网地址为http://routerpwn.com/。该网站提供的漏洞涉及很多厂商的路由器。

可以看到有很多厂商的路由器，如国内常用的D-Link、Huawei、Netgear和TP-Link等。根据自己的目标路由器选择相应生产厂商。

13.11 ARP欺骗工具

Arpspoof是一个非常好用的ARP欺骗的源代码程序。它的运行不会影响整个网络的通信，该工具通过替换传输中的数据从而达到对目标的欺骗。

URL流量操作非常类似于中间人攻击，通过目标主机将路由流量注入因特网。该过程将通过ARP注入实现攻击。

端口重定向又叫端口转发或端口映射。端口重定向接收到一个端口数据包的过程（如80端口），并且重定向它的流量到不同的端口（如8080）。实现这种类型攻击的好处就是可以无止境的，因为可以随着它重定向安全的端口到未加密端口，重定向流量到指定设备的一个特定端口上。

习　题

实践题：熟练掌握本章节介绍的工具的安装和使用，并在模拟环境中反复练习。

第14章　网络分析技术

掌握TCP/IP协议原理；熟练使用TCPDump和Wireshark进行协议分析。

在一个网络中，可能每天都在发生各种各样问题，从简单的网络中断，到复杂的网络安全故障。我们永远不可能立即解决所有问题，只能期盼充分准备好相关知识和工具，能够快速响应各种类型的故障。网络抓包应该是每个技术人员掌握的基础知识，无论是技术支持、运维人员或者是研发人员，多少都会遇到需要抓包的情况。网络安全工程师常用的两个抓包工具是TCPDump和Wireshark，主要用于故障排查、攻击监控和安全取证。

14.1　TCPDump使用教程

TCPDump是非常强大的网络安全分析工具，可以将网络上截获的数据包保存到文件以备分析。可以定义过滤规则，只截获感兴趣的数据包，以减少输出文件大小和数据包分析时的装载和处理时间。Linux上可安装TCPDump软件，大部分网络安全设备如防火墙、IPS等设备已经内置了该软件，天融信NGFW防火墙通过SSH进入命令行界面，在system目录下可运行tcpdump命令，具体可查阅相关产品手册。

14.1.1　系统安装

在Linux系统上安装Tcpdump，通过yum命令即可：

```
yum install tcpdump-y
```

很多安全设备已经内置了tcpdump命令。

14.1.2　显示版本与帮助

安装好Tcpdump后，第一件事就是查看Tcpdump版本。查看命令为：

```
tcpdump--version|tcpdump-h
```

结果不光显示了版本号，还给出了tcpdump命令的一些用法，也可以通过man查看tcpdump或者到TCPDump官方查看帮助文档，文档里还给出了一些常用命令的示例，如图14.1所示。

```
[root@shiyanshi yum.repos.d]# tcpdump --version
tcpdump version 4.1-PRE-CVS_2016_05_10
libpcap version 1.4.0
Usage: tcpdump [-aAdDefhIJKlLnNOpqRStuUvxX] [ -B size ] [ -c count ]
                [ -C file_size ] [ -E algo:secret ] [ -F file ] [ -G seconds ]
                [ -i interface ] [ -j tstamptype ] [ -M secret ]
                [ -Q|-P in|out|inout ]
                [ -r file ] [ -s snaplen ] [ -T type ] [ -w file ]
                [ -W filecount ] [ -y datalinktype ] [ -z command ]
                [ -Z user ] [ expression ]
```

图 14.1

14.1.3 常用抓包命令

TCPDump常用的抓包命令如下：

（1）-D：列出当前系统上可以进行抓包的设备，如图14.2所示。

```
[root@shiyanshi yum.repos.d]# tcpdump -D
1.eth0
2.nflog (Linux netfilter log (NFLOG) interface)
3.nfqueue (Linux netfilter queue (NFQUEUE) interface)
4.any (Pseudo-device that captures on all interfaces)
5.lo
```

图 14.2

（2）-i：指定一个需要进行抓包的设备。

如"tucdump -i eth0"，每一行都是一个数据包的信息，由多个字段组成，第1个字段是时间；第2个是IP协议，IPv4显示为IP，IPv6显示为IP6；第3个和4个分别是源地址与目标地址；第5个字段是TCP协议里的Flags；剩下几个字段就是包的详细信息以及最后length包的长度，0代表没有数据。如图14.3所示。

```
[root@shiyanshi ~]# tcpdump -i eth0 -n
tcpdump: verbose output suppressed, use -v or -vv for full protocol decode
listening on eth0, link-type EN10MB (Ethernet), capture size 65535 bytes
08:17:12.872615 IP 117.174.86.146.22261 > 10.146.172.28.ssh: Flags [.], ack 2743378526, win 254, length 0
08:17:12.903637 IP 10.146.172.28.ssh > 117.174.86.146.22261: Flags [P.], seq 1:241, ack 0, win 163, length 240
08:17:12.909069 IP 10.146.172.28.ssh > 117.174.86.146.22261: Flags [P.], seq 241:545, ack 0, win 163, length 304
08:17:12.909559 IP 10.146.172.28.ssh > 117.174.86.146.22261: Flags [P.], seq 545:753, ack 0, win 163, length 208
08:17:12.910574 IP 10.146.172.28.ssh > 117.174.86.146.22261: Flags [P.], seq 753:961, ack 0, win 163, length 208
08:17:12.911572 IP 10.146.172.28.ssh > 117.174.86.146.22261: Flags [P.], seq 961:1169, ack 0, win 163, length 208
08:17:12.912596 IP 10.146.172.28.ssh > 117.174.86.146.22261: Flags [P.], seq 1169:1377, ack 0, win 163, length 208
08:17:12.913588 IP 10.146.172.28.ssh > 117.174.86.146.22261: Flags [P.], seq 1377:1585, ack 0, win 163, length 208
08:17:12.914599 IP 10.146.172.28.ssh > 117.174.86.146.22261: Flags [P.], seq 1585:1793, ack 0, win 163, length 208
08:17:12.915590 IP 10.146.172.28.ssh > 117.174.86.146.22261: Flags [P.], seq 1793:2001, ack 0, win 163, length 208
08:17:12.916558 IP 10.146.172.28.ssh > 117.174.86.146.22261: Flags [P.], seq 2001:2209, ack 0, win 163, length 208
```

图 14.3

（3）-n：不解析主机名，直接显示IP信息。

（4）-q：仅显示主要信息，多余字段（如TCPFlags）不做输出。如图14.4所示。

```
[root@shiyanshi ~]# tcpdump -i eth0 -nq
tcpdump: verbose output suppressed, use -v or -vv for full protocol decode
listening on eth0, link-type EN10MB (Ethernet), capture size 65535 bytes
08:17:18.864134 IP 10.146.172.28.ssh > 117.174.86.146.22261: tcp 240
08:17:18.864322 IP 10.146.172.28.ssh > 117.174.86.146.22261: tcp 160
08:17:18.864606 IP 10.146.172.28.ssh > 117.174.86.146.22261: tcp 160
08:17:18.864676 IP 10.146.172.28.ssh > 117.174.86.146.22261: tcp 160
08:17:18.864743 IP 10.146.172.28.ssh > 117.174.86.146.22261: tcp 160
08:17:18.864807 IP 10.146.172.28.ssh > 117.174.86.146.22261: tcp 160
08:17:18.864884 IP 10.146.172.28.ssh > 117.174.86.146.22261: tcp 160
08:17:18.864952 IP 10.146.172.28.ssh > 117.174.86.146.22261: tcp 160
08:17:18.865016 IP 10.146.172.28.ssh > 117.174.86.146.22261: tcp 160
```

图 14.4

(5) -v|-vvv:和q相反,会显示更详细的信息,3个v信息最详细。

(6) -c:指定抓包个数,比如"tcpdump-c5",只抓5个数据包,而不会持续进行抓包。

(7) -A:把包内的详细数据也显示出来,没加密的数据都会被抓出来,包括密码。如图14.5所示。

```
[root@server ~]# tcpdump -nq -i eth0 -A port 80
tcpdump: verbose output suppressed, use -v or -vv for full protocol decode
listening on eth0, link-type EN10MB (Ethernet), capture size 65535 bytes
09:14:13.618477 IP 192.168.44.129.43845 > 123.125.114.144.http: tcp 0
E..<B.@.@.....,.{}r..E.PD..R......9..3.........
...........
09:14:13.659182 IP 123.125.114.144.http > 192.168.44.129.43845: tcp 0
E..,'.....7.{}r...,..P.E..R_D..S`............
09:14:13.659232 IP 192.168.44.129.43845 > 123.125.114.144.http: tcp 0
E..(B.@.@.....,.{}r..E.PD..S..R`P.9.v0..
09:14:13.659588 IP 192.168.44.129.43845 > 123.125.114.144.http: tcp 172
...{}r..E.PD..S..R`P.9.....GET / HTTP/1.1
User-Agent: curl/7.19.7 (x86_64-redhat-linux-gnu) libcurl/7.19.7 NSS/3.19.1
Host: baidu.com
Accept: */*

09:14:13.659705 IP 123.125.114.144.http > 192.168.44.129.43845: tcp 0
E..('.....7.{}r...,..P.E..R`D...P.............
09:14:13.697283 IP 123.125.114.144.http > 192.168.44.129.43845: tcp 305
E..Y'.....6.{}r...,..P.E..R`D...P.......HTTP/1.1 200 OK
Date: Sat, 08 Oct 2016 02:19:11 GMT
Server: Apache
Last-Modified: Tue, 12 Jan 2010 13:48:00 GMT
ETag: "51-47cf7e6ee8400"
Accept-Ranges: bytes
Content-Length: 81
Cache-Control: max-age=86400
Expires: Sun, 09 Oct 2016 02:19:11 GMT
Connection: Keep-Alive
Content-Type: text/html
```

图14.5

(8) -w:把tcpdump的抓包内容存到指定文本中,方便以后读取。如"tcpdump-ieth0port80-c10-wtcpdump.pcap",通常情况下将tcpdump抓包文件后缀定义为pcap。

(9) -r:读取之前保存的pcap文件,读取的时候也可以加选项,如"tcpdump-rtcpdump.pcap-A"。

(10) -C filesize|-W filecount|-G seconds:分别表示-w所记录的抓包数据文本的大小、文本的个数以及多少秒创建一次文本。

tcpdump的过滤表达式(使用表达式可以灵活的定义抓包条件,如端口、目标IP、源IP等,表达式一般写在命令的末尾)如下:

(1) port:后面接上指定的端口号,这样可以对指定端口的数据抓包,图14.6是本机用curl访问baidu后的抓包信息,可以看到本机192.168.44.129发出的请求以及收到220.181.57.217的返回数据。

```
[root@server ~]# tcpdump -i eth0 -qn port 80
tcpdump: verbose output suppressed, use -v or -vv for full protocol decode
listening on eth0, link-type EN10MB (Ethernet), capture size 65535 bytes
08:51:16.066026 IP 192.168.44.129.52196 > 220.181.57.217.http: tcp 0
08:51:16.200402 IP 220.181.57.217.http > 192.168.44.129.52196: tcp 0
08:51:16.200509 IP 192.168.44.129.52196 > 220.181.57.217.http: tcp 0
08:51:16.200789 IP 192.168.44.129.52196 > 220.181.57.217.http: tcp 172
08:51:16.200917 IP 220.181.57.217.http > 192.168.44.129.52196: tcp 0
08:51:16.351293 IP 220.181.57.217.http > 192.168.44.129.52196: tcp 305
08:51:16.351351 IP 192.168.44.129.52196 > 220.181.57.217.http: tcp 0
08:51:16.352466 IP 220.181.57.217.http > 192.168.44.129.52196: tcp 81
08:51:16.352474 IP 192.168.44.129.52196 > 220.181.57.217.http: tcp 0
08:51:16.352834 IP 192.168.44.129.52196 > 220.181.57.217.http: tcp 0
08:51:16.352955 IP 220.181.57.217.http > 192.168.44.129.52196: tcp 0
08:51:16.969516 IP 220.181.57.217.http > 192.168.44.129.52196: tcp 0
08:51:16.969602 IP 192.168.44.129.52196 > 220.181.57.217.http: tcp 0
```

图14.6

(2) host ip:指定需要抓包的主机,如“host192.168.44.129”。

(3) net range:指定IP地址的范围,如“net192.168.44”或“192.168.44.0/24”。

(4) udp|tcp|icmp:抓取udp或者tcp或者icmp协议的数据包。

(5) src ip:源地址,只对指定源地址进行抓包。

(6) dst ip:目标地址,只对指定目标地址进行抓包。

tcpdump复合表达式如下:

and|or|not,可以将多个表达式组合一起,如:

tcpdump -i eht0 -nqport80orport443

tcpdump -i eht0 -nq'srchost192.168.44.129and(dstport80or443)'

14.1.4 使用实例

(1) 想要截获所有210.27.48.1的主机收到的和发出的所有的数据包,使用如下命令:

#tcpdump host 210.27.48.1

(2) 想要截获主机210.27.48.1和主机210.27.48.2或210.27.48.3的通信,使用如下命令(在命令行中适用圆括号时,一定要使用反斜线转义):

#tcpdump host 210.27.48.1 and\(210.27.48.2 or 210.27.48.3\)

(3) 如果想要获取主机210.27.48.1除了和主机210.27.48.2之外所有主机通信的IP包,使用如下命令:

#tcpdump ip host 210.27.48.1 and !210.27.48.2

(4) 如果想要获取主机210.27.48.1接收或发出的telnet包,使用如下命令:

#tcpdump tcp port 23 host 210.27.48.1

(5) 对本机的udp123端口进行监视123为ntp的服务端口,使用如下命令:

#tcpdump udp port 123

(6) 系统将只对名为hostname的主机的通信数据包进行监视。主机名可以是本地主机,也可以是网络上的任何一台计算机。下面的命令可以读取主机hostname发送的所有数据:

#tcpdump -i eth0 src host hostname

(7) 下面的命令可以监视所有送到主机hostname的数据包:

#tcpdump -i eth0 dst host hostname

(8) 我们还可以监视通过指定网关的数据包,使用如下命令:

```
#tcpdump -i eth0 gateway Gatewayname
```

(9) 如果想监视编址到指定端口的TCP或UDP数据包,那么执行以下命令:

```
#tcpdump -i eth0 host hostname and port 80
```

(10) 如果想要获取主机210.27.48.1除了和主机210.27.48.2之外所有主机通信的IP包,使用命令:

```
#tcpdump ip host 210.27.48.1 and !210.27.48.2
```

(11) 如果想要获取主机210.27.48.1接收或发出的telnet包,使用如下命令:

```
#tcpdump tcp port 23 host 210.27.48.1
```

(12) 如果我们只需要列出送到80端口的数据包,用dstport;如果我们只希望看到返回80端口的数据包,用srcport。

```
#tcpdump -i eth0 host hostname and dst port80#目的端口是80
#tcpdump -i eth0 host hostname and src port80#源端口是80
```

14.2 Wireshark教程

Wireshark(以前称Ethereal)是一个网络包分析工具。该工具主要是用来捕获网络包,并显示包的详细情况。本章将介绍Wireshark的基础知识。

Wireshark工具的主要用途包括:网络管理员用来解决网络问题;网络安全工程师用来检测安全隐患;开发人员用来测试协议执行情况;用来学习网络协议。

Wireshark工具的特点主要有:

① 支持UNIX和Windows平台。

② 在接口实时捕捉包。

③ 能详细显示包的详细协议信息。

④ 可以打开/保存捕捉的包。

⑤ 可以导入导出其他捕捉程序支持的包数据格式。

⑥ 可以通过多种方式过滤包。

⑦ 可以通过多种方式查找包。

⑧ 通过过滤以多种色彩显示包。

⑨ 创建多种统计分析。

14.2.1.1 安装

网上很多下载安装包,请自行下载安装。

14.2.1.2 使用

1. 打开主界面

主界面如图14.1所示。

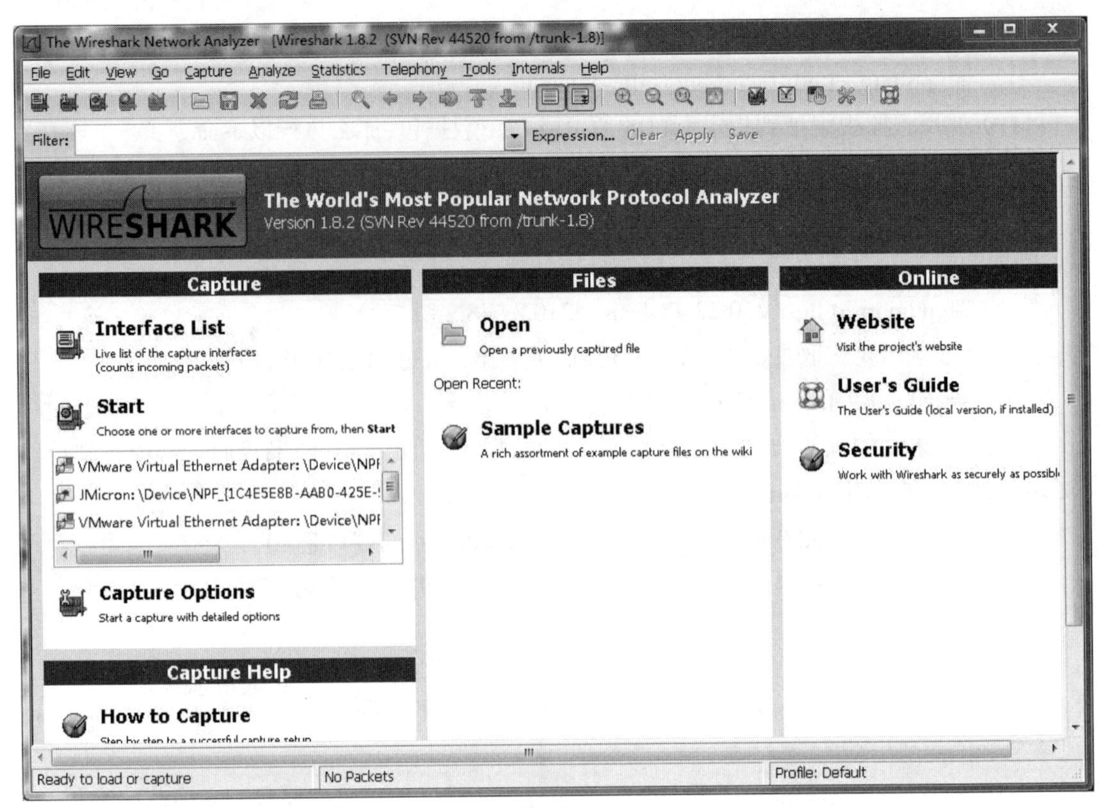

图14.7

2. 开始抓包

Wireshark是捕获机器上的某一块网卡的网络包，当你的机器上有多块网卡的时候，你需要选择一个网卡。

点击“Caputre”→“Interfaces”，出现如图14.8所示的对话框，选择正确的网卡。然后点击“Start”按钮，开始抓包。

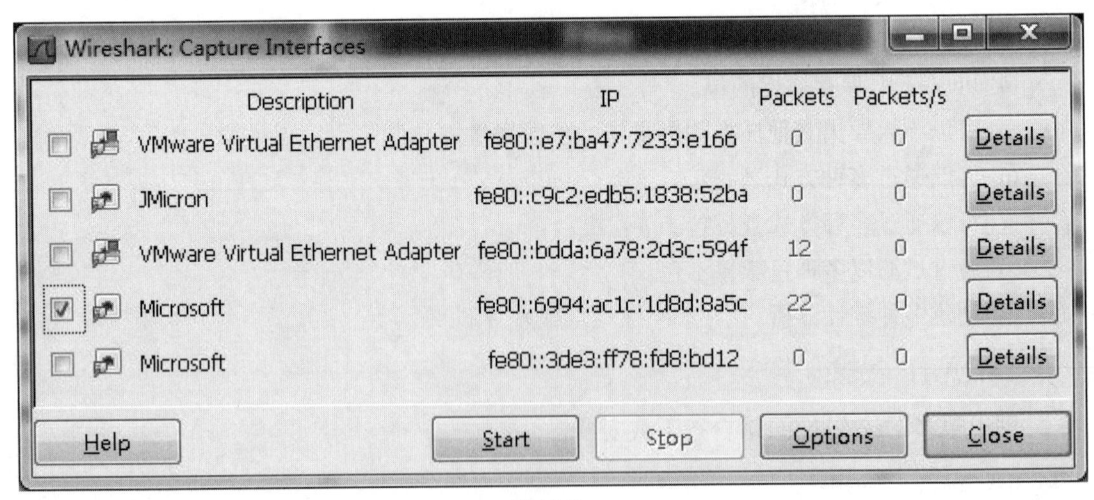

图14.8

14.2.1.3 界面

Wireshark窗口如图14.9所示。主要分为如下界面:

(1) Display Filter(显示过滤器),用于过滤数据包。

(2) Packet List Pane(封包列表),显示捕获到的封包,有源地址和目标地址,端口号。颜色不同,代表不同类型。

(3) Packet Details Pane(封包详细信息),显示封包中的字段。

(4) Dissector Pane(16进制数据)。

(5) Miscellanous(地址栏,杂项)。

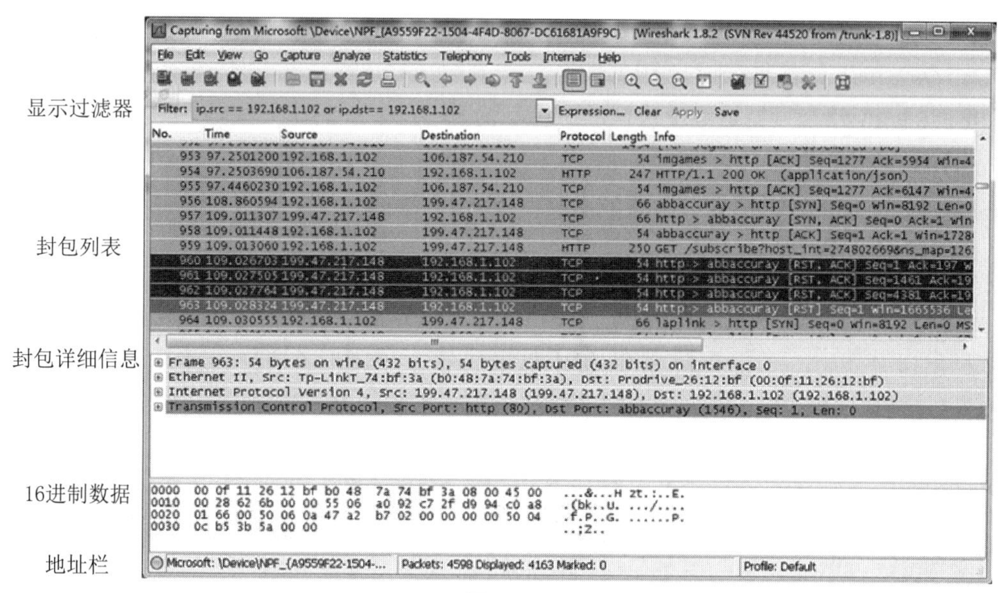

图14.9

14.2.1.4 过滤

使用过滤是非常重要的,初学者使用wireshark时,将会得到大量的冗余信息,在几千甚至几万条记录中,很难找到自己需要的部分。

过滤器会帮助我们在大量的数据中迅速找到我们需要的信息。过滤器有两种,一种是显示过滤器,就是主界面上那个,用来在捕获的记录中找到所需要的记录;另一种是捕获过滤器,用来过滤捕获的封包,以免捕获太多的记录。在"Capture"→"Capture Filters"中设置,在Filter栏上,填好Filter的表达式后,点击"Save"按钮,取个名字,如"Filter102",如图14.10所示。于是,Filter栏上就多了个"Filter102"的按钮,如图14.11所示。

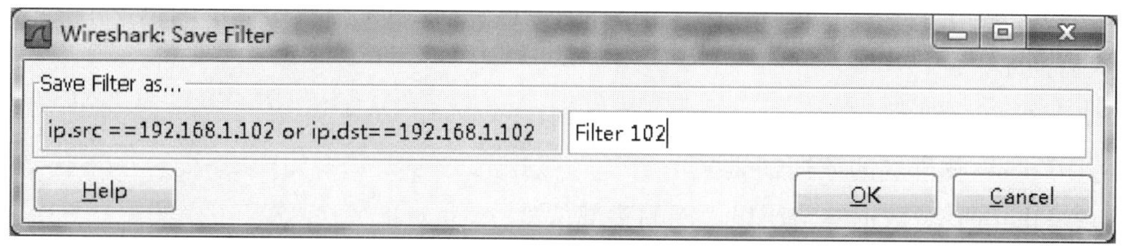

图14.10

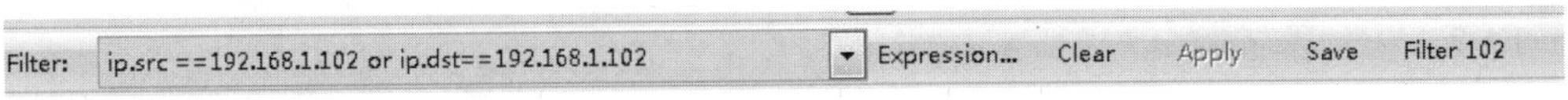

Filter: ip.src ==192.168.1.102 or ip.dst==192.168.1.102 Expression... Clear Apply Save Filter 102

图14.11

过滤表达式的规则如下：

(1) 协议过滤

例如TCP，只显示TCP协议。

(2) IP过滤

例如ip.src==192.168.1.102，显示源地址为192.168.1.102。

ip.dst==192.168.1.102，显示目标地址为192.168.1.102。

(3) 端口过滤

tcp.port==80，只显示端口为80的。

tcp.srcport==80，只显示TCP协议的源端口为80的。

(4) Http模式过滤

http.request.method=="GET"，只显示HTTPGET方法的。

(5) 逻辑运算符为and/or

14.2.1.5 封包列表

封包列表(Packet List Pane)的面板中显示编号、时间戳、源地址、目标地址、协议、长度以及封包信息，如图14.12所示。不同的协议使用了不同的颜色显示。

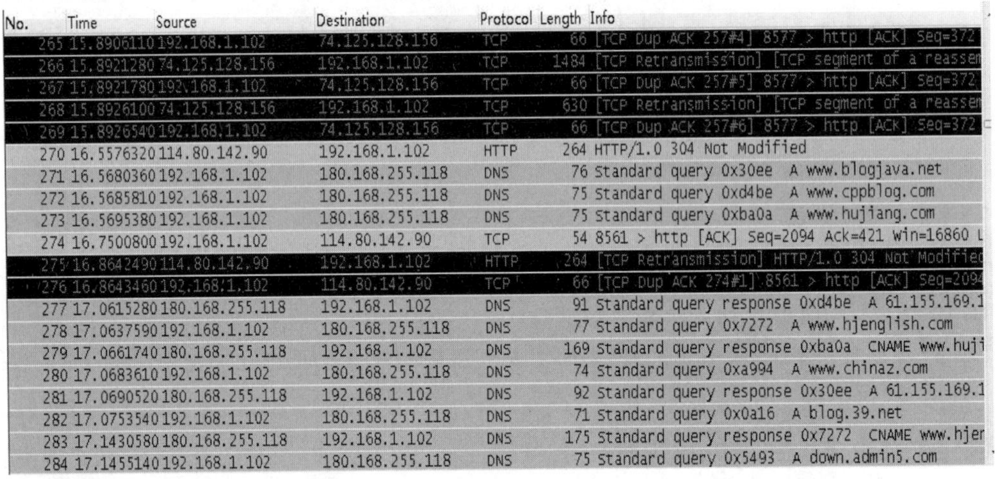

No.	Time	Source	Destination	Protocol	Length	Info
265	15.8906110	192.168.1.102	74.125.128.156	TCP	66	[TCP Dup ACK 257#4] 8577 > http [ACK] Seq=372
266	15.8921280	74.125.128.156	192.168.1.102	TCP	1484	[TCP Retransmission] [TCP segment of a reassem
267	15.8921780	192.168.1.102	74.125.128.156	TCP	66	[TCP Dup ACK 257#5] 8577 > http [ACK] Seq=372
268	15.8926100	74.125.128.156	192.168.1.102	TCP	630	[TCP Retransmission] [TCP segment of a reassem
269	15.8926540	192.168.1.102	74.125.128.156	TCP	66	[TCP Dup ACK 257#6] 8577 > http [ACK] Seq=372
270	16.5576320	114.80.142.90	192.168.1.102	HTTP	264	HTTP/1.0 304 Not Modified
271	16.5680360	192.168.1.102	180.168.255.118	DNS	76	Standard query 0x30ee A www.blogjava.net
272	16.5685810	192.168.1.102	180.168.255.118	DNS	75	Standard query 0xd4be A www.cppblog.com
273	16.5695380	192.168.1.102	180.168.255.118	DNS	75	Standard query 0xba0a A www.hujiang.com
274	16.7500800	192.168.1.102	114.80.142.90	TCP	54	8561 > http [ACK] Seq=2094 Ack=421 Win=16860 L
275	16.8642490	114.80.142.90	192.168.1.102	HTTP	264	[TCP Retransmission] HTTP/1.0 304 Not Modifie
276	16.8643460	192.168.1.102	114.80.142.90	TCP	66	[TCP Dup ACK 274#1] 8561 > http [ACK] Seq=2094
277	17.0615280	180.168.255.118	192.168.1.102	DNS	91	Standard query response 0xd4be A 61.155.169.1
278	17.0637590	192.168.1.102	180.168.255.118	DNS	77	Standard query 0x7272 A www.hjenglish.com
279	17.0661740	180.168.255.118	192.168.1.102	DNS	169	Standard query response 0xba0a CNAME www.huji
280	17.0683610	192.168.1.102	180.168.255.118	DNS	74	Standard query 0xa994 A www.chinaz.com
281	17.0690520	180.168.255.118	192.168.1.102	DNS	92	Standard query response 0x30ee A 61.155.169.1
282	17.0753540	192.168.1.102	180.168.255.118	DNS	71	Standard query 0x0a16 A blog.39.net
283	17.1430580	180.168.255.118	192.168.1.102	DNS	175	Standard query response 0x7272 CNAME www.hjer
284	17.1455140	192.168.1.102	180.168.255.118	DNS	75	Standard query 0x5493 A down.admin5.com

图14 12

用户可以修改这些显示颜色的规则，方法为："View"→"ColoringRules"。

封包详细信息面板(packet details pane)是最重要的，用于查看协议中的每一个字段，如图14.13所示。

各行信息分别为：

① Frame：物理层的数据帧概况。

② Ethernet II：数据链路层以太网帧头部信息。

③ Internet Protocol Version 4：互联网层IP包头部信息。

④ Transmission Control Protocol：传输层的数据段头部信息，此处是TCP。

⑤ Hypertext Transfer Protocol：应用层的信息，此处是HTTP协议。

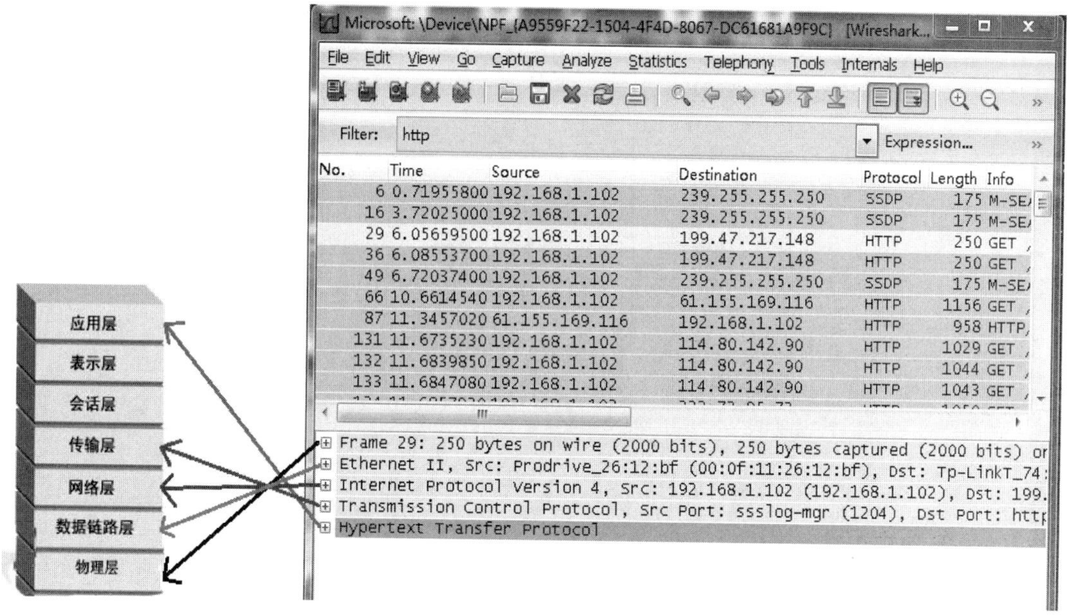

图14.13

从图14.14可以看到Wireshark捕获到的TCP包中的每个字段。

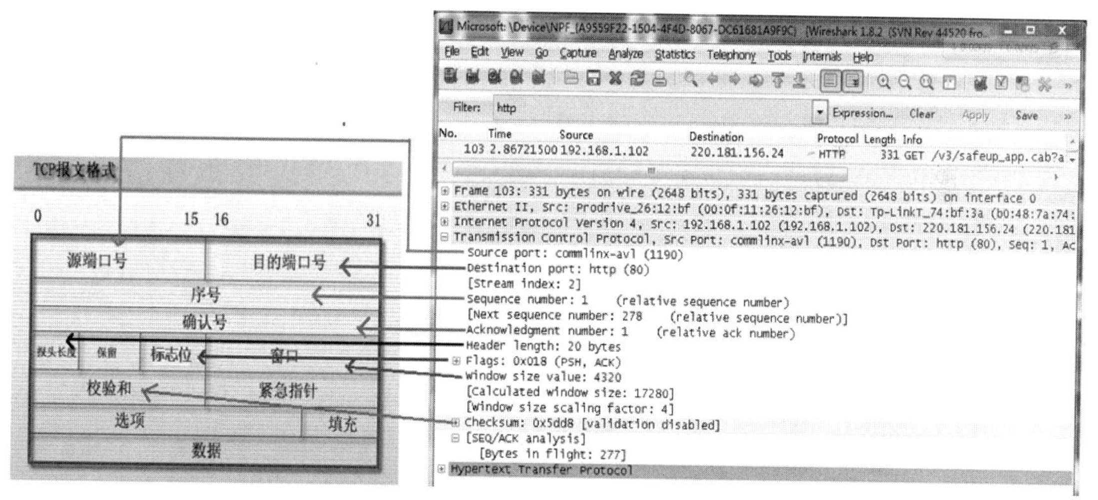

图14.14

14.2.2 3次握手

3次握手过程如图14.15所示。

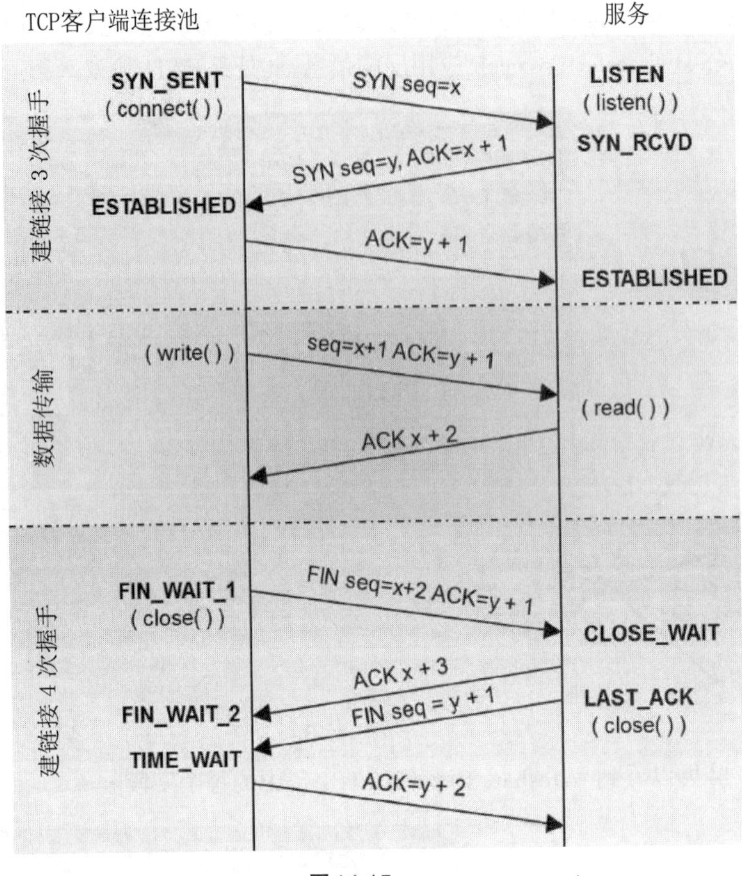

图14.15

下面用Wireshark实际分析新建连接3次握手的过程。

打开Wireshark,打开浏览器输入http://www.topsec.com.cn。

在Wireshark中输入http过滤,然后选中GET/HTTP/1.1的那条记录,右键然后点击"Follow TCP Stream",如图14.16所示。

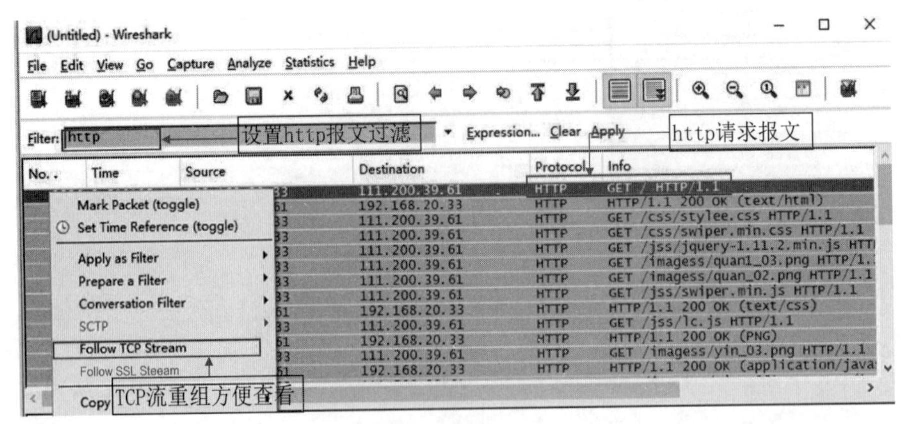

图14.16

这样做的目的是为了得到与浏览器打开网站相关的数据包(图14.17)。图中可以看到Wireshark截获到了3次握手的3个数据包。第四个包才是HTTP的,这说明HTTP的确是使用TCP建立连接的。

(Untitled) - Wireshark

File Edit View Go Capture Analyze Statistics Help

Filter: (ip.addr eq 192.168.20.33 and ip.addr eq 111.2 Expression... Clear Apply

3次握手过程

No.	Time	Source	Destination	Protocol	Info
2311	3.254103	192.168.20.33	111.200.39.61	TCP	8727 > http [SYN] Seq=0 Len=0 MSS
2316	3.318830	111.200.39.61	192.168.20.33	TCP	http > 8727 [SYN, ACK] Seq=0 Ack=
2317	3.318921	192.168.20.33	111.200.39.61	TCP	8727 > http [ACK] Seq=1 Ack=1 Win
2320	3.319105	192.168.20.33	111.200.39.61	HTTP	GET / HTTP/1.1
2329	3.344542	111.200.39.61	192.168.20.33	TCP	http > 8727 [ACK] Seq=1 Ack=451 W
2330	3.362422	111.200.39.61	192.168.20.33	TCP	[TCP segment of a reassembled PDU
2331	3.362487	192.168.20.33	111.200.39.61	TCP	8727 > http [ACK] Seq=451 Ack=144
2332	3.362606	111.200.39.61	192.168.20.33	TCP	[TCP segment of a reassembled PDU
2333	3.362648	192.168.20.33	111.200.39.61	TCP	8727 > http [ACK] Seq=451 Ack=288
2334	3.363178	111.200.39.61	192.168.20.33	TCP	[TCP segment of a reassembled PDU
2335	3.363179	111.200.39.61	192.168.20.33	HTTP	HTTP/1.1 200 OK (text/html)
2336	3.363258	192.168.20.33	111.200.39.61	TCP	8727 > http [ACK] Seq=451 Ack=457
2396	3.377813	192.168.20.33	111.200.39.61	HTTP	GET /jss/swiper.min.js HTTP/1.1

图14.17

1. 第一次握手数据包

客户端发送一个TCP,标志位为SYN,序列号为0,代表客户端请求建立连接,如图14.18所示。

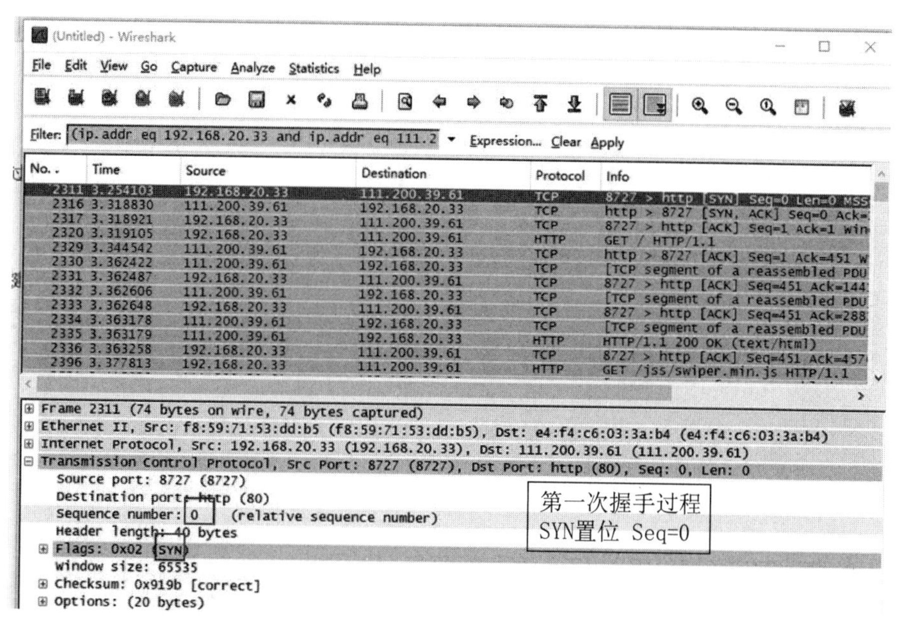

图14.18

2. 第二次握手的数据包

服务器发回确认包,标志位为SYN,ACK,将确认序号(Acknowledgement Number)设置为客户的ISN加1,即0+1=1,如图14.19所示。

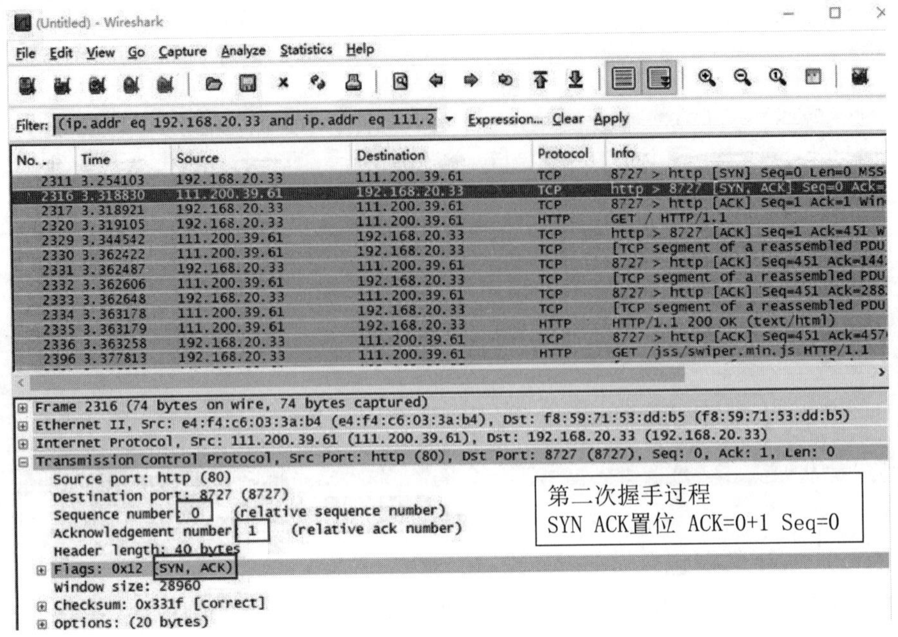

图 14.19

3. 第三次握手的数据包

客户端再次发送确认包(ACK)SYN标志位为0,ACK标志位为1,把服务器发来ACK的序号字段+1,放在确定字段中发送给对方,并且在数据段放写ISN的+1,如图14.20所示。

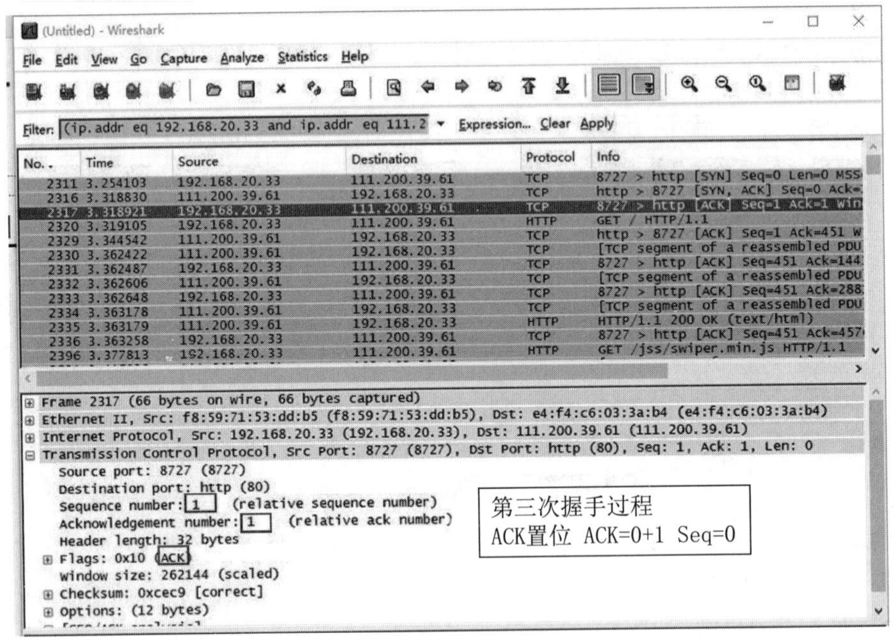

图 14.20

就这样通过了TCP 3次握手,建立了连接,如图14.21所示。

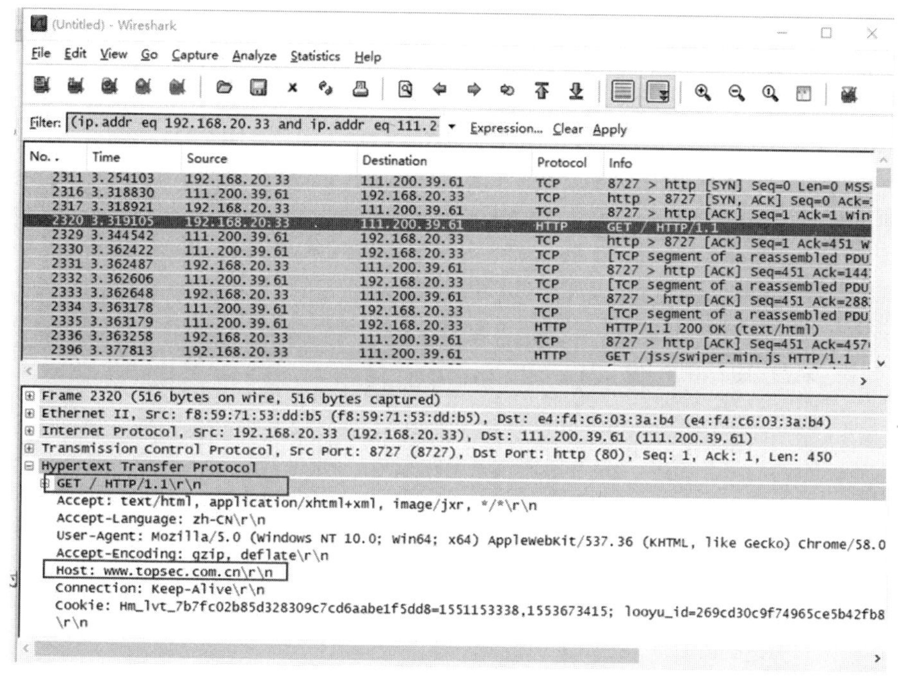

图14.21

14.2.3 网络安全应用案例

在实际工作中很多信息系统会遭受来自内部或外部的网络恶意流量攻击，可以使用Wireshark发现各种攻击。首先要识别正常流量和异常流量。常见的恶意流量包括ARP/IP/TCP扫描流量，TCP标记异常流量，源目的地址或端口号异常流量等。

14.2.4 分析ARP攻击

在局域网中，是通过ARP协议来完成IP地址转换为第二层物理地址(即MAC地址)的。ARP协议对网络安全具有重要的意义。通过伪造IP地址和MAC地址实现ARP欺骗，能够在网络中产生大量的ARP通信量使网络阻塞或者实现“man in the middle”进行ARP重定向和嗅探攻击。

用伪造源MAC地址发送ARP响应包，对ARP高速缓存机制的攻击。

每个主机都用一个ARP高速缓存存放最近IP地址到MAC硬件地址之间的映射记录。MS Windows高速缓存中的每一条记录(条目)的生存时间一般为60秒，起始时间从被创建时开始算起。

默认情况下，ARP从缓存中读取IP-MAC条目，缓存中的IP-MAC条目是根据ARP响应包动态变化的。因此，只要网络上有ARP响应包发送到本机，即会更新ARP高速缓存中的IP-MAC条目。

攻击者只要持续不断地发出伪造的ARP响应包就能更改目标主机ARP缓存中的IP-MAC条目，造成网络中断或中间人攻击。

14.2.4.1 实验环境说明

服务器:192.168.20.210;MAC:00-0c-29-d7-01-ec。

测试机(安装Wireshark):192.168.20.33;MAC: F8-59-71-53-DD-B5。

攻击机(Kali):192.168.20.220;MAC: 00:0c:29:8b:47:23。

测试机上ping 服务器(图14.22):

```
C:\Users\LC>ping 192.168.20.210 -t

正在 Ping 192.168.20.210 具有 32 字节的数据:
来自 192.168.20.210 的回复: 字节=32 时间<1ms TTL=128
来自 192.168.20.210 的回复: 字节=32 时间<1ms TTL=128
来自 192.168.20.210 的回复: 字节=32 时间<1ms TTL=128
来自 192.168.20.210 的回复: 字节=32 时间<1ms TTL=128
来自 192.168.20.210 的回复: 字节=32 时间<1ms TTL=128
来自 192.168.20.210 的回复: 字节=32 时间<1ms TTL=128
```

图14.22

在命令行cmd中输入 arp －a(图14.23):

```
C:\Users\LC>arp -a

接口: 169.254.222.236 --- 0x4
  Internet 地址         物理地址              类型
  224.0.0.22            01-00-5e-00-00-16     静态
  239.255.255.250       01-00-5e-7f-ff-fa     静态
  255.255.255.255       ff-ff-ff-ff-ff-ff     静态

接口: 169.254.157.224 --- 0xc
  Internet 地址         物理地址              类型
  224.0.0.22            01-00-5e-00-00-16     静态
  239.255.255.250       01-00-5e-7f-ff-fa     静态
  255.255.255.255       ff-ff-ff-ff-ff-ff     静态

接口: 192.168.20.33 --- 0x11
  Internet 地址         物理地址              类型
  192.168.20.1          e4-f4-c6-03-3a-b4     动态
  192.168.20.51         30-52-cb-50-c1-71     动态
  192.168.20.210        00-0c-29-d7-01-ec     动态
  192.168.20.220        f8-59-71-53-dd-b5     动态
  192.168.20.249        00-50-56-b6-fc-d2     动态
```

图14.23

在攻击机中开启ARP欺骗(图14.24):

```
root@kali001-64:~# arpspoof -i eth0 -t 192.168.20.33 192.168.20.210
0:c:29:8b:47:23 f8:59:71:53:dd:b5 0806 42: arp reply 192.168.20.210 is-at 0:c:29:8b:47:
23
0:c:29:8b:47:23 f8:59:71:53:dd:b5 0806 42: arp reply 192.168.20.210 is-at 0:c:29:8b:47:
23
0:c:29:8b:47:23 f8:59:71:53:dd:b5 0806 42: arp reply 192.168.20.210 is-at 0:c:29:8b:47:
23
```

图14.24

攻击机发送ARP广播,欺骗服务器MAC地址。测试机器无法ping通服务器(图14.25)。

```
来自 192.168.20.210 的回复: 字节=32 时间<1ms TTL=128
来自 192.168.20.210 的回复: 字节=32 时间<1ms TTL=128
来自 192.168.20.210 的回复: 字节=32 时间<1ms TTL=128
来自 192.168.20.210 的回复: 字节=32 时间<1ms TTL=128
来自 192.168.20.210 的回复: 字节=32 时间<1ms TTL=128
请求超时。
请求超时。
请求超时。
请求超时。
请求超时。
```

图 14.25

14.2.4.2 攻击抓包分析

测试机上抓包,采用arp.src.proto_ipv4 == 192.168.20.210过滤器,发现192.168.20.210上有两个MAC地址,如图14.26所示。可以确认是ARP欺骗攻击,图14.27中框内的就是攻击主机MAC,可以查找MAC表找到对应主机。

```
17207 40.835092  f8:59:71:53:dd:b5  f8:59:71:53:dd:b5  ARP  192.168.20.210 is at 00:0c:29:d7:01:ec
18994 43.613642  f8:59:71:53:dd:b5  f8:59:71:53:dd:b5  ARP  192.168.20.210 is at 00:0c:29:8b:47:23
20175 45.615741  f8:59:71:53:dd:b5  f8:59:71:53:dd:b5  ARP  192.168.20.210 is at 00:0c:29:8b:47:23
21250 47.619611  f8:59:71:53:dd:b5  f8:59:71:53:dd:b5  ARP  192.168.20.210 is at 00:0c:29:8b:47:23
22484 49.621447  f8:59:71:53:dd:b5  f8:59:71:53:dd:b5  ARP  192.168.20.210 is at 00:0c:29:8b:47:23
23544 51.622300  f8:59:71:53:dd:b5  f8:59:71:53:dd:b5  ARP  192.168.20.210 is at 00:0c:29:8b:47:23
24011 53.623509  f8:59:71:53:dd:b5  f8:59:71:53:dd:b5  ARP  192.168.20.210 is at 00:0c:29:8b:47:23
```

图 14.26

```
18994 43.613642  f8:59:71:53:dd:b5  f8:59:71:53:dd:b5  ARP  192.168.20.210 is at 00:0c:29:8b:47:23
20175 45.615741  f8:59:71:53:dd:b5  f8:59:71:53:dd:b5  ARP  192.168.20.210 is at 00:0c:29:8b:47:23
Frame 20175 (60 bytes on wire, 60 bytes captured)
Ethernet II, Src: f8:59:71:53:dd:b5 (f8:59:71:53:dd:b5), Dst: f8:59:71:53:dd:b5 (f8:59:71:53:dd:b5)
Address Resolution Protocol (reply)
  Hardware type: Ethernet (0x0001)
  Protocol type: IP (0x0800)
  Hardware size: 6
  Protocol size: 4
  Opcode: reply (0x0002)
  Sender MAC address: Vmware_8b:47:23 (00:0c:29:8b:47:23)
  Sender IP address: 192.168.20.210 (192.168.20.210)
  Target MAC address: f8:59:71:53:dd:b5 (f8:59:71:53:dd:b5)
  Target IP address: 192.168.20.33 (192.168.20.33)
```

图 14.27

14.2.4.3 攻击过程回顾

图14.28是完整的ARP欺骗过程分析。

```
10324 24.083948  f8:59:71:53:dd:b5  Broadcast          ARP  Who has 192.168.20.210?  Tell 192.168.20.33
10325 24.084116  f8:59:71:53:dd:b5  f8:59:71:53:dd:b5  ARP  192.168.20.210 is at 00:0c:29:d7:01:ec
Frame 10324 (42 bytes on wire, 42 bytes captured)
Ethernet II, Src: f8:59:71:53:dd:b5 (f8:59:71:53:dd:b5), Dst: Broadcast (ff:ff:ff:ff:ff:ff)
Address Resolution Protocol (request)
  Hardware type: Ethernet (0x0001)
  Protocol type: IP (0x0800)
  Hardware size: 6
  Protocol size: 4
  Opcode: request (0x0001)
  Sender MAC address: f8:59:71:53:dd:b5 (f8:59:71:53:dd:b5)
  Sender IP address: 192.168.20.33 (192.168.20.33)
  Target MAC address: 00:00:00_00:00:00 (00:00:00:00:00:00)
  Target IP address: 192.168.20.210 (192.168.20.210)
```

图 14.28

测试机广播查询服务器MAC地址(图14.29):

```
10325 24.084116   f8:59:71:53:dd:b5   f8:59:71:53:dd:b5   ARP   192.168.20.210 is at 00:0c:29:d7:01:ec
⊞ Frame 10325 (42 bytes on wire, 42 bytes captured)
⊞ Ethernet II, Src: f8:59:71:53:dd:b5 (f8:59:71:53:dd:b5), Dst: f8:59:71:53:dd:b5 (f8:59:71:53:dd:b5)
⊟ Address Resolution Protocol (reply)
    Hardware type: Ethernet (0x0001)
    Protocol type: IP (0x0800)
    Hardware size: 6
    Protocol size: 4
    Opcode: reply (0x0002)
    Sender MAC address: Vmware_d7:01:ec (00:0c:29:d7:01:ec)
    Sender IP address: 192.168.20.210 (192.168.20.210)
    Target MAC address: f8:59:71:53:dd:b5 (f8:59:71:53:dd:b5)
    Target IP address: 192.168.20.33 (192.168.20.33)
```

图14.29

服务器(192.168.20.210)回应正确MAC地址:00-0c-29-d7-01-ec。

在攻击机上发起ARP欺骗以后,显示如图14.30所示。

```
18994 43.613642   f8:59:71:53:dd:b5   f8:59:71:53:dd:b5   ARP   192.168.20.210 is at 00:0c:29:8b:47:23
Frame 18994 (60 bytes on wire, 60 bytes captured)
Ethernet II, Src: f8:59:71:53:dd:b5 (f8:59:71:53:dd:b5), Dst: f8:59:71:53:dd:b5 (f8:59:71:53:dd:b5)
Address Resolution Protocol (reply)
  Hardware type: Ethernet (0x0001)
  Protocol type: IP (0x0800)
  Hardware size: 6
  Protocol size: 4
  Opcode: reply (0x0002)
  Sender MAC address: Vmware_8b:47:23 (00:0c:29:8b:47:23)
  Sender IP address: 192.168.20.210 (192.168.20.210)
  Target MAC address: f8:59:71:53:dd:b5 (f8:59:71:53:dd:b5)
  Target IP address: 192.168.20.33 (192.168.20.33)
```

图14.30

攻击机(192.168.20.220)发送给测试机ARP应答报文,服务器(192.168.20.210)的错误的MAC地址为00:0c:29:8b:47:23。

14.2.5 分析网络扫描

网络扫描的目的就是利用各种工具对攻击目标的IP地址或地址段的主机查找漏洞,是黑客攻击重要的一步。通过网络分析技术可发现网络扫描。

14.2.5.1 实验环境说明

环境配置说明:

测试机(安装wireshark):192.168.20.33。

攻击机(Kali):192.168.20.220。

在攻击机上运行nmap进行全端口扫描,如图14.31所示。

```
root@kali001-64: # nmap -sS -p 1-65535 -v 192.168.20.33
Starting Nmap 7.70 ( https://nmap.org ) at 2019-04-23 06:30 EDT
Initiating ARP Ping Scan at 06:30
Scanning 192.168.20.33 [1 port]
Completed ARP Ping Scan at 06:30, 0.04s elapsed (1 total hosts)
Initiating Parallel DNS resolution of 1 host. at 06:30
Completed Parallel DNS resolution of 1 host. at 06:30, 0.07s elapsed
Initiating SYN Stealth Scan at 06:30
Scanning 192.168.20.33 [65535 ports]
Discovered open port 135/tcp on 192.168.20.33
Discovered open port 139/tcp on 192.168.20.33
Discovered open port 445/tcp on 192.168.20.33
SYN Stealth Scan Timing: About 18.39% done; ETC: 06:33 (0:02:18 remaining)
Discovered open port 1539/tcp on 192.168.20.33
SYN Stealth Scan Timing: About 46.36% done; ETC: 06:32 (0:01:11 remaining)
```

图14.31

14.2.5.2　攻击抓包分析

开启Wireshark抓包，抓包统计分析，点击“Statistics”→“Conversationlist”→“IPv4”。显示界面如图14.32所示。

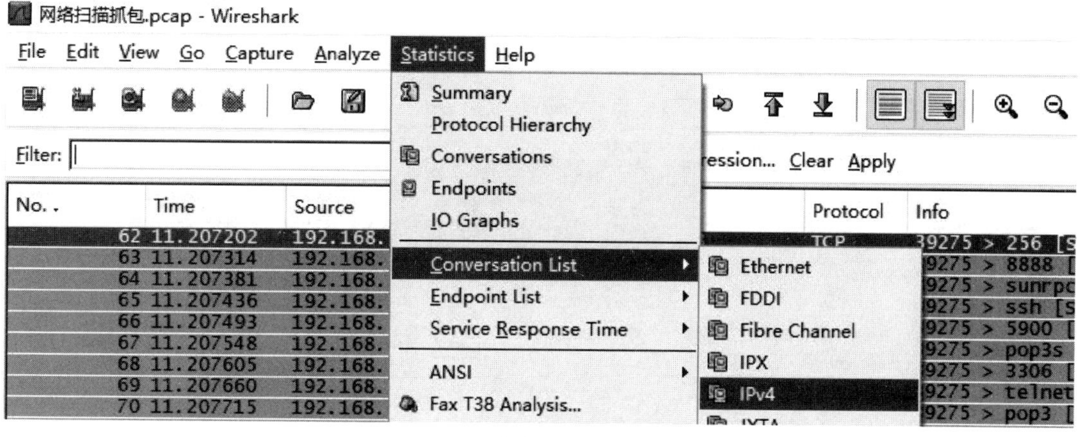

图14.32

可发现192.168.20.33和192.168.20.220之间有大量数据包，抓包结果如图14.33所示。

IPv4 Conversations: 网络扫描抓包.pcap

IPv4 Conversations

Address A	Address B	Packets	Bytes	Packets A->B	Bytes A->B	Packets A<-B	Bytes A<-
192.168.20.33	192.168.20.220	37254	2235172	34	1972	37220	2233200
172.217.27.142	192.168.20.33	46	3404	0	0	46	3404
192.168.20.19	192.168.20.220	28	2554	14	1165	14	1389
192.168.20.33	192.168.20.250	21	1804	11	924	10	880
192.168.20.123	239.255.255.250	16	2288	16	2288	0	0

图14.33

应用过滤器，查看具体报文，如图14.34所示。

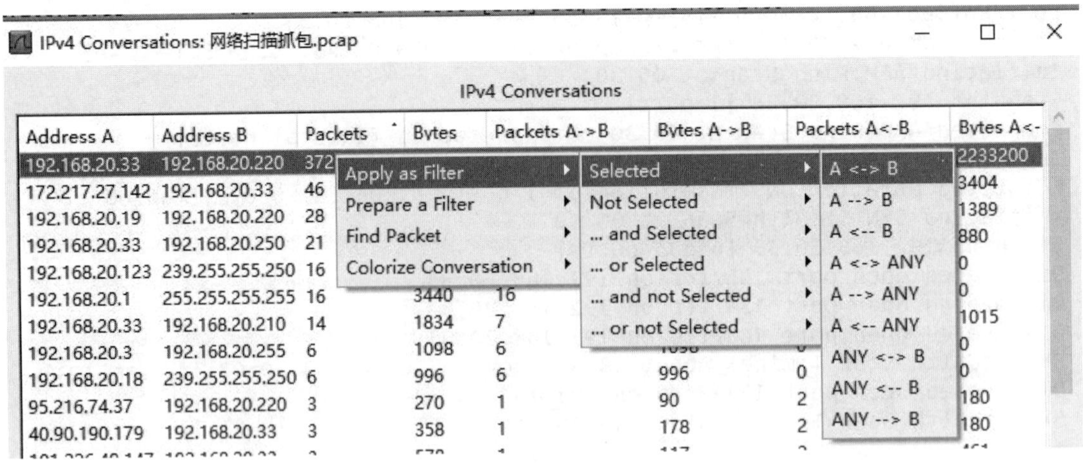

IPv4 Conversations: 网络扫描抓包.pcap

IPv4 Conversations

Address A	Address B	Packets	Bytes	Packets A->B	Bytes A->B	Packets A<-B	Bytes A<-
192.168.20.33	192.168.20.220	372					2233200
172.217.27.142	192.168.20.33	46					3404
192.168.20.19	192.168.20.220	28					1389
192.168.20.33	192.168.20.250	21					880
192.168.20.123	239.255.255.250	16					0
192.168.20.1	255.255.255.255	16	3440	16			0
192.168.20.33	192.168.20.210	14	1834	7			1015
192.168.20.3	192.168.20.255	6	1098	6			0
192.168.20.18	239.255.255.250	6	996	6	996	0	0
95.216.74.37	192.168.20.220	3	270	1	90	2	180
40.90.190.179	192.168.20.33	3	358	1	178	2	180

Apply as Filter ▸ Selected ▸ A <-> B
Prepare a Filter ▸ Not Selected ▸ A --> B
Find Packet ▸ ... and Selected ▸ A <-- B
Colorize Conversation ▸ ... or Selected ▸ A <-> ANY
... and not Selected ▸ A --> ANY
... or not Selected ▸ A <-- ANY
ANY <-> B
ANY <-- B
ANY --> B

图14.34

发现192.168.20.220对192.168.20.33有大量SYN标记为1、源地址和目的地址固定，目的端口不同的TCP数据包，可以确定是TCP SYN扫描攻击。可以进一步发现访问的目的端口是常见的应用服务。具体抓包结果如图14.35所示。

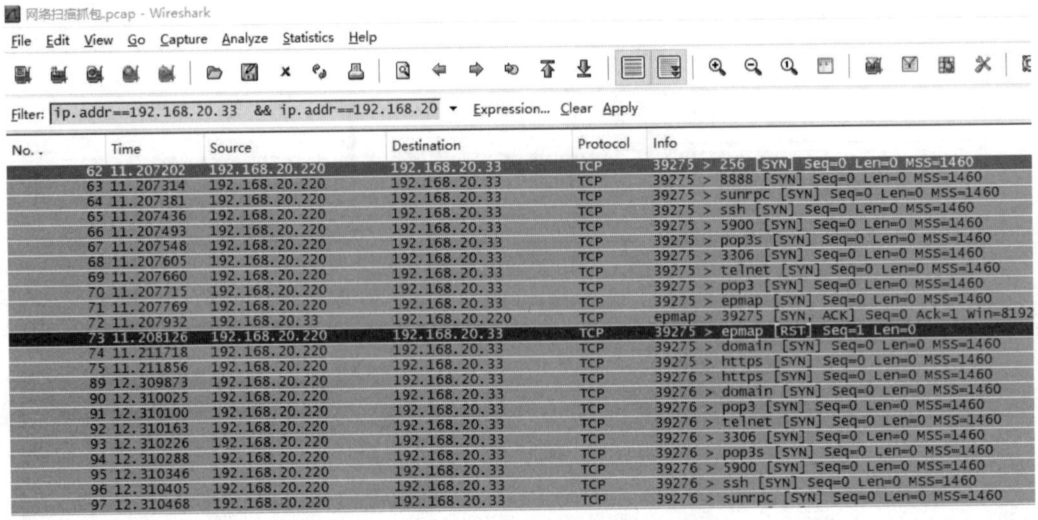

网络扫描抓包.pcap - Wireshark

File Edit View Go Capture Analyze Statistics Help

Filter: ip.addr==192.168.20.33 && ip.addr==192.168.20 Expression... Clear Apply

No.	Time	Source	Destination	Protocol	Info
62	11.207202	192.168.20.220	192.168.20.33	TCP	39275 > 256 [SYN] Seq=0 Len=0 MSS=1460
63	11.207314	192.168.20.220	192.168.20.33	TCP	39275 > 8888 [SYN] Seq=0 Len=0 MSS=1460
64	11.207381	192.168.20.220	192.168.20.33	TCP	39275 > sunrpc [SYN] Seq=0 Len=0 MSS=1460
65	11.207436	192.168.20.220	192.168.20.33	TCP	39275 > ssh [SYN] Seq=0 Len=0 MSS=1460
66	11.207493	192.168.20.220	192.168.20.33	TCP	39275 > 5900 [SYN] Seq=0 Len=0 MSS=1460
67	11.207548	192.168.20.220	192.168.20.33	TCP	39275 > pop3s [SYN] Seq=0 Len=0 MSS=1460
68	11.207605	192.168.20.220	192.168.20.33	TCP	39275 > 3306 [SYN] Seq=0 Len=0 MSS=1460
69	11.207660	192.168.20.220	192.168.20.33	TCP	39275 > telnet [SYN] Seq=0 Len=0 MSS=1460
70	11.207715	192.168.20.220	192.168.20.33	TCP	39275 > pop3 [SYN] Seq=0 Len=0 MSS=1460
71	11.207769	192.168.20.220	192.168.20.33	TCP	39275 > epmap [SYN] Seq=0 Len=0 MSS=1460
72	11.207932	192.168.20.33	192.168.20.220	TCP	epmap > 39275 [SYN, ACK] Seq=0 Ack=1 Win=8192
73	11.208126	192.168.20.220	192.168.20.33	TCP	39275 > epmap [RST] Seq=1 Len=0
74	11.211718	192.168.20.220	192.168.20.33	TCP	39275 > domain [SYN] Seq=0 Len=0 MSS=1460
75	11.211856	192.168.20.220	192.168.20.33	TCP	39275 > https [SYN] Seq=0 Len=0 MSS=1460
89	12.309873	192.168.20.220	192.168.20.33	TCP	39276 > https [SYN] Seq=0 Len=0 MSS=1460
90	12.310025	192.168.20.220	192.168.20.33	TCP	39276 > domain [SYN] Seq=0 Len=0 MSS=1460
91	12.310100	192.168.20.220	192.168.20.33	TCP	39276 > pop3 [SYN] Seq=0 Len=0 MSS=1460
92	12.310163	192.168.20.220	192.168.20.33	TCP	39276 > telnet [SYN] Seq=0 Len=0 MSS=1460
93	12.310226	192.168.20.220	192.168.20.33	TCP	39276 > 3306 [SYN] Seq=0 Len=0 MSS=1460
94	12.310288	192.168.20.220	192.168.20.33	TCP	39276 > pop3s [SYN] Seq=0 Len=0 MSS=1460
95	12.310346	192.168.20.220	192.168.20.33	TCP	39276 > 5900 [SYN] Seq=0 Len=0 MSS=1460
96	12.310405	192.168.20.220	192.168.20.33	TCP	39276 > ssh [SYN] Seq=0 Len=0 MSS=1460
97	12.310468	192.168.20.220	192.168.20.33	TCP	39276 > sunrpc [SYN] Seq=0 Len=0 MSS=1460

图14.35

14.2.6 发现DDoS/DoS攻击

发起拒绝服务攻击的目的是要让用户访问不到正常的网络资源，如通信链路资源和业务应用。之前提到的扫描最终很有可能转化为DDoS/DoS攻击。

环境配置说明：

测试机：192.168.20.22。

服务器：192.168.20.23。

图14.36是抓取的数据包，根据源地址排序，可以发现192.168.20.22发送给192.168.20.33短时间内有大量数据包，这些数据包发送间隔时间很短，发送内容一模一样，可能就是拒绝服务攻击。如果发现源地址不一致，发送内容一致，可能源地址是虚假地址或

分布式拒绝服务攻击。具体如图14.37所示。

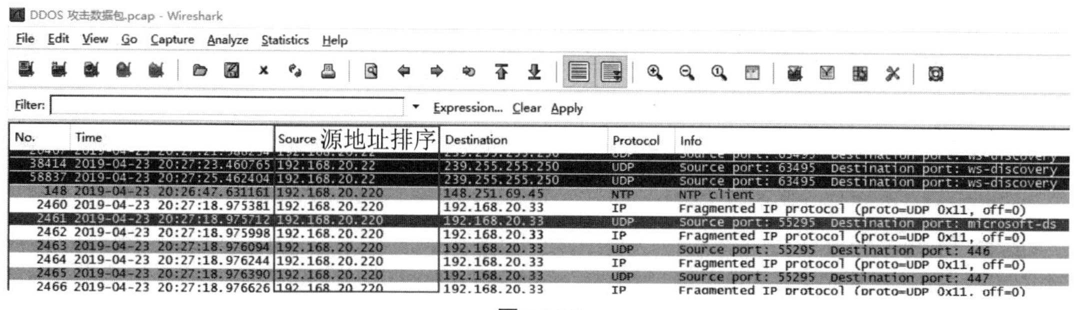

No.	Time	Source	Destination	Protocol	Info
38414	2019-04-23 20:27:23.460765	192.168.20.22	239.255.255.250	UDP	Source port: 63495 Destination port: ws-discovery
58837	2019-04-23 20:27:25.462404	192.168.20.22	239.255.255.250	UDP	Source port: 63495 Destination port: ws-discovery
148	2019-04-23 20:26:47.631161	192.168.20.220	148.251.69.45	NTP	NTP client
2460	2019-04-23 20:27:18.975381	192.168.20.220	192.168.20.33	IP	Fragmented IP protocol (proto=UDP 0x11, off=0)
2461	2019-04-23 20:27:18.975712	192.168.20.220	192.168.20.33	UDP	Source port: 55295 Destination port: microsoft-ds
2462	2019-04-23 20:27:18.975998	192.168.20.220	192.168.20.33	IP	Fragmented IP protocol (proto=UDP 0x11, off=0)
2463	2019-04-23 20:27:18.976094	192.168.20.220	192.168.20.33	UDP	Source port: 55295 Destination port: 446
2464	2019-04-23 20:27:18.976244	192.168.20.220	192.168.20.33	IP	Fragmented IP protocol (proto=UDP 0x11, off=0)
2465	2019-04-23 20:27:18.976390	192.168.20.220	192.168.20.33	UDP	Source port: 55295 Destination port: 447
2466	2019-04-23 20:27:18.976626	192.168.20.220	192.168.20.33	IP	Fragmented IP protocol (proto=UDP 0x11, off=0)

图14.36

IPv4 Conversations: DDOS 攻击数据包.pcap

IPv4 Conversations

Address A	Address B	Packets	Bytes	Packets A->B	Bytes A->B	Packets A<-B	Bytes A<-B
192.168.20.33	192.168.20.220	153773	232572412	0	0	153773	23257[illegible]
23.244.64.79	192.168.20.33	9559	8003411	5118	7686809	4441	31660[illegible]
52.109.120.3	192.168.20.33	24	12018	8	9060	16	2958
192.168.20.33	203.208.39.229	38	10829	16	3428	22	7401

图14.37

14.2.7 发现TCP攻击

在攻击机上用Nmap发起ACK扫描,执行结果如图14.38所示。

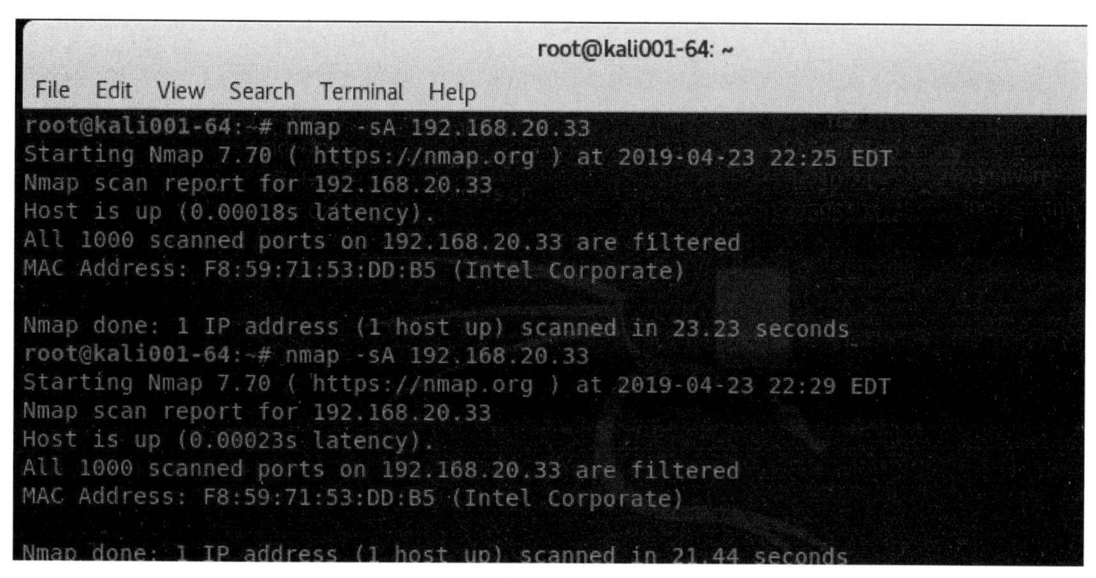

图14.38

在测试机上开启抓包,结果如图14.39所示。

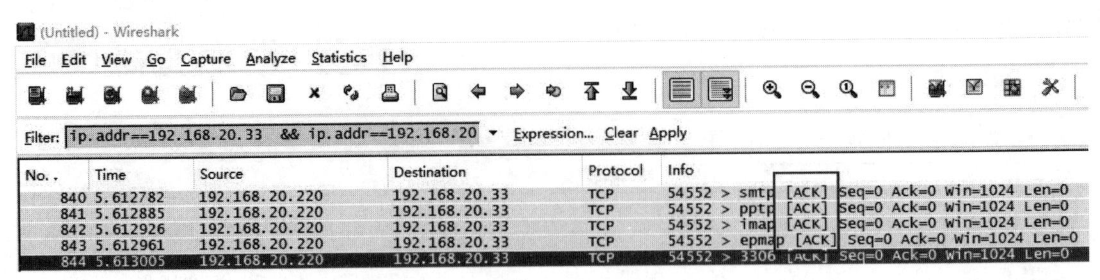

图14.39

发现大量标志位为1的数据包,目的端口是各种知名端口,可以认为是发起了ACK扫描攻击。

习　　题

1. 使用防火墙tcpdump命令跟踪源转换、目的转换和双向转换数据包,并分析比较转换过程。

2. 使用Wireshark抓取FTP/DNS/DHCP/HTTP等协议数据包,并分析其工作原理并编写分析报告。

3. 使用Wireshark抓取Nmap常用扫描类型并分析其特征。

参考文献

[1] 刘遄. Linux就该这么学[M]. 北京:人民邮电出版社, 2017.

[2] 杨波. Kali Linux渗透测试技术详解[M]. 北京:清华大学出版社, 2015.

[3] 约拉姆·奥扎赫. Wireshark网络分析实战[M]. 谷宏霞,孙余强,译. 北京:人民邮电出版社, 2015.

[4] 商广明. Nmap渗透测试指南[M]. 北京:人民邮电出版社, 2015.

[5] 上野·宣. 图解HTTP[M]. 北京:人民邮电出版社, 2014.

[6] 张焕国. 信息安全工程师教程[M]. 北京:清华大学出版社, 2016.

[7] 帕尔,佩尔茨尔. 深入浅出密码学:常用加密技术原理与应用[M]. 马小婷,译. 北京:清华大学出版社, 2012.

[8] 刘耀儒. Windows Server 2003操作系统经典教程[M]. 北京:航空工业出版社, 2004.

[9] 阎慧. 防火墙原理与技术[M]. 北京:机械工业出版社, 2004.

[10] 徐慧,洋白杰,卢宏旺. 华为防火墙技术漫谈[M]. 北京:人民邮电出版社, 2015.

[11] 谢希仁. 计算机网络[M]. 7版. 北京:电子工业出版社, 2017.

[12] 鲍旭华,洪海,曹志华. 破坏之王:DDoS攻击与防范深度剖析[M]. 北京:机械工业出版社, 2014.